KB146682

# 인공지능 기반
## Hong-Lagrange 최적화와
## 데이터 기반 철근콘크리트(RC)
## 기둥, 보의 최적설계

AI-based Data-centric Engineering (AIDE) for reinforced concrete columns and beams
using ANN-based Hong-Lagrange algorithm

# 인공지능 기반 Hong-Lagrange 최적화와 데이터 기반 철근콘크리트(RC) 기둥, 보의 최적설계

AI-based Data-centric Engineering (AIDE) for reinforced concrete columns and beams using ANN-based Hong-Lagrange algorithm

홍원기 저

도서출판 대가

## | 머리말 |

인공지능(AI)은 21세기 우리에게 지대한 영향을 미치고 있으며, 라그랑주 승수법은 설계 타깃에 대해서 최대값, 최소값을 찾는 가장 훌륭한 방법 중의 하나로 경제학, 자연과학, 공학분야에서 널리 활용되고 있다. 이에 필자는 인류에게 큰 도약의 발판을 제공한 라그랑주 승수법을, 자연과학과 공학분야 등 디지털 빅데이터가 존재하는 분야에 더욱더 적극적으로 활용할 수 있도록 빅데이터를 이용하는 융합이론(AI 기반 Hong-Lagrange 알고리즘)을 개발하였다. 이를 기초로 하여 도서출판 대가에서 AI 기반 첨단공학 시리즈를 출간하고 있다. 이미 1권, 2권을 출간하였으며, 특히 2권에서는 인공지능 기반에서 Hong-Lagrange 알고리즘을 통해 부등 제약조건이 적용되는 경우 데이터를 기반으로 하는 공학설계를 제시하였다.

이번 3권에서는 2권의 이론을 철근 콘크리트의 기둥 및  보의  최적설계에 적용 하고자 한다. 최적설계는 구조 엔지니어의 영역이나, 구조 엔지니어들이 수학에 기반한 최적설계를 구현하는 일은 현실적으로 어려워 보인다. 이 책에서 독자들은 RC 기둥 및 보의 최적설계를 도출하는 업무 수행에 있어서, 라그랑주 방법이라는 잘 알려진 방법에 인공신경망을 접목(인공지능기반 Hong-Lagrange 알고리즘)하여 최적설계를 수행하는 방법을 접할 수 있을 것이다. 이 책에서는 개개인의 경험보다는 인공지능을 활용하여, 구조역학에 대한 지식이 부족하더라도, 빅데이터만 존재한다면, 거의 제한없는 엔지니어링 활동을 가능하게 할 수 있는 AI-based Data-centric Engineering(AIDE)에 기반한 철근 콘크리트 설계를 제시하였다. 다행히도 공학분야는 사회학 또는 기타 분야에 비해 빅데이터 생성이 수월하기 때문에 AIDE의 구현 역시 수월하다 할 수 있다. 하지만 빅데이터를 생성하는 이론을 정립하는 공학자, 과학자들의 노력이 AIDE의 기반이 될 것임은 의심의 여지가 없다.

ACI 318-14와 ACI 318-19 기준에서 인공지능 기반 Hong-Lagrange 알고리즘의 적용을 통하여, 철근 콘크리트의 기둥 코스트($CI_c$), 이산화탄소 배출량 및 기둥 중량 등을 최소화하고, 최적설계 시 설계강도, 변형률, 변위 등을 포함하는 다양한 구조역학 기반 설계조건들을 만족하는 설계 구현이 가능해졌다. 이와 같은 광의의 최적설계는 일반적인 구조설계의 영역이 아님은 물론, 일상적인 구조설계의 업무에는 포함되지 않는다. 그러나 이 저서는 인공지능에 기반한 Hong-Lagrange 최적화를 통하여 RC 기둥 및 보의 최적설계방법을 소개하고, 구조 엔지니어들의 일상 업무에 설계기준 및 광의의 최적설계를 만족하는 최적 구조설계가 구현될 수 있도록 도울 것이다. 모든 최적화 결과는 구조설계식과 빅데이터에 의해서 검증하여 완벽한 RC 기둥 및 보의 최적설계를 수행하는 AIDE(AI-based Data-centric Engineering) 시대가 도래하는 것이다.

저자는 인공지능 기반에서 철근콘크리트 구조, 철골구조, SRC 구조 및 고층 프레임 등에 대해 한 개 또는 다수 개의 목적함수를 설계 타깃으로 규정하고, 최적설계를 다루는 저서를 순차적으로 출간하고 있다. 이 저서들은 구조공학 분야에 적용 가능한 인공지능 기반의 첨단 구조공학 콜렉션 시리즈로 국문판과 영문판으로 출판되고 있다. 저자는 이미 엘스비어 출판사에서 <Hybrid Composite Precast Systems, Numerical Investigation to Construction>의 10장 "Artificial-intelligence-based design of the ductile precast concrete beams"과 Taylor & Francis Group(CRC)에서 Artificial Neural Network-based Oprimized Design of Reinforced Concrete Structures를 출간하였다. 도서출판 대가에서는 인공지능 기반 첨단공학 시리즈 1권, 2권 역시 출간하였다. 이 도서들을 복습한 후 이 책을 학습한다면 내용을 이해하는 데 많은 도움이 될 수 있으리라 기대한다.

저자는 유튜브 채널[한국어 채널: 인공지능 빠르고 쉽게 배우기(홍원기, 경희대학교, 건축공학과), 영어채널: Deep learning for beginners(Won-Kee Hong, Kyung Hee University)]에서 AI 기반 첨단공학 시리즈 내용을 영상으로 제작, 업로드하여 독자들의 이해를 돕고 있다.

예제 작성에 도움을 준 대학원생들, Dinh Han Nguyen, Dat Pham Tien, Cuong Nguyen Manh, Tien Nguyen Van, Anh Le Thuc에게 감사드리며, 이 책의 출간을 흔쾌히 동의해 주시고 출판해주신 도서출판 대가의 김호석 사장님과 주옥경 주간님께 감사드린다. 긴 집필 과정에 가족은 그 무엇보다도 큰 힘이 되어주었다. 사랑하는 부모님과 아내, 아들 석원 내외에게 감사를 표한다. 힘들었던 기간내내 지혜를 주신 성경말씀을 소개하고자 한다.

“여호와는 나의 목자시니 내게 부족함이 없으리로다.

The Lord is my shepherd, I shall not want (시편 23:1).”

홍원기

# Contents _ 목차

## PART Ⅱ 인공지능 기반 Hong-Lagrange 최적화와 데이터 기반 철근콘크리트(RC) 보의 최적설계

### Chapter 01 개 론



### Chapter 02 인공신경망 기반의 복철근 콘크리트 보의 최적화

## Chapter 03 복철근 콘크리트 보의 빅데이터 생성



## Chapter 04 인공신경망 검증



## Chapter 05 목적함수인 코스트를 최소화하는 인공신경망 기반의 설계 차트

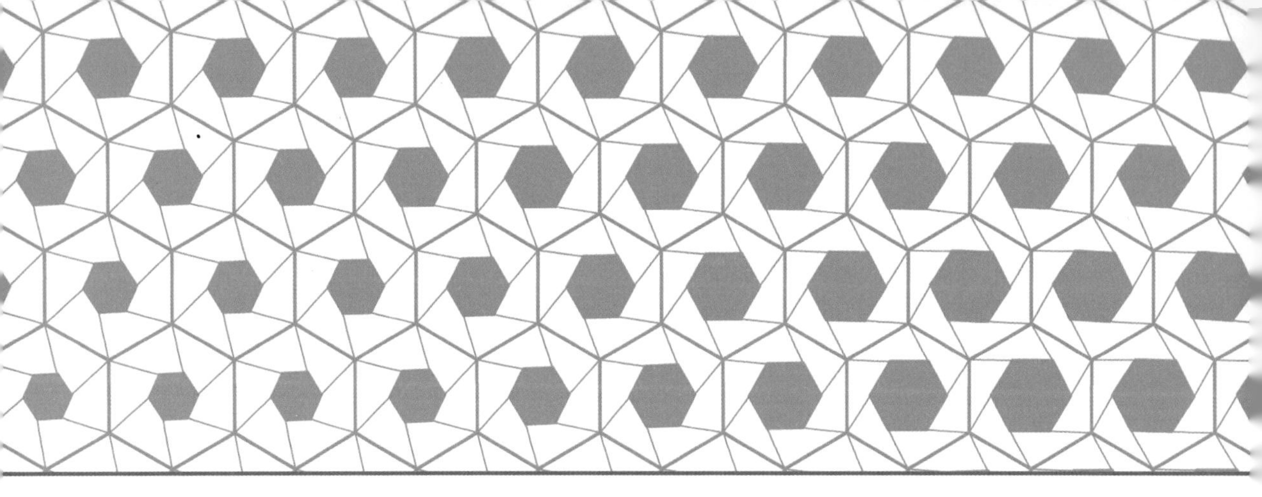

PART I

# 인공지능 기반 Hong-Lagrange 최적화와 데이터 기반 철근콘크리트(RC) 기둥의 최적설계

Chapter 01

# 개 론

## 1.1 이 책의 목적

이 책은 데이터 기반 엔지니어링[AI-based Data-centric Engineering(AIDE)] 구현이 목적이다. AIDE는 구조역학 지식이 부족하더라도 빅데이터만 있으면 거의 무제한의 엔지니어링 활동을 가능케 할 것이다. 다행히 공학 분야는 사회학이나 기타 분야보다 빅데이터 생성이 수월하여 AIDE 구현이 쉽지만 빅데이터 생성이론을 정립하는 공학자와 과학자들의 노력이 AIDE의 기반임은 의심의 여지가 없다.

광의의 최적 구조설계 범위는 설계강도, 변형률, 변위 등을 포함한 다양한 구조역학 기반의 설계조건을 충족시키는 설계부터 먼저 구현하고 나아가 발주처가 요구하는 구조물의 코스트, 정부가 요구하는 이산화탄소 배출량, 시공자가 요구하는 구조물의 중량 등을 최소화하는 설계가 될 것이다. 그러나 모든 설계 기준을 충족시키는 동시에 광의의 최적설계를 구현하기는 쉽지 않아 보이며 이 같은 최적설계를 구현하는 설계 파라미터를 동시에 도출하는 것도 매우 어려운 작업이다. 또한 최적설계는 구조 엔지니어의 영역이지만 수학적으로 완전한 최적설계는 쉽지 않다.

이 같은 광의의 최적설계는 일반적인 구조설계의 영역이 아닌 것은 물론 일상적인 구조설계 업무에는 포함되지 않지만 이 책은 인공지능에 기반한 Hong-Lagrange 알고리즘을 통해 RC 기둥의 최적실계 방법을 소개하고 구조 엔지니어들의 일상 업무에 설계 규준 및 광의의 최적설계를 충족시키는 구조설계가 구현되도록 도울 것이다. 이 책에서는 인공지능 기반 Hong-Lagrange 알고리즘에 기반해 사각 철근 콘크리트 기둥의 코스트($CI_c$), 이산화탄소 배출량, 기둥 중량 등을 라그랑주 목적함수로 설정해 최소화하는 방법을 제시했고, 이를 가능케 하는 기타 입·출력 설계 파라미터를 동시에 도출했으며 구조설계식과 빅데이터로 검증했다. 또한 합리적인 공학설계에 사용되도록 최적화 절차도 제시했다. 이 책에서 독자들은 RC 기둥의 최적설계를 도출하는 업무 수행에서 수학적 이론에 기반한 라그랑주 방법에 인공신경망을 접목(인공지능 기반 Hong-Lagrange 알고리즘)해 최적설계 수행 방법을 배우고 이제 개개인의 경험보다 인공지능을 활용해 거의 완벽한 RC 기둥 최적설계를 수행하게 될 것이다. 바야흐로 AIDE 시대가 온 것이다. Part Ⅰ은 홍원기 등의 논문(Hong 2022[17], Hong 2022[18]을 근간으로 집필되었다.

Keywords: AI-based Data-centric Engineering(AIDE), Artificial Neural Network(ANN), Hong-Lagrange 최적화, 설계 타깃의 최적화, KKT conditions, concrete column, Hessian, Jacobian

## 1.2 KKT 조건[1, 2]에 기반한 라그랑주 최적화 관련 기존 연구

전통적 기반의 라그랑주 최적화의 적용은 이미 사회 모든 영역에 깊이 자리잡았다. 수학식에 기반한 목적함수는 수학적으로 유도되어야 라그랑주 함수를 유도할 수 있고 KKT 조건으로 최적화할 수 있다. 그러나 구조설계에 필요한 구조역학 공식들을 수학식에 기반해 수학적으로 유도하는 것은 매우 복잡한 과정이다. 즉 기둥 철근에 발생하는 변형률을 수학적 공식으로 유도하는 것은 쉽지 않은 작업이다. 따라서 라그랑주 최적화를 활용한 구조설계 최적화는 구조설계의 일상 업무에서는 아직 적극적으로 시도되지 않고 있는 것이 현실이다. 이 책에서는 ACI 318-14와 ACI 318-19 기준에서 설계 목표를 목적함수인 기둥 코스트($CI_c$), 이산화탄소 배출량($CO_2$), 기둥 중량($W_c$)으로 설정하고 이들을 최소화하는 입·출력 설계 파라미터들을 동시에 도출했으며, 구조설계식과 빅데이터로 검증했고 합리적인 공학설계에 사용되도록 최적화 절차를 제시했다.

이 책을 읽기 전에 저자의 이전 저서 《인공지능 기반 Hong-Lagrange 최적화와 데이터 기반 공학설계(AI-based Data-centric Engineering (AIDE) using ANN-based Hong-Lagrange optimizations)》[3] 및 인공지능기반 철근콘크리트 구조설계(Artifical Intelligence-based design of Reinfoned Concrete Structures) [4]를 참고해도 좋다.

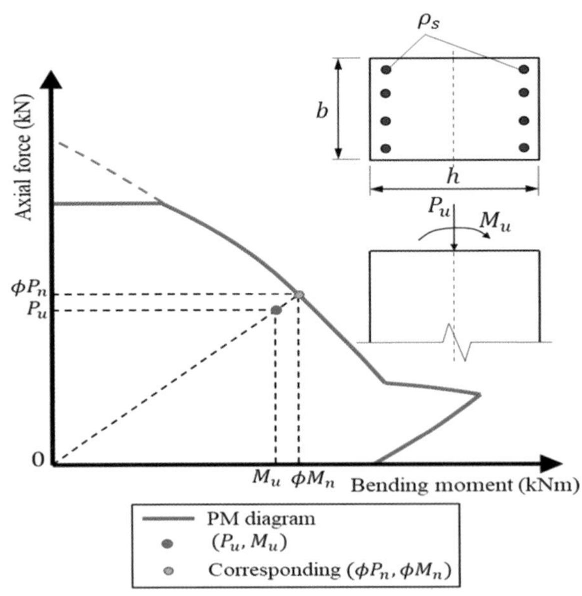


그림 1.1 인공신경망 기반의 철근 콘크리트 기둥의 설계

## 1.3 인공신경망 기반의 라그랑주 최적화

라그랑주 최적화를 적용하기 위해서는 식 (2.1.5-1), (2.1.5-2), (2.1.5-3) (Krenker *et al.* [5])에서 RC 기둥의 코스트 $CI_c$, 이산화탄소 배출량, 구조물 중량 $W_c$을 그림 1.1의 일곱 개 입력 파라미터의 함수$(b, h, \rho_s, f_c', f_y, P_u, M_u)$로 유도해야 한다. 그러나 이 같은 목적함수들을 미분 가능한 수학식으로 유도하기는 쉽지 않다. 또한 라그랑주 승수가 적용된 라그랑주 최적화를 위해서는 미분이 필수적이다. 이 장에서는 목적함수, 제약함수, 최적화에 필요한 기타 함수들을 수학적 기반 대신 입력 파라미터의 함수로 인공지능 기반에서 유도했다. 인공지능 기반의 함수들을 한 번 미분해 제이코비, 두 번 미분해 헤시안 매트릭스를 유도할 수 있다. 최종적으로 라그랑주 함수의 1차 미분식(제이코비)의 해를 뉴턴-랩슨 반복연산으로 구해 목적함수 또는 라그랑주 함수를 최적화할 수 있는 설계 파라미터(stationary 포인트)를 구할 수 있다.

## 1.4 인공신경망 기반의 목적함수 등 제약함수, 부등 제약함수 일반화

소프트웨어, CAD 패키지, 유한요소 기반 프로그램, 각종 코드 등 전산기에 기반한 많은 수단이 구조물 거동 연구에 이용될 수 있도록 개발되어 왔다. 목적함수는 수치해석적 방법 또는 수학식의 조합으로 구성될 수 있고 표로 정리될 수도 있다. 궁극적으로 라그랑주 승수가 적용된 라그랑주 함수를 최적화하기 위해서는 미분 가능한 목적함수들이 준비되어야 한다. 유전자 알고리즘과 같이 미분에 기반하지 않는 최적화 기법이 Pham and Hong 2022[6], Coello Coello *et al.* 1997[7], Malasri *et al.* 1994[8]에 의해 구조물 설계에 적용된 적이 있지만 하나의 최적 후보해를 구하기 위해서는 각 소프트웨어의 한 번 연산에 해당하는 계산량이 필요하므로 입·출력 파라미터가 많은 최적화에는 실용적이 아닐 수도 있다. 이 책에서는 목적함수, 제약함수 등 최적화에 사용되는 함수들을 인공신경망 기반으로 일반화해 라그랑주 함수 최적화에 필요한 미분을 수행하도록 했으며 최적화에 필요한 계산시간을 절감했다. 라그랑주 승수를 적용해 사각형 RC 기둥의 코스트 $CI_c$, 이산화탄소 배출량, 중량 $W_c$ 등을 다수의 설계 관련 제약조건이 부과되는 조건에서 최소화해 설계 파라미터를 도출했다. 그러나 목적함수, 제약함수 등 최적화에 사용되는 함수들을 미분 가능한 수학식 기반으로 유도하기보다 식 (2.1.5-1), (2.1.5-2), (2.1.5-3) 헤시안 매트릭스를 유도했다. 제약함수들은 표 2.1.5에 제시되어 있다. 설계 목표이기도 한 목적함수는 설계 조건에 의해 결정되는 제약함수를 만족하도록 최적화되어야 한다. 표 2.1.4에 기술된 기둥의 최적설계 시나리오는 순방향 및 역방향 시나리오에 기반을 두고 작성되었다. 표 2.1.4에 제시되어 있는 최적설계를 전통적인 구조설계방법으로 수행하는 것은 매우 어려울 것이다.

## 1.5 이 책의 중요성

일반적으로 비활성 조건(inactive condition)으로 가정되는 부등 제약조건(inequality constraints)이 존재하는 경우의 라그랑주 함수 최적값은 KKT 조건의 후보해를 먼저 구한 후 최종해를 도출한다[1]. 이를 위해 적용하는 인공신경망은 설계 순방향 및 역방향으로 구분해 유도했다. 이 장에서는 설계 규준으로 주어지는 설계강도, 변형률, 변위 등을 포함하는 다양한 구조역학 기반 설계 조건들을 충족하면서 나아가 발주처가 요구하는 구조물의 코스트, 정부가 요구하는 이산화탄소 배출량, 시공자가 요구하는 구조물 중량 등을 최소화하는 설계가 구현될 것이다. 즉 다양한 설계 조건들을 충족시키면서 최적설계 목표를 동시에 구현하는 방법을 소개해 향후 독자들은 구조물의 코스트, 이산화탄소 배출량, 구조물 중량 등을 최소화하고 이들을 도출하는 기타 설계 파라미터들도 동시에 구할 수 있을 것이다.

# Chapter 02 인공신경망 기반의 라그랑주 방법

역방향 인공신경망(reverse Lagrange Multiplier Method, LMM)에 기반한 방법은 계산시간이 순방향 인공신경망(forward Lagrange Multiplier Method, LMM)에 기반한 방법보다 단축될 수 있다는 장점이 있지만 역입력되는 입력 파라미터들 간의 부조화(input conflicts)로 인해 최적해를 찾기 어려울 수 있다. 반대로 기존 구조설계 방식에서 사용되는 순입력 파라미터에 기반해 최적화하는 순방향 인공신경망은 입력 파라미터들이 순방향으로 입력되므로 입·출력 파라미터 간의 부조화로 인한 문제가 발생하지 않는다는 장점이 있다.

이 장에서는 순방향 및 역방향 인공신경망을 이용해 목적함수와 제약함수를 유도했다. 부등 제약조건이 존재하는 경우의 코스트 $CI_c$, 이산화탄소 배출량, 중량 $W_c$ 등 목적함수 최적값은 KKT 조건(Karush–Kuhn–Tucker conditions)의 후보해를 먼저 구한 후 최종해를 도출했다. 설계조건 및 부재 규격과 관련된 선결조건은 대부분 부등 제약조건으로 부과되므로 KKT 조건은 필수적이라고 할 수 있고 계산량은 매우 방대해질 수 있다.

## 2.1 RC 기둥의 목적함수 등 인공신경망에 기반한 구조설계 파라미터 함수의 유도

### 2.1.1 인공신경망에 기반한 구조설계 파라미터 함수의 유도

구조설계 소프트웨어인 *AutoCol*를 사용해 생성된 빅데이터로 학습된 인공신경망을 기반으로 계수하중($P_u$-$M_u$)이 작용하는 사각형 RC 기둥 설계를 수행한다. 설계 결과로서 목적함수($CI_c$, $CO_2$, $W_c$)를 최소화하는 기둥폭×깊이($b \times h$), 철근비($\rho_s$), 재료 물성치 등을 도출했고 이 파라미터들을 입력 파라미터로 이용했을 경우 설계 축강도($\phi P_n$), 설계 모멘트강도($\phi M_n$), 철근변형률($\varepsilon_s$)을 출력 파라미터로 생성했다. 기둥설계를 위한 인공신경망을 학습하기 위해 총 10만 개의 빅데이터가 표 2.1.1에 생성되었다. 빅데이터 생성에는 Matlab toolbox[9]를 사용해 multiple CPU를 사용했고 Matlab toolbox[10]을 활용해 무작위 입력 파라미터를 생성했다. 표 2.1.1(b-1)과 (c-1)는 정규화(normalization)되지 않은 빅데이터로서 ACI 318-14와 ACI 318-19 기반에서 생성되었다. 표 2.1.1(b-2)와 (c-2)는 −1과 +1 사이에서 정규화된 ACI 318-14[11]과 ACI 318-19[12] 기반의 빅데이터다. 각 표의 아래 부분에는 최대값, 최소값이 평균값과 함께 주어져 있다. 표 2.1.1의 빅데이터에는 일곱 개의 입력 파라미터($b, h, \rho_s, f_c', f_y, P_u, M_u$)에 대해 아홉 개의 출력 파라미터($\phi P_n, \phi M_n, SF, b/h, \varepsilon_s, CI_c, CO_2, W_c, \alpha_{e/h}$)가 생성되었고 그림 1.1에는 각 파라미터가 도시되어 있다. 목적함수들($CI_c$, $CO_2$, $W_c$)을 포함한 아홉 개의 출력 파라미터는 일곱 개의 입력 파라미터의 함수로 표현되지만 목적함수 등의 함수들을 일곱 개의 입력 파라미터의 함수로 수학적으로 유도하는 것은 간단한 과정이 아니다. 식 (2.1.1)의 라그랑주 함수 최소점(stationary 포인트)인 설계 파라미터를 구하기 위해 라그랑주 함수의 1차 미분식을 선형화해야 한다. 이때 1차 미분식인 제이코비 매트릭스(Jacobian matrics)와 2차 미분식인 헤시안 매트릭스(Hessian matrics)를 구해야 하며 이 과정은 뉴턴-랩슨 반복연산을 적용할 때 필수적이다.

$$\mathcal{L}(\mathrm{x}, \lambda_c, \lambda_v) = f(\mathrm{x}) - \lambda_c^T c(\mathrm{x}) - \lambda_v^T v(\mathrm{x}) \tag{2.1.1}$$

이번 절에서는 순방향 인공신경망에 기반해 가중변수 매트릭스(weight matrix)와 편향변수 매트릭스(bias matrix)를 도출해 목적함수($CI_c$, $CO_2$, $W_c$)와 제약함수를 수학적으로 최적화하는 대신 인공신경망에 기반해 최적화했다. 식 (2.1.4) 또는 이전 저서인 [3]의 식 (2.3.6.3)은 가중변수 매트릭스와 편향변수 매트릭스를 사용해 인공신경망 기반에서 각종 함수를 유도하는 과정을 보여준다. 독자들이 빨리 이해하도록 저자의 이전 저서인 [3]의 식 (2.3.6.1), (2.3.6.3-1), (2.3.6.3-2)를 식 (2.1.2)부터 식 (2.1.4)까지 다시 기술했으며 자세한 유도 과정은 저자의 이전 저서를 참고하기 바란다. 이 책의 2.1.2절에서 설명을 반복했다.

$$f(\mathrm{x}) = g^D\left(f_{lin}^L(\mathbf{W}^L f_t^{L-1}(\mathbf{W}^{L-1} \dots f_t^1(\mathbf{W}^1 g^N(\mathbf{x}) + \mathbf{b}^1) \dots + \mathbf{b}^{L-1}) + b^L)\right) \tag{2.1.2}$$

$$y = f(\mathbf{x}) = \mathbf{z}^{(D)} \circ \mathbf{z}^{(L)} \circ \mathbf{z}^{(L-1)} \circ \dots \circ \mathbf{z}^{(l)} \circ \dots \circ \mathbf{z}^{(1)} \circ \mathbf{z}^{(N)} \tag{2.1.3}$$

$$\mathbf{z}^{(N)} = g^{(N)}(\mathbf{x}) = \boldsymbol{\alpha}_{\mathbf{x}} \odot (\mathbf{x} - \mathbf{x}_{min}) + \bar{\mathbf{x}}_{min} \quad \text{(a)}$$

$$\mathbf{z}^{(1)} = f_t^{(1)}(\mathbf{W}^{(1)}\mathbf{z}^{(N)} + \mathbf{b}^{(1)}) \quad \text{(b)}$$

$$\cdots$$

$$\mathbf{z}^{(l)} = f_t^{(l)}(\mathbf{W}^{(l)}\mathbf{z}^{(l-1)} + \mathbf{b}^{(l)}) \quad \text{(c)}$$

$$\cdots$$

$$\mathbf{z}^{(L-1)} = f_t^{(L-1)}(\mathbf{W}^{(L-1)}\mathbf{z}^{(L-2)} + \mathbf{b}^{(L-1)}) \quad \text{(d)} \qquad (2.1.4)$$

$$\mathbf{z}^{\left(L=\text{출력중}\right)} = f_{lin}^{(L)}\left(\mathbf{W}^{(L)}\mathbf{z}^{(L-1)} + b^{(L)}\right) \quad \text{(e)}$$

$$y = \mathbf{z}^{(D)} = g^{(D)}(y) = \frac{1}{\alpha_y}\left(\mathbf{z}^{(L)} - \overline{\mathbf{z}_{min}^{(L)}}\right) + \mathbf{z}_{min}^{(L)} \quad \text{(f)}$$

표 2.1.1 철근 콘크리트 기둥 최적화를 위한 설계 및 빅데이터 파라미터

표 2.1.1(a) 철근 콘크리트 기둥의 설계 파라미터 요약

| **RC 기둥 설계변수** | | | |
|---|---|---|---|
| **구조설계를 위한 7개 입력 파라미터** | | **9개 출력 파라미터** | |
| $b$ | - 기둥 폭 | $\phi P_n$ | - 설계 축하중 |
| $h$ | - 기둥 춤 | $\phi M_n$ | - 설계 모멘트 강도 |
| $\rho_s$ | - 철근비 | $SF$ | - 안전율 ($\phi M_n/M_u$) |
| $f_c^{'}$ | - 콘크리트 압축강도 | $b/h$ | - 기둥 단면비 |
| $f_y$ | - 철근 항복강도 | $\varepsilon_s$ | - 철근 변형률 |
| $P_u$ | - 계수 축하중 | $CI_c$ | - 길이당 기둥 코스트 |
| $M_u$ | - 계수 모멘트 | $CO_2$ | - 길이당 $CO_2$ 배출량 |
| | | $W_c$ | - 길이당 기둥 중량 |
| | | $\alpha_{e/h}$ | - 작용하중의 각편심 |

표 2.1.1(b-1) 비정규화된 ACI 318-14 기반의 빅데이터

| | 구조설계를 위한 7개 입력 파라미터 (AutoCol) | | | | | | | 계산되는 9개 출력 파라미터 (AutoCol) | | | | | | | | |
|---|---|---|---|---|---|---|---|---|---|---|---|---|---|---|---|---|
| | $b$ | $h$ | $\rho_s$ | $f_{ck}$ | $f_y$ | $P_u$ | $M_u$ | $\phi P_n$ | $\phi M_n$ | $SF$ | $b/h$ | $\varepsilon_s$ | $CI_c$ | $CO_2$ | $W_c$ | $\alpha_{e/h}$ |
| | mm | mm | | MPa | MPa | kN | kN·m | kN | kN·m | | | | KRW/m | t-$CO_2$/m | kN/m | |
| 100,000 datasets | 961.0 | 698 | 0.050 | 53 | 424 | 11694.4 | 6037.8 | 7745.6 | 3999.1 | 0.662 | 1.377 | 0.0027 | 343,383 | 0.77 | 1.58 | 0.934 |
| | 716.3 | 571 | 0.043 | 43 | 422 | 7269.5 | 491.8 | 11054.2 | 747.9 | 1.521 | 1.255 | -0.0005 | 180,498 | 0.41 | 0.96 | 1.453 |
| | 630.7 | 543 | 0.023 | 43 | 515 | 751.5 | 986.7 | 738.2 | 969.2 | 0.982 | 1.162 | 0.0117 | 98,151 | 0.21 | 0.81 | 0.392 |
| | ⋮ | ⋮ | ⋮ | ⋮ | ⋮ | ⋮ | ⋮ | ⋮ | ⋮ | ⋮ | ⋮ | ⋮ | ⋮ | ⋮ | ⋮ | ⋮ |
| | 1126.0 | 1172 | 0.029 | 34 | 585 | 7516.2 | 4636.4 | 14712.1 | 9075.3 | 1.957 | 0.961 | 0.0018 | 447,115 | 0.99 | 3.11 | 1.086 |
| | 634.1 | 1250 | 0.039 | 56 | 344 | 32695.4 | 2549.3 | 24393.5 | 1902.0 | 0.746 | 0.507 | -0.0015 | 332,368 | 0.74 | 1.87 | 1.509 |
| | 335.4 | 388 | 0.058 | 56 | 447 | 2614.9 | 34.6 | 4788.8 | 63.3 | 1.831 | 0.865 | -0.0022 | 75,871 | 0.17 | 0.31 | 1.537 |
| **MAX** | 2240.9 | 1500 | 0.080 | 70 | 600 | 218169.9 | 112070.4 | 141615.1 | 66099.7 | 2.000 | 1.500 | 0.0734 | 2,543,906 | 5.78 | 7.91 | 1.571 |
| **MIN** | 300.0 | 300 | 0.010 | 20 | 300 | 0.0 | 0.1 | 0.0 | 0.2 | 0.500 | 0.250 | -0.0030 | 15,257 | 0.03 | 0.21 | 0.000 |
| **MEAN** | 796.7 | 898.49 | 0.045 | 45.05 | 450.26 | 7757.4 | 5702.7 | 8414.6 | 6202.2 | 1.252 | 0.900 | 0.0059 | 381,430 | 0.86 | 1.92 | 0.782 |

표 2.1.1(b-2) 정규화된 ACI 318-14 기반의 빅데이터

| | 구조설계를 위한 7개 입력 파라미터 (AutoCol) | | | | | | | 계산되는 9개 출력 파라미터 (AutoCol) | | | | | | | | |
|---|---|---|---|---|---|---|---|---|---|---|---|---|---|---|---|---|
| | $b$ | $h$ | $\rho_s$ | $f_{ck}$ | $f_y$ | $P_u$ | $M_u$ | $\phi P_n$ | $\phi M_n$ | $SF$ | $b/h$ | $\varepsilon_s$ | $CI_c$ | $CO_2$ | $W_c$ | $\alpha_{e/h}$ |
| | mm | mm | | MPa | MPa | kN | kN·m | kN | kN·m | | | | KRW/m | t-$CO_2$/m | kN/m | |
| 100,000 datasets | -0.319 | -0.337 | 0.142 | 0.32 | -0.173 | -0.893 | -0.892 | -0.891 | -0.879 | -0.784 | 0.803 | -0.853 | -0.74 | -0.742 | -0.645 | 0.189 |
| | -0.571 | -0.548 | -0.071 | -0.08 | -0.187 | -0.933 | -0.991 | -0.844 | -0.977 | 0.361 | 0.607 | -0.936 | -0.869 | -0.868 | -0.805 | 0.85 |
| | -0.659 | -0.595 | -0.634 | -0.08 | 0.433 | -0.993 | -0.982 | -0.99 | -0.971 | -0.357 | 0.458 | -0.615 | -0.934 | -0.938 | -0.846 | -0.501 |
| | ⋮ | ⋮ | ⋮ | ⋮ | ⋮ | ⋮ | ⋮ | ⋮ | ⋮ | ⋮ | ⋮ | ⋮ | ⋮ | ⋮ | ⋮ | ⋮ |
| | -0.839 | 0.517 | -0.437 | 0.56 | 0.16 | -0.969 | -0.946 | -0.792 | -0.725 | 0.943 | 0.137 | -0.874 | -0.658 | -0.668 | -0.248 | 0.383 |
| | -1 | -0.362 | 0.554 | -0.68 | -0.233 | -0.991 | -0.976 | -0.655 | -0.942 | -0.672 | -0.588 | -0.963 | -0.749 | -0.753 | -0.57 | 0.921 |
| | -0.671 | -0.573 | -0.428 | -0.44 | -0.153 | -0.979 | -0.983 | -0.932 | -0.998 | 0.775 | -0.017 | -0.98 | -0.952 | -0.952 | -0.975 | 0.957 |
| **MAX** | 1 | 1 | 1 | 1 | 1 | 1 | 1 | 1 | 1 | 1 | 1 | 1 | 1 | 1 | 1 | 1 |
| **MIN** | -1 | -1 | -1 | -1 | -1 | -1 | -1 | -1 | -1 | -1 | -1 | -1 | -1 | -1 | -1 | -1 |
| **MEAN** | -0.488 | -0.003 | 0 | 0.002 | 0.002 | -0.929 | -0.898 | -0.881 | -0.812 | 0.002 | 0.04 | -0.767 | -0.71 | -0.712 | -0.555 | -0.004 |

표 2.1.1(c-1) 비정규화된 ACI 318-19 기반의 빅데이터

| | 구조설계를 위한 7개 입력 파라미터 (AutoCol) | | | | | | | 계산되는 9개 출력 파라미터 (AutoCol) | | | | | | | | |
|---|---|---|---|---|---|---|---|---|---|---|---|---|---|---|---|---|
| | $b$ | $h$ | $\rho_s$ | $f_{ck}$ | $f_y$ | $P_u$ | $M_u$ | $\phi P_n$ | $\phi M_n$ | $SF$ | $b/h$ | $\varepsilon_s$ | $CI_c$ | $CO_2$ | $W_c$ | $\alpha_{e/h}$ |
| | mm | mm | | MPa | MPa | kN | kN·m | kN | kN·m | | | | KRW/m | t-$CO_2$/m | kN/m | |
| 100,000 datasets | 1359.8 | 1093 | 0.035 | 37 | 555 | 4802.9 | 19683.5 | 3209.3 | 13152.8 | 0.668 | 1.244 | 0.0093 | 575,628 | 1.28 | 3.50 | 0.261 |
| | 1487 | 1242 | 0.058 | 25 | 402 | 13765.3 | 17683.1 | 12982.7 | 16677.8 | 0.943 | 1.197 | 0.0024 | 1,013,257 | 2.43 | 4.35 | 0.769 |
| | 300 | 608 | 0.038 | 66 | 563 | 295.8 | 538.9 | 522.6 | 952.3 | 1.767 | 0.493 | 0.0089 | 80,805 | 0.17 | 0.43 | 0.322 |
| | ⋮ | ⋮ | ⋮ | ⋮ | ⋮ | ⋮ | ⋮ | ⋮ | ⋮ | ⋮ | ⋮ | ⋮ | ⋮ | ⋮ | ⋮ | ⋮ |
| | 456.4 | 1210 | 0.030 | 59 | 474 | 3408.1 | 2795.5 | 6729.3 | 5519.7 | 1.974 | 0.377 | 0.0036 | 197,330 | 0.42 | 1.30 | 0.975 |
| | 300 | 683 | 0.064 | 28 | 415 | 1025.9 | 1249.7 | 829.7 | 1010.7 | 0.809 | 0.439 | 0.0034 | 123,652 | 0.29 | 0.48 | 0.511 |
| | 620.2 | 556 | 0.030 | 34 | 427 | 2275.4 | 876.9 | 2818.9 | 1086.4 | 1.239 | 1.116 | 0.0023 | 114,556 | 0.26 | 0.81 | 0.965 |
| **MAX** | 2247.8 | 1500 | 0.080 | 70 | 600 | 221251.5 | 103019.0 | 142073.1 | 65425.6 | 2.000 | 1.500 | 0.0691 | 2,499,403 | 5.68 | 7.94 | 1.571 |
| **MIN** | 300 | 300 | 0.010 | 20 | 300 | 0.0 | 0.1 | 0.0 | 0.1 | 0.500 | 0.250 | -0.0030 | 15,153 | 0.03 | 0.21 | 0.000 |
| **MEAN** | 798.3 | 900.12 | 0.045 | 44.899 | 449.73 | 7833.0 | 5687.3 | 8495.0 | 6160.4 | 1.251 | 0.900 | 0.0059 | 381,632 | 0.86 | 1.93 | 0.785 |

표 2.1.1(c-2) 정규화된 ACI 318-19 기반의 빅데이터

| | 구조설계를 위한 7 개 입력 파라미터 (AutoCol) | | | | | | | 계산되는 9 개 출력 파라미터 (AutoCol) | | | | | | | | |
|---|---|---|---|---|---|---|---|---|---|---|---|---|---|---|---|---|
| | $b$ | $h$ | $\rho_s$ | $f_{ck}$ | $f_y$ | $P_u$ | $M_u$ | $\phi P_n$ | $\phi M_n$ | $SF$ | $b/h$ | $\varepsilon_s$ | $CI_c$ | $CO_2$ | $W_c$ | $\alpha_{e/h}$ |
| | mm | mm | | MPa | MPa | kN | kN·m | kN | kN·m | | | | KRW/m | t-$CO_2$/m | kN/m | |
| 100,000 datasets | 0.088 | 0.322 | -0.280 | -0.320 | 0.700 | -0.957 | -0.618 | -0.955 | -0.598 | -0.776 | 0.591 | -0.660 | -0.549 | -0.558 | -0.149 | -0.668 |
| | 0.219 | 0.570 | 0.376 | -0.800 | -0.320 | -0.876 | -0.657 | -0.817 | -0.490 | -0.409 | 0.516 | -0.851 | -0.196 | -0.152 | 0.071 | -0.021 |
| | -1.000 | -0.487 | -0.191 | 0.840 | 0.753 | -0.997 | -0.990 | -0.993 | -0.971 | 0.689 | -0.611 | -0.672 | -0.947 | -0.952 | -0.944 | -0.590 |
| | ⋮ | ⋮ | ⋮ | ⋮ | ⋮ | ⋮ | ⋮ | ⋮ | ⋮ | ⋮ | ⋮ | ⋮ | ⋮ | ⋮ | ⋮ | ⋮ |
| | -0.839 | 0.517 | -0.437 | 0.560 | 0.160 | -0.969 | -0.946 | -0.905 | -0.831 | 0.966 | -0.797 | -0.817 | -0.853 | -0.865 | -0.718 | 0.242 |
| | -1.000 | -0.362 | 0.554 | -0.680 | -0.233 | -0.991 | -0.976 | -0.988 | -0.969 | -0.588 | -0.697 | -0.824 | -0.913 | -0.908 | -0.930 | -0.349 |
| | -0.671 | -0.573 | -0.428 | -0.440 | -0.153 | -0.979 | -0.983 | -0.960 | -0.967 | -0.015 | 0.385 | -0.855 | -0.920 | -0.919 | -0.845 | 0.228 |
| **MAX** | 1.000 | 1.000 | 1.000 | 1.000 | 1.000 | 1.000 | 1.000 | 1.000 | 1.000 | 1.000 | 1.000 | 1.000 | 1.000 | 1.000 | 1.000 | 1.000 |
| **MIN** | -1.000 | -1.000 | -1.000 | -1.000 | -1.000 | -1.000 | -1.000 | -1.000 | -1.000 | -1.000 | -1.000 | -1.000 | -1.000 | -1.000 | -1.000 | -1.000 |
| **MEAN** | -0.488 | 0.000 | -0.002 | -0.004 | -0.002 | -0.929 | -0.890 | -0.880 | -0.812 | 0.002 | 0.039 | -0.754 | -0.705 | -0.707 | -0.555 | 0.000 |

### 2.1.2 역방향 인공신경망 기반의 목적함수

#### (1) 인공신경망에 기반한 구조설계 파라미터 함수의 유도

축력 $P_u$와 모멘트 $M_u$가 작용하는 기둥의 목적함수($CI_c$, $CO_2$, $W_c$)를 일곱 개의 역입력 파라미터($\mathbf{x} = [\rho_s, f_c', f_y, P_u, M_u, SF, b/h]^T$) 함수로 유도하기 위해서는 가중변수 매트릭스와 편향변수 매트릭스를 도출해야 한다. 이때 안전율($SF$)과 기둥폭/춤 비(*b/h*)를 역방향으로 입력부에 역지정했고 식 (2.1.5-1), (2.1.5-2), (2.1.5-3)의 인공신경망을 이용하고자 한다. 기타 역방향 출력 파라미터들($b$, $h$, $\phi P_n$, $\phi M_n$, $\varepsilon_s$, $\alpha_{e/h}$)도 최적화 과정에서 stationary 포인트로 구해졌다. 역방향 인공신경망용 매개 파라미터인 가중변수 매트릭스와 편향변수 매트릭스는 식 (2.1.5-1), (2.1.5-2), (2.1.5-3)으로부터 구했다.

표 2.1.2에 나와 있는 역방향 인공신경망 학습에는 80개의 뉴런과 1, 2, 5, 10개의 은닉층 조합이 사용되었고 표 2.1.2에는 목적함수($CI_c$, $CO_2$, $W_c$)와 각 역방향 출력 파라미터($b, h, \phi P_n$, $\phi M_n$, $\varepsilon_s$, $\alpha_{e/h}$)에 대해 최상의 학습 정확도를 도출한 은닉층이 제시되어 있다. 표 2.1.3에는 한 개의 은닉층에 대해 일곱 개의 입력 파라미터, 80개의 뉴런을 사용하는 인공신경망의 학습의 결과로서 가중변수 매트릭스(weight matrices)와 편향변수 매트릭스(bias matrices)가 도출되었다. 표 2.1.2(a-2), (b-2)의 역방향(reverse artificial neural networks, ANNs) 기반에서는 표 2.1.2(a-1), (b-1)의 순방향 인공신경망에서 사용되었던 입력, 출력 파라미터의 연산 위치가 서로 교환된다. ACI 318-14 기반에서는 표 2.1.3(a-2)에서, ACI 318-19 기반에서는 표 2.1.3(b-2)에서 목적함수($CI_c$, $CO_2$, $W_c$)가 역입력 파라미터의 함수($\rho_s$, $f_c'$, $f_y$, $P_u$, $M_u, SF, b/h$)로 도출되어 있다.

한 번 더 요약하면 이번 설계 예제에서 인공신경망의 각 은닉층은 80개의 뉴런에 기반해 연산이 수행되는데 각 은닉층과 80개의 뉴런은 매개 파라미터인 가중변수 매트릭스와 편향변수 매트릭스로 연결되어 있고 각 은닉층에는 그림 2.1.1의 활성함수(activation function tansig, *tanh*)가 적용되어 있다. 따라서 인공신경망은 복잡한 비선형 연산이 가능하다.

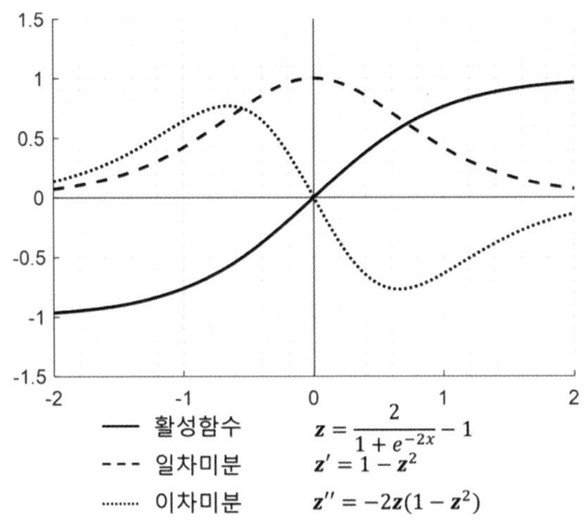


그림 2.1.1 활성함수 및 활성함수의 미분

### (2) 역방향 인공신경망 기반의 목적함수 유도를 위한 가중변수 매트릭스(weight matrix)와 편향변수 매트릭스(bias matrix) 도출

부등 제약함수가 적용되는 경우, KKT 조건하에서 라그랑주 함수의 1차 미분식해를 구해야 한다. 이 책에서는 Matlab toolbox를 활용해 라그랑주 함수의 최소값을 구했다[13], [14]. 전통적인 라그랑주 최적화에서는 수학식으로 유도된 함수들을 직접 미분해 제이코비, 헤시안 매트릭스를 유도해야 하지만 인공신경망 기반에서는 간단히 Hong-Lagrange 방법을 이용해 한 개의 은닉층을 사용한 표 2.1.3처럼 가중변수 매트릭스와 편향변수 매트릭스를 구한 후 모든 함수를 인공신경망 기반에서 유도한다([3]의 2.3.3절)의 식 (2.1.2)부터 식 (2.1.4)까지 참조).

PTM 학습방법을 사용하는 경우의 순방향, 역방향 인공신경망은 그림 2.1.2(a)와 그림 2.1.2(b)에 각각 도시되어 있다. PTM 학습방법을 사용하는 경우, 그림 2.1.2②의 마지막 은닉층과 그림 2.1.2③-2의 출력층(목적함수; $CI_c$, $CO_2$, $W_c$ 또는 순방향 출력 파라미터; $\phi P_n$, $\phi M_n$, $SF$, $b/h$ , $\varepsilon_s$, $\alpha_{e/h}$, 또는 역방향 출력 파라미터; $b, h, \phi P_n$, $\phi M_n$, $\varepsilon_s$, $\alpha_{e/h}$) 사이를 연결하는 가중변수 매트릭스와 편향변수 매트릭스는 오직 한 개의 행만 갖는 매트릭스로 유도된다. 인공신경망의 마지막 은닉층은 (그림 2.1.2의 ②)에 표시되어 있고 출력층의 각 출력 파라미터와 목적함수는 그림 2.1.2의 ③-2에 표시되어 있다. 각 은닉층에서 구해진 가중변수 매트릭스(weight matrices)와 편향변수 매트릭스(bias matrix)는 은닉층이 그 다음 층의 뉴런과 전적으로 연결되도록 도출된다([4]의 1.4.2절). 이와같이 가중변수 매트릭스와 편향변수 매트릭스를 구하는 과정이 인공신경망 학습의 목적이라고 할 수 있다. 각 은닉층에는 그림 2.1.1의 활성함수(activation function *tansig, tanh*)가 식 (2.1.5-1), (2.1.5-2), (2.1.5-3)에 적용되어 있다. 따라서 인공신경망은 복잡한 비선형 연산이 가능하다. 각 은닉층의 뉴런값은 모두 더해져 출력층의 각 출력 파라미터($\phi P_n$, $\phi M_n$, $SF$, $b/h$, $\varepsilon_s$, $\alpha_{e/h}$)와 목적함수($CI_c$, $CO_2$, $W_c$)를 도출한다[15], [16], [17], [18], [19].

이 설계 예제에서 사용되는 순방향, 역방향 인공신경망은 그림 2.1.2(a)와 (b)에 도시되어 있다. 인공신경망의 각 은닉층은 80개의 뉴런에 기반해 연산이 수행되는데 각 은닉층과 80개의 뉴런은 매개 파라미터인 가중변수 매트릭스(weight matrices)와 편향변수 매트릭스(bias matrix)로 연결되어 있다. 역방향 인공신경망의 경우에는 식 (2.1.5-1), (2.1.5-2), (2.1.5-3)의 붉은색 부분에 역입력 파라미터의 함수 $\mathbf{x} = [\rho_s, f_c', f_y, P_u, M_u, SF, b/h]^T$가 대입되는 위치이며 초기 입력 파라미터를 대입해 뉴턴-랩슨 반복연산이 시작된다.

### 2.1.3 순방향 인공신경망 기반의 목적함수 유도를 위한 가중변수 매트릭스(weight matrix)와 편향변수 매트릭스(bias matrix) 도출

#### (1) 인공신경망의 유도

목적함수는 수학적 기반보다 인공신경망 기반으로도 유도될 수 있다(Berrais 1999, [20]). 이를 위해 Kolmogorov(Kolmogorov 1957, [21]) 이론을 이용해 세 개의 은닉층을 사용한 인공신경망에 활성함수를 적용해 비선형 목적함수를 유도했다. 이 장에서는 식 (2.1.5-1), (2.1.5-2), (2.1.5-3)에 유도되어 있는 인공신경망을 빅데이터로 학습해 가중변수 매트릭스와 편향변수 매트릭스를 도출했다. 이 매트릭스들은 기둥의 목적함수($CI_c$, $CO_2$, $W_c$)를 일곱 개의 입력 파라미터들의 함수로$(b, h, \rho_s, f_c', f_y, P_u, M_u)$ 유도하는데 사용된다. 머신러닝(machine learning)의 한 분야인 인공신경망(ANN)을 이용해 기둥 목적함수($CI_c$, $CO_2$, $W_c$)의 입·출력 파라미터를 피팅했고 매개 파라미터인 가중변수 매트릭스와 편향변수 매트릭스를 도출했다. 목적함수 인공신경망의 각 은닉층에는 그림 2.1.1의 활성함수가 적용되어 있다.

빅데이터의 피팅은 Matlab toollbox[14]를 이용했다. 일곱 개의 순방향 입력 파라미터 ($\mathbf{x} = [b, h, \rho_s, f_c', f_y, P_u, M_u]^T$)는 순방향 인공신경망 식인 식 (2.1.5-1), (2.1.5-2), (2.1.5-3) 내의 붉은색 파라미터 위치에 대입되어 연산된다. 입력 파라미터는 첫 번째 은닉층으로부터 출력층까지 전체 은닉층에 대해 순방향(feed-forward networks)으로 각 뉴런에 의해 연산되며 이때의 매개 파라미터는 각 은닉층의 가중변수 매트릭스와 편향변수 매트릭스가 된다. 역방향 기반에서는 입력, 출력 파라미터의 연산 위치가 서로 교환된다. 그림 2.1.2(b)와 표 2.1.2에서 역방향 인공신경망의 입력 파라미터는 $\mathbf{x} = \left[\rho_s, f_c', f_y, P_u, M_u, SF, \frac{b}{h}\right]^T$가 되고 이는 그림 2.1.2(a)와 표 2.1.2의 순방향 인공신경망의 입력 파라미터 ($\mathbf{x} = [b, h, \rho_s, f_c', f_y, P_u, M_u]^T$)와 비교해 안전율($SF$)과 기둥폭 $b$와 춤 $h$의 비율($b/h$)을 입력부에 선제적으로 역지정함으로써 역방향 입력 파라미터로 설정되었음을 알 수 있다.

순방향 인공신경망에서는 기둥폭 $b$와 춤 $h$가 순방향으로 입력부에 지정되어 있다. 즉 안전율 $SF$, $b/h$와 기둥폭 $b$, 춤 $h$의 지정 위치가 역방향, 순방향 인공신경망에서 입·출력부가 맞교환되었다는 뜻이다. 홍원기 외(2019)[15]는 순방향 인공신경망 기반에서 기둥의 목적함수($CI_c$, $CO_2$, $W_c$)를 일곱 개의 은닉층과 80개의 뉴런에 기반해 식 (2.1.5)에서 유도했다. 인공신경망의 각 은닉층은 앞에서 기술했듯이 매개 파라미터인 가중변수 매트릭스와 편향변수 매트릭스로 연결되어 있고 각 은닉층에는 그림 2.1.1의 활성함수가 적용되어 있다. 따라서 식 (2.1.5-1), (2.1.5-2), (2.1.5-3)의 인공신경망은 복잡한 비선형 연산이 가능하다.

$$\underbrace{CI_c}_{[1\times1]} = g^D_{CI_c}\left(f^L_l\left(\underbrace{\mathbf{W}^L_{CI_c}}_{[1\times80]} f^{L-1}_t\left(\underbrace{\mathbf{W}^{L-1}_{CI_c}}_{[80\times80]} \cdots f^1_t\left(\underbrace{\mathbf{W}^1_{CI_c}}_{[80\times7]} \underbrace{g^N_{CI_c}(\mathbf{x})}_{[7\times1]} + \underbrace{\mathbf{b}^1_{CI_c}}_{[80\times1]}\right)\cdots + \underbrace{\mathbf{b}^{L-1}_{CI_c}}_{[80\times1]}\right) + \underbrace{b^L_{CI_c}}_{[1\times1]}\right)\right) \quad (2.1.5\text{-}1)$$

$$\underbrace{CO_2}_{[1\times1]} = g^D_{CO_2}\left(f^L_l\left(\underbrace{\mathbf{W}^L_{CO_2}}_{[1\times80]} f^{L-1}_t\left(\underbrace{\mathbf{W}^{L-1}_{CO_2}}_{[80\times80]} \cdots f^1_t\left(\underbrace{\mathbf{W}^1_{CO_2}}_{[80\times7]} \underbrace{g^N_{CO_2}(\mathbf{x})}_{[7\times1]} + \underbrace{\mathbf{b}^1_{CO_2}}_{[80\times1]}\right)\cdots + \underbrace{\mathbf{b}^{L-1}_{CO_2}}_{[80\times1]}\right) + \underbrace{b^L_{CO_2}}_{[1\times1]}\right)\right) \quad (2.1.5\text{-}2)$$

$$\underbrace{W_c}_{[1\times1]} = g^N_{W_c}\left(f^L_l\left(\underbrace{\mathbf{W}^L_{W_c}}_{[1\times80]} f^{L-1}_t\left(\underbrace{\mathbf{W}^{L-1}_{W_c}}_{[80\times80]} \cdots f^1_t\left(\underbrace{\mathbf{W}^1_{W_c}}_{[80\times7]} \underbrace{g^N_{W_c}(\mathbf{x})}_{[7\times1]} + \underbrace{\mathbf{b}^1_{W_c}}_{[80\times1]}\right)\cdots + \underbrace{\mathbf{b}^{L-1}_{W_c}}_{[80\times1]}\right) + \underbrace{b^L_{W_c}}_{[1\times1]}\right)\right) \quad (2.1.5\text{-}3)$$

식 (2.1.5-1), (2.1.5-2), (2.1.5-3)의 인공신경망을 학습한다는 것은 빅데이터의 입력 파라미터를 출력 파라미터에 피팅해 가중변수 매트릭스와 편향변수 매트릭스를 도출한다는 의미다. 목적함수($CI_c$, $CO_2$, $W_c$) 유도용, 가중변수 매트릭스 및 편향변수 매트릭스 도출을 위한 인공신경망의 학습 정확도가 표 2.1.2에 제시되어 있다. 표 2.1.2에서 보듯이 순방향 출력 파라미터($\phi P_n$, $\phi M_n$, $SF$, $b/h$ , $\varepsilon_s$, $\alpha_{e/h}$) 또는 역방향 출력 파라미터($b, h, \phi P_n$, $\phi M_n$, $\varepsilon_s$,

$\alpha_{e/h}$)는 매핑되어 최상의 학습 정확도를 도출했다. PTM(Parallel Training Method) 방법(저자의 이전 저서 [4]의 4.11, 7.3절)으로 전체 일곱 개의 입력 파라미터를 각각의 출력 파라미터에 대해 개별적으로 매핑했고 각 은닉층은 매개 파라미터인 가중변수 매트릭스와 편향변수 매트릭스로 연결되어 있다. 또한 인공신경망의 각 은닉층에는 그림 2.1.1의 활성함수가 적용되어 있어 비선형 거동을 하는 기타 출력함수들($\phi P_n$, $\phi M_n$, $SF$, $b/h$ , $\varepsilon_s$, $\alpha_{e/h}$)의 유도가 가능했다. 전체 입력 데이터를 출력 데이터에 동시에 매핑하는 TED 방법([4]의 4.11, 7.3절)과 비교해 PTM은 학습시간이 단축되고 학습 정확도가 향상된다는 장점이 있다. ACI 318-14에 기반한 표 2.1.2(a-1), (a-2)와 ACI 318-19에 기반한 표 2.1.2 (b-1), (b-2)는 각각 순방향 및 역방향 인공신경망의 학습 정확도를 보여준다. 인공신경망 학습에는 80개의 뉴런과 1, 2, 5, 10개의 은닉층 조합이 사용되었고 표 2.1.2에는 각각의 출력 파라미터에 대해 최상의 학습 정확도를 도출한 은닉층 또한 제시되어 있다.

표 2.1.2 PTM 방법을 이용한 인공신경망의 학습 정확도

표 2.1.2(a-1) 1, 2, 5, 10개의 은닉층 및 80개의 뉴런에 기반한 순방향 인공신경망에 의해 작성된 ACI 318-14 기반의 목적함수

최고 학습결과를 도출하는 학습 파라미터 요약 - Lagrange 순방향 인공신경망
7 입력변수($b$, $h$, $r_s$, $f_c'$, $f_y$, $P_u$, $M_u$) -
9 출력변수($fP_n$, $fM_n$, $SF$, $b/h$, $e_s$, $CI_c$, $CO_2$, $W_c$, $a_{e/h}$)

| No. | 빅데이터 | 은닉층 | 뉴런 | 에폭 | MSE T.perf | R |
|---|---|---|---|---|---|---|
| | | 7 Inputs ($b$, $h$, $r_s$, $f_c'$, $f_y$, $P_u$, $M_u$) - 1 Output ($fP_n$) - PTM | | | | |
| 1a | 100,000 | 1 | 80 | 13,229 | 1.2E-04 | 0.9982 |
| 1b | 100,000 | 2 | 80 | 7,799 | 2.6E-05 | 0.9996 |
| 1c | 100,000 | 5 | 80 | 58,582 | 8.9E-07 | 1.0000 |
| 1d | 100,000 | 10 | 80 | 23,743 | 5.7E-06 | 0.9999 |
| | | 7 Inputs ($b$, $h$, $r_s$, $f_c'$, $f_y$, $P_u$, $M_u$) - 1 Output ($fM_n$) - PTM | | | | |
| 2a | 100,000 | 1 | 80 | 23,881 | 1.4E-04 | 0.9988 |
| 2b | 100,000 | 2 | 80 | 24,144 | 1.0E-05 | 0.9999 |
| 2c | 100,000 | 5 | 80 | 16,900 | 5.4E-07 | 1.0000 |
| 2d | 100,000 | 10 | 80 | 35,315 | 5.2E-06 | 1.0000 |
| | | 7 Inputs ($b$, $h$, $r_s$, $f_c'$, $f_y$, $P_u$, $M_u$) - 1 Output ($SF$) - PTM | | | | |
| 3a | 100,000 | 1 | 80 | 70,810 | 1.1E-02 | 0.9829 |
| 3b | 100,000 | 2 | 80 | 23,782 | 1.6E-03 | 0.9978 |
| 3c | 100,000 | 5 | 80 | 9,616 | 5.1E-06 | 1.0000 |
| 3d | 100,000 | 10 | 80 | 62,772 | 3.7E-04 | 0.9995 |
| | | 7 Inputs ($b$, $h$, $r_s$, $f_c'$, $f_y$, $P_u$, $M_u$) - 1 Output ($b/h$) - PTM | | | | |
| 4a | 100,000 | 1 | 80 | 68,943 | 1.1E-07 | 1.0000 |
| 4b | 100,000 | 2 | 80 | 44,975 | 2.0E-08 | 1.0000 |
| 4c | 100,000 | 5 | 80 | 5,948 | 1.4E-05 | 0.9999 |
| 4d | 100,000 | 10 | 80 | 23,600 | 2.0E-06 | 1.0000 |
| | | 7 Inputs ($b$, $h$, $r_s$, $f_c'$, $f_y$, $P_u$, $M_u$) - 1 Output ($e_s$) - PTM | | | | |
| 5a | 100,000 | 1 | 80 | 26,197 | 6.0E-04 | 0.9921 |
| 5b | 100,000 | 2 | 80 | 44,138 | 5.2E-05 | 0.9994 |
| 5c | 100,000 | 5 | 80 | 9,734 | 6.6E-05 | 0.9992 |
| 5d | 100,000 | 10 | 80 | 39,003 | 2.9E-05 | 0.9997 |
| | | 7 Inputs ($b$, $h$, $r_s$, $f_c'$, $f_y$, $P_u$, $M_u$) - 1 Output ($CI_c$) - PTM | | | | |
| 6a | 100,000 | 1 | 80 | 51,325 | 1.2E-07 | 1.0000 |
| 6b | 100,000 | 2 | 80 | 24,824 | 1.3E-07 | 1.0000 |
| 6c | 100,000 | 5 | 80 | 5,948 | 1.4E-05 | 0.9999 |
| 6d | 100,000 | 10 | 80 | 31,260 | 1.6E-06 | 1.0000 |
| | | 7 Inputs ($b$, $h$, $r_s$, $f_c'$, $f_y$, $P_u$, $M_u$) - 1 Output ($CO_2$) - PTM | | | | |
| 7a | 100,000 | 1 | 80 | 27,427 | 1.2E-07 | 1.0000 |
| 7b | 100,000 | 2 | 80 | 33,193 | 7.2E-08 | 1.0000 |
| 7c | 100,000 | 5 | 80 | 9,616 | 5.1E-06 | 1.0000 |
| 7d | 100,000 | 10 | 80 | 12,221 | 4.8E-06 | 1.0000 |
| | | 7 Inputs ($b$, $h$, $r_s$, $f_c'$, $f_y$, $P_u$, $M_u$) - 1 Output ($W_c$) - PTM | | | | |
| 8a | 100,000 | 1 | 80 | 62,349 | 2.1E-08 | 1.0000 |
| 8b | 100,000 | 2 | 80 | 29,998 | 7.5E-08 | 1.0000 |
| 8c | 100,000 | 5 | 80 | 16,900 | 5.4E-07 | 1.0000 |
| 8d | 100,000 | 10 | 80 | 25,169 | 2.3E-06 | 1.0000 |
| | | 7 Inputs ($b$, $h$, $r_s$, $f_c'$, $f_y$, $P_u$, $M_u$) - 1 Output ($a_{e/h}$) - PTM | | | | |
| 9a | 100,000 | 1 | 80 | 31,963 | 2.6E-03 | 0.9968 |
| 9b | 100,000 | 2 | 80 | 13,715 | 1.7E-04 | 0.9997 |
| 9c | 100,000 | 5 | 80 | 58,582 | 8.9E-07 | 1.0000 |
| 9d | 100,000 | 10 | 80 | 138,783 | 2.4E-07 | 1.0000 |

표 2.1.2(a-2) 1, 2, 5, 10개의 은닉층 및 80개의 뉴런에 기반한 역방향 인공신경망에 의해 작성된 ACI 318-14 기반의 목적함수

최고 학습결과를 도출하는 학습 파라미터 요약- Lagrange 역방향 인공신경망
7 입력변수($r_s, f_c', f_y, P_u, M_u, SF, b/h$) -
9 출력변수($b, h, fP_n, fM_n, e_s, CI_c, CO_2, W_c, a_{e/h}$)

| No. | 빅데이터 | 은닉층 | 뉴런 | 에폭 | MSE T.perf | R |
|---|---|---|---|---|---|---|
| 7 Inputs ($r_s, f_c', f_y, P_u, M_u, SF, b/h$) - 1 Output ($b$) - PTM | | | | | | |
| 1a | 100,000 | 1 | 80 | 55,585 | 3.5E-04 | 0.9992 |
| 1b | 100,000 | 2 | 80 | 67,336 | 1.5E-05 | 1.0000 |
| 1c | 100,000 | 5 | 80 | 63,449 | 5.4E-06 | 1.0000 |
| 1d | 100,000 | 10 | 80 | 72,476 | 6.2E-06 | 1.0000 |
| 7 Inputs ($r_s, f_c', f_y, P_u, M_u, SF, b/h$) - 1 Output ($h$) - PTM | | | | | | |
| 2a | 100,000 | 1 | 80 | 36,194 | 9.0E-04 | 0.9988 |
| 2b | 100,000 | 2 | 80 | 44,582 | 4.6E-05 | 0.9999 |
| 2c | 100,000 | 5 | 80 | 36,651 | 2.7E-05 | 1.0000 |
| 2d | 100,000 | 10 | 80 | 100,431 | 2.4E-05 | 1.0000 |
| 7 Inputs ($r_s, f_c', f_y, P_u, M_u, SF, b/h$) - 1 Output ($fP_n$) - PTM | | | | | | |
| 3a | 100,000 | 1 | 80 | 30,476 | 1.3E-07 | 1.0000 |
| 3b | 100,000 | 2 | 80 | 8,231 | 1.1E-06 | 1.0000 |
| 3c | 100,000 | 5 | 80 | 39,226 | 2.0E-07 | 1.0000 |
| 3d | 100,000 | 10 | 80 | 20,150 | 2.0E-06 | 1.0000 |
| 7 Inputs ($r_s, f_c', f_y, P_u, M_u, SF, b/h$) - 1 Output ($fM_n$) - PTM | | | | | | |
| 4a | 100,000 | 1 | 80 | 11,649 | 2.6E-07 | 1.0000 |
| 4b | 100,000 | 2 | 80 | 33,103 | 7.3E-08 | 1.0000 |
| 4c | 100,000 | 5 | 80 | 23,665 | 8.4E-07 | 1.0000 |
| 4d | 100,000 | 10 | 80 | 50,481 | 2.4E-07 | 1.0000 |
| 7 Inputs ($r_s, f_c', f_y, P_u, M_u, SF, b/h$) - 1 Output ($e_s$) - PTM | | | | | | |
| 5a | 100,000 | 1 | 80 | 99,999 | 3.3E-04 | 0.9959 |
| 5b | 100,000 | 2 | 80 | 21,872 | 7.0E-05 | 0.9991 |
| 5c | 100,000 | 5 | 80 | 32,739 | 2.8E-05 | 0.9997 |
| 5d | 100,000 | 10 | 80 | 27,119 | 2.7E-05 | 0.9997 |
| 7 Inputs ($r_s, f_c', f_y, P_u, M_u, SF, b/h$) - 1 Output ($CI_c$) - PTM | | | | | | |
| 6a | 100,000 | 1 | 80 | 56,511 | 7.6E-05 | 0.9995 |
| 6b | 100,000 | 2 | 80 | 51,156 | 1.1E-05 | 0.9999 |
| 6c | 100,000 | 5 | 80 | 17,889 | 1.2E-05 | 0.9999 |
| 6d | 100,000 | 10 | 80 | 63,250 | 5.2E-06 | 1.0000 |
| 7 Inputs ($r_s, f_c', f_y, P_u, M_u, SF, b/h$) - 1 Output ($CO_2$) - PTM | | | | | | |
| 7a | 100,000 | 1 | 80 | 21,938 | 1.8E-04 | 0.9990 |
| 7b | 100,000 | 2 | 80 | 40,426 | 1.4E-05 | 0.9999 |
| 7c | 100,000 | 5 | 80 | 46,096 | 4.8E-06 | 1.0000 |
| 7d | 100,000 | 10 | 80 | 49,033 | 5.0E-06 | 1.0000 |
| 7 Inputs ($r_s, f_c', f_y, P_u, M_u, SF, b/h$) - 1 Output ($W_c$) - PTM | | | | | | |
| 8a | 100,000 | 1 | 80 | 21,920 | 4.5E-04 | 0.9988 |
| 8b | 100,000 | 2 | 80 | 45,884 | 1.4E-05 | 1.0000 |
| 8c | 100,000 | 5 | 80 | 55,162 | 7.7E-06 | 1.0000 |
| 8d | 100,000 | 10 | 80 | 75,074 | 6.8E-06 | 1.0000 |
| 7 Inputs ($r_s, f_c', f_y, P_u, M_u, SF, b/h$) - 1 Output ($a_{e/h}$) - PTM | | | | | | |
| 9a | 100,000 | 1 | 80 | 99,808 | 1.5E-03 | 0.9978 |
| 9b | 100,000 | 2 | 80 | 45,009 | 4.1E-05 | 0.9999 |
| 9c | 100,000 | 5 | 80 | 84,980 | 5.0E-06 | 1.0000 |
| 9d | 100,000 | 10 | 80 | 113,526 | 3.7E-06 | 1.0000 |

표 2.1.2(b-1) 1, 2, 5, 10개의 은닉층 및 80개의 뉴런에 기반한 순방향 인공신경망에 의해 작성된 ACI 318-19 기반의 목적함수

최고 학습결과를 도출하는 학습 파라미터 요약 - Lagrange 순방향 인공신경망
7 입력변수($b, h, r_s, f_c', f_y, P_u, M_u$) –
9 출력변수($fP_n, fM_n, SF, b/h, e_s, CI_c, CO_2, W_c, a_{e/h}$)

| No. | 빅데이터 | 은닉층 | 뉴런 | 에폭 | MSE T.perf | R |
|---|---|---|---|---|---|---|
| | | | 7 Inputs ($b, h, r_s, f_c', f_y, P_u, M_u$) - 1 Output ($fP_n$) - PTM | | | |
| 1a | 100,000 | 1 | 80 | 12,345 | 1.1E-04 | 0.9983 |
| 1b | 100,000 | 2 | 80 | 51,637 | 3.5E-06 | 1.0000 |
| 1c | 100,000 | 5 | 80 | 22,694 | 4.1E-06 | 0.9999 |
| 1d | 100,000 | 10 | 80 | 45,002 | 3.0E-06 | 1.0000 |
| | | | 7 Inputs ($b, h, r_s, f_c', f_y, P_u, M_u$) - 1 Output ($fM_n$) - PTM | | | |
| 2a | 100,000 | 1 | 80 | 18,935 | 1.4E-04 | 0.9988 |
| 2b | 100,000 | 2 | 80 | 22,029 | 1.0E-05 | 0.9999 |
| 2c | 100,000 | 5 | 80 | 33,305 | 4.6E-06 | 1.0000 |
| 2d | 100,000 | 10 | 80 | 60,322 | 4.2E-06 | 1.0000 |
| | | | 7 Inputs ($b, h, r_s, f_c', f_y, P_u, M_u$) - 1 Output ($SF$) - PTM | | | |
| 3a | 100,000 | 1 | 80 | 100,000 | 1.0E-02 | 0.9842 |
| 3b | 100,000 | 2 | 80 | 73,171 | 8.4E-04 | 0.9988 |
| 3c | 100,000 | 5 | 80 | 63,672 | 3.8E-04 | 0.9995 |
| 3d | 100,000 | 10 | 80 | 54,463 | 3.4E-04 | 0.9995 |
| | | | 7 Inputs ($b, h, r_s, f_c', f_y, P_u, M_u$) - 1 Output ($b/h$) - PTM | | | |
| 4a | 100,000 | 1 | 80 | 99,989 | 4.2E-08 | 1.0000 |
| 4b | 100,000 | 2 | 80 | 50,430 | 1.6E-08 | 1.0000 |
| 4c | 100,000 | 5 | 80 | 47,089 | 1.1E-07 | 1.0000 |
| 4d | 100,000 | 10 | 80 | 80,243 | 1.0E-07 | 1.0000 |
| | | | 7 Inputs ($b, h, r_s, f_c', f_y, P_u, M_u$) - 1 Output ($e_s$) - PTM | | | |
| 5a | 100,000 | 1 | 80 | 99,818 | 4.5E-04 | 0.9947 |
| 5b | 100,000 | 2 | 80 | 32,551 | 6.4E-05 | 0.9993 |
| 5c | 100,000 | 5 | 80 | 21,597 | 2.9E-05 | 0.9997 |
| 5d | 100,000 | 10 | 80 | 47,824 | 3.0E-05 | 0.9997 |
| | | | 7 Inputs ($b, h, r_s, f_c', f_y, P_u, M_u$) - 1 Output ($CI_c$) - PTM | | | |
| 6a | 100,000 | 1 | 80 | 80,194 | 4.2E-08 | 1.0000 |
| 6b | 100,000 | 2 | 80 | 10,276 | 8.9E-07 | 1.0000 |
| 6c | 100,000 | 5 | 80 | 5,765 | 1.9E-05 | 0.9999 |
| 6d | 100,000 | 10 | 80 | 47,041 | 1.6E-06 | 1.0000 |
| | | | 7 Inputs ($b, h, r_s, f_c', f_y, P_u, M_u$) - 1 Output ($CO_2$) - PTM | | | |
| 7a | 100,000 | 1 | 80 | 37,649 | 1.2E-07 | 1.0000 |
| 7b | 100,000 | 2 | 80 | 5,495 | 3.4E-06 | 1.0000 |
| 7c | 100,000 | 5 | 80 | 28,549 | 1.8E-06 | 1.0000 |
| 7d | 100,000 | 10 | 80 | 13,174 | 6.4E-06 | 1.0000 |
| | | | 7 Inputs ($b, h, r_s, f_c', f_y, P_u, M_u$) - 1 Output ($W_c$) - PTM | | | |
| 8a | 100,000 | 1 | 80 | 94,533 | 1.4E-08 | 1.0000 |
| 8b | 100,000 | 2 | 80 | 56,279 | 2.2E-08 | 1.0000 |
| 8c | 100,000 | 5 | 80 | 15,555 | 2.3E-06 | 1.0000 |
| 8d | 100,000 | 10 | 80 | 40,568 | 7.1E-07 | 1.0000 |
| | | | 7 Inputs ($b, h, r_s, f_c', f_y, P_u, M_u$) - 1 Output ($a_{e/h}$) - PTM | | | |
| 9a | 100,000 | 1 | 80 | 41,244 | 1.8E-03 | 0.9974 |
| 9b | 100,000 | 2 | 80 | 54,660 | 1.8E-05 | 1.0000 |
| 9c | 100,000 | 5 | 80 | 94,283 | 5.8E-07 | 1.0000 |
| 9d | 100,000 | 10 | 80 | 121,394 | 4.3E-07 | 1.0000 |

표 2.1.2(b-2) 1, 2, 5, 10개의 은닉층 및 80개의 뉴런에 기반한 역방향 인공신경망에 의해 작성된 ACI 318-19 기반의 목적함수

최고 학습결과를 도출하는 학습 파라미터 요약 - Lagrange 역방향 인공신경망
7 입력변수($r_s, f_c', f_y, P_u, M_u, SF, b/h$) -
9 출력변수($b, h, fP_n, fM_n, e_s, CI_c, CO_2, W_c, a_{e/h}$)

| No. | 빅데이터 | 은닉층 | 뉴런 | 에폭 | MSE T.perf | R |
|---|---|---|---|---|---|---|
| | | 7 Inputs ($r_s, f_c', f_y, P_u, M_u, SF, b/h$) - 1 Output ($b$) - PTM | | | | |
| 1a | 100,000 | 1 | 80 | 29,054 | 3.7E-04 | 0.9992 |
| 1b | 100,000 | 2 | 80 | 77,416 | 1.5E-05 | 1.0000 |
| 1c | 100,000 | 5 | 80 | 54,000 | 5.7E-06 | 1.0000 |
| 1d | 100,000 | 10 | 80 | 61,268 | 5.7E-06 | 1.0000 |
| | | 7 Inputs ($r_s, f_c', f_y, P_u, M_u, SF, b/h$) - 1 Output ($h$) - PTM | | | | |
| 2a | 100,000 | 1 | 80 | 70,234 | 7.1E-04 | 0.9990 |
| 2b | 100,000 | 2 | 80 | 51,630 | 5.8E-05 | 0.9999 |
| 2c | 100,000 | 5 | 80 | 49,748 | 2.3E-05 | 1.0000 |
| 2d | 100,000 | 10 | 80 | 57,530 | 2.6E-05 | 1.0000 |
| | | 7 Inputs ($r_s, f_c', f_y, P_u, M_u, SF, b/h$) - 1 Output ($fP_n$) - PTM | | | | |
| 3a | 100,000 | 1 | 80 | 6,501 | 1.3E-06 | 1.0000 |
| 3b | 100,000 | 2 | 80 | 29,698 | 2.4E-07 | 1.0000 |
| 3c | 100,000 | 5 | 80 | 8,135 | 5.9E-06 | 0.9999 |
| 3d | 100,000 | 10 | 80 | 7,343 | 3.0E-05 | 0.9996 |
| | | 7 Inputs ($r_s, f_c', f_y, P_u, M_u, SF, b/h$) - 1 Output ($fM_n$) - PTM | | | | |
| 4a | 100,000 | 1 | 80 | 32,566 | 1.3E-07 | 1.0000 |
| 4b | 100,000 | 2 | 80 | 36,280 | 1.2E-07 | 1.0000 |
| 4c | 100,000 | 5 | 80 | 13,394 | 3.8E-06 | 1.0000 |
| 4d | 100,000 | 10 | 80 | 24,401 | 1.0E-06 | 1.0000 |
| | | 7 Inputs ($r_s, f_c', f_y, P_u, M_u, SF, b/h$) - 1 Output ($e_s$) - PTM | | | | |
| 5a | 100,000 | 1 | 80 | 50,665 | 4.3E-04 | 0.9952 |
| 5b | 100,000 | 2 | 80 | 36,377 | 6.2E-05 | 0.9993 |
| 5c | 100,000 | 5 | 80 | 23,108 | 3.1E-05 | 0.9997 |
| 5d | 100,000 | 10 | 80 | 31,505 | 3.0E-05 | 0.9997 |
| | | 7 Inputs ($r_s, f_c', f_y, P_u, M_u, SF, b/h$) - 1 Output ($CI_c$) - PTM | | | | |
| 6a | 100,000 | 1 | 80 | 33,219 | 1.2E-04 | 0.9994 |
| 6b | 100,000 | 2 | 80 | 44,515 | 9.0E-06 | 1.0000 |
| 6c | 100,000 | 5 | 80 | 14,895 | 8.8E-06 | 1.0000 |
| 6d | 100,000 | 10 | 80 | 56,050 | 5.1E-06 | 1.0000 |
| | | 7 Inputs ($r_s, f_c', f_y, P_u, M_u, SF, b/h$) - 1 Output ($CO_2$) - PTM | | | | |
| 7a | 100,000 | 1 | 80 | 46,874 | 9.1E-05 | 0.9995 |
| 7b | 100,000 | 2 | 80 | 13,087 | 2.1E-05 | 0.9999 |
| 7c | 100,000 | 5 | 80 | 19,454 | 1.1E-05 | 1.0000 |
| 7d | 100,000 | 10 | 80 | 42,702 | 6.1E-06 | 1.0000 |
| | | 7 Inputs ($r_s, f_c', f_y, P_u, M_u, SF, b/h$) - 1 Output ($W_c$) - PTM | | | | |
| 8a | 100,000 | 1 | 80 | 29,072 | 3.3E-04 | 0.9991 |
| 8b | 100,000 | 2 | 80 | 44,270 | 1.7E-05 | 1.0000 |
| 8c | 100,000 | 5 | 80 | 58,614 | 6.4E-06 | 1.0000 |
| 8d | 100,000 | 10 | 80 | 38,101 | 8.6E-06 | 1.0000 |
| | | 7 Inputs ($r_s, f_c', f_y, P_u, M_u, SF, b/h$) - 1 Output ($a_{e/h}$) - PTM | | | | |
| 9a | 100,000 | 1 | 80 | 99,971 | 8.9E-04 | 0.9986 |
| 9b | 100,000 | 2 | 80 | 76,044 | 2.0E-05 | 1.0000 |
| 9c | 100,000 | 5 | 80 | 99,912 | 4.0E-06 | 1.0000 |
| 9d | 100,000 | 10 | 80 | 99,924 | 4.5E-06 | 1.0000 |

### (2) 순방향 인공신경망 기반의 목적함수 유도를 위한 가중변수 매트릭스와 편향변수 매트릭스

Brian Ripley(Ripley 1996, [22])에 따르면 빅데이터는 학습 부분, 검증 부분, 테스트 부분 세 부분으로 나누는데 빅데이터의 70%를 차지하는 학습 부분(a training set)은 인공신경망의 학습에 이용하고 검증 부분은 학습 목적이 달성되도록 과학습(overfitting)을 방지할 목적으로 사용되며, 테스트 부분은 인공신경망에 공개하지 않고 오직 학습 결과의 정확도를 계산하는 데 사용된다([4]의 1.3절). 즉 테스트 부분은 인공신경망에 공개되지 않으므로 학습 과정에는 개입하지 않고 표 2.1.2에 나타나 있는 것처럼 인공신경망의 학습 정확도(*MSE T.perf*) 측정에만 사용된다. 이 같은 방법은 인공신경망이 빅데이터의 입·출력 파라미터를 공정하고 정확히 매핑하도록 도와 AI 기반 설계의 합리성과 정확도를 도출하는 데 도움이 될 것이다.

식(2.1.5-1), (2.1.5-2), (2.1.5-3)으로 유도되는 목적함수($CI_c$, $CO_2$, $W_c$)의 순방향 및 역방향 인공신경망을 PTM으로 학습하였다. 한 개의 은닉층만 사용된 경우, ACI 318-14 기반에서는 표 2.1.3(a-1)에서, ACI 318-19 기반에서는 표 2.1.3(b-1)에서 일곱 개의 역입력 파라미터 $(b, h, \rho_s, f_c', f_y, P_u, M_u)$의 함수로 가중변수 매트릭스와 편향변수 매트릭스가 순방향으로 도출되어 있다. 역방향으로는 ACI 318-14 기반에서는 표 2.1.3(a-2), ACI 318-19 기반에서는 표 2.1.3(b-2)에서 일곱 개의 역입력 파라미터의 함수($\rho_s, f_c', f_y, P_u, M_u, SF, b/h$)로 도출되었다. 표 2.1.3에서는 일곱 개의 입력 파라미터, 한 개의 은닉층, 80개의 뉴런을 사용하는 인공신경망 기반에서 가중변수 매트릭스와 편향변수 매트릭스가 도출되었다. 즉 순방향에서 목적함수($CI_c$, $CO_2$, $W_c$)의 입력 파라미터$(b, h, \rho_s, f_c', f_y, P_u, M_u)$를 출력 파라미터인 목적함수($CI_c$, $CO_2$, $W_c$)에 피팅하는 경우, 맨 첫 번째 은닉층에는 입력층의 일곱 개 입력 파라미터를 첫 번째 은닉층에 연결해주는 80×7 규모의 가중변수 매트릭스(weight matrix, $\mathbf{W}^1_{CI_c}$)와 80×1 규모의 편향변수 매트릭스(bias matrix, $b^1_{CI_c}$)가 도출된다. 따라서 맨 첫 번째 은닉층에서의 노드는 80×1의 규모를 갖는다.

첫 번째 은닉층: 가중변수 matrix(80×7)×일곱 개의 입력 파라미터(7×1) + 편향변수 matrix(80×1) = 첫 번째 은닉층 노드값(80×1)

한 개의 은닉층을 사용한다면 두 번째 은닉층이 출력층이 되므로 PTM 학습방법을 적용하면 한 개의 출력층만 도출되고 따라서 1×80 규모의 가중변수 매트릭스(weight matrix, $\mathbf{W}^2_{CI_c}$)

표 2.1.3 한 개의 은닉층 및 80개의 뉴런에 기반한 인공신경망에 의해 PTM으로 작성된 목적함수 $Cl_c$, $CO_2$, $W_c$의 가중변수 및 편향변수 매트릭스(weight and bias matrices)

표 2.1.3(a-1) ACI 318-14 기반 순방향 인공신경망

| $\mathbf{W}_{Clc}^{(1)}$ | | | | | | | $\mathbf{b}_{Clc}^{(1)}$ |
|---|---|---|---|---|---|---|---|
| 0.493 | 0.907 | 0.891 | 0.125 | 0.668 | 0.586 | -0.392 | -2.658 |
| -0.826 | 0.865 | -0.136 | 1.200 | 0.072 | -0.591 | -1.598 | 2.856 |
| ... | ... | ... | ... | ... | ... | ... | ... |
| 0.803 | 0.412 | 0.939 | -0.600 | 1.253 | 1.020 | -1.182 | 2.723 |
| -1.172 | -1.052 | -0.559 | 0.725 | 0.122 | -1.542 | -1.458 | -2.301 |
| | | | [80 x 7] | | | | [80 x 1] |

| $\mathbf{W}_{Clc}^{(2)}$ | | | | | | | $\mathbf{b}_{Clc}^{(2)}$ |
|---|---|---|---|---|---|---|---|
| -0.001 | 0.000 | 0.000 | ... | 0.000 | 0.000 | 0.000 | 0.026 |
| | | | [1 x 80] | | | | [1 x 1] |

| $\mathbf{W}_{CO2}^{(1)}$ | | | | | | | $\mathbf{b}_{CO2}^{(1)}$ |
|---|---|---|---|---|---|---|---|
| 0.517 | 0.332 | -0.367 | 0.001 | -0.002 | -0.003 | -0.029 | -1.489 |
| 1.264 | 0.066 | 0.608 | 1.062 | 0.404 | -0.675 | 0.859 | -2.678 |
| ... | ... | ... | ... | ... | ... | ... | ... |
| 0.277 | -0.946 | -0.653 | 1.239 | -0.545 | 0.617 | 1.379 | 2.627 |
| -0.636 | -0.799 | -0.141 | 1.348 | 1.753 | 0.674 | -0.011 | -2.653 |
| | | | [80 x 7] | | | | [80 x 1] |

| $\mathbf{W}_{CO2}^{(2)}$ | | | | | | | $\mathbf{b}_{CO2}^{(2)}$ |
|---|---|---|---|---|---|---|---|
| -0.987 | 0.000 | -0.001 | ... | -0.001 | 0.000 | 0.000 | -0.287 |
| | | | [1 x 80] | | | | [1 x 1] |

| $\mathbf{W}_{Wc}^{(1)}$ | | | | | | | $\mathbf{b}_{Wc}^{(1)}$ |
|---|---|---|---|---|---|---|---|
| -1.067 | -0.472 | -0.400 | 0.245 | -0.758 | 1.083 | 0.704 | 2.463 |
| 1.115 | 0.971 | 1.139 | -1.221 | -0.405 | 0.771 | 0.082 | -2.428 |
| ... | ... | ... | ... | ... | ... | ... | ... |
| 0.762 | 0.861 | 1.223 | 0.391 | -0.538 | 1.885 | -0.445 | 2.339 |
| 1.445 | 1.384 | -0.530 | 0.434 | 0.019 | 0.382 | -0.781 | 2.791 |
| | | | [80 x 7] | | | | [80 x 1] |

| $\mathbf{W}_{Wc}^{(2)}$ | | | | | | | $\mathbf{b}_{Wc}^{(2)}$ |
|---|---|---|---|---|---|---|---|
| -0.001 | 0.000 | 0.000 | ... | 0.000 | 0.000 | 0.000 | -0.080 |
| | | | [1 x 80] | | | | [1 x 1] |

표 2.1.3(a-2) ACI 318-14 기반 역방향 인공신경망

| $\mathbf{W}_{Clc}^{(1)}$ | | | | | | | $\mathbf{b}_{Clc}^{(1)}$ |
|---|---|---|---|---|---|---|---|
| -0.038 | 0.083 | -0.026 | -0.135 | 2.825 | -0.268 | -0.273 | 2.980 |
| 1.096 | 0.133 | -0.203 | 0.122 | -0.645 | -1.130 | -0.689 | -2.920 |
| ... | ... | ... | ... | ... | ... | ... | ... |
| 1.383 | -0.317 | 0.682 | 0.742 | 1.641 | -0.622 | -0.292 | 2.231 |
| -0.569 | -0.084 | 0.106 | 1.457 | 1.041 | 0.331 | 0.951 | -3.404 |
| | | | [80 x 7] | | | | [80 x 1] |

| $\mathbf{W}_{Clc}^{(2)}$ | | | | | | | $\mathbf{b}_{Clc}^{(2)}$ |
|---|---|---|---|---|---|---|---|
| 1.031 | 0.030 | 1.244 | ... | 4.953 | -0.009 | 0.553 | -0.663 |
| | | | [1 x 80] | | | | [1 x 1] |

| $\mathbf{W}_{CO2}^{(1)}$ | | | | | | | $\mathbf{b}_{CO2}^{(1)}$ |
|---|---|---|---|---|---|---|---|
| -0.711 | 0.178 | -0.629 | -1.911 | -0.337 | -0.219 | 0.919 | 2.977 |
| 0.371 | 0.919 | -0.388 | 0.996 | -1.376 | -0.521 | 0.382 | -2.712 |
| ... | ... | ... | ... | ... | ... | ... | ... |
| -1.478 | -0.124 | 0.648 | -0.927 | -0.775 | 0.369 | 1.128 | -2.525 |
| -0.713 | -1.976 | -0.855 | 0.014 | -0.508 | -0.213 | -0.416 | -2.555 |
| | | | [80 x 7] | | | | [80 x 1] |

| $\mathbf{W}_{CO2}^{(2)}$ | | | | | | | $\mathbf{b}_{CO2}^{(2)}$ |
|---|---|---|---|---|---|---|---|
| -0.766 | -0.077 | 0.017 | ... | 0.278 | 0.001 | 0.000 | -1.523 |
| | | | [1 x 80] | | | | [1 x 1] |

| $\mathbf{W}_{Wc}^{(1)}$ | | | | | | | $\mathbf{b}_{Wc}^{(1)}$ |
|---|---|---|---|---|---|---|---|
| -0.605 | 0.920 | 0.750 | -1.878 | -0.968 | -0.314 | -0.457 | 2.663 |
| 0.143 | -0.232 | 0.498 | -1.776 | -0.256 | 0.335 | -0.107 | -3.691 |
| ... | ... | ... | ... | ... | ... | ... | ... |
| 0.173 | -0.575 | -0.213 | -1.349 | -2.247 | 0.373 | 0.048 | -5.755 |
| 0.564 | 0.039 | 0.152 | 7.809 | 8.568 | -0.295 | -0.096 | 18.389 |
| | | | [80 x 7] | | | | [80 x 1] |

| $\mathbf{W}_{Wc}^{(2)}$ | | | | | | | $\mathbf{b}_{Wc}^{(2)}$ |
|---|---|---|---|---|---|---|---|
| -0.847 | -1.253 | -0.224 | ... | 1.347 | -1.620 | 8.145 | -1.621 |
| | | | [1 x 80] | | | | [1 x 1] |

표 2.1.3(b-1) ACI 318-19 기반 순방향 인공신경망

| $\mathbf{W}_{CIc}^{(1)}$ | | | | | | | $\mathbf{b}_{CIc}^{(1)}$ |
|---|---|---|---|---|---|---|---|
| 1.718 | -0.828 | 0.126 | 0.646 | -0.606 | -0.867 | -1.013 | -2.574 |
| 0.861 | 0.026 | 0.659 | 0.864 | 0.530 | -1.539 | 0.729 | -2.532 |
| ... | ... | ... | ... | ... | ... | ... | ... |
| 1.504 | 0.698 | -0.910 | -1.230 | 0.592 | 0.432 | -0.034 | 2.586 |
| -1.467 | -1.191 | -1.119 | -0.783 | 0.081 | -0.209 | -0.598 | -2.696 |
| | | | [80 x 7] | | | | [80 x 1] |

| $\mathbf{W}_{CIc}^{(2)}$ | | | | | | | $\mathbf{b}_{CIc}^{(2)}$ |
|---|---|---|---|---|---|---|---|
| 0.001 | 0.000 | 0.009 | ... | 0.751 | 0.000 | 0.000 | 0.432 |
| | | | [1 x 80] | | | | [1 x 1] |

| $\mathbf{W}_{CO2}^{(1)}$ | | | | | | | $\mathbf{b}_{CO2}^{(1)}$ |
|---|---|---|---|---|---|---|---|
| 1.357 | -1.100 | 0.258 | -0.915 | 0.037 | -0.470 | 1.457 | -2.770 |
| 0.354 | 0.370 | 0.225 | 0.014 | 0.002 | -0.189 | -0.062 | -1.531 |
| ... | ... | ... | ... | ... | ... | ... | ... |
| -0.793 | -0.576 | -0.881 | 1.429 | -1.309 | 0.486 | -1.072 | -2.373 |
| 1.072 | -0.457 | 0.368 | -0.896 | -0.316 | -1.594 | -0.714 | 2.981 |
| | | | [80 x 7] | | | | [80 x 1] |

| $\mathbf{W}_{CO2}^{(2)}$ | | | | | | | $\mathbf{b}_{CO2}^{(2)}$ |
|---|---|---|---|---|---|---|---|
| 0.007 | 0.834 | 0.001 | ... | 0.000 | 0.000 | 0.062 | 0.156 |
| | | | [1 x 80] | | | | [1 x 1] |

| $\mathbf{W}_{Wc}^{(1)}$ | | | | | | | $\mathbf{b}_{Wc}^{(1)}$ |
|---|---|---|---|---|---|---|---|
| 1.486 | -0.013 | 1.280 | -0.824 | 0.114 | 1.256 | 0.217 | -2.599 |
| -0.866 | -0.166 | -1.410 | -0.714 | 0.536 | 1.232 | -1.231 | 2.411 |
| ... | ... | ... | ... | ... | ... | ... | ... |
| 1.479 | -0.982 | -0.330 | 0.678 | -0.819 | -0.936 | -0.913 | 2.582 |
| 1.552 | 0.000 | -0.970 | -0.273 | -0.513 | 1.083 | -0.262 | 2.586 |
| | | | [80 x 7] | | | | [80 x 1] |

| $\mathbf{W}_{Wc}^{(2)}$ | | | | | | | $\mathbf{b}_{Wc}^{(2)}$ |
|---|---|---|---|---|---|---|---|
| 0.000 | 0.000 | 0.000 | ... | -0.001 | 0.000 | 0.000 | 0.809 |
| | | | [1 x 80] | | | | [1 x 1] |

표 2.1.3(b-2) ACI 318-19 기반 역방향 인공신경망

| $\mathbf{W}_{Clc}^{(1)}$ | | | | | | | | $\mathbf{b}_{Clc}^{(1)}$ |
|---|---|---|---|---|---|---|---|---|
| -0.006 | -0.059 | -0.124 | -3.475 | 0.292 | 0.423 | -0.090 | | -3.318 |
| -0.337 | 0.886 | 0.089 | -1.803 | -0.619 | 1.273 | 0.395 | | 2.500 |
| ... | ... | ... | ... | ... | ... | ... | | ... |
| 0.269 | 1.614 | 0.880 | 0.123 | -0.723 | 1.377 | -0.698 | | 2.526 |
| 0.338 | -0.575 | 0.071 | 1.771 | 0.636 | 1.434 | -0.763 | | 2.253 |
| | | | [80 x 7] | | | | | [80 x 1] |

| $\mathbf{W}_{Clc}^{(2)}$ | | | | | | | | $\mathbf{b}_{Clc}^{(2)}$ |
|---|---|---|---|---|---|---|---|---|
| -0.380 | 0.563 | -0.496 | ... | -0.543 | -0.002 | -0.011 | | -1.484 |
| | | | [1 x 80] | | | | | [1 x 1] |

| $\mathbf{W}_{CO2}^{(1)}$ | | | | | | | | $\mathbf{b}_{CO2}^{(1)}$ |
|---|---|---|---|---|---|---|---|---|
| -1.062 | -0.689 | 0.400 | 0.982 | -0.911 | 0.647 | -0.605 | | 2.735 |
| -1.209 | 0.326 | -0.241 | -0.855 | -1.273 | -0.681 | 1.144 | | 2.631 |
| ... | ... | ... | ... | ... | ... | ... | | ... |
| 0.575 | 0.352 | 0.000 | -1.800 | 0.394 | 0.455 | 0.480 | | 3.347 |
| -0.592 | 0.354 | -0.487 | -0.595 | -1.166 | -0.218 | 0.016 | | -3.145 |
| | | | [80 x 7] | | | | | [80 x 1] |

| $\mathbf{W}_{CO2}^{(2)}$ | | | | | | | | $\mathbf{b}_{CO2}^{(2)}$ |
|---|---|---|---|---|---|---|---|---|
| 0.033 | 0.168 | 1.288 | ... | -0.226 | -0.654 | 0.561 | | -0.386 |
| | | | [1 x 80] | | | | | [1 x 1] |

| $\mathbf{W}_{Wc}^{(1)}$ | | | | | | | | $\mathbf{b}_{Wc}^{(1)}$ |
|---|---|---|---|---|---|---|---|---|
| 0.617 | 0.321 | -1.221 | 0.767 | 1.058 | -0.188 | 1.271 | | -2.848 |
| -0.992 | 0.858 | -0.837 | 0.037 | -1.275 | -0.425 | -0.304 | | 2.731 |
| ... | ... | ... | ... | ... | ... | ... | | ... |
| 0.348 | -0.399 | 0.211 | 3.009 | -0.281 | 0.144 | -0.067 | | 3.566 |
| -0.839 | -0.611 | -1.214 | -0.294 | 1.720 | 0.192 | -0.777 | | -2.881 |
| | | | [80 x 7] | | | | | [80 x 1] |

| $\mathbf{W}_{Wc}^{(2)}$ | | | | | | | | $\mathbf{b}_{Wc}^{(2)}$ |
|---|---|---|---|---|---|---|---|---|
| -0.094 | -0.611 | -0.291 | ... | 1.151 | 1.203 | 0.142 | | -1.044 |
| | | | [1 x 80] | | | | | [1 x 1] |

와 1×1 규모의 편향변수 매트릭스(bias matrix, $b^2_{CI_c}$)가 도출된다. 이때 1×80 규모의 가중변수 매트릭스(weight matrix, $\mathbf{W}^2_{CI_c}$)는 이전 입력층(첫 번째 은닉층)에서 도출된 노드값(80×1)과 곱해진다. 따라서 출력층에서의 노드는 1×1의 규모를 가지며 이 값들이 각각의 목적함수($CI_c$, $CO_2$, $W_c$)가 되는 것이다.

두 번째 은닉층 : 가중변수 matrix(1×80) × 이전 입력층(첫 번째 은닉층)에서 도출된 노드값(80×1) + 편향변수 matrix(1×1) = 두 번째 은닉층 노드값 = 목적함수값(1×1)

그림 2.1.2(c)에서 첫 번째 입력층과 두 번째 은닉층(출력층)을 연결하는 80×7 규모의 가중변수 매트릭스(weight matrix, $\mathbf{W}^1_{CI_c}$)와 80×1 규모의 편향변수 매트릭스(bias matrix, $b^1_{CI_c}$)가 도시되어 있다.

만약 여러 개의 은닉층이 사용된다면 중간 은닉층의 가중변수 $\mathbf{W}^i_{CI_c}$ 매트릭스는 80×80이 된다. 이는 80개의 뉴런이 중간 은닉층에서 연속적으로 연결되어 인공신경망을 구성하고 있다는 뜻이다. 이 매트릭스들로부터 KKT 조건에 기반해 목적함수 및 제약함수들의 제이코비, 헤시안 매트릭스를 유도했다([3]의 2.3.6.2절, 2.3.6.3절). 인공신경망의 각 은닉층에는 그림 2.1.1의 활성함수가 적용되어 있어 기타 순방향 출력함수들($\phi P_n$, $\phi M_n$, $SF$, $b/h$, $\varepsilon_s$, $\alpha_{e/h}$)의 비선형 유도가 가능했다.

### (3) 가중변수 매트릭스와 편향변수 매트릭스를 이용한 인공신경망의 도시

PTM 학습방법을 사용하는 경우의 순방향 및 역방향 인공신경망은 그림 2.1.2(a)와 그림 2.1.2(b)에 각각 나타내었다. PTM 학습 방법을 사용하는 경우, 그림 2.1.2②의 마지막 은닉층과 그림 2.1.2③-2의 출력층(목적함수; $CI_c$, $CO_2$, $W_c$ 또는 순방향 출력 파라미터; $\phi P_n$, $\phi M_n$, $SF$, $b/h$ , $\varepsilon_s$, $\alpha_{e/h}$, 또는 역방향 출력 파라미터; $b, h, \phi P_n$, $\phi M_n$, $\varepsilon_s$, $\alpha_{e/h}$) 사이를 연결하는 가중변수 매트릭스와 편향변수 매트릭스는 오직 한 개의 행만 갖는 매트릭스로 유도된다.

부등 제약함수가 적용되는 경우, KKT 조건하에서 유도된 라그랑주 함수의 1차 미분식해를 구해야 한다. 전통적인 라그랑주 최적화를 위한 뉴턴-랩슨 반복연산을 위해서는 수학식으로 유도된 함수들을 직접 미분해 제이코비, 헤시안 매트릭스를 유도해야 한다. 그러나 간단히 인공신경망 기반에서는 Hong-Lagrange 방법을 이용해 표 2.1.3과 같이 가중변수 매트릭스와 편향변수 매트릭스를 구한 후 모든 함수를 인공신경망 기반에서 유도한다[식 (2.1.2)

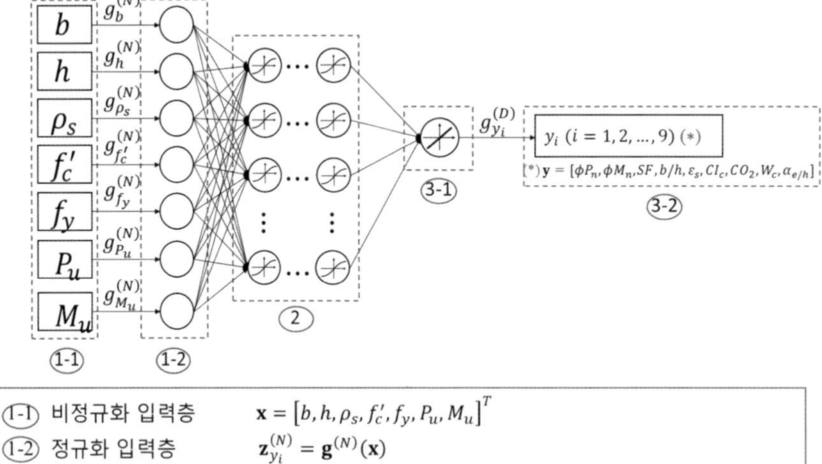


그림 2.1.2(a) 순방향 인공신경망

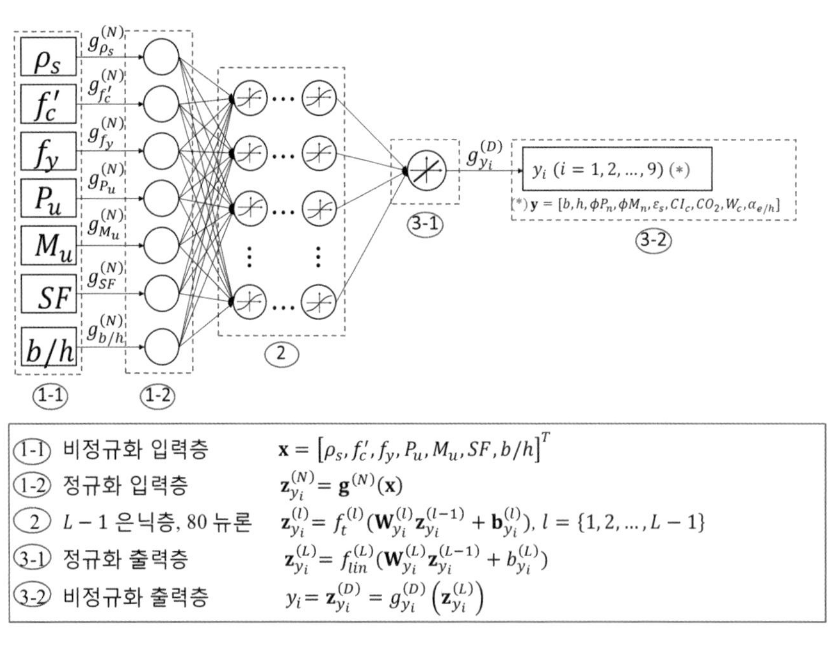


그림 2.1.2(b) 역방향 인공신경망

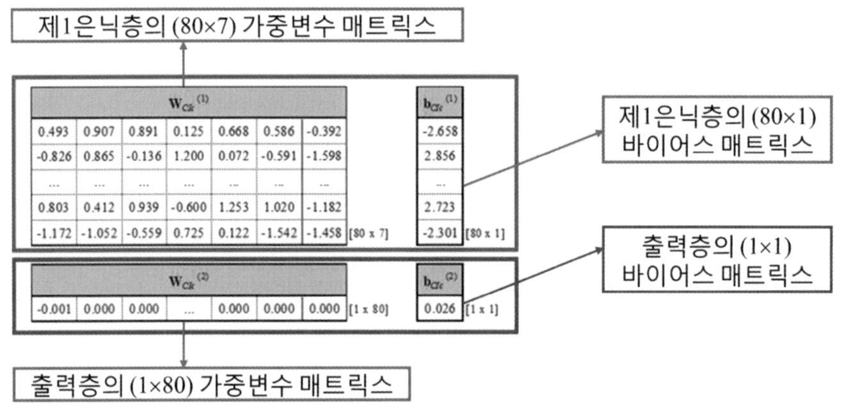


그림 2.1.2(c) 코스트 목적함수에 대한 은닉층 및 출력층에서의 가중변수 바이러스 매트릭스

그림 2.1.2 PTM 방법을 이용한 인공신경망의 학습

부터 식 (2.1.4)까지 참조]. 다시 한번 정리하면 가중변수 매트릭스와 편향변수 매트릭스는 식 (2.1.5-1), (2.1.5-2), (2.1.5-3)을 그림 2.1.2(a), (b)와 같이 빅데이터로 학습해 그림 2.1.2(c) 또는 표 2.1.3(a-1)에서 구한다.

앞에서 기술했듯이 표 2.1.3에는 순방향 및 역방향 인공신경망을 사용해 ACI 318-14와 ACI 318-19를 기반으로 한 개의 은닉층에 대해 도출한 목적함수($CI_c$, $CO_2$, $W_c$)의 가중변수 매트릭스와 편향변수 매트릭스가 제시되어 있다. 한 개의 입력층과 첫 번째 은닉층 사이를 연결하는 가중변수 매트릭스의 행과 열은 각각 다음 층의 뉴런(노드) 개수와 이전 층의 입력 파라미터 개수를 의미한다. 이번 설계 예제에서는 인공신경망 학습에 80개의 뉴런과 1, 2, 5, 10개의 은닉층 조합이 사용되었고 최상의 학습 정확도가 도출된 표 2.1.2의 학습 정확도를 기반으로 목적함수($CI_c$, $CO_2$, $W_c$)는 일곱 개의 순방향 입력 파라미터의 함수($b$, $h$, $\rho_s$, $f_c'$, $f_y$, $P_u$, $M_u$)로 유도되었다. 순방향 인공신경망의 경우, 식 (2.1.5-1), (2.1.5-2), (2.1.5-3) 내의 붉은색 부분에 순방향 입력 파라미터의 함수 $\mathbf{x} = (b, h, \rho_s, f_c', f_y, P_u, M_u)$가 대입되는 위치이고 초기 입력 파라미터의 대입으로 뉴턴-랩슨 반복연산이 시작된다. 기타 순방향 출력 파라미터들($\phi P_n$, $\phi M_n$, $SF$, $b/h$, $\varepsilon_s$, $\alpha_{e/h}$)도 최적화 과정에서 stationary 포인트로 구해졌다.

### 2.1.4 인공신경망에 기반한 제이코비 및 헤시안 매트릭스의 유도

#### (1) 인공신경망에 기반한 함수의 도출

식 (2.1.5-1)에서 식 (2.1.5-3)과 표 2.1.3(한 개의 은닉층 예)에서 도출된 가중변수 매트릭스와 편향변수 매트릭스는 목적함수($CI_c$, $CO_2$, $W_c$)와 제약함수를 유도하기 위해 식 (2.1.4)에 적용된다. 이번 절의 내용은 독자의 편의를 위해 이전 저서인 [3]에서 인용되었다. 다음 내용 중 이전 식으로 표시된 식들은 이전 저서에서 인용된 식으로서 이전 저서에서 인용된 식 번호를 이번 절에서도 그대로 인용한 것이다. 식 (2.1.3)은 이전 식 (2.1.2)를 일련의 복합수학 연산 기호로 표시한 것이다. 즉 임의의 함수를 가중변수와 편향변수를 매개로 $f(\mathbf{g}(\mathbf{x})) = (\boldsymbol{f} \circ \boldsymbol{g} \circ \boldsymbol{x})$ 처럼 각 은닉층에서 연산 순서로 표시했다. 이때 각 은닉층에서 계산된 값은 다음 은닉층에 전달되어 최종 출력층에서 출력값으로 일반화했다. 인공신경망의 원리는 [4]의 1.4절을 참고하기 바란다. 이 과정에서 인공신경망을 학습해 가중변수와 편향변수 매트릭스를 유도했고 식 (2.1.4)의 함수의 일반화 과정에서 이용하였다.

식 (2.1.3)은 임의의 함수에 대한 인공신경망이고 빅데이터로 학습해 가중변수 및 변향변수 매트릭스를 도출할 수 있고, 주어진 입력변수에 대해 식 (2.1.4)에 인공신경망에 기반으로 가중변수 및 편향변수 매트릭스를 순차적으로 적용해 출력층에서 일반화된 함수를 도출했다. 인공신경망으로부터 도출된 가중변수 및 변향변수 매트릭스를 이용해 한 번 미분된 제이코비 매트릭스는 이전 식 (2.3.6.5)부터 이전 식 (2.3.6.6)까지, 헤시안 매트릭스는 이전 식 (2.3.6.7)부터 이전 식 (2.3.6.17)까지 유도하였고, 비정규화까지 진행하는 과정을 기술하였다. 이 식들과 관련된 자세한 설명은 [3]을 참고하기 바란다. 인공신경망 기반에서 도출된 일반화된 함수, 제이코비 및 헤시안 매트릭스는 식 (2.1.6-2)와 이전 식 (2.1.6-3)의 라그랑주 함수의 1차 미분식 또는 제이코비를 계산하는 데 활용되며 식 (2.1.7)에서 뉴턴-랩슨 반복연산에 의한 해의 수렴 여부를 판단하는 데 이용된다. 이 과정이 인공신경망에 기반한 라그랑주 최적화의 핵심부분이다.

지금부터 그 과정을 유도해보자. 양질의 빅데이터가 확보된다면 어떤 함수라도 인공신경망 기반으로 유도가 가능하고 제이코비, 헤시안 메트릭스까지 도출이 가능해 거의 무제한으로 라그랑주 최적화를 적용할 수 있을 것이다. 식 (2.1.3)을 기반으로 식 (2.1.4)에 유도된 함수의 일반화 과정은 가중변수 및 편향변수 매트릭스를 이용했고 이전 식 (2.4.3.26-5a)부터 이전 식 (2.4.3.26-37b)까지 트러스 프레임 최적화 설계[3]에 상세히 적용되었다. 이전 2.4절[3]에는 4차함수, 트러스 프레임 설계, 발사체 비행거리 최적화의 AI 기반 라그랑주 최적화 예제를 수록했다.

식 (2.1.4-a)의 ⊙ 표기는 Hadamard(element-wise) 연산을 의미하며 매트릭스의 요소별로 대응하는 값들을 곱하는 스칼라 곱과 유사한 연산이다(Math Vault, 2020, Wikipedia; https://en.wikipedia.org/wiki/Hadamard_product_(matrices), [23]). 예를 들어 다음과 같이 각각 3×3으로 구성된 매트릭스를 요소별로 곱할 때 ⊙ 연산을 적용할 수 있다.

$$\begin{bmatrix} \boldsymbol{a}_{11} & \boldsymbol{a}_{12} & \boldsymbol{a}_{13} \\ \boldsymbol{a}_{21} & \boldsymbol{a}_{22} & \boldsymbol{a}_{23} \\ \boldsymbol{a}_{31} & \boldsymbol{a}_{32} & \boldsymbol{a}_{33} \end{bmatrix} \circ \begin{bmatrix} b_{11} & b_{12} & b_{13} \\ b_{21} & b_{22} & b_{23} \\ b_{31} & b_{32} & b_{33} \end{bmatrix} = \begin{bmatrix} \boldsymbol{a}_{11}b_{11} & \boldsymbol{a}_{12}b_{12} & \boldsymbol{a}_{13}b_{13} \\ \boldsymbol{a}_{21}b_{21} & \boldsymbol{a}_{22}b_{22} & \boldsymbol{a}_{23}b_{23} \\ \boldsymbol{a}_{31}b_{31} & \boldsymbol{a}_{32}b_{32} & \boldsymbol{a}_{33}b_{33} \end{bmatrix}$$

이전 식 (2.3.6.2-1)의 정규화 함수 $\mathbf{g}^N(\mathbf{x})$을 이용해 식 (2.1.4-a)의 입력변수 $\mathbf{x}$를 정규화한 후 정규화된 $\mathbf{z}^{(N)}$ 값은 식 (2.1.4-b)의 첫 번째 은닉층인 $\mathbf{z}^{(1)}$의 뉴런 입력값으로 적용한 후 학습해 가중변수 $\mathbf{W}^{(1)}$와 편향변수 $\mathbf{b}^{(1)}$를 유도한다. $\boldsymbol{\alpha}_\mathbf{x}$와 $\mathbf{x}$는 식 (2.1.4-a)에 ⊙를 도입해 $\boldsymbol{\alpha}_\mathbf{x}$와 $(\mathbf{x}-\mathbf{x}_{min})$의 입력변수 요소별 곱으로 유도했다. 식 (2.1.4-c)의 $\mathbf{z}^{(l)}$은 은닉층 $l$에서의 뉴런 출력값이고 식 (2.1.4-e)의 $\mathbf{z}^{(L=\text{출력층})}$은 비정규화 직전의 출력층의 결과값이다. 식 (2.1.4-f)에서 이전 식 (2.3.6.2-3)의 비정규화 함수 $g^D(\bar{x})$를 이용해 $\mathbf{z}^{(L)}$을 $y=\mathbf{z}^{(D)}$로 비정규화되었다. 즉 $\mathbf{z}^{(D)}$는 인공지능 기반으로 식 (2.1.3)으로부터 도출된 일반화된 함수다. $\mathbf{x}$는 입력변수를 지칭하며 $L$은 은닉층과 출력층을 포함한 층의 개수다. $\mathbf{W}^{(l)}$은 $l-1$ 은닉층과 $l$ 은닉층 사이의 가중변수 매트릭스이며 $\mathbf{b}^l$는 $l$ 은닉층에서의 편향변수 매트릭스다. $g^N$와 $g^D$는 각각 정규화 및 비정규화 함수다. 그림 2.1.1과 이전 식 (2.3.6.4-1)의 *tanh* 활성함수는 이전 식 (2.3.6.4-2)와 이전 식 (2.3.6.4-3)에 각각 한 번, 두 번 미분되어 사용하기 편한 형태로 정리했다.

이전 식 (2.3.6.2-2)의 $\boldsymbol{\alpha}_\mathbf{x}=\left[\alpha_{x_1}, \alpha_{x_2}, \ldots, \alpha_{x_n}\right]^T$는 정규화를 위한 데이터간 비(ratio)다. 예를 들어 보폭 및 보깊이 정규화를 위한 데이터간 비는 $\alpha_{x_1}$ 및 $\alpha_{x_2}$로 표현할 수 있고 빅데이터로부터 이전 식 (2.3.6.2-2)에서 구할 수 있다. $\mathbf{x}_{min}=\left[x_{1,min}, x_{2,min}, \ldots, x_{n,min}\right]^T$와 $\mathbf{x}_{max}=\left[x_{1,max}, x_{2,max}, \ldots, x_{n,max}\right]^T$는 빅데이터값의 최소값과 최대값을 의미한다. $\bar{\mathbf{x}}_{min}=\left[\bar{x}_{1,min}, \bar{x}_{2,min}, \ldots, \bar{x}_{n,min}\right]^T$와 $\bar{\mathbf{x}}_{max}=\left[\bar{x}_{1,max}, \bar{x}_{2,max}, \ldots, \bar{x}_{n,max}\right]^T$는 정규화되는 데이터의 최소값과 최대값을 의미한다.

만약 보폭이 -1과 1 사이에서 정규화된다면 $\bar{\mathbf{x}}_{폭,min}$ = -1과 $\bar{\mathbf{x}}_{폭,max}$ = 1로 설정된다. 비정규화되기 전의 출력층($L$)에서 구한 식 (2.1.4-e)의 $\mathbf{z}^{(L=출력층)}$을 비정규화 함수 $g^D(\bar{x})$ 기반으로 원래 단위로 변환시킨 값이 식 (2.1.4-f)의 $y = \mathbf{z}^{(D)}$이다. $\alpha_y$, $\bar{y}_{min}$=$\overline{\mathbf{z}_{min}^{(L)}}$, $y_{min}$=$\mathbf{z}_{min}^{(L)}$ 는 $\mathbf{z}^{(L)}$을 비정규화하기 위한 파라미터들이 된다.

이전 저서 [3]의 표 2.4.2.4(인공신경망 기반의 부등 제약조건에 의한 4차함수 최소화)에서 수행된 정규화 사례를 들어보자. 이전 저서 [3]의 표 2.4.2.4(a)에는 정규화되지 않은 입력변수 $x$에 대해 출력 $f(x)$가 주어져 있다. 이들을 -1과 1 사이에서 정규화하려면 이전 식 (2.3.6.2-2)로부터 $\alpha_x$ $= \frac{\bar{x}_{i,max}-\bar{x}_{i,min}}{x_{i,max}-x_{i,min}} = \frac{1-(-1)}{3.996-(-4.000)}$, $\alpha_{f(x)} = \frac{\bar{x}_{i,max}-\bar{x}_{i,min}}{x_{i,max}-x_{i,min}} = \frac{1-(-1)}{240.92-(-3.264)}$를 구해 이전 식 (2.3.6.2-1)에 사용하면 된다. 이전 식 (2.4.2.16-1)과 이전 식 (2.4.2.16-2)에 다시 설명되어 있다.

식 (2.1.4-f)에서처럼 수학식 기반의 함수를 가중변수 및 편향변수 매트릭스를 이용해 인공신경망 기반의 함수 $\mathbf{z}^{(D)}$로 유도했다. 임의의 함수의 일반화 과정은 식 (2.1.4-a)의 $\mathbf{z}^{(N)}$으로부터 시작되고 식 (2.1.4-f)의 $\mathbf{z}^{(D)}$에서 완료되었다. $\mathbf{z}$함수의 1차 미분식인 제이코비 매트릭스는 인공신경망 기반의 함수 $\mathbf{z}^{(N)}$로부터 이전 식 (2.3.6.6-1)부터 이전 식 (2.3.6.6-9)에 유도되었다. 즉 $\mathbf{z}^{(N)}$이 주어지면 인공신경망 기반의 이전 식 (2.3.6.6-1)에서 제이코비 매트릭스 $\mathbf{J}^{(N)}$을 구하고 최종적으로 이전 식 (2.3.6.6-9)에서 $\mathbf{z}^{(D)}$로부터 인공신경망 기반의 함수 $\mathbf{J}^{(D)}$를 구하는 것이다. 자세한 유도과정은 그림 2.1.4에 도시되어 있다.

제이코비 매트릭스를 한 번 더 미분해 유도되는 이전 식 (2.3.4.3-2b)과 이전 식 (2.3.6.16)의 헤시안 매트릭스도 결국 인공신경망 기반의 함수인 식 (2.1.4-f)의 $\mathbf{z}^{(D)}$로부터 유도되는 것이다. 따라서 식 (2.1.4)에 기술된 인공신경망 기반의 함수 $\mathbf{z}^{(D)}$의 유도가 인공신경망에 기반하는 라그랑주 최적화의 핵심부분인 것이다.

### (2) 인공신경망 기반에서의 제이코비 도출

이전 식 (2.3.6.6)의 전개 과정[3]을 복습하여 보도록 하자. 이전 식 (2.3.6.6-1)에 있는 복합함수는 체인룰(chain rule)을 이용해 유용한 형태의 복합수식으로 편리하게 전환될 수 있다. 이전 식 (2.3.6.5)의 체인룰을 이용해 은닉층 $l$에서 입력변수 $\mathbf{x}$의 함수인 제이코비 매트릭스 $\mathbf{J}^{(l)}$는 $\mathbf{z}^{(l)}$ 뉴런 출력값을 $\mathbf{z}^{(l-1)}$ 뉴런 출력값으로 미분한 값($\partial\mathbf{z}^{(l)}/\partial\mathbf{z}^{(l-1)}$)에 은닉층 ($l$-1)에서의 제이코비 매트릭스 $\mathbf{J}^{(l-1)}$을 곱해 편리하게 구할 수 있다.

식 (2.1.4-a)를 이전 식 (2.3.6.5)에 대입하면 정규화 은닉층(N)에서의 제이코비 매트릭스 $\mathbf{J}^{(N)}$은 이전 식 (2.3.6.6-1)에서 구해진다. 여기서 $I_n$은 $n \times n$의 단위 매트릭스이며 수직 벡터 $\boldsymbol{\alpha}_{\mathbf{x}} \begin{bmatrix} \alpha_{x_1} & \cdots & 0 \\ \vdots & \ddots & \vdots \\ 0 & \dots & \alpha_{x_n} \end{bmatrix}$를 대각항을 갖는 매트릭스로 변환시키는 역할을 한다.

$$\bar{x}_i = g_{x_i}^N(x_i) = \alpha_{x_i}(x_i - x_{i,min}) + \bar{x}_{i,min} \qquad \text{(이전 식 2.3.6.2-1)}$$

$$\alpha_{x_i} = \frac{\bar{x}_{i,max} - \bar{x}_{i,min}}{x_{i,max} - x_{i,min}} \qquad \text{(이전 식 2.3.6.2-2)}$$

$$x_i = g_{x_i}^D(\bar{x}_i) = \frac{1}{\alpha_{x_i}}(x_i - \bar{x}_{i,min}) + x_{i,min} \qquad \text{(이전 식 2.3.6.2-3)}$$

$$f_t(x) = \frac{2}{1 + e^{-2x}} - 1 \qquad \text{(이전 식 2.3.6.4-1)}$$

$$f_t'(x) = 1 - f_t(x)^2 \qquad \text{(이전 식 2.3.6.4-2)}$$

$$f_t''(x) = -2f_t(x)(1 - f_t(x)^2) \qquad \text{(이전 식 2.3.6.4-3)}$$

$$\mathbf{J}^{(l)} = \frac{\partial \mathbf{z}^{(l)}}{\partial \mathbf{x}} = \frac{\partial \mathbf{z}^{(l)}}{\partial \mathbf{z}^{(l-1)}} \frac{\partial \mathbf{z}^{(l-1)}}{\partial \mathbf{x}} = \frac{\partial \mathbf{z}^{(l)}}{\partial \mathbf{z}^{(l-1)}} \mathbf{J}^{(l-1)} \qquad \text{(이전 식 2.3.6.5)}$$

첫 번째 은닉층에 이르기 전의 보폭, 보깊이 등 모든 입력변수는 정규화 은닉층(N)인 식 (2.1.4-a)에서 먼저 정규화 과정을 거친다. 첫 번째 은닉층(1)에서의 뉴런 출력값인 제이코비 $\mathbf{J}^{(1)}$는 체인룰에 기반해 이전 식 (2.3.6.6-2)에서 구해진다. 이전 식 (2.3.6.4-2)에서 유도된 *tanh* 활성함수의 미분식을 이전 식 (2.3.6.6-2)에 적용하고 $\mathbf{W}^{(1)}\mathbf{z}^{(N)} + \mathbf{b}^{(1)}$을 $\partial \mathbf{z}^{(\mathrm{N})}$에 관해 미분하면 $\mathbf{W}^{(1)}\mathbf{J}^{(N)}$이 얻어지는데 이들을 정리하면 이전 식 (2.3.6.6-3)에서처럼 $\mathbf{J}^{(1)}$을 구할 수 있다.

식(2.1.3) (2.3.6.3-1)에 주어진 인공신경망 기반인 임의의 함수 $\mathbf{y}$는 이전 식 (2.3.6.6-4)부터 이전 식 (2.3.6.6-9)까지 연산을 통해 이전 식 (2.3.6.6-9)의 $\mathbf{J}^{(D)}$로 유도되었다. 즉 이전 식 (2.3.6.6-1)의 $\mathbf{J}^{(N)}$부터 이전 식 (2.3.6.6-8)의 $\mathbf{J}^{(L)}$까지 순차적으로 계산해 임의의 함수 $\mathbf{y}$는 비정규화되어 원래의 단위를 회복한 $\mathbf{J}^{(D)}$로 도출되었다.

$$\mathbf{J}^{(N)} = \frac{\partial \mathbf{z}^{(N)}}{\partial \mathbf{x}} = \frac{\partial(\boldsymbol{\alpha}_{\mathbf{x}} \odot (\mathbf{x} - \mathbf{x}_{min}) + \bar{\mathbf{x}}_{min})}{\partial \mathbf{x}} = I_n \odot \boldsymbol{\alpha}_{\mathbf{x}} \qquad \text{(이전 식 2.3.6.6-1)}$$

$$\mathbf{J}^{(1)} = \frac{\partial \mathbf{z}^{(1)}}{\partial \mathbf{x}} = \frac{\partial \mathbf{z}^{(1)}}{\partial \mathbf{z}^{(N)}}\mathbf{J}^{(N)} = \frac{\partial\left(f_t^{(1)}\left(\mathbf{W}^{(1)}\mathbf{z}^{(N)} + \mathbf{b}^{(1)}\right)\right)}{\partial(\mathbf{W}^{(1)}\mathbf{z}^{(N)} + \mathbf{b}^{(1)})}\frac{\partial\left(\mathbf{W}^{(1)}\mathbf{z}^{(N)} + \mathbf{b}^{(1)}\right)}{\partial \mathbf{z}^{(N)}}\mathbf{J}^{(N)} \quad \text{(이전 식 2.3.6.6-2)}$$

$$\mathbf{J}^{(1)} = \frac{\partial \mathbf{z}^{(1)}}{\partial \mathbf{x}} = \left(1 - \left(\mathbf{z}^{(1)}\right)^2\right) \odot \mathbf{W}^{(1)}\mathbf{J}^{(N)} \quad \text{(이전 식 2.3.6.6-3)}$$

$$\mathbf{J}^{(2)} = \frac{\partial \mathbf{z}^{(2)}}{\partial \mathbf{x}} = \frac{\partial \mathbf{z}^{(2)}}{\partial \mathbf{z}^{(1)}}\mathbf{J}^{(1)} \quad \text{(이전 식 2.3.6.6-4)}$$

$$\mathbf{J}^{(2)} = \frac{\partial\left(f_t^{(2)}\left(\mathbf{W}^{(2)}\mathbf{z}^{(1)} + \mathbf{b}^{(2)}\right)\right)}{\partial(\mathbf{W}^{(2)}\mathbf{z}^{(1)} + \mathbf{b}^{(2)})}\frac{\partial\left(\mathbf{W}^{(2)}\mathbf{z}^{(1)} + \mathbf{b}^{(2)}\right)}{\partial \mathbf{z}^{(1)}}\mathbf{J}^{(1)} \quad \text{(이전 식 2.3.6.6-5)}$$

$$\mathbf{J}^{(2)} = \left(1 - \left(\mathbf{z}^{(2)}\right)^2\right) \odot \mathbf{W}^{(2)}\mathbf{J}^{(1)} \quad \text{(이전 식 2.3.6.6-6)}$$

...

$$\mathbf{J}^{(l)} = \frac{\partial \mathbf{z}^{(l)}}{\partial \mathbf{x}} = \frac{\partial \mathbf{z}^{(l)}}{\partial \mathbf{z}^{(l-1)}}\mathbf{J}^{(l-1)} = \left(1 - \left(\mathbf{z}^{(l)}\right)^2\right) \odot \mathbf{W}^{(l)}\mathbf{J}^{(l-1)} \quad \text{(이전 식 2.3.6.6-7)}$$

$$\mathbf{J}^{\left(L=\text{출력층}\right)} = \frac{\partial \mathbf{z}^{(L)}}{\partial \mathbf{x}} = \frac{\partial \mathbf{z}^{(L)}}{\partial \mathbf{z}^{(\mathrm{L}-1)}}\mathbf{J}^{(L-1)} = \frac{\partial\left(\mathbf{W}^{(L)}\mathbf{z}^{(L-1)} + b^{(L)}\right)}{\partial \mathbf{z}^{(\mathrm{L}-1)}}\mathbf{J}^{(L-1)} = \mathbf{W}^{(L)}\mathbf{J}^{(L-1)} \quad \text{(이전 식 2.3.6.6-8)}$$

$$\mathbf{J}^{(D)} = \frac{\partial \mathbf{z}^{(D)}}{\partial \mathbf{x}} = \frac{\partial \mathbf{z}^{(D)}}{\partial \mathbf{z}^{(\mathrm{L})}}\mathbf{J}^{(L)} = \frac{\partial\left(\frac{1}{\alpha_y}\left(\mathbf{z}^{(L)} - \bar{y}_{min}\right) + y_{min}\right)}{\partial \mathbf{z}^{(L)}}\mathbf{J}^{(L)} = \frac{1}{\alpha_y}\mathbf{J}^{(L)} \quad \text{(이전 식 2.3.6.6-9)}$$

출력층에는 비선형 활성함수를 적용하지 않았고 선형 활성함수($f_{lin}^{L=\text{출력층}}$)를 적용했다. 이전 식 (2.3.6.6-8)에 유도된 출력층에서의 제이코비 매트릭스는 이전 식 (2.3.6.6-9)에서 비정규화되어 원래의 단위를 회복했다. 비정규화되기 전의 출력층 $L$에서의 보폭, 보깊이 등 모든 입력변수값은 $D$층에서 각각 비정규화되어 원래의 단위를 회복하는 것이다.

### (3) 인공신경망에 기반해 미분 가능하도록 일반화된 헤시안 매트릭스

이 절의 AI 기반 헤시안 매트릭스는 Matlab developer, 2020[24]에 의해 제공되었으며, 저자의 연구팀이 개발한 AI 기반 제이코비와 결합되어 이번 절에서 요약되었다.

### 1) 슬라이스 $\mathbf{H}_n^D$ 및 글로벌 $\boldsymbol{H}^D$ 헤시안 매트릭스의 정의

그림 2.1.5는 은닉층 $l$에서 $m$개의 뉴런을 갖는 경우의 제이코비와 헤시안 매트릭스의 구조를 보여주고 있다. 그림 2.1.5(c)에서 보듯이 한 개의 뉴런에 대해 $n$개의 입력변수( $\mathbf{x} = [x_1, x_2, \dots, x_n]^T$)를 가진 경우, 제이코비 매트릭스는 그림 2.1.5(b)의 1차원($1\times n$, 파란색 박스 안)으로 나타나 있고 헤시안 매트릭스는 그림 2.1.5(c)의 2차원($n\times n$, 파란색 박스 안)으로 표시된다. 그림 2.1.5(b)에서처럼 $m$개의 뉴런과 $n$개의 입력변수($\mathbf{x} = [x_1, x_2, \dots, x_n]^T$)를 가진 경우, 제이코비 매트릭스는 그림 2.1.5(b)의 $m \times n$이 된다. 헤시안 매트릭스는 그림 2.1.5(c)에서처럼 3차원의 $(m\times n\times n)$이 된다. 그림 2.1.5(b)에 각 뉴런은 화살표로 표시했고 각 화살표에 대해 해당하는 제이코비 매트릭스를 나타냈다. 그림 2.1.5(c)에도 각 뉴런은 화살표로 표시했고 각 화살표에 대해 해당하는 헤시안 매트릭스를 나타냈다. 따라서 $m$개의 뉴런과 $n$개의 입력변수($\mathbf{x} = [x_1, x_2, \dots, x_n]^T$)를 가진 경우, 제이코비 매트릭스는 2차원으로 표시되지만 헤시안 매트릭스는 3차원으로 표시된다. 헤시안 매트릭스는 제이코비 매트릭스를 한 번 더 미분한 것으로 그림 2.1.5(c)에서 종이면과 평행하게 보이는 초록색 매트릭스를 입력변수 $\mathbf{x} = [x_1, x_2, \dots, x_n]^T$ 각각에 대한 헤시안 매트릭스의 슬라이스로 표현한다. 즉 보폭, 보깊이 등의 각각의 입력변수 ($\mathbf{x}$)에 대해 한 면씩 구해지는 헤시안 매트릭스를 슬라이스라고 정의한다. 글로벌 헤시안 매트릭스 H(D)에서 입력변수 $\mathbf{x}(x_1, x_2, \dots, x_n)$를 $x_1, x_2, \dots, x_n$으로 분리했을 때 분리된 각각의 입력변수에 대한 헤시안 매트릭스 $\mathbf{H}_i^{(l)} = \partial\mathbf{J}^{(l)}/\partial x_i$는 종이면과 평행해 보이는 초록색 면이 되고 각각의 초록색 면이 슬라이스 헤시안 매트릭스가 된다. 따라서 글로벌 헤시안 매트릭스의 규모는 $(m\times n\times n)$이 되고 각 슬라이스는 그 중 한 면인 $(m\times n)$이 될 것이다.

이번에는 $m$ 뉴런과 한 개의 입력변수(예를 들어 $x_i = x_1$)를 갖는 헤시안 매트릭스를 살펴보자. 이 경우, 그림 2.1.5(c)의 분홍색으로 $(m\times 1)$의 1차원 텐서로 표현할 수 있지만 $m$ 뉴런과 $n$개의 입력변수를 갖는 경우, 3차원$(m \times n \times n)$ 텐서로 확장, 표현되어야 한다. 이 같은 경우의 헤시안 매트릭스는 유도하기 어려울 뿐만 아니라 연산을 이어나가기도 쉽지 않다. 따라서 3차원 헤시안 텐서 대신 앞에서 설명한 슬라이스 헤시안 매트릭스를 도입하면 문제를 간략화할 수 있다. 최종 출력층($L$)에서 계산되는 이전 식 (2.3.6.15-1)의 슬라이스 헤시안 매트릭스 $\mathbf{H}_i^{(L=\text{출력층})}$는 이전 식 (2.3.6.16-1)로부터 $\mathbf{H}_i^{(D)}$로 비정규화된다. 비정규화된 슬라이스 헤시안 매트릭스 $\mathbf{H}_i^{(D)}$를 글로벌 헤시안 매트릭스 $\mathbf{H}^{(D)}$로 이전 식 (2.3.6.17)에서 변환했다. 지금부터 유도 과정을 살펴보자. 이전 식 (2.3.6.7)과 이전 식 (2.3.6.17)에 기술했듯이 각각의 2차원 텐서인 슬라이스 헤시안을 먼저 계산하고 3차원 텐서의 글로벌 헤시안 매트릭스로 통합하는 과정을 유도하기로 한다[24]. $m$ 뉴런과 $x_i = x_1$과 같은 한 개의 입력변수를 갖는 제이코비 매트릭스에 대해서는 그림 2.1.5(b)의 분홍색 박스에서 보듯이 $(\mathbf{m} \times 1)$ 벡터로 표시할 수 있다. 그림 2.1.3에는 제이코비와 헤시안 매트릭스가 적용되는 수식을 보여주고 있으며, 그림 2.1.4에는 제이코비 및 헤시안 매트릭스 유도순서를 보여주고 있다.

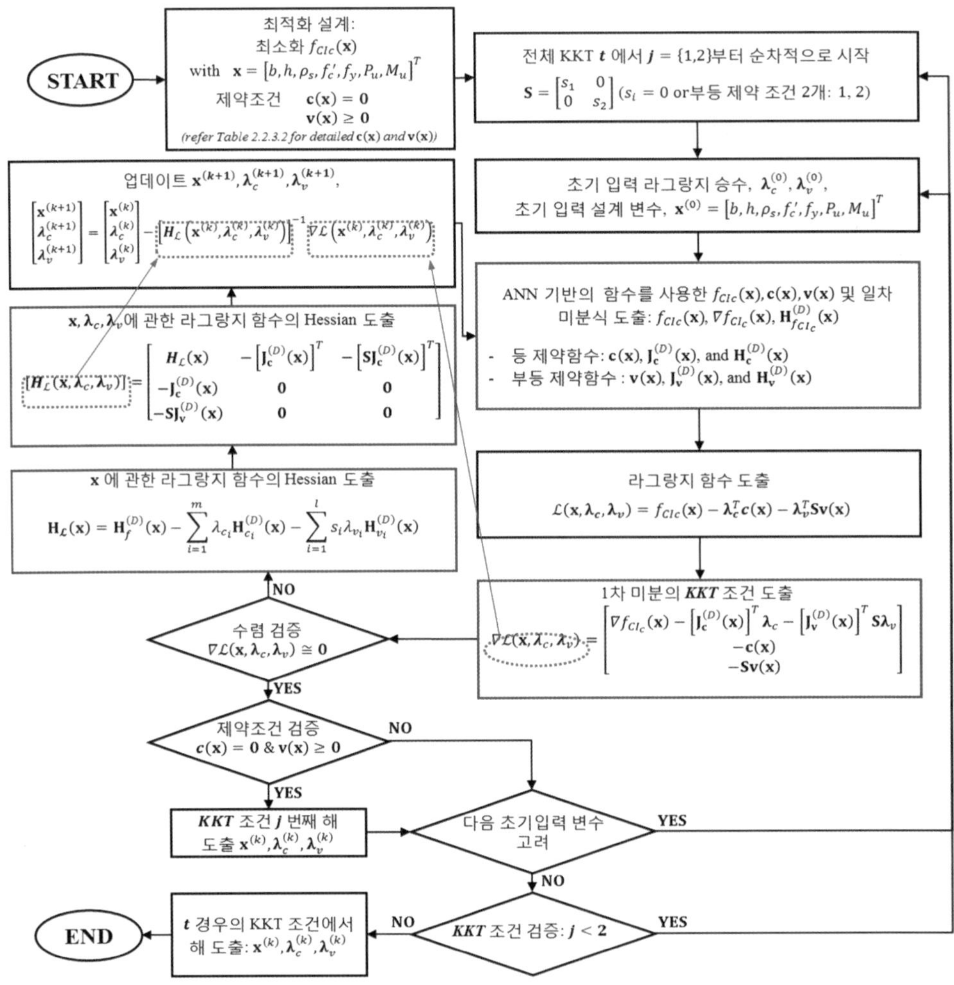


그림 2.1.3(a) 두 개의 부등 제약조건이 고려된 순방향 인공신경망

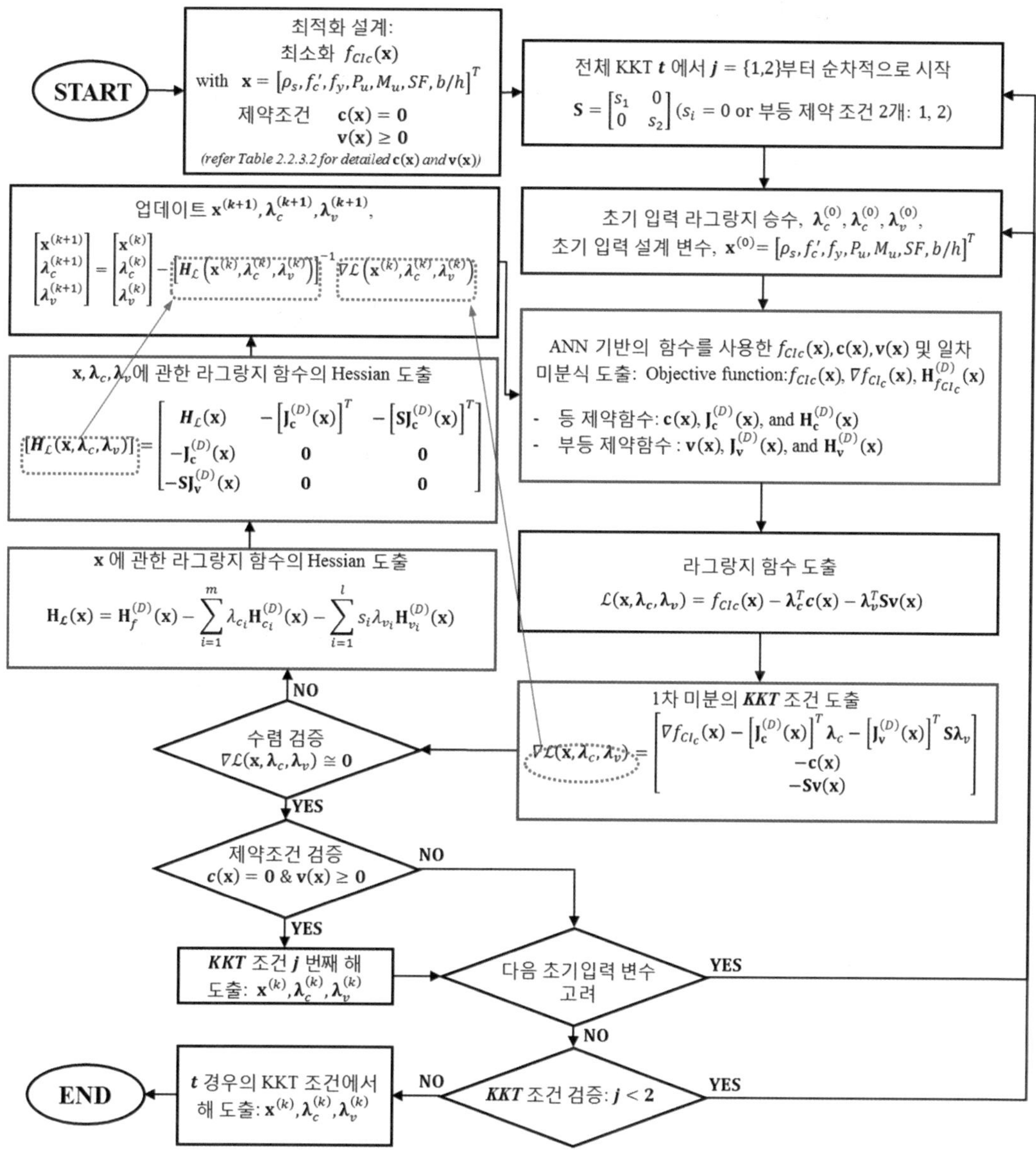


그림 2.1.3(b) 두 개의 부등 제약조건이 고려된 역방향 인공신경망

그림 2.1.3 뉴턴-랩슨 반복연산의 공식 흐름도

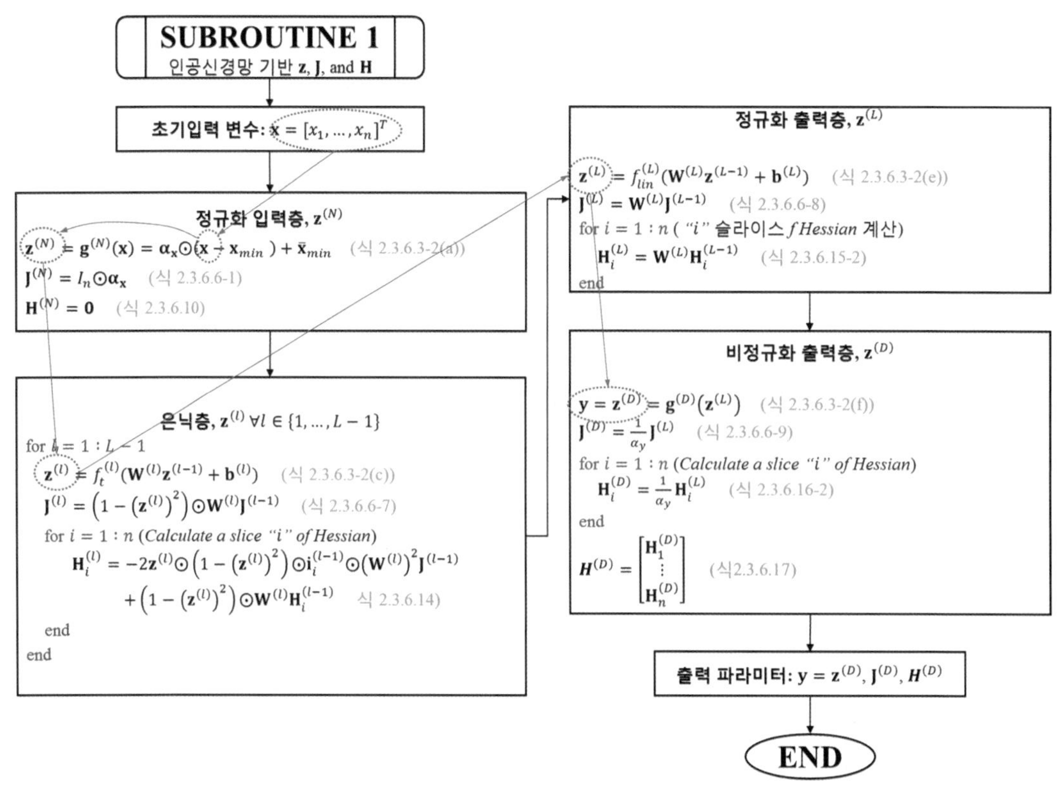


그림 2.1.4 인공신경망 기반의 목적함수 $f(\mathbf{x})$, 등 제약함수 $\mathbf{c}(\mathbf{x})$, 부등 제약함수 $\mathbf{v}(\mathbf{x})$ 및 제이코비, 헤시안 매트릭스의 유도 순서(그림 내 공식번호는 [4]에서 참조)

$$\mathbf{z}^{(l)} = \begin{bmatrix} z_1^{(l)} \\ z_2^{(l)} \\ \vdots \\ z_m^{(l)} \end{bmatrix}_{[m\times 1]}$$

$(a)$ $l$ 은닉층의 출력 함수 - $\mathbf{z}^{(l)}(m \times 1)$

$$\mathbf{J}^{(l)} = \frac{\partial \mathbf{z}^{(l)}}{\partial \mathbf{x}} = \begin{bmatrix} \dfrac{\partial z_1^{(l)}}{\partial \mathbf{x}} \\ \dfrac{\partial z_2^{(l)}}{\partial \mathbf{x}} \\ \vdots \\ \dfrac{\partial z_m^{(l)}}{\partial \mathbf{x}} \end{bmatrix} = \begin{bmatrix} \dfrac{\partial z_1^{(l)}}{\partial x_1} & \dfrac{\partial z_1^{(l)}}{\partial x_2} & \cdots & \dfrac{\partial z_1^{(l)}}{\partial x_n} \\ \dfrac{\partial z_2^{(l)}}{\partial x_1} & \dfrac{\partial z_2^{(l)}}{\partial x_2} & \cdots & \dfrac{\partial z_2^{(l)}}{\partial x_n} \\ \vdots & \vdots & \ddots & \vdots \\ \dfrac{\partial z_m^{(l)}}{\partial x_1} & \dfrac{\partial z_m^{(l)}}{\partial x_2} & \cdots & \dfrac{\partial z_m^{(l)}}{\partial x_n} \end{bmatrix}_{[m\times n]} \begin{matrix} \rightarrow \text{뉴런 } 1 \\ \rightarrow \text{뉴런 } 2 \\ \\ \rightarrow \text{뉴런 } m \end{matrix}$$

(b) $l$ 은닉층의 제이코비 매트릭스 - $\mathbf{J}^{(l)}(m \times n)$

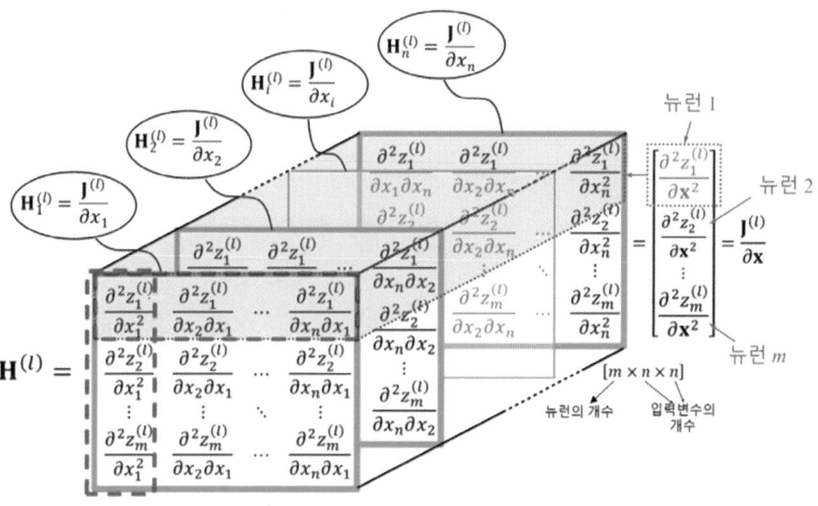


(c) $l$ 은닉층의 헤시안 매트릭스 - $\mathbf{H}^{(l)}$(3차원)

그림 2.1.5 은닉층 $l$ 에서 $m$ 개의 뉴런을 갖는 제이코비와 헤시안 매트릭스의 구조[3]
(Dimensions of output vector, Jacobian, and Hessian matrices with $m$ neurons at Hidden layer $l$)

요약하면 그림 2.1.5(c)에서 처럼 $n$개의 입력변수($\mathbf{x} = [x_1, x_2, \ldots, x_n]^T$)를 가질 때 정규화된 은닉층($l$)에서 첫 번째 뉴런에 대한 글로벌 헤시안 매트릭스 $\mathbf{H}^{(l)}$는 그림 2.1.5(c)의 파란색으로 표시된 $n\times n$ 매트릭스가 되며 이것은 그림 2.1.5(c)를 위에서 내려다보는 것과 같다. 반면, $m$개의 뉴런에 대해 한 개의 입력변수($x_i = x_1$)를 갖는 경우, 초록색 면($m\times n$)으로 표시되는 정규화된 슬라이스 헤시안 매트릭스 $\mathbf{H}_i^{(l)}$ 가 된다. 즉 글로벌 헤시안 매트릭스 $\mathbf{H}_i^{(l)} = \partial\mathbf{J}^{(l)}/\partial x_i$에서 입력변수 $\mathbf{x}(x_1, x_2, \ldots, x_n)$를 $x_1, x_2, \ldots, x_n$으로 분리했을 때 $i$=1부터 $n$ 사이의 각각의 입력변수에 대해 슬라이스 헤시안 매트릭스가 결정된다. 반면, $m$ 뉴런과 한 개의 입력변수(예를 들어 $x_i = x_1$)를 갖는 헤시안 매트릭스는 그림 2.1.5(c)의 분홍색으로 ($m\times 1$)의 1차원 텐서가 된다.

### 2) 슬라이스 $\mathbf{H}_n^D$ 및 글로벌 $\boldsymbol{H}^D$ 헤시안 매트릭스의 유도

지금부터 헤시안 매트릭스를 유도해보자. 이전 식 (2.3.6.7-1)에서 보듯이 임의의 은닉층($l$)에서의 슬라이스 헤시안 매트릭스 $\mathbf{H}_i^{(l)}$는 입력변수 $\mathbf{x}(x_1, x_2, \ldots, x_n)$ 중 하나인 보폭, 보깊이 등 입력변수 $x_i$ 각각에 대해 제이코비 매트릭스 $\mathbf{J}^{(l)}$를 미분한 값으로 한 개의 입력변수에 대해서만 구해진 헤시안 매트릭스다.

$$\mathbf{H}_i^{(l)} = \frac{\partial\mathbf{J}^{(l)}}{\partial x_i} \qquad \text{(이전 식 2.3.6.7-1)}$$

이전 식 (2.3.6.5)의 $\mathbf{J}^{(l)} = \partial\mathbf{z}^{(l)}/_{\partial\mathbf{z}^{(l-1)}}\mathbf{J}^{(l-1)}$를 이전 식 (2.3.6.7-1)에 대입해 이전 식 (2.3.6.7-2)와 이전 식 (2.3.6.7-3)을 유도한다.

$$\mathbf{H}_i^{(l)} = \frac{\partial\left(\left(\frac{\partial\mathbf{z}^{(l)}}{\partial\mathbf{z}^{(l-1)}}\right)\mathbf{J}^{(l-1)}\right)}{\partial x_i} = \frac{\partial\left(\frac{\partial\mathbf{z}^{(l)}}{\partial\mathbf{z}^{(l-1)}}\right)}{\partial x_i}\mathbf{J}^{(l-1)} + \frac{\partial\mathbf{z}^{(l)}}{\partial\mathbf{z}^{(l-1)}}\frac{\partial\mathbf{J}^{(l-1)}}{\partial x_i} \qquad \text{(이전 식 2.3.6.7-2)}$$

$$\mathbf{H}_i^{(l)} = \frac{\partial^2\mathbf{z}^{(l)}}{\partial x_i\partial\mathbf{z}^{(l-1)}}\mathbf{J}^{(l-1)} + \frac{\partial\mathbf{z}^{(l)}}{\partial\mathbf{z}^{(l-1)}}\mathbf{H}_i^{(l-1)} \qquad \text{(이전 식 2.3.6.7-3)}$$

여기서 $\partial^2\mathbf{z}^{(l)}/_{\partial x_i\partial\mathbf{z}^{(l-1)}}$에는 체인룰을 적용해 이전 식 (2.3.6.8)을 유도한다.

$$\frac{\partial^2\mathbf{z}^{(l)}}{\partial x_i\partial\mathbf{z}^{(l-1)}} = \frac{\partial\left(\frac{\partial\mathbf{z}^{(l)}}{\partial\mathbf{z}^{(l-1)}}\right)}{\partial\mathbf{z}^{(l-1)}}\frac{\partial\mathbf{z}^{(l-1)}}{\partial x_i} = \frac{\partial^2\mathbf{z}^{(l)}}{\partial(\mathbf{z}^{(l-1)})^2}\odot\frac{\partial\mathbf{z}^{(l-1)}}{\partial x_i} \qquad \text{(이전 식 2.3.6.8)}$$

그림 2.1.5(b)에서 한 개의 입력변수(예를 들어 $x_i = x_1$)를 갖는 제이코비 매트릭스는 분홍색으로 표시할 수 있고 일반화하면 $\partial\mathbf{z}^{(l-1)}/\partial x_i$는 제이코비 매트릭스 $\mathbf{J}^{(l-1)}$의 $i$번째의 한 개의 입력변수에 대한 분홍색 요소이므로 식 (2.3.6.9-1)에 $\mathbf{i}_i^{(l-1)}$ 로 표시하자. 이전 식 (2.3.6.8)과 이전 식 (2.3.6.9-1)을 이전 식 (2.3.6.7-3)에 대입하면 이전 식 (2.3.6.9-2)를 얻는다. 이전 식 (2.3.6.7-3)과 이전 식 (2.3.6.9-2)는 각 입력변수 $x_i = x_1$에 대해 구해진 슬라이스 헤시안 매트릭스[그림 2.1.5(c)]에서 초록색으로 표시되는 매트릭스)이고 모든 입력변수 $i = 1, 2, \ldots, n$ 각각에 대해 종이면과 평행하게 구해진다.

식 (2.3.6.9-2)에서 보듯이 $l$ 은닉층에서 슬라이스 헤시안 매트릭스를 순방향으로 구할 수 있다. 정규화된 입력값 $\mathbf{z}^{(N)}$을 기반으로 이전 식 (2.3.6.6-1)의 제이코비 매트릭스 $\mathbf{J}^{(N)}$를 거쳐 이전 식 (2.3.6.10)과 그림 2.1.5(c)에서 슬라이스 헤시안 매트릭스 $\mathbf{H}_i^{(N)}$를 구한다. 이때 슬라이스 헤시안 매트릭스는 제이코비 매트릭스를 입력변수 중 하나 $x_i$ (예를 들어 보폭, 보깊이 등)로 미분해 이전 식 (2.3.6.10)과 그림 2.1.5(c)에서 각각 구해지는 것이다. 식 (2.1.4-a)의 $\mathbf{z}^{(N)}$ 는 선형함수이므로 보폭, 보깊이 등의 입력변수 (예를 들어 $x_i = x_1$)에 대한 두 번의 미분값은 이전 식 (2.3.6.10)에서와 같이 0이 된다. 이같이 제이코비 및 헤시안의 계산 순서 $\mathbf{z}^{(N)} \to \mathbf{J}^{(N)} \to \mathbf{H}^{(N)}$, $\mathbf{z}^{(l)} \to \mathbf{J}^{(l)} \to \mathbf{H}^{(l)}$, $\mathbf{z}^{(L)} \to \mathbf{J}^{(L)} \to \mathbf{H}^{(L)}$, $\mathbf{z}^{(D)} \to \mathbf{J}^{(D)} \to \mathbf{H}^{(D)}$는 식 번호와 함께 그림 2.1.4에 정리되어 있다.

$$\partial\mathbf{z}^{(l-1)}/\partial x_i = \mathbf{i}_i^{(l-1)} \quad \text{(이전 식 2.3.6.9-1)}$$

$$\mathbf{H}_i^{(l)} = \frac{\partial^2\mathbf{z}^{(l)}}{\partial(\mathbf{z}^{(l-1)})^2} \odot \mathbf{i}_i^{(l-1)} \odot \mathbf{J}^{(l-1)} + \frac{\partial\mathbf{z}^{(l)}}{\partial\mathbf{z}^{(l-1)}}\mathbf{H}_i^{(l-1)} \quad \text{(이전 식 2.3.6.9-2)}$$

$$\mathbf{H}_i^{(N)} = \frac{\partial^2\mathbf{z}^{(N)}}{\partial x_i \partial\mathbf{x}} = \mathbf{0} \quad \text{(이전 식 2.3.6.10)}$$

은닉층 (1)에서 출력함수 $\mathbf{z}^{(1)}$의 슬라이스 헤시안 매트릭스$\mathbf{H}_i^{(1)}$는 보폭, 보깊이 등 각각의 입력변수 (예를 들어 $x_i = x_1$)에 대해 제이코비를 미분한 이전 식 (2.3.6.11-1)에 도출했다.

$$\mathbf{H}_i^{(1)} = \frac{\partial^2\mathbf{z}^{(1)}}{\partial x_i \partial\mathbf{x}} \quad \text{(이전 식 2.3.6.11-1)}$$

여기서 $\mathbf{z}^{(1)}$는 선형함수가 아니므로 보폭, 보깊이 등의 입력변수($x_i$)에 대해 두 번 미분되더라도 0이 되지 않는다. 이전 식 (2.3.6.9-2)에 $l = 1$을 적용하면 슬라이스 헤시안 매트릭스

$\mathbf{H}_i^{(1)}$는 이전 식 (2.3.6.11-2)에 도출된다. $\mathbf{z}^{(l-1)}$과 $\mathbf{H}_i^{(l-1)}$에서 $l$이 (1)일 때 1-1=0이 되고 이것은 한 단계 이전인 $N$층이 되기 때문이다. 즉 이전 식 (2.3.6.11-2)에서 고려되는 단계는 (1)단계이고 한 단계 이전의 정규화된 $N$단계는 인공신경망의 시작 단계인 입력 단계다. 이전 식 (2.3.6.10)의 $\mathbf{H}_i^{(N)}= 0$을 이전 식 (2.3.6.11-2)에 대입해 체인룰을 적용하면 이전 식 (2.3.6.11-3)이 도출된다.

$$\mathbf{H}_i^{(1)} = \frac{\partial^2 \mathbf{z}^{(1)}}{\partial(\mathbf{z}^{(N)})^2} \odot \mathbf{i}_i^{(N)} \odot \mathbf{J}^{(N)} + \frac{\partial \mathbf{z}^{(1)}}{\partial \mathbf{z}^{(N)}} \mathbf{H}_i^{(N)} \quad \text{(이전 식 2.3.6.11-2)}$$

$$\mathbf{H}_i^{(1)} = \frac{\partial^2 \mathbf{z}^{(1)}}{\partial(\mathbf{W}^{(1)}\mathbf{z}^{(N)} + \mathbf{b}^{(1)})^2} \left( \frac{\partial\left(\mathbf{W}^{(1)}\mathbf{z}^{(N)} + \mathbf{b}^{(1)}\right)}{\partial \mathbf{z}^{(N)}} \right)^2 \odot \mathbf{i}_i^{(N)} \odot \mathbf{J}^{(N)} + \mathbf{0} \quad \text{(이전 식 2.3.6.11-3)}$$

이전 식 (2.3.6.4-1)의 *tansig* 활성함수와 이전 식 (2.3.6.4-3)의 *tansig* 활성함수에 대한 두 번 미분식을 적용하면 $\partial^2\mathbf{z}^{(1)}/\partial\left(\mathbf{W}^{(1)}\mathbf{z}^{(N)} + \mathbf{b}^{(1)}\right)^2 = -2\mathbf{z}^{(1)} \odot \left(1 - \left(\mathbf{z}^{(1)}\right)^2\right)$와 $\left(\partial\left(\mathbf{W}^{(1)}\mathbf{z}^{(N)} + \mathbf{b}^{(1)}\right)/\partial\mathbf{z}^{(N)}\right)^2 = \left(\mathbf{W}^{(1)}\right)^2$이 구해지고 이전 식 (2.3.6.11-4)가 도출된다.

$$\mathbf{H}_i^{1} = -2\mathbf{z}^{1} \odot (1 - (\mathbf{z}^{1})^2) \odot \mathbf{i}_i^{N} \odot (\mathbf{W}^{1})^2 \mathbf{J}^{N} \quad \text{(이전 식 2.3.6.11-4)}$$

은닉층$(l)$ 에서의 출력값 $\mathbf{z}^{(l)}$의 슬라이스 헤시안 매트릭스$\mathbf{H}_i^{(l)}$는 제이코비 매트릭스를 $x_i$에 대해 미분해 도출한다. 이때 $x_i$는 보폭, 보깊이 등 각각의 입력변수를 의미한다. (1) 단계와 유사하게 은닉층 $l$에서 이전 식 (2.3.6.12)와 이전 식 (2.3.6.13)이 구해지며 이 식들을 이전 식 (2.3.6.9-2)에 대입해 이전 식 (2.3.6.14)를 도출한다.

$$\frac{\partial \mathbf{z}^{(l)}}{\partial \mathbf{z}^{(l-1)}} = \frac{\partial\left(f_t^{(l)}\left(\mathbf{W}^{(l)}\mathbf{z}^{(l-1)} + \mathbf{b}^{(l)}\right)\right)}{\partial(\mathbf{W}^{(l)}\mathbf{z}^{(l-1)} + \mathbf{b}^{(l)})} \frac{\partial\left(\mathbf{W}^{(l)}\mathbf{z}^{(l-1)} + \mathbf{b}^{(l)}\right)}{\partial \mathbf{z}^{(l-1)}} = (1 - (\mathbf{z}^{l})^2) \odot \mathbf{W}^{(l)} \quad \text{(식 2.3.6.12)}$$

$$\frac{\partial^2 \mathbf{z}^{(l)}}{\partial(\mathbf{z}^{(l-1)})^2} = \frac{\partial^2\left(f_t^{(l)}\left(\mathbf{W}^{(l)}\mathbf{z}^{(l-1)} + \mathbf{b}^{(l)}\right)\right)}{\partial(\mathbf{W}^{(l)}\mathbf{z}^{(l-1)} + \mathbf{b}^{(l)})^2} \left( \frac{\partial\left(\mathbf{W}^{(l)}\mathbf{z}^{(l-1)} + \mathbf{b}^{(l)}\right)}{\partial \mathbf{z}^{(l-1)}} \right)^2 \quad \text{(식 2.3.6.13)}$$
$$= -2\mathbf{z}^{(l)} \odot \left(1 - \left(\mathbf{z}^{(l)}\right)^2\right) \odot \left(\mathbf{W}^{(l)}\right)^2$$

$$\mathbf{H}_i^{(l)} = -2\mathbf{z}^{(l)} \odot \left(1 - \left(\mathbf{z}^{(l)}\right)^2\right) \odot \mathbf{i}_i^{(l-1)} \odot \left(\mathbf{W}^{(l)}\right)^2 \mathbf{J}^{(l-1)} + \left(1 - \left(\mathbf{z}^{(l)}\right)^2\right) \odot \mathbf{W}^{(l)} \mathbf{H}_i^{(l-1)} \quad \text{(식 2.3.6.14)}$$

이전 식 (2.3.6.7-1)에서 마지막 출력층 $L$에서의 출력값 $\mathbf{z}^{(L)}$의 슬라이스 헤시안 매트릭스 $\mathbf{H}_i^{(L)}$는 제이코비 매트릭스 $\mathbf{J}^{(l)}$를 보폭, 보깊이 등의 입력변수 $x_i$ 각각에 대해 미분해 도출한다. $\mathbf{H}_i^{(l)}$와 유사하게 출력층 $L$에서 $\mathbf{H}_i^{(L)}$를 도출하는데 선형 활성함수를 적용한다는 것이 다른 점이다. 마지막 출력층에서는 활성함수로 뉴런값을 수정하지 않는다는 의미다. 이전 식 (2.3.6.9-2)에서 $l$을 $L$로 교환하면 이전 식 (2.3.6.15-1)을 얻고 이전 식 (2.3.6.4-3)에 기반해 선형 활성함수를 두 번 미분하면 $(\partial^2\mathbf{z}^{(L)} / \partial(\mathbf{z}^{(L-1)})^2)$는 0이 된다. 따라서 이전 식 (2.3.6.15-1)에서 이전 식 (2.3.6.15-2)가 구해진다.

$$\mathbf{H}_i^{(L)} = \frac{\partial^2\mathbf{z}^{(L)}}{\partial(\mathbf{z}^{(L-1)})^2} \odot \mathbf{i}_i^{(L-1)} \odot \mathbf{J}^{(L-1)} + \frac{\partial\mathbf{z}^{(L)}}{\partial\mathbf{z}^{(L-1)}}\mathbf{H}_i^{(L-1)} \qquad \text{(이전 식 2.3.6.15-1)}$$

$$\mathbf{H}_i^{(L)} = \mathbf{0} \odot \mathbf{i}_i^{(L-1)} \odot \mathbf{J}^{(L-1)} + \frac{\partial\left(\mathbf{W}^{(L)}\mathbf{z}^{(L-1)} + b^{(L)}\right)}{\partial\mathbf{z}^{(L-1)}}\mathbf{H}_i^{(L-1)} = \mathbf{W}^{(L)}\mathbf{H}_i^{(L-1)} \qquad \text{(이전 식 2.3.6.15-2)}$$

마지막 은닉층 $D$에서 비정규화된 슬라이스 헤시안 매트릭스 $\mathbf{H}_i^{(D)}$를 도출하기 위해 은닉층 $L$-1과 $L$을 $L$과 $D$로 교환하면 이전 식 (2.3.6.15-1)으로부터 이전 식 (2.3.6.16-1)가 도출된다. 이전 식 (2.3.6.16-1)를 통해 비정규화된 출력값 $\mathbf{z}^{(D)}$의 슬라이스 헤시안 매트릭스 $\mathbf{H}_i^{(D)}$를 구할 수 있다. $\mathbf{z}^{(N)}$와 유사하게 식 (2.1.4-f)의 $\mathbf{z}^{(D)}$도 선형함수이므로 $\mathbf{z}^{(D)}$를 $\mathbf{z}^{(L)}$에 대해 두 번 미분 $(\partial^2\mathbf{z}^{(D)} / \partial(\mathbf{z}^{(L)})^2)$ 하면 0이 되어 이전 식 (3.6.16-2)를 얻는다. 최종적으로 식 (2.1.4-f)의 $y = \mathbf{z}^{(D)}$를 이전 식 (2.3.6.16-1)에 대입하면 이전 식 (2.3.6.16-2)가 도출된다.

$$\mathbf{H}_i^{(D)} = \frac{\partial^2\mathbf{z}^{(D)}}{\partial(\mathbf{z}^{(L)})^2} \odot \mathbf{i}_i^{(L)} \odot \mathbf{J}^{(L)} + \frac{\partial\mathbf{z}^{(D)}}{\partial\mathbf{z}^{(L)}}\mathbf{H}_i^{(L)} \qquad \text{(이전 식 2.3.6.16-1)}$$

$$\mathbf{H}_i^{(D)} = \mathbf{0} \odot \mathbf{i}_i^{(L)} \odot \mathbf{J}^{(L)} + \frac{\partial\left(\frac{1}{\alpha_y}\left(\mathbf{z}^{(L)} - \bar{y}_{min}\right) + y_{min}\right)}{\partial\mathbf{z}^{(L)}}\mathbf{H}_i^{(L)} = \frac{1}{\alpha_y}\mathbf{H}_i^{(L)} \qquad \text{(이전 식 2.3.6.16-2)}$$

이전 식 (2.3.6.17)은 그림 2.1.5(c)를 위에서 아래로 투영해 유도되는 글로벌 헤시안 매트릭스로 비정규화된 최종 출력층 $D$에서 모든 뉴런에 대해 구해진다. 즉 이전 식 (2.3.6.16-2)의 슬라이스 헤시안 매트릭스 $(\mathbf{H}_i^{(D)} = \partial\mathbf{J}^{(D)} / \partial_{x_i})$로부터 유도되며 슬라이스 헤시안 매트릭스 $\mathbf{H}_i^{(D)}$는 비정규화된 출력층에서 각각의 입력 설계변수 $x_i$($i$는 보폭, 보깊이 등 입력변수의 종류들)에 대해 제이코비 $\mathbf{J}^{(D)}$를 미분한 것이다. 예를 들어 $x_2(i = 2)$에 대한 임의의 뉴런에서의 슬라이스 헤시안 매트릭스 ($\mathbf{H}_2^{(D)} = \partial \mathbf{J}^{(D)} / \partial_{x_2}$)는 이전 식 (2.3.6.17)에 $1 \times n$의 파란색으로 표시했다. 따라서 이전 식 (2.3.6.17)의 파란색 박스는 모든 뉴런(또는 임의의 뉴런)에서의 비정규화된 슬라이스 헤시안 매트릭스 $\mathbf{H}_i^{(D)}(i = 2)$를 의미하며 $x_2(i = 2)$ 또는 각각의 입력 설계변수에 대해 $1 \times n$ 규모를 갖는다. 전체 이전 식 (2.3.6.17)은 비정규화층 $D$에서 임의의 뉴런에 대해 각각의 입력변수 $x_i$($i$는 보폭, 보깊이 등 입력변수의 종류들)에 대해 유도된 슬라이스 헤시안 매트릭스 $\mathbf{H}_i^{(D)}$를 $(n \times n)$의 2차원 형태의 글로벌 헤시안 매트릭스로 통합한 것이다.

이번 절에서 설명했듯이 $n$은 입력변수의 개수다. 이전 식 (2.3.6.17)과 그림 2.1.5(c)에서 최종 비정규화된 출력층 $l = D$에서의 글로벌 헤시안 매트릭스 $\mathbf{H}^{(D)}$의 규모는 $(n \times n)$이 된다. 입력 설계변수 $(\mathbf{x} = [x_1, x_2, \dots, x_n]^T) \times$ 제이코비의 사이즈 $\left(\mathbf{J}^{(D)} = \left[\frac{\partial \mathbf{z}^{(D)}}{\partial x_1}, \frac{\partial \mathbf{z}^{(D)}}{\partial x_2}, \dots, \frac{\partial \mathbf{z}^{(D)}}{\partial x_n}\right]^T\right)$가 융합되기 때문이다. 여기서 제이코비는 식 (2.1.4-f)에 기반해 $\mathbf{y}$의 항으로 유도된 비정규화된 $\mathbf{z}^{(D)}$를 입력 설계변수 $(\mathbf{x} = [x_1, x_2, \dots, x_n]^T)$에 대해 한 번 미분해 구해진다.

최종적으로 그림 2.1.5(c)는 비정규화된 출력층에서 입력 설계변수 $(\mathbf{x} = [x_1, x_2, \dots, x_n]^T)$ 중 각각의 입력 설계변수에 대해 구해진 슬라이스 헤시안 매트릭스 $\mathbf{H}_i^{(D)}(m \times \text{n})$를 $n$개 전체 입력변수$(\mathbf{x} = [x_1, x_2, \dots, x_n]^T)$에 대해 글로벌 헤시안 매트릭스 $\mathbf{H}^{(D)}(m \times n \times n)$로 통합한 것이다. 즉 비정규화층에서 모든 뉴런에 대해 초록색 평면으로 표현되는 $(m \times \text{n})$의 2차원 슬라이스 헤시안 매트릭스를 겹겹이 포갠 3차원$(m \times n \times n)$ 매트릭스가 $n$개 전체 입력 설계변수 $(\mathbf{x} = [x_1, x_2, \dots, x_n]^T)$에 대한 글로벌 헤시안 매트릭스 $\mathbf{H}^{(D)}$가 된다. 더 자세한 제이코비 및 헤시안 매트릭스의 유도 관련 내용은 [3]의 2.3.4.2절을 참고하기 바란다. 헤시안 매트릭스의 용도는 이전 2.4절의 예시[3]에 자세히 설명되어 있다.

$$\boldsymbol{H}^D = \begin{bmatrix} \mathbf{H}_1^{(D)} \\ \mathbf{H}_2^{(D)} \\ \vdots \\ \mathbf{H}_n^{(D)} \end{bmatrix}_{(n \times n)} = \begin{bmatrix} \frac{\partial \mathbf{J}^{(D)}}{\partial x_1} \\ \frac{\partial \mathbf{J}^{(D)}}{\partial x_2} \\ \vdots \\ \frac{\partial \mathbf{J}^{(D)}}{\partial x_n} \end{bmatrix}_{(n \times n)} = \begin{bmatrix} \frac{\partial^2 \mathbf{z}^{(D)}}{\partial x_1^2} & \frac{\partial^2 \mathbf{z}^{(D)}}{\partial x_1 \partial x_2} & \cdots & \frac{\partial^2 \mathbf{z}^{(D)}}{\partial x_1 \partial x_n} \\ \frac{\partial^2 \mathbf{z}^{(D)}}{\partial x_2 \partial x_1} & \frac{\partial^2 \mathbf{z}^{(D)}}{\partial x_2^2} & \cdots & \frac{\partial^2 \mathbf{z}^{(D)}}{\partial x_2 \partial x_n} \\ \vdots & \vdots & \ddots & \vdots \\ \frac{\partial^2 \mathbf{z}^{(D)}}{\partial x_n \partial x_1} & \frac{\partial^2 \mathbf{z}^{(D)}}{\partial x_n \partial x_2} & \cdots & \frac{\partial^2 \mathbf{z}^{(D)}}{\partial x_n^2} \end{bmatrix} \quad \text{(이전 식 2.3.6.17)}$$

[$n$개 전체 입력변수 $(\mathbf{x} = [x_1, x_2, \dots, x_n]^T)$에 대해 최종 출력층 $D$와 임의의 뉴런에서의 비정규화된 헤시안 매트릭스$(n \times n)$]

식 (2.1.6-1)로 유도된 라그랑주 함수의 stationary 포인트는 식 (2.1.6-2)와 식 (2.1.6-3)에서 유도된 라그랑주 함수의 1차 미분식해로 구한다. 라그랑주 함수의 최적값(최대값 또는 최소값)은 stationary 포인트에서 도출되며 이때 라그랑주 함수의 입력 파라미터 $\mathbf{x}$와 라그랑주 승수 $\boldsymbol{\lambda}_c$, $\boldsymbol{\lambda}_v$가 라그랑주 함수의 stationary 포인트가 된다. [3]의 1장에 부등 제약조건이 부과되는 경우의 KKT 조건 후보해를 구하는 방법이 설명되어 있다. 하지만 식 (2.1.6-2)와 식 (2.1.6-3)으로 주어지는 라그랑주 함수의 1차 미분식해(입력 파라미터 $\mathbf{x}$ 와 라그랑주 승수 $\boldsymbol{\lambda}_c$, $\boldsymbol{\lambda}_v$), 즉 KKT 조건 후보해를 구하는 과정은 매우 복잡하다. 식 (2.1.6-2)는 라그랑주 함수의 1차 미분식인 제이코비 매트릭스이고 헤시안 매트릭스를 이용해 식 (2.1.7)에서 라그랑주 함수의 1차 미분식(제이코비 매트릭스)을 선형화한 후 뉴턴-랩슨 반복연산을 적용해 해를 구한다. 독자들은 [3]의 식 (2.3.4.1-1)부터 (2.3.4.1-5)까지 참고할 수 있고 식 (2.1.7-1)부터 식 (2.1.7-5)까지 다시 기술했다. 식 (2.1.7)의 라그랑주 함수의 1차 미분식인 제이코비 매트릭스와 2차 미분식인 헤시안 매트릭스를 구해야 KKT 조건 후보해를 구할 수 있다(Villarrubia *et al.* 2018, [25]). 즉 인공신경망으로 유도된 함수들은 최소 두 번 미분할 수 있어야 제이코비 매트릭스과 헤시안 매트릭스를 구할 수 있고 라그랑주 함수의 1차 미분항인 제이코비 매트릭스는 미분 2차항인 헤시안 매트릭스를 포함하는 미분항으로 입력 파라미터 $\mathbf{x}$와 라그랑주 승수 $\boldsymbol{\lambda}_c$, $\boldsymbol{\lambda}_v$에 대해 선형화할 수 있게 된다. 즉 식 (2.1.7-1)에서 라그랑주 함수의 1차 미분식인 제이코비 매트릭스는 $\mathbf{x}^{(0)}$, $\boldsymbol{\lambda}_c^{(0)}$, $\boldsymbol{\lambda}_v^{(0)}$에 대해 선형화되었다. 식 (2.1.7-1)부터 식 (2.1.7-5)에서 뉴턴-랩슨 반복연산이 선형식에 적용되어 라그랑주 함수의 최적값(최대값 또는 최소값)인 stationary 포인트(입력 파라미터 $\mathbf{x}$ 와 라그랑주 승수 $\boldsymbol{\lambda}_c$, $\boldsymbol{\lambda}_v$)를 구한다. $\boldsymbol{J}_{\mathbf{c}}(\mathbf{x})$와 $\boldsymbol{J}_{\mathbf{v}}(\mathbf{x})$는 등 제약 $\boldsymbol{c}(\boldsymbol{x})$ 및 부등 제약함수 $\boldsymbol{v}(\boldsymbol{x})$의 제이코비 매트릭스이고 각각에 라그랑주 승수 $\boldsymbol{\lambda}_c$와 $\boldsymbol{\lambda}_v$가 적용되어 제약조건이 비제약 조건으로 전환된 라그랑주 함수를 도출한다.

*Lagrange function* :

$$\mathcal{L}(\boldsymbol{x}, \boldsymbol{\lambda}_c^T, \boldsymbol{\lambda}_v^T) = f(\boldsymbol{x}) - \boldsymbol{\lambda}_c^T \boldsymbol{c}(\boldsymbol{x}) - \boldsymbol{\lambda}_v^T \boldsymbol{S} \boldsymbol{v}(\boldsymbol{x}) = CI_b - \boldsymbol{\lambda}_c^T \boldsymbol{c}(\boldsymbol{x}) - \boldsymbol{\lambda}_v^T \boldsymbol{S} \boldsymbol{v}(\boldsymbol{x}) \tag{2.1.6-1}$$

*Candidate solution from KKT conditions* :

$$\nabla \mathcal{L}\left(\mathbf{x}_{\boldsymbol{i}}{}^{(\mathrm{k})}, \boldsymbol{\lambda}_c^{(\mathrm{k})}, \boldsymbol{\lambda}_v^{(\mathrm{k})}\right) = \nabla f(\mathbf{x}_i) - \boldsymbol{\lambda}_c^T \nabla \boldsymbol{c}(\mathbf{x}_i) - \boldsymbol{\lambda}_v^T \mathbf{S} \nabla \boldsymbol{v}(\mathbf{x}_i) = 0 \tag{2.1.6-2}$$

$$\nabla \mathcal{L}(\mathbf{x}, \boldsymbol{\lambda}_c, \boldsymbol{\lambda}_v) = \begin{bmatrix} \nabla_{\mathbf{x}} \mathcal{L}(\mathbf{x}, \boldsymbol{\lambda}_c, \boldsymbol{\lambda}_v) \\ \nabla_{\lambda_c} \mathcal{L}(\mathbf{x}, \boldsymbol{\lambda}_c, \boldsymbol{\lambda}_v) \\ \nabla_{\lambda_v} \mathcal{L}(\mathbf{x}, \boldsymbol{\lambda}_c, \boldsymbol{\lambda}_v) \end{bmatrix} = \begin{bmatrix} \nabla f(\mathbf{x}) - \mathbf{J_c}(\mathbf{x})^T \boldsymbol{\lambda}_c - \mathbf{J_v}(\mathbf{x})^T \mathbf{S} \boldsymbol{\lambda}_v \\ -\mathbf{c}(\mathbf{x}) \\ -\mathbf{S}\mathbf{v}(\mathbf{x}) \end{bmatrix} \tag{2.1.6-2a}$$

$$\nabla\mathcal{L}(\mathbf{x},\,\boldsymbol{\lambda}_c,\,\boldsymbol{\lambda}_v)=\begin{bmatrix}\left[\mathbf{J}_f^{(D)}(\mathbf{x})\right]^T-\left[\mathbf{J}_\mathbf{c}^{(D)}(\mathbf{x})\right]^T\boldsymbol{\lambda}_c-\left[\mathbf{J}_\mathbf{v}^{(D)}(\mathbf{x})\right]^T\boldsymbol{S}\boldsymbol{\lambda}_v\\-\mathbf{c}(\mathbf{x})\\-\mathbf{S}\mathbf{v}(\mathbf{x})\end{bmatrix}=\mathbf{0} \qquad (2.1.6\text{-}2b)$$

$$\begin{cases}\boldsymbol{\nabla}_x\mathcal{L}=0\rightarrow\dfrac{\partial\mathcal{L}}{\partial x_i}=0, & i=1,\ldots,n\\ \boldsymbol{\nabla}_{\lambda_c}\mathcal{L}=0\rightarrow\dfrac{\partial\mathcal{L}}{\partial\lambda_{c,j}}=0, & j=1,\ldots,m_1\\ \boldsymbol{\nabla}_{\lambda_v}\mathcal{L}=0\rightarrow\dfrac{\partial\mathcal{L}}{\partial\lambda_{v,k}}=0, & k=1,\ldots,m_2\end{cases} \qquad (2.1.6\text{-}3)$$

$$\begin{aligned}&\nabla\mathcal{L}\left(\mathbf{x}^{(0)}+\Delta\mathbf{x},\boldsymbol{\lambda}_c^{(0)}+\Delta\boldsymbol{\lambda}_c,\boldsymbol{\lambda}_v^{(0)}+\Delta\boldsymbol{\lambda}_v\right)\\&\approx\nabla\mathcal{L}\left(\mathbf{x}^{(0)},\boldsymbol{\lambda}_c^{(0)},\boldsymbol{\lambda}_v^{(0)}\right)+\left[\boldsymbol{H}_\mathcal{L}\left(\mathbf{x}^{(0)},\boldsymbol{\lambda}_c^{(0)},\boldsymbol{\lambda}_v^{(0)}\right)\right]\begin{bmatrix}\Delta\mathbf{x}\\\Delta\boldsymbol{\lambda}_c\\\Delta\boldsymbol{\lambda}_v\end{bmatrix}+\mathbf{0}^+\end{aligned} \qquad (2.1.7\text{-}1)$$

$$\begin{bmatrix}\Delta\mathbf{x}\\\Delta\boldsymbol{\lambda}_c\\\Delta\boldsymbol{\lambda}_v\end{bmatrix}\approx-\left[\boldsymbol{H}_\mathcal{L}\left(\mathbf{x}^{(0)},\boldsymbol{\lambda}_c^{(0)},\boldsymbol{\lambda}_v^{(0)}\right)\right]^{-1}\nabla\mathcal{L}\left(\mathbf{x}^{(0)},\boldsymbol{\lambda}_c^{(0)},\boldsymbol{\lambda}_v^{(0)}\right) \qquad (2.1.7\text{-}2)$$

$$\begin{bmatrix}\Delta\mathbf{x}^{(k)}\\\Delta\boldsymbol{\lambda}_c^{(k)}\\\Delta\boldsymbol{\lambda}_v^{(k)}\end{bmatrix}=-\left[\boldsymbol{H}_\mathcal{L}\left(\mathbf{x}^{(k)},\boldsymbol{\lambda}_c^{(k)},\boldsymbol{\lambda}_v^{(k)}\right)\right]^{-1}\nabla\mathcal{L}\left(\mathbf{x}^{(k)},\boldsymbol{\lambda}_c^{(k)},\boldsymbol{\lambda}_v^{(k)}\right) \qquad (2.1.7\text{-}3)$$

$$\begin{bmatrix}\mathbf{x}^{(k+1)}\\\boldsymbol{\lambda}_c^{(k+1)}\\\boldsymbol{\lambda}_v^{(k+1)}\end{bmatrix}=\begin{bmatrix}\mathbf{x}^{(k)}\\\boldsymbol{\lambda}_c^{(k)}\\\boldsymbol{\lambda}_v^{(k)}\end{bmatrix}+\begin{bmatrix}\Delta\mathbf{x}^{(k)}\\\Delta\boldsymbol{\lambda}_c^{(k)}\\\Delta\boldsymbol{\lambda}_v^{(k)}\end{bmatrix} \qquad (2.1.7\text{-}4)$$

$$\begin{bmatrix}\mathbf{x}^{(k+1)}\\\boldsymbol{\lambda}_c^{(k+1)}\\\boldsymbol{\lambda}_v^{(k+1)}\end{bmatrix}=\begin{bmatrix}\mathbf{x}^{(k)}\\\boldsymbol{\lambda}_c^{(k)}\\\boldsymbol{\lambda}_v^{(k)}\end{bmatrix}-\left[\boldsymbol{H}_\mathcal{L}\left(\mathbf{x}^{(k)},\boldsymbol{\lambda}_c^{(k)},\boldsymbol{\lambda}_v^{(k)}\right)\right]^{-1}\nabla\mathcal{L}\left(\mathbf{x}^{(k)},\boldsymbol{\lambda}_c^{(k)},\boldsymbol{\lambda}_v^{(k)}\right) \qquad (2.1.7\text{-}5)$$

### 2.1.5 뉴턴-랩슨 수치해석에 기반한 입력변수의 업데이트

라그랑주 함수의 1차 미분함수(gradient 벡터)인 식 (2.1.7-1)의 $\nabla\mathcal{L}(\mathbf{x},\,\boldsymbol{\lambda}_c,\,\boldsymbol{\lambda}_v)$가 초기 입력변수 $(\mathbf{x}^{(0)},\,\boldsymbol{\lambda}_c^{(0)},\,\boldsymbol{\lambda}_v^{(0)})$ 에 대해 Iteration 0에서 수렴하지 않는 경우, 즉 $\nabla\mathcal{L}\left(\mathbf{x}^{(0)},\,\boldsymbol{\lambda}_c^{(0)},\,\boldsymbol{\lambda}_v^{(0)}\right)\neq0$ 인 경우, 식 (2.1.7-2)와 식 (2.1.7-3)에서 $[\Delta\mathbf{x},\,\Delta\boldsymbol{\lambda}_c,\,\Delta\boldsymbol{\lambda}_v]$를 구한 후 식 (2.1.7-4)와 식 (2.1.7-5)에서 $\mathbf{x}^{(0)},\,\boldsymbol{\lambda}_c^{(0)},\,\boldsymbol{\lambda}_v^{(0)}$에 더해져 다음 단계(Iteration 1)에서 사용될 업데이트된 $\mathbf{x}^{(1)},\,\boldsymbol{\lambda}_c^{(1)},\,\boldsymbol{\lambda}_v^{(1)}$를 구한다. 이 값들을 다시 식 (2.1.7-1)에 대입해 1단계(Iteration 1)에서의 $\nabla\mathcal{L}\left(\mathbf{x}^{(1)},\,\boldsymbol{\lambda}_c^{(1)},\,\boldsymbol{\lambda}_v^{(1)}\right)$를 구한다. 이 값이 $\nabla\mathcal{L}\left(\mathbf{x}^{(1)},\,\boldsymbol{\lambda}_c^{(1)},\,\boldsymbol{\lambda}_v^{(1)}\right)\neq0$ 으로 아직 0에 수렴되지 않는다면 다시 다음 단계인 2단계

(Iteration 2)에서 사용될 업데이트된 입력변수 $\mathbf{x}^{(2)}$와 라그랑주 승수 $\boldsymbol{\lambda}_c^{(2)}$, $\boldsymbol{\lambda}_v^{(2)}$를 구하는 등 식 (2.1.7-2)와 식 (2.1.7-3)을 통해 계속 업데이트해 최종적으로 식 (2.1.7-4)와 식 (2.1.7-5)에서 $k$+1번째 단계에서 $\mathbf{x}^{(k+1)}$, $\boldsymbol{\lambda}_c^{(k+1)}$, $\boldsymbol{\lambda}_v^{(k+1)}$로 업데이트한다. 이 같은 반복연산은 식 (2.1.7-1)의 gradient 벡터 $\nabla\mathcal{L}(\mathbf{x}, \boldsymbol{\lambda}_c, \boldsymbol{\lambda}_v)$가 0에 수렴할 때까지 계속된다. 식 (2.1.7-2)와 식 (2.1.7-3)의 $[\Delta\mathbf{x}^{(i)}, \Delta\boldsymbol{\lambda}_c^{(i)}, \Delta\boldsymbol{\lambda}_v^{(i)}]$는 식 (2.1.7-4)와 식 (2.1.7-5)를 거쳐 식 (2.1.7-1)에 다시 대입되어 다음 단계의 $\mathcal{L}\left(\mathbf{x}^{(i)} + \Delta\mathbf{x}^{(i)}, \boldsymbol{\lambda}_c^{(i)} + \Delta\boldsymbol{\lambda}_c^{(i)}, \boldsymbol{\lambda}_v^{(i)} + \Delta\boldsymbol{\lambda}_v^{(i)}\right) = 0$ 으로 도출하려는 것이고 이 과정을 $\nabla\mathcal{L}\left(\mathbf{x}^{(k)}, \boldsymbol{\lambda}_c^{(k)}, \boldsymbol{\lambda}_v^{(k)}\right)$이 0이 될 때까지 반복해 $\mathcal{L}\left(\mathbf{x}^{(k)} + \Delta\mathbf{x}, \boldsymbol{\lambda}_c^{(\mathrm{k})} + \Delta\boldsymbol{\lambda}_c, \boldsymbol{\lambda}_v^{(\mathrm{k})} + \Delta\boldsymbol{\lambda}_v\right) = 0$이 되는 입력변수 $\mathbf{x}, \boldsymbol{\lambda}_c, \boldsymbol{\lambda}_v$ 값을 도출하는 것이다. 다시 한번 정리하면 입력변수 $\mathbf{x}^{(k)}$, $\boldsymbol{\lambda}_c^{(k)}$, $\boldsymbol{\lambda}_v^{(k)}$를 식 (2.1.7-5)에서 $\mathbf{x}^{(k+1)}$, $\boldsymbol{\lambda}_c^{(k+1)}$, $\boldsymbol{\lambda}_v^{(k+1)}$로 업데이트해 식 (2.1.7-1)에 적용한 후 업데이트된 라그랑주 함수의 1차 미분함수 $\nabla\mathcal{L}\left(\mathbf{x}^{(k+1)}\Delta, \boldsymbol{\lambda}_c^{k+1}, \boldsymbol{\lambda}_v^{(k+1)}\right)$의 수렴 여부를 확인한다. 수렴되지 않았다면 수렴될 때까지 동일한 과정을 반복한다.

이 과정은 그림 2.1.6과 그림 2.1.3에 나타냈다. 여기서 $\mathbf{x}^{(k)}, \boldsymbol{\lambda}_c^{(\mathrm{k})}, \boldsymbol{\lambda}_v^{(\mathrm{k})}$ 의 함수인 $\left[\nabla\mathcal{L}\left(\mathbf{x}^{(k)}, \boldsymbol{\lambda}_c^{(k)}, \boldsymbol{\lambda}_v^{(k)}\right)\right]$와 $\left[\mathbf{H}_{\mathcal{L}}\left(\mathbf{x}^{(k)}, \boldsymbol{\lambda}_c^{(k)}, \boldsymbol{\lambda}_v^{(k)}\right)\right]$는 각각 라그랑주 함수의 제이코비와 헤시안 매트릭스다. $(k+1)$단계로 입력변수를 업데이트하기 위해서는 식 (2.1.7-5)에서 보듯이 바로 전 단계의 $\left[\mathbf{H}_{\mathcal{L}}\left(\mathbf{x}^{(k)}, \boldsymbol{\lambda}_c^{(k)}, \boldsymbol{\lambda}_v^{(k)}\right)\right]^{-1}$와 $\nabla\mathcal{L}\left(\mathbf{x}^{(k)}, \boldsymbol{\lambda}_c^{(k)}, \boldsymbol{\lambda}_v^{(k)}\right)$를 먼저 계산해야 한다. 제이코비와 헤시안 매트릭스 계산방법은 이전 2.3.5절과 이전 2.3.6절에 상세히 설명되어 있다. 부등 제약함수 $\mathbf{v}(\mathbf{x})$가 부과되는 경우에는 KKT 조건을 적용해 식 (2.1.7-1)에 유도된 연립방정식(gradient 벡터)의 후보해를 찾아 $\mathbf{v}(\mathbf{x})$가 비활성으로 가정되는 경우에는 부등 제약함수 $\mathbf{v}(\mathbf{x})$를 만족하는 해가 라그랑주 함수의 최적값(최대값 또는 최소값)의 후보해로 특정된다.

### 2.1.6 순방향 및 역방향 인공신경망 기반의 뉴턴-랩슨 반복연산

식 (2.1.5-1), (2.1.5-2), (2.1.5-3)의 목적함수($CI_c$, $CO_2$, $W_c$)를 표 2.1.2에 제시된 학습 파라미터(은닉층, 뉴런 개수, 활성함수 등)를 기반으로 학습해 가중변수 매트릭스와 편향변수 매트릭스를 도출한다. 순방향을 학습할 때는 일곱 개의 입력 파라미터$(b, h, \rho_s, f_c', f_y, P_u, M_u)$, 역방향을 학습할 때는 일곱 개의 입력 파라미터$(\rho_s, f_c', f_y, P_u, M_u, SF, b/h)$의 함수로서 목적함수 ($CI_c$, $CO_2$, $W_c$)를 최적화한다. 이때 최적화 과정은 등 제약 $\mathbf{c}(\mathbf{x})$ 및 부등 제약함수 $\mathbf{v}(\mathbf{x})$에 의해 제약받는다.

표 2.1.4(a)는 목적함수($CI_c$, $CO_2$, $W_c$)를 최적화하기 위한 세 가지 기둥 설계 시나리오이고 표 2.1.4(b)는 순방향 및 역방향 인공신경망에 기반한 라그랑주 최적화를 위한 학습 시나리오다. 이 절에서는 식 (2.1.5-1)의 목적함수 ($CI_c$)가 등 제약 $\mathbf{c}(\mathbf{x})$ 및 부등 제약함수 $\mathbf{v}(\mathbf{x})$에 의해 제약받는 경우의 최적화를 수행한다. 목적함수 ($CI_c$)는 순방향을 학습할 때는 일곱 개의 입력 파라미터 $(b, h, \rho_s, f_c', f_y, P_u, M_u)$, 역방향을 학습할 때는 일곱 개의 입력 파라미터 $(\rho_s, f_c', f_y, P_u, M_u, SF, b/h)$의 함수로 유도된다. 등 제약 $\mathbf{c}(\mathbf{x})$ 및 부등 제약함수 $\mathbf{v}(\mathbf{x})$는 설계 코드에서 부여하는 조건, 정부 제약 및 건축상 제약 등 다양한 설계상 조건으로 결정된다. 이 같은 다수의 제약 및 부등 제약조건을 충족시키는 라그랑주 함수의 최적값(최대값 또는 최소값)인 stationary 포인트(입력 파라미터 $\mathbf{x}$와 라그랑주 승수 $\boldsymbol{\lambda}_c$, $\boldsymbol{\lambda}_v$)를 그림 2.1.3에 도시된 뉴턴-랩슨 반복연산으로 구하는 것이다. 인공신경망 기반의 라그랑주 최적화는 다음 3단계로 요약된다.

1단계 : 구조설계 소프트웨어인 *AutoCol*을 이용해 구조 빅데이터를 생성한다. 적절한 빅데이터 개수는 학습 난이도와 설계 정확도에 따라 다소 변동될 수 있다. 이번 예제의 RC 기둥 설계를 위해 10만 개의 빅데이터가 생성되었고 충분한 학습(표 2.1.2) 및 설계 정확도(코스트 목적함수; 표 3.1.2, $CO_2$ 목적함수; 표 3.2.4, $W_c$ 목적함수; 표 3.3.4)가 도출되었다.

표 2.1.4 기둥설계 최적화 시나리오

표 2.1.4(a) 설계 시나리오

| 설계 CASE | 설계타깃 | 설계 기준 |
|---|---|---|
| **Design 1** | Minimized $CI_c$ | 사각기둥: $P_u$ = **1000** kN, & $M_u$ = **3000** kN·m and Safety factor = **1**<br>재료 물성치: $f_c'$ = **40** MPa, $f_y$= **500** MPa. |
| **Design 2** | Minimized $CO_2$ | |
| **Design 3** | Minimized $W_c$ | |

표 2.1.4(b) 학습 시나리오

| 학습되는 인공신경망 | | 구조설계 입력변수 *(AutoCol)* | | | | | | | 구조설계 출력변수 *(AutoCol)* | | | | | | 목적함수(설계 목표) | | |
|---|---|---|---|---|---|---|---|---|---|---|---|---|---|---|---|---|---|
| | | $b$ (mm) | $h$ (mm) | $\rho_s$ | $f'_c$ (MPa) | $f_y$ (MPa) | $P_u$ (kN) | $M_u$ (kN×m) | $\phi P_n$ (kN) | $\phi M_n$ (kN×m) | $SF$ | $b/h$ | $\varepsilon_s$ | $\alpha_{e/h}$ | $CI_c$ (Won/m) | $CO_2$ (t-$CO_2$/m) | $W_c$ (kN/m) |
| **1** | 순방향/ **Lagrange** | i | i | i | i | i | i | i | o | o | o | o | o | o | o | o | o |
| **2** | 역방향 / **Lagrange** | i | o | o | i | i | i | i | o | o | i | i | o | o | o | o | o |
| | 범례: 입력 | i | | | | | | | | | | | | | | | |
| | 출력 | o | | | | | | | | | | | | | | | |

2단계 : 1단계에서 생성된 빅데이터로 목적함수 ($CI_c$, $CO_2$, $W_c$)의 인공신경망을 학습해 가중변수 매트릭스와 편향변수 매트릭스를 도출한다. 인공신경망 기반의 가중변수 매트릭스와 편향변수 매트릭스의 정확도는 빅데이터 개수뿐만 아니라 은닉층, 뉴런 개수, 적절한 에폭 선택 등 학습 파라미터에 의해 좌우되므로 신중히 결정해야 한다. 이번 예제에서는 RC 기둥 거동 학습 및 설계 난이도에 적합한 학습 파라미터를 선정했다.

3단계 : 도출된 가중변수 매트릭스와 편향변수 매트릭스는 인공신경망 기반의 목적함수 ($CI_c$, $CO_2$, $W_c$)를 유도하는 데 사용되며, 전통적인 라그랑주 최적화에서 사용되는 수학식으로 표현된 목적함수를 대체한다. 따라서 인공신경망 기반의 목적함수($CI_c$, $CO_2$, $W_c$)의 목적은 수학식으로 구하는 목적함수를 대체해 라그랑주 함수의 제이코비 및 헤시안 매트릭스를 구하는 것이다. KKT 조건 하에서 라그랑주 함수의 1차 미분식을 식 (2.1.7)에서처럼 선형화할 때 제이코비 및 헤시안 매트릭스는 필수요소다.

### 2.1.7 라그랑주 최적화 수행을 위한 공식의 흐름도

그림 2.1.3은 식 (2.1.6-2)를 0으로 도출하기 위한 뉴턴-랩슨 반복연산 과정 흐름도를 보여주어 stationary 포인트를 쉽게 구할 수 있도록 했다. 그림 2.1.2(a, b)는 인공신경망을 학습해 구한 가중변수 매트릭스와 편향변수 매트릭스를 이용해 목적함수 $f(\mathbf{x})$, 등 제약함수 $\mathbf{c}(\mathbf{x})$, 부등 제약함수 $\mathbf{v}(\mathbf{x})$ 등의 함수를 유도하는 과정을 보여주고 있다. 그림 2.1.4는 인공신경망 기반의 함수를 바탕으로 1차 미분식인 제이코비와 2차 미분식인 헤시안 매트릭스의 유도를 위한 플로 차트다.

식 (2.1.4-f), 이전 식 (2.3.6.6-9), 이전 식 (2.3.6.16)에서 각각 구한 인공신경망 기반의 함수들, 제이코비, 헤시안 매트릭스들과 가중변수 및 편향변수 매트릭스의 관계가 그림 2.1.4에 요약되어 있다. 각 은닉층을 연결하는 가중변수와 편향변수 매트릭스는 그림 2.1.2(a, b), 식 (2.1.2), 식 (2.1.3), 식 (2.1.5) 등의 인공신경망에서 도출된다. 즉 AI 기반 최적화에 이용될 함수, 제이코비, 헤시안 매트릭스들을 구하기 위해 각 은닉층에서 구한 가중변수와 편향변수 매트릭스의 연관을 도시했다. 인공신경망 기반에서 라그랑주 최적화를 수행하기 위해서는 인공신경망에서 도출한 가중변수와 편향변수 매트릭스를 활용해야 하는데 그림 2.1.4에 대한 이해와 함께 효과적으로 활용해야 한다. 그림 2.1.4의 상세한 추가 설명은 [3]의 2.4절 예제에 기술하였고, 예제를 학습하고 나면 그림 2.1.2 및 그림 2.1.3의 이해가 더욱 수월할 것이다.

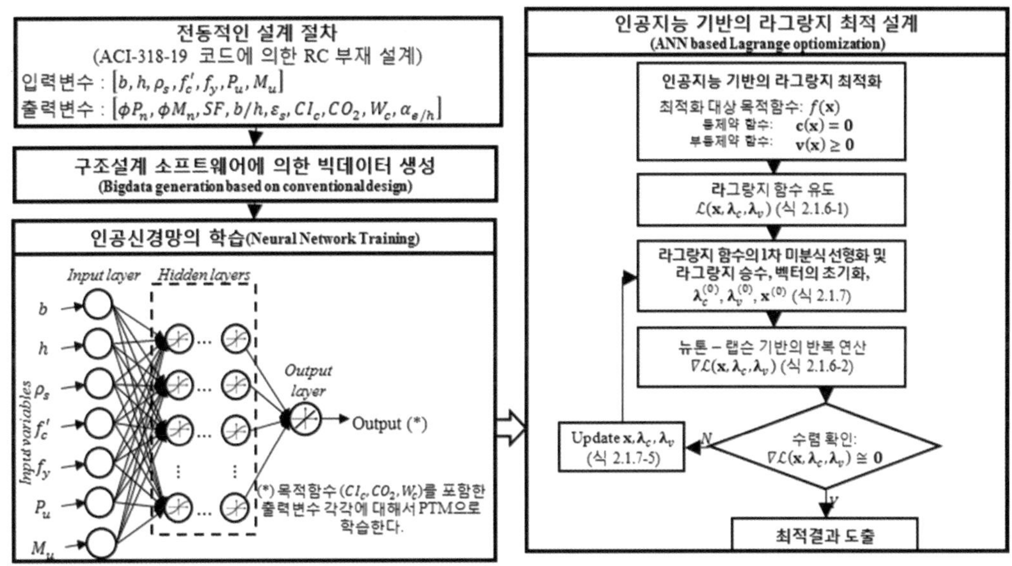


그림 2.1.6 뉴턴-랩슨(Newton-Raphson) 수치해석에 기반한 반복연산

## 2.1.8 제약조건을 충족시키는 라그랑주 함수의 stationary 포인트(입력 파라미터 $x$와 라그랑주 승수 $\lambda_c$, $\lambda_v$) 도출

식 (2.1.6-1)에 유도된 라그랑주 함수 $\mathcal{L}(\mathbf{x}, \boldsymbol{\lambda}_c, \boldsymbol{\lambda}_v)$의 제이코비 매트릭스 $\nabla\mathcal{L}(\mathbf{x}, \boldsymbol{\lambda}_c, \boldsymbol{\lambda}_v)$가 식 (2.1.6-2)에 유도되어 있다. 제약조건을 충족시키는 라그랑주 함수의 stationary 포인트(입력 파라미터 $\mathbf{x}$와 라그랑주 승수 $\boldsymbol{\lambda}_\mathbf{c}$, $\boldsymbol{\lambda}_\mathbf{v}$)는 뉴턴-랩슨 반복연산으로 도출된다. 입력 파라미터 $\mathbf{x}$와 라그랑주 승수 $\boldsymbol{\lambda}_\mathbf{c}$, $\boldsymbol{\lambda}_\mathbf{v}$로 구성되는 초기 입력 파라미터는 다음 반복연산 단계에서 입력 파라미터로 사용되도록 식 (2.1.7-5)에서 업데이트된다. 식 (2.1.7-5)는 헤시안 매트릭스 기반으로 구성되며 라그랑주 함수 $\mathcal{L}(\mathbf{x}, \boldsymbol{\lambda}_c, \boldsymbol{\lambda}_v)$의 제이코비 매트릭스 $\nabla\mathcal{L}(\mathbf{x}, \boldsymbol{\lambda}_c, \boldsymbol{\lambda}_v)$의 해가 수렴할 때까지 반복연산이 수행된다.

라그랑주 함수의 최대값과 최소값이 제약조건을 충족시키도록 도출하는 개념도가 순방향 및 역방향 인공신경망에 기반해 그림 2.1.3에 뉴턴-랩슨 반복연산 기반으로 도시되어 있다. 제약조건을 충족시키는 라그랑주 함수의 stationary 포인트(입력 파라미터 $x$와 라그랑주 승수 $\lambda_c$, $\lambda_v$)는 식 (2.1.6-2)를 0으로 수렴시켜 구한다. 이때 식 (2.1.6-2)는 식 (2.1.6-3)으로 변환된다. 그러나 제약조건을 충족시키는 라그랑주 함수의 stationary 포인트(입력 파라미터 $x$와 라그랑주 승수 $\lambda_c$, $\lambda_v$)인 식 (2.1.6-2)의 해를 직접 구하는 작업은 매우 복잡할 수 있으므로 앞에서 기술했듯이 식 (2.1.6-2)를 식 (2.1.7-1)에서 식 (2.1.7-5)처럼 선형화해 뉴턴-랩슨 반복연산으로 구한다. 식

(2.1.6-2)는 라그랑주 함수의 1차 미분식인 제이코비 매트릭스이며 식 (2.1.7-1)에서 헤시안 매트릭스를 이용해 선형화한 후 뉴턴-랩슨 반복연산을 적용해 라그랑주 함수의 stationary 포인트를 구하는 것이다.

독자들은 [3]의 식 (2.3.4.1-1)부터 식 (2.3.4.1-5)까지 참고할 수 있고 이 책의 식 (2.1.7-1)부터 식 (2.1.7-5)까지 다시 기술했다. 입력 파라미터 $\boldsymbol{x}^{(0)}$와 라그랑주 승수 $\boldsymbol{\lambda}_c^{(0)}, \boldsymbol{\lambda}_v^{(0)}$로 구성되는 초기 입력 파라미터는 다음 반복연산 단계에서 개선된 입력 파라미터로 사용되도록 식 (2.1.7-1)부터 식 (2.1.7-5)에서 업데이트된다. 식 (2.1.7-5)는 헤시안 매트릭스 기반으로 구성되며 라그랑주 함수 $\mathcal{L}(\boldsymbol{x}, \boldsymbol{\lambda}_c, \boldsymbol{\lambda}_v)$의 제이코비 매트릭스 $\nabla\mathcal{L}(\boldsymbol{x}^{(k)}, \boldsymbol{\lambda}_c^{(k)}, \boldsymbol{\lambda}_v^{(k)})$의 해가 수렴할 때까지 반복연산이 수행된다.

식 (2.1.7-1)부터 식 (2.1.7-5)까지 유도된 헤시안 매트릭스는 식 (2.2.8-1)부터 식 (2.2.8-3)까지 또는 [3]의 2.3.4.2절에서 유도된다. 즉 식 (2.1.8-4)부터 식 (2.1.8-9)까지 또는 [3]의 식 (2.3.4.3-3)부터 (2.3.4.3-8)까지 헤시안 매트릭스 $\frac{\partial^2\mathcal{L}}{\partial \mathbf{x}^2} = \mathbf{H}_{\mathcal{L}}(\mathbf{x})$, $\frac{\partial^2 f(\mathbf{x})}{\partial \mathbf{x}^2} = \mathbf{H}_f(\mathbf{x})$, $\frac{\partial^2\left(\boldsymbol{\lambda}_c^T \mathbf{c}(\mathbf{x})\right)}{\partial \mathbf{x}^2} = \boldsymbol{H}_{c_i}(\mathbf{x})$, and $\frac{\partial^2\left(\boldsymbol{\lambda}_v^T \mathbf{Sv}(\mathbf{x})\right)}{\partial \mathbf{x}^2} = \boldsymbol{H}_{v_i}(\mathbf{x})$는 유도된다. 라그랑주 함수, 목적함수, 등 제약, 부등 제약함수를 $\mathbf{x}$ 파라미터로 각각 두 번 미분해 구한다. 또한 헤시안 매트릭스 $\frac{\partial^2\mathcal{L}}{\partial \boldsymbol{\lambda}_c{}^2} = \mathbf{H}_{\mathcal{L}}(\boldsymbol{\lambda}_c)$는 식 (2.1.8-7) 또는 [3]의 식 (2.3.4.3-6)에서 유도된다. 헤시안 매트릭스 $\frac{\partial^2\mathcal{L}}{\partial \boldsymbol{\lambda}_v{}^2} = \mathbf{H}_{\mathcal{L}}(\boldsymbol{\lambda}_v)$도 식 (2.1.8-8) 또는 [3]의 식 (2.3.4.3-7)에서 구한다. 라그랑주 함수 $\mathcal{L}(\mathbf{x}, \boldsymbol{\lambda}_c, \boldsymbol{\lambda}_v)$를 라그랑주 승수 $\boldsymbol{\lambda}_\mathbf{c}$, $\boldsymbol{\lambda}_\mathbf{v}$로 각각 두 번 미분해 유도된다. 식 (2.1.8-3)의 $\mathbf{J}_\mathbf{c}(\mathbf{x})$와 $\mathbf{J}_\mathbf{v}(\mathbf{x})$는 입력 파라미터 $\mathbf{x}$에 대한 등 제약 및 부등 제약함수의 제이코비 매트릭스이며 [3]의 식 (2.3.4.2-2b)와 식 (2.3.4.2-2c)에 의해 계산될 수 있다. 인공신경망에 기반한 함수의 제이코비 및 헤시안 매트릭스는 가중변수 매트릭스와 편향변수 매트릭스를 기반으로 유도된다. 표 2.1.3은 한 개의 은닉층을 가진 인공신경망에서 유도된 가중변수 매트릭스와 편향변수 매트릭스의 계산 사례를 보여준다. 제이코비 및 헤시안 매트릭스의 연산순서는 $\mathbf{z}^{(N)} \to \mathbf{J}^{(N)} \to \mathbf{H}^{(N)}$, $\mathbf{z}^{(l)} \to \mathbf{J}^{(l)} \to \mathbf{H}^{(l)}$, $\mathbf{z}^{(L)} \to \mathbf{J}^{(L)} \to \mathbf{H}^{(L)}$, $\mathbf{z}^{(D)} \to \mathbf{J}^{(D)} \to \mathbf{H}^{(D)}$이고 그림 2.1.4에 도시되어 있다. 그림 2.1.4에는 [3]의 수식 번호가 기재되어 있으니 [3]을 참고하기 바란다. 독자들은 인공신경망에 기반한 함수의 제이코비 및 헤시안 매트릭스 유도와 관련해 [3]의 2.3.4.2절과 2.3.6절을 참고할 수 있다.

$$[\boldsymbol{H}_{\mathcal{L}}(\mathbf{x}^{(k)},\boldsymbol{\lambda}_c^{(k)},\boldsymbol{\lambda}_v^{(k)})] = \begin{bmatrix} \frac{\partial^2\mathcal{L}}{\partial\mathbf{x}^2} & \frac{\partial^2\mathcal{L}}{\partial\mathbf{x}\partial\boldsymbol{\lambda}_c} & \frac{\partial^2\mathcal{L}}{\partial\mathbf{x}\partial\boldsymbol{\lambda}_v} \\ \frac{\partial^2\mathcal{L}}{\partial\boldsymbol{\lambda}_c\partial\mathbf{x}} & \frac{\partial^2\mathcal{L}}{\partial{\boldsymbol{\lambda}_c}^2} & \frac{\partial^2\mathcal{L}}{\partial\boldsymbol{\lambda}_c\partial\boldsymbol{\lambda}_v} \\ \frac{\partial^2\mathcal{L}}{\partial\boldsymbol{\lambda}_v\partial\mathbf{x}} & \frac{\partial^2\mathcal{L}}{\partial\boldsymbol{\lambda}_v\partial\boldsymbol{\lambda}_c} & \frac{\partial^2\mathcal{L}}{\partial{\boldsymbol{\lambda}_v}^2} \end{bmatrix} \tag{2.1.8-1}$$

$$[\boldsymbol{H}_{\mathcal{L}}(\mathbf{x}^{(k)},\boldsymbol{\lambda}_c^{(k)},\boldsymbol{\lambda}_v^{(k)})] = \begin{bmatrix} \boldsymbol{H}_{\mathcal{L}}(\mathbf{x}^{(k)}) & -\boldsymbol{J}_c(\mathbf{x}^{(k)})^T & -\left(\boldsymbol{S}\boldsymbol{J}_v(\mathbf{x}^{(k)})\right)^T \\ -\boldsymbol{J}_c(\mathbf{x}^{(k)}) & \mathbf{0} & \mathbf{0} \\ -\boldsymbol{S}\boldsymbol{J}_v(\mathbf{x}^{(k)}) & \mathbf{0} & \mathbf{0} \end{bmatrix} \tag{2.1.8-2}$$

$$[\boldsymbol{H}_{\mathcal{L}}(\mathbf{x}^{(k)},\boldsymbol{\lambda}_c^{(k)},\boldsymbol{\lambda}_v^{(k)})] = \begin{bmatrix} \boldsymbol{H}_{\mathcal{L}}(\mathbf{x}^{(k)}) & -[\mathbf{J}_c^{(D)}]^T & -[\boldsymbol{S}\mathbf{J}_v^{(D)}]^T \\ -\mathbf{J}_c^{(D)} & \mathbf{0} & \mathbf{0} \\ -\boldsymbol{S}\mathbf{J}_v^{(D)} & \mathbf{0} & \mathbf{0} \end{bmatrix} \tag{2.1.8-3}$$

Where,

$$\frac{\partial^2\mathcal{L}}{\partial\mathbf{x}^2} = \mathbf{H}_{\mathcal{L}}(\mathbf{x}) = \frac{\partial^2 f(\mathbf{x})}{\partial\mathbf{x}^2} - \frac{\partial^2(\boldsymbol{\lambda}_c^T\mathbf{c}(\mathbf{x}))}{\partial\mathbf{x}^2} - \frac{\partial^2(\boldsymbol{\lambda}_v^T\mathbf{S}\mathbf{v}(\mathbf{x}))}{\partial\mathbf{x}^2}$$
$$\rightarrow \mathbf{H}_{\mathcal{L}}(\mathbf{x}) = \mathbf{H}_f(\mathbf{x}) - \sum_{i=1}^{m}\boldsymbol{\lambda}_{c_i}\mathbf{H}_{c_i}(\mathbf{x}) - \sum_{i=1}^{l}s_i\boldsymbol{\lambda}_{v_i}\mathbf{H}_{v_i}(\mathbf{x}) \tag{2.1.8-4 2.3.4.3-3}$$

$$\frac{\partial^2\mathcal{L}}{\partial\boldsymbol{\lambda}_c\partial\mathbf{x}} = \frac{\partial^2 f(\mathbf{x})}{\partial\boldsymbol{\lambda}_c\partial\mathbf{x}} - \frac{\partial^2(\boldsymbol{\lambda}_c^T\mathbf{c}(\mathbf{x}))}{\partial\boldsymbol{\lambda}_c\partial\mathbf{x}} - \frac{\partial^2(\boldsymbol{\lambda}_v^T\mathbf{S}\mathbf{v}(\mathbf{x}))}{\partial\boldsymbol{\lambda}_c\partial\mathbf{x}} = \mathbf{0} - \mathbf{J_c}(\mathbf{x}) - \mathbf{0} \tag{2.1.8-5 2.3.4.3-4}$$

$$\frac{\partial^2\mathcal{L}}{\partial\boldsymbol{\lambda}_v\partial\mathbf{x}} = \frac{\partial^2 f(\mathbf{x})}{\partial\boldsymbol{\lambda}_c\partial\mathbf{x}} - \frac{\partial^2(\boldsymbol{\lambda}_c^T\mathbf{c}(\mathbf{x}))}{\partial\boldsymbol{\lambda}_c\partial\mathbf{x}} - \frac{\partial^2(\boldsymbol{\lambda}_v^T\mathbf{S}\mathbf{v}(\mathbf{x}))}{\partial\boldsymbol{\lambda}_c\partial\mathbf{x}} = \mathbf{0} - \mathbf{0} - \mathbf{SJ_v}(\mathbf{x}) \tag{2.1.8-6 2.3.4.3-5}$$

$$\frac{\partial^2\mathcal{L}}{\partial{\boldsymbol{\lambda}_c}^2} = \mathbf{H}_{\mathcal{L}}(\boldsymbol{\lambda}_c) = \frac{\partial^2 f(\mathbf{x})}{\partial{\boldsymbol{\lambda}_c}^2} - \frac{\partial^2(\boldsymbol{\lambda}_c^T\mathbf{c}(\mathbf{x}))}{\partial{\boldsymbol{\lambda}_c}^2} - \frac{\partial^2(\boldsymbol{\lambda}_v^T\mathbf{S}\mathbf{v}(\mathbf{x}))}{\partial{\boldsymbol{\lambda}_c}^2} = \mathbf{0} \tag{2.1.8-7 2.3.4.3-6}$$

$$\frac{\partial^2\mathcal{L}}{\partial{\boldsymbol{\lambda}_v}^2} = \mathbf{H}_{\mathcal{L}}(\boldsymbol{\lambda}_v) = \frac{\partial^2 f(\mathbf{x})}{\partial{\boldsymbol{\lambda}_v}^2} - \frac{\partial^2(\boldsymbol{\lambda}_c^T\mathbf{c}(\mathbf{x}))}{\partial{\boldsymbol{\lambda}_v}^2} - \frac{\partial^2(\boldsymbol{\lambda}_v^T\mathbf{S}\mathbf{v}(\mathbf{x}))}{\partial{\boldsymbol{\lambda}_v}^2} = \mathbf{0} \tag{2.1.8-8 2.3.4.3-7}$$

$$\frac{\partial^2\mathcal{L}}{\partial\boldsymbol{\lambda}_v\partial\boldsymbol{\lambda}_c} = \frac{\partial^2 f(\mathbf{x})}{\partial\boldsymbol{\lambda}_v\partial\boldsymbol{\lambda}_c} - \frac{\partial^2(\boldsymbol{\lambda}_c^T\mathbf{c}(\mathbf{x}))}{\partial\boldsymbol{\lambda}_v\partial\boldsymbol{\lambda}_c} - \frac{\partial^2(\boldsymbol{\lambda}_v^T\mathbf{S}\mathbf{v}(\mathbf{x}))}{\partial\boldsymbol{\lambda}_v\partial\boldsymbol{\lambda}_c} = \mathbf{0} \tag{2.1.8-9 2.3.4.3-8}$$

표 2.1.5 설계 시나리오 1, 2, 3의 등 제약 및 부등 제약함수

표 2.1.5(a) 순방향 인공신경망

| 등 제약 함수 $\boldsymbol{c}(\boldsymbol{x}) = [c_1(\boldsymbol{x}), c_2(\boldsymbol{x}), \dots, c_6(\boldsymbol{x})]^{\boldsymbol{T}}$ | 부등 제약 함수 $\boldsymbol{v}(\boldsymbol{x}) = [v_1(\boldsymbol{x}), v_2(\boldsymbol{x})]^{\boldsymbol{T}}$ |
|---|---|
| $c_1(\boldsymbol{x}) = b - h = 0$ | $v_1(\boldsymbol{x}) = \rho_s - 0.01 \geq 0$ |
| $c_2(\boldsymbol{x}) = f_c' - 40 = 0$ | $v_2(\boldsymbol{x}) = -\rho_s + 0.08 \geq 0$ |
| $c_3(\boldsymbol{x}) = f_y - 500 = 0$ | |
| $c_4(\boldsymbol{x}) = P_u - 1000 = 0$ | |
| $c_5(\boldsymbol{x}) = M_u - 3000 = 0$ | |
| $c_6(\boldsymbol{x}) = SF - 1 = 0$ | |

표 2.1.5(b) 역방향 인공신경망

| 등 제약함수 $\boldsymbol{c}(\boldsymbol{x}) = [c_1(\boldsymbol{x}), c_2(\boldsymbol{x}), \dots, c_6(\boldsymbol{x})]^{\boldsymbol{T}}$ | 부등 제약함수 $\boldsymbol{v}(\boldsymbol{x}) = [v_1(\boldsymbol{x}), v_2(\boldsymbol{x})]^{\boldsymbol{T}}$ |
|---|---|
| $c_1(\boldsymbol{x}) = b/h - 1 = 0$ | $v_1(\boldsymbol{x}) = \rho_s - 0.01 \geq 0$ |
| $c_2(\boldsymbol{x}) = f_c' - 40 = 0$ | $v_2(\boldsymbol{x}) = -\rho_s + 0.08 \geq 0$ |
| $c_3(\boldsymbol{x}) = f_y - 500 = 0$ | |
| $c_4(\boldsymbol{x}) = P_u - 1000 = 0$ | |
| $c_5(\boldsymbol{x}) = M_u - 3000 = 0$ | |
| $c_6(\boldsymbol{x}) = SF - 1 = 0$ | |

## 2.2 ACI 318-14와 ACI 318-19에 기반한 RC 기둥의 최적설계

식 (2.1.6-1)에 있는 라그랑주 함수의 1차 미분식(제이코비)의 해는 뉴턴-랩슨 반복연산을 이용해 구하는데 식 (2.1.7-2)부터 식 (2.1.7-5)를 반복적으로 수렴시킴으로써 제이코비 매트릭스의 해는 최적화 설계 파라미터(stationary 포인트)로 수렴된다. 범용 프로그램을 이용해 생성된 빅데이터로 식 (2.1.5-1), (2.1.5-2), (2.1.5-3)의 목적함수 및 제약함수 인공신경망을 학습해 목적함수 및 제약함수 등을 유도하기 위한 가중변수 및 편향변수 매트릭스(weight and bias matrics)를 도출한다. 이 같은 인공신경망 기반 함수는 수학식으로 구해지는 함수들을 대체해 라그랑주 방법을 적용함으로써 목적함수를 최적화하는 설계 파라미터들을 신속하고 정확히 인공신경망 기반에서 도출할 수 있고 이를 AI 기반 Hong-Lagrange 알고리즘이라 하였다. 인공신경망 기반 함수는 미분 가능하므로 수학식 기반의 복잡한 미분을 대체하고 코스트 또는 이산화탄소 배출량을 최소화할 수 있도록 라그랑주 최적화에 사용될 수 있다. 모든 구조설계는 주어진 입력 파라미터에 대해 출력 파라미터를 도출하는 순방향 연산으로 이뤄진다. 그러나 이 장에서는 식 (2.1.6-1)의 라그랑주 방법을 적용한 최적화를 도출할 때 순방향 연산뿐만 아니라 역방향 연산도 고려했다. 사각형 RC 기둥에 대한 최적화를 수행해 검증했고 ACI 318-14(ACI Committee 2014)[11]과 ACI 318-19(ACI Committee 2019)[12]를 기반으로 최적화를 가능케 하는 설계 파라미터들도 도출하였다.

이 책에서는 ACI 318-14와 ACI 318-19에서 부가되는 설계강도, 안전율, 파괴조건 등 설계조건을 제약조건으로 설정하고 인공지능 기반의 라그랑주 함수에 부과했다. 이를 충족하는 설계 파라미터들을 뉴턴-랩슨 반복연산 수치해석으로 도출했고 이 설계 파라미터들이 RC 기둥의 목적함수를 최적화하는 stationary 포인트가 되는 것이다. 철근비, 설계강도 등으로 구성되는 설계 파라미터와 이들에 의해 최적화되는 코스트 등 목적함수는 빅데이터로 그림 3.1.2, 3.2.2, 3.3.2에서 검증되었다.

Chapter 03

# 인공지능 기반 Hong-Lagrange 방법에 기반한 기둥 최적설계

이번 설계 예제에서는 표 2.1.4(a)의 설계조건에 기반해 목적함수($CI_c$, $CO_2$, $W_c$)를 최적화해 본다. 표 2.1.4(b)의 학습 시나리오 1과 2를 사용해 순방향 및 역방향 인공신경망을 학습한 후 라그랑주 최적화 방법을 적용했다. 기둥 설계용 순방향 및 역방향 인공신경망 학습은 PTM 방법[4]의 4.11, 7.3절에서 수행했고 구조설계에 적용되었다. ANN 기반의 Hong-Lagrange 최적화 알고리즘에 의해 수행된 결과는 구조설계 기반 소프트웨어에 의해 설계 정확도(코스트 목적함수; 표 3.1.2, $CO_2$ 목적함수; 표 3.2.4, $W_c$ 목적함수; 표 3.3.4)를 검증하였고, 빅데이터로도 검증되었다. 그림 3.1.1에서 0.0과 0.1의 철근비($\rho_s$) 구간에서 1, 2, 5, 10 은닉층에 기반한 역방향 인공신경망에 의해 최소화된 코스트 목적함수를 ACI 318-14와 ACI 318-19에 대해 나타내고 있다.

그림 3.1.2, 그림 3.2.2와 그림 3.3.2에서 $CI_l$, $CO_2$, $W_c$ 목적함수를 각각 빅데이터에 의해 검증하였다. 이 같은 인공지능 기반의 기둥 설계 최적화는 전통적인 기존 라그랑주 최적화 방법으로는 수행하기 매우 어려우므로 차세대 구조설계의 매우 의미있고 중요한 디딤돌이 될 것이다.

## 3.1 기둥 코스트($CI_c$) 최적설계 시나리오

### 3.1.1 순방향 인공신경망 기반의 최적화

#### (1) 제약함수 $\mathbf{c}(\mathbf{x})$ 및 등 제약함수 $\mathbf{v}(\mathbf{x})$에 의해 제약받는 최적화

이번 절에서는 그림 1.1에 도시되어 있는 RC 기둥의 코스트($CI_c$)를 최소화하는 동시에 표 2.1.5의 설계조건이 충족되도록 설계하려고 한다. 식 (3.1.1)에 유도되어 있는 인공신경망은 구조설계 기반의 전통적인 소프트웨어 *Autocal*을 이용해 생성된 10만 개의 빅데이터로 학습했으며 학습 정확도는 표 2.1.2에 제시했다. 모든 등 제약 설계조건은 표 2.1.5에서 $\mathbf{c}(\mathbf{x}) = [c_1(\mathbf{x}), \ldots, c_6(\mathbf{x})]^T$로 제시되었다. 철근비 $\rho_s$는 ACI-318-14 및 ACI-318-19 코드($\rho_{s,min} \le \rho_s \le \rho_{s,max}$)를 충족시키도록 표 2.1.5처럼 두 개의 부등 제약조건, $v_1(\mathbf{x}) = \rho_s - \rho_{s,min} \ge 0$ 과 $v_2(\mathbf{x}) = -\rho_s + \rho_{s,max} \ge 0$ 을 적용했다. 최소화되는 RC 기둥의 목적함수인 코스트($CI_c$)는 $CI_c = f_{CI_c}^{FW}(\mathbf{x})$로 표기했고 순방향 인공신경망을 사용해 식 (3.1.2-1)에 표기했으며 라그랑주 함수는 식 (3.1.2-2)에 유도되었다.

$$
\begin{aligned}
&\underbrace{CI_c}_{[1\times1]} = f_{CI_c}^{RV}(\mathbf{x}) \\
&= g_{CI_c}^{D}\left( f_l^L \left( \underbrace{\mathbf{W}_{CI_c}^{L}}_{[1\times80]} f_t^{L-1} \left( \underbrace{\mathbf{W}_{CI_c}^{L-1}}_{[80\times80]} \cdots f_t^{1} \left( \underbrace{\mathbf{W}_{CI_c}^{1}}_{[80\times7]} \underbrace{g_{CI_c}^{N}(\mathbf{x})}_{[7\times1]} + \underbrace{\mathbf{b}_{CI_c}^{1}}_{[80\times1]} \right) \cdots + \underbrace{\mathbf{b}_{CI_c}^{L-1}}_{[80\times1]} \right) + \underbrace{b_{CI_c}^{L}}_{[1\times1]} \right) \right)
\end{aligned}
\tag{3.1.1}
$$

식 (3.1.1)은 80개의 은닉층과 80개의 뉴런에 대해 유도된 인공신경망을 보여주고 있으며 앞에서 기술했듯이 뉴런에 기반해 가중변수 매트릭스와 편향변수 매트릭스를 매개변수 삼아 이전 은닉층과 다음 은닉층을 연결시킨다. 즉 [4]의 1.4.2절에 자세히 설명했듯이 가중변수 매트릭스와 편향변수 매트릭스에 이전 은닉층값(뉴런, 노드값)을 곱하여, 다음 은닉층값(뉴런, 노드값)으로 취한다. 표 2.1.3에는 인공신경망이 한 개의 은닉층을 가진 경우, 은닉층과 출력층에서의 매개 파라미터인 가중변수 매트릭스와 편향변수 매트릭스를 도출했다. 입력층에서는 표준화 과정을 거치고 출력층에서는 비표준화 과정을 거쳐 출력값으로 확정한다. 식 (3.1.1)을 학습하는 과정은 feed forward 네트워크와 back-propagation으로 수행되는데 이것도 [4]의 4.9절에 자세히 설명되어 있다. 붉은색으로 표시된 파라미터들이 입력 파라미터이며 충분한 개수의 초기 입력 파라미터를 설정해 대입된다. 순방향 인공신경망을 사용하는 경우에는 $\mathbf{x} = [b, h, \rho_s, f_c', f_y, P_u, M_u]^T$에 상응하는 초기 입력 파라미터를 설정하고 역방향 인공신경망을 사용하는 경우에는 $\mathbf{x} = [\rho_s, f_c', f_y, P_u, M_u, SF, b/h]^T$에 상응하는 초기 입력 파라미터를 설정하면 된다. 이후 수렴할 때까지 뉴턴-랩슨 연산방법을 적용해 해를 구하는데 이 해가 바로 라그랑주 함수의 최소값 또는 최대값을 도출하는 stationary 포인트이고 설계 관점에서는 설계 파라미터인 입력 파라미터 $\mathbf{x}$와 라그랑주 승수 $\boldsymbol{\lambda}_\mathbf{c}$, $\boldsymbol{\lambda}_\mathbf{v}$가 되는 것이다. 자세한 초기 입력 파라미터의 설정은 (2)절 뉴턴-랩슨 방법에 의한 KKT 조건 하의 해에서 자세히 다룬다. 식 (3.1.2-2)의 라그랑주 함수$\mathcal{L}_{CI_c}^{FW}$는 순방향 입력 파라미터 $\mathbf{x} = [b, h, \rho_s, f_c', f_y, P_u, M_u]^T$와 등 제약 및 부등 제약 라그랑주 승수인 $\boldsymbol{\lambda}_c = [\lambda_1, \lambda_2, \ldots, \lambda_6]^T$와 $\boldsymbol{\lambda}_v = [\lambda_1, \lambda_2]^T$로 유도된다. 이때 역방향 인공신경망을 사용하는 라그랑주 함수 $f_{CI_c}^{RV}(\mathbf{x})$는 식 (3.1.9-1)의 경우에는 상응하는 초기 입력 파라미터를 $\mathbf{x} = [\rho_s, f_c', f_y, P_u, M_u, SF, b/h]^T$로 설정하면 된다.

목적함수 :

$$CI_c = f_{CI_c}^{FW}(\mathbf{x}) \qquad (3.1.2\text{-}1)$$

목적함수에 대한 라그랑주 함수 $CI_c$:

$$\mathcal{L}_{CI_c}^{FW}(\mathbf{x}, \boldsymbol{\lambda}_c, \boldsymbol{\lambda}_v) = f_{CI_c}^{FW}(\mathbf{x}) - \boldsymbol{\lambda}_c^T \mathbf{c}(\mathbf{x}) - \boldsymbol{\lambda}_v^T \boldsymbol{S}\mathbf{v}(\mathbf{x}) \qquad (3.1.2\text{-}2)$$

KKT 조건 후보해 :

$$\nabla\mathcal{L}_{CI_c}^{FW}(\mathbf{x}, \boldsymbol{\lambda}_c, \boldsymbol{\lambda}_v) = \begin{bmatrix} \nabla f_{CI_c}^{FW}(\mathbf{x}) - \boldsymbol{J}_\mathbf{c}(\mathbf{x})^T \boldsymbol{\lambda}_c - \boldsymbol{J}_\mathbf{v}(\mathbf{x})^T \mathbf{S} \boldsymbol{\lambda}_v \\ -\mathbf{c}(\mathbf{x}) \\ -\mathbf{Sv}(\mathbf{x}) \end{bmatrix} \qquad (3.1.2\text{-}3)$$

라그랑주 함수의 1차 미분식 또는 제이코비 함수인 식 (3.1.2-3)은 KKT 조건하에서 유도되어 후보해가 결정된다. 표 2.1.5에서 주어진 철근비 $\rho_s$에 대한 두 개의 부등 제약조건 $v_1(\mathbf{x}) = \rho_s - \rho_{s,min} \geq 0$과 $v_2(\mathbf{x}) = -\rho_s + \rho_{s,max} \geq 0$에 대해 부등 제약조건의 활성 및 비활성 조건에 기반해 KKT 조건 하에 유도한다. [3]의 2장에 자세히 설명했듯이 비활성 조건으로 가정되는 부등 제약조건은 KKT 조건으로 라그랑주 함수를 유도할 때 무시되어 라그랑주 함수는 등 제약조건으로만 구성된다. 그러나 KKT 후보해를 구한 후 후보해들은 반드시 비활성 조건으로 가정되어 무시된 부등 제약조건을 충족시켜야만 최종 후보해로 인정된다는데 유의해야 한다. 모든 등 제약 설계조건들은 표 2.1.5에서 $\mathbf{c}(\mathbf{x}) = [c_1(\mathbf{x}), \ldots, c_6(\mathbf{x})]^T$로 제시되었고 부등 제약조건들은 $\mathbf{v}(\mathbf{x}) = [v_1(\mathbf{x}), v_2(\mathbf{x})]^T$로 제시되었다.

### (2) 뉴턴-랩슨 반복연산의 초기 입력 파라미터와 KKT 조건의 해

뉴턴-랩슨 방법으로 정확한 해를 신속히 찾기 위해서는 적절한 초기 입력 파라미터를 사용해야 한다는 것은 주지의 사실이다. 순방향으로 설계할 때 적절한 초기 입력 파라미터는 $\mathbf{x}^{(0)} = [b, h, \rho_s, f_c', f_y, P_u, M_u]^T$ 로 표시하기로 한다. 순방향 및 역방향 인공신경망에 사용되는 등 제약($c_2(\mathbf{x}),\ c_3(\mathbf{x}), c_4(\mathbf{x}), c_5(\mathbf{x})$) 및 부등 제약 ($v_1(\mathbf{x}), v_2(\mathbf{x})$) 함수가 표 2.1.5(a)와 표 2.1.5(b)에 주어져 있다. 부등 제약함수는 KKT 조건에 의해 활성(active) 또는 비활성(inactive)으로 설정됨에 따라 라그랑주 함수가 유도된다.

#### 1) KKT 조건 1: 부등 제약함수 $\boldsymbol{v_1(x)}$가 활성(active)으로 가정되고 부등 제약함수 $\boldsymbol{v_2(x)}$가 비활성(inactive)으로 가정되는 경우

라그랑주 함수는 목적함수, 등 제약함수, 활성(active) 또는 비활성(inactive)으로 설정되는 부등 제약함수로 유도된다. KKT 조건하에서 부등 제약함수 $v_1(x)$가 활성으로 가정되는 경우, 부등 제약함수는 등 제약조건으로 전환되며 이때 적용되는 라그랑주 승수 $\boldsymbol{\lambda}_{v_1}$는 0보다 큰 수로 구해진다. 즉 철근비 $\rho_s$는 0.01로 binding된다. 즉 목적함수 최적화는 등 제약함수로 binding되는 $v_1(x)$에 의해 제약받는다. 라그랑주 함수는 S= $\begin{bmatrix}1 & 0\\0 & 0\end{bmatrix}$ 식을 식 (3.1.2-2)에 대입해 식 (3.1.3)에서 구해진다. 비활성으로 가정되는 부등 제약함수 $v_2(x)$는 식 (3.1.2-2) 또는 식 (3.1.3)의 라그랑주 함수 작성 때 slack 조건으로 간주되어 무시되며 목적함수 최적화는 slack 조건으로 간주되는 $v_2(x)$에 의해 제약받지 않는다. 하지만 부등 제약함수 $v_2(x)$ 범위 내에서 KKT 1의 해가 반드시 결정되어야 하며 그렇지 않은 경우, KKT 1의 해는 존재하지 않는다.

*Lagrange function for $CI_c$* :

$$\mathcal{L}_{CI_C}^{FW}(\mathbf{x}, \boldsymbol{\lambda}_c, \boldsymbol{\lambda}_v) = f_{CI_C}^{FW}(\mathbf{x}) - \boldsymbol{\lambda}_c^T\mathbf{c}(\mathbf{x}) - \boldsymbol{\lambda}_v^T\begin{bmatrix}1 & 0\\0 & 0\end{bmatrix}\mathbf{v}(\mathbf{x}) \tag{3.1.3}$$

$$\mathbf{x}^{(0)} = [b, h, \rho_s, f_c', f_y, P_u, M_u]^T = [b, h, 0.01, 40, 500, 1000, 3000]^T \tag{3.1.4}$$

뉴턴-랩슨 방법에 사용될 적절한 초기 입력 파라미터는 식 (3.1.4)에 제시되었다. 이때 부등 제약함수 $v_1(x)$가 활성으로 가정되는 경우, 표 2.1.5에서 보듯이 철근비 $\rho_s$는 0.01로 가정되어 목적함수 최적화를 제약한다. 즉 부등 제약함수 $v_1(x)$의 활성조건은 부등 제약함수 $v_1(x)$를 등 제약함수 $v_1(x)$로 전환하게 된다. 이외에도 $(f_c', f_y, P_u, M_u)$는 40MPa, 500MPa,

1000kN, 3000kN·m로 등 제약함수 $c_2(\mathbf{x})$, $c_3(\mathbf{x})$, $c_4(\mathbf{x})$, $c_5(\mathbf{x})$를 통해 단순하게 입력된다. 초기 입력 파라미터인 식 (3.1.4)에서 보듯이 초기 입력 파라미터 중 $b, h$만 미지수로 남아 있다. 즉 KKT 조건 1의 연산에서 뉴턴-랩슨 반복연산에 의해 보폭($b$), 보깊이($h$)가 구해지는 것이다. 이때 도출된 $\mathbf{x}^{(k)} = [b, h, 0.01, 40, 500, 1000, 3000]^T$가 식 (3.1.2-2) 또는 식 (3.1.3)의 라그랑주 함수를 최소화하는 stationary 포인트가 된다.

결론적으로 식 (3.1.2-3)에서 1차 편미분 방정식으로 구성된 라그랑주 함수의 제이코비해를 뉴턴-랩슨 반복연산으로 구하는 문제가 된다. 이때 식 (3.1.4)의 초기 입력 파라미터는 초기 라그랑주 승수 $[\lambda_{c1}, \lambda_{c2}] = [0, 0]$을 포함해 $\left[\mathbf{x}^{(0)}, \lambda_{c1}^{(0)}, \lambda_{c2}^{(0)}\right]^T = [b, h, 0.01, 40, 500, 1000, 3000, 0, 0]^T$ 으로 구성된다. 식 (3.1.4)와 뉴턴-랩슨 반복연산으로 $b, h$는 빅데이터 생성 범위인 $300 \le b \le 2250$와 $300 \le h \le 1500$ 내에서 구하게 된다. 구하려는 $b, h$ 두 변수를 각각 5등분해 각 변수에 대해 균등하게 분포시키면 빠른 수렴에 도움을 줄 수 있을 것이다. 즉 $5^2 = 25$ 초기 입력 파라미터를 빅데이터 영역 내에 무작위로 분포시켜 반복연산을 수행해 $b, h$를 구한다. 초기 라그랑주 승수 $[\lambda_{c1}^{(0)}, \lambda_{c2}^{(0)}]$는 뉴턴-랩슨 반복연산을 거치면서 정확한 라그랑주 승수로 수렴할 것이므로 $[0, 0]$을 포함해 어떤 승수든지 초기에 가정될 수 있다. 따라서 뉴턴-랩슨 반복연산을 시작하기 위한 초기 파라미터는 $\left[\mathbf{x}^{(0)}, \lambda_{c1}^{(0)}, \lambda_{c2}^{(0)}\right]^T = [b, h, 0.01, 40, 500, 1000, 3000, 0, 0]^T$로 결정되었다. 총 25개의 초기 입력 파라미터는 독립적으로 반복연산을 수행하는데 일부는 수렴하지만 일부는 발산할 수 있다. 가중변수 매트릭스와 편향변수 매트릭스를 도출하는 데 사용된 인공신경망은 1, 2, 5, 10개 은닉층과 80개의 뉴런으로 학습해 우수한 학습 정확도(MSE)를 도출했고 반복연산으로 라그랑주 최적화를 수행해 초기 파라미터로부터 식 (3.1.2-3)의 해를 구했다. 이때 구한 해가 KKT 조건 1의 후보해가 되는 것이다. 1, 2, 5, 10개의 은닉층 조합과 80개의 뉴런으로 학습해 도출한 표 3.1.1(e-1)와 표 3.1.1(e-2)에서 보듯이 $[b, h]$와 $[\lambda_{c1}, \lambda_{c2}]$는 ACI 318-14 기반에서는 $[1068.0,\ 1068.0]$과 $[6 \times 10^{-5}, 0.0994]$로 각각 수렴했고 ACI 318-19 기반에서는 $[1071.1,\ 1071.1]$과 $[6 \times 10^{-5}, 0.0984]$로 각각 수렴했다. 이 계산에서는 $5^2$=25 초기 입력 파라미터를 반복연산에 사용했다. KKT 조건 1은 부등 제약함수 $v_1(x)$가 활성으로 가정되고 부등 제약함수 $v_2(x)$는 비활성으로 가정되는 경우이므로 부등 제약함수 $v_2(x)$는 라그랑주 함수를 유도할 때 무시되었지만 KKT 조건 1 후보해를 도출한 이후에 해가 부등 제약함수 $v_2(x)$ 범위 내에서 도출되었는지 반드시 확인해야 한다. 즉 도출된 해가 부등 제약함수 $v_2(x)$ $v_2(\mathbf{x}) = -\rho_s + \rho_{s,max} \ge 0$을 충족시키고 있어야 KKT 조건 1

의 후보해로서 인정된다. 부등 제약조건 $v_1(x)$가 활성된 조건으로 가정된 식 (3.1.2-3)의 KKT 조건 1의 경우, 표 3.1.1(e-1)와 표 3.1.1(e-2)가 가장 우수한 최적설계 결과를 도출했으며 표 2.1.2(a)와 표 2.1.2(b)에 학습 결과를 기술했다. 이 경우, ACI 318-14 기반으로는 최소 코스트 $CI_c = f_{CI_c}^{FW}(\mathbf{x})$ 가 202692.7로 구해졌고 ACI 318-19 기반으로는 $CI_c = f_{CI_c}^{FW}(\mathbf{x})$ 가 203141.0으로 구해졌다. 표 3.1.2(a-1)와 표 3.1.2(a-2)는 한 개의 은닉층과 80개의 뉴런에 기반해 학습된 인공신경망에 의해 도출된 KKT 조건 1에 대한 최적화 결과다. ACI 318-14 기반으로는 최소 코스트 $CI_c$가 192921로, ACI 318-19 기반으로는 $CI_c$가 195308.3으로 구해졌지만 학습에 사용된 은닉층 수가 부족해 설계 정확도가 좋지 않다는 것을 알 수 있다. 2, 5, 10개의 은닉층과 80개의 뉴런에 기반해 학습된 인공신경망에 대해서는 ACI 318-14 기반으로는 표 3.1.1(b-1)부터 표 3.1.1 (d-1)에서, ACI 318-19 기반으로는 표 3.1.1(b-2)부터 표 3.1.1 (d-2)에서 최소화된 코스트 $CI_c$를 보여준다. 10개의 은닉층과 80개의 뉴런에 기반해 학습된 인공신경망에 대해서는 ACI 318-14 기반으로는 최소 코스트 $CI_c$가 201393.5로 구해졌고 ACI 318-19 기반으로는 $CI_c$가 203678.7로 구해졌다. 표 2.1.2와 표 3.1.2에서 보듯이 한 개의 은닉층을 가진 인공신경망이 10개의 은닉층을 가진 인공신경망보다 정확한 학습 정확도를 도출했지만 설계 정확도는 10개의 은닉층을 가진 인공신경망이 한 개의 은닉층을 가진 인공신경망보다 정확한 결과를 도출했다. 이것은 설계 정확도는 반드시 인공신경망의 학습 정확도에만 종속된 것이 아니라는 방증이다.

### 2) KKT 조건 2: 부등 제약함수 $\boldsymbol{v_1}(\boldsymbol{x})$가 비활성(inactive)으로 가정되고 부등 제약함수 $\boldsymbol{v_2}(\boldsymbol{x})$가 활성(active)으로 가정되는 경우

라그랑주 함수는 등 제약함수, 부등 제약함수에 라그랑주 승수를 적용해 목적함수와 조합해 유도된다. KKT 조건 2에서는 부등 제약함수 $v_1(x)$가 비활성으로 가정되고 부등 제약함수 $v_2(x)$는 활성으로 가정되는 경우다. 활성으로 가정되는 부등 제약함수 $v_2(x)$는 등 제약함수 $v_2(x)$로 binding되어 라그랑주 승수 $\boldsymbol{\lambda}_v$를 적용하는 반면, 등 제약함수에는 라그랑주 승수 $\boldsymbol{\lambda}_c$를 적용한다. 즉 철근비 $\rho_s$는 0.08로 binding된다. 이때 라그랑주 승수 $\boldsymbol{\lambda}_{v_2}$는 반드시 양수로 도출되어야 한다. 비활성으로 가정되는 부등 제약함수 $v_1(x)$는 식 (3.1.5)의 라그랑주 함수를 작성할 때 slack 조건으로 무시되지만 KKT 2의 후보해는 부등 제약함수 $v_1(x)$ 범위 내에서 반드시 결정되어야 하며 그렇지 않은 경우, KKT 2의 후보해는 존재하지 않는다. KKT

조건 2의 부등 제약함수 $v_2(x)$는 활성으로 가정되므로 등 제약함수로 binding되어 목적함수의 최적화를 제약하게 된다. 즉 $s_2$ =1을 대입해 구한 $\mathbf{S_2} = \begin{bmatrix} 0 & 0 \\ 0 & 1 \end{bmatrix}$을 식 (3.1.2-2)에 대입해 식 (3.1.2-3)과 식 (3.1.5)에서 라그랑주 함수를 구한다.

$$\mathcal{L}_{CI_C}^{FW}(\mathbf{x}, \boldsymbol{\lambda}_c, \boldsymbol{\lambda}_v) = f_{CI_C}^{FW}(\mathbf{x}) - \boldsymbol{\lambda}_c^T \mathbf{c}(\mathbf{x}) - \boldsymbol{\lambda}_v^T \begin{bmatrix} 0 & 0 \\ 0 & 1 \end{bmatrix} \mathbf{v}(\mathbf{x}). \tag{3.1.5}$$

$$\mathbf{x}^{(0)} = \left[b, h, \rho_s, f_c', f_y, P_u, M_u\right]^T = [b, h, 0.08, 40, 500, 1000, 3000]^T \tag{3.1.6}$$

식 (3.1.6)처럼 부등 제약함수 $v_2(x)$가 활성으로 가정되므로 등 제약함수로 binding되어 목적함수의 최적화를 제약하고 철근비 $\rho_s$는 0.08로 binding된다. 다른 입력 파라미터 $(f_c', f_y, P_u, M_u)$들은 단순히 표 2.1.5의 등 제약조건 $c_2(\mathbf{x})$, $c_3(\mathbf{x})$, $c_4(\mathbf{x})$, $c_5(\mathbf{x})$에 의해 40MPa, 500MPa, 1000kN, 3000kN·m로 입력부에 지정된다. KKT 조건 1과 유사하게 KKT 조건 2도 식 (3.1.2-3)의 1차 편미분 방정식으로 구성된 라그랑주 함수의 제이코비해를 뉴턴-랩슨 반복연산으로 구하는 문제가 된다. 이때 $b$, $h$는 미지수로 빅데이터 생성 범위인 $300 \le b \le 2250$와 $300 \le h \le 1500$ 내에서 뉴턴-랩슨 반복연산에 의해 구해진다. 식 (3.1.6)의 초기 입력 파라미터는 라그랑주 승수 $[\lambda_{c1}, \lambda_{c2}] = [0, 0]$을 포함해 $\left[\mathbf{x}^{(0)}, \lambda_{c1}^{(0)}, \lambda_{c2}^{(0)}\right]^T = [b, h, 0.08, 40, 500, 1000, 3000, 0, 0]^T$로 구성되고 식 (3.1.2-2) 또는 식 (3.1.5)의 라그랑주 함수를 최적화한다. 반복연산에 사용되는 $5^2 = 25$ 초기 입력 파라미터에 대해 $b, h$ 두 변수를 각각 5등분해 각 변수에 균등하게 분포시키면 빠른 수렴에 도움을 줄 수 있을 것이다. 즉 $5^2 = 25$ 초기 입력 파라미터에 대해 $b, h$를 빅데이터 영역 내에 무작위로 분포시킨다. 초기 라그랑주 승수$[\lambda_{c1}^{(0)}, \lambda_{c2}^{(0)}]$는 뉴턴-랩슨 반복연산을 거치면서 정확한 라그랑주 승수로 수렴할 것이므로 $[0, 0]$을 포함해 어떤 승수든지 초기에 가정될 수 있다. 따라서 뉴턴-랩슨 반복연산을 시작하기 위한 초기 파라미터는 $\left[\mathbf{x}^{(0)}, \lambda_{c1}^{(0)}, \lambda_{c2}^{(0)}\right]^T = [b, h, 0.08, 40, 500, 1000, 3000, 0, 0]^T$로 결정되었다. 총 25개의 초기 입력 파라미터는 독립적으로 반복연산을 수행하는데 일부는 수렴하지만 일부는 발산할 수 있다.

인공신경망은 1, 2, 5, 10개 은닉층과 80개의 뉴런에 기반해 학습해 우수한 학습 정확도를 도출했고 라그랑주 최적화 과정과 반복연산을 통해 초기 파라미터로부터 식 (3.1.2-3)의 해를 구하고 구한 해가 KKT 조건 2의 후보해가 되는 것이다. 이때 1, 2, 5, 10개의 은닉층 조합과 80개의 뉴런으로 학습해 도출한 표 3.1.1(e-1)와 표 3.1.1(e-2)에서 보듯이 $[b, h]$는 ACI 318-14

기반에서는 [661.9, 661.9]로 수렴하였고 ACI 318-19 기반에서는 [668.6, 668.6]으로 각각 수렴했다. 이 계산에서는 $5^2 = 25$ 초기 입력 파라미터를 반복연산에 사용했다. 부등 제약조건 $v_2(x)$가 활성된 식 (3.1.2-3)의 KKT 조건 2의 경우, 표 2.1.2(a)에 제시된 가장 우수한 학습 결과에 기반한 해가 표 3.1.1(e-1)와 표 3.1.1(e-2)에 제시되었다. ACI 318-14 기반으로는 최소 코스트 $CI_c = f_{CI_c}^{FW}(\mathbf{x})$가 331487.6으로 구해졌고 ACI 318-19 기반으로는 $CI_c = f_{CI_c}^{FW}(\mathbf{x})$가 338294.0으로 구해졌다.

KKT 조건 2는 부등 제약함수 $v_2(x)$가 활성으로 가정되고 부등 제약함수 $v_1(x)$는 비활성으로 가정되는 경우이므로 부등 제약함수 $v_1(x)$는 라그랑주 함수를 유도할 때는 무시되지만 KKT 조건 2의 후보해를 도출한 이후 해가 부등 제약함수 $v_1(\boldsymbol{x}) = \rho_s - 0.01 \geq 0$ 범위 내에서 도출되었는지 반드시 확인해야 한다. 한 개의 은닉층과 80개의 뉴런에 기반해 학습된 인공신경망에 의해 도출된 KKT 조건 2 [식 (3.1.2-3)에 유도되었음]에 대한 최적화 결과는 표 3.1.2(a-1)와 표 3.1.2(a-2)에 제시되었다. ACI 318-14 기반으로는 최소 코스트 $CI_c = f_{CI_c}^{FW}(\mathbf{x})$가 334987.4로 구해졌고 ACI 318-19 기반으로는 $CI_c = f_{CI_c}^{FW}(\mathbf{x})$가 332604.8로 구해졌으며 학습에 사용된 은닉층 수가 부족해 설계 정확도는 좋지 않다는 것을 알 수 있다. 각각 2, 5, 10개의 은닉층이 80개의 뉴런에 기반해 학습된 인공신경망에 의해 도출된 최소화된 코스트 $CI_c$는 ACI 318-14 기반에서는 표 3.1.1(b-1)부터 표 3.1.1(d-1)에, ACI 318-19 기반에서는 표 3.1.1(b-2)부터 표 3.1.1(d-2)에 제시되어 있다. ACI 318-14와 ACI 318-19 기반으로 표 3.1.1(d-1)과 표 3.1.1(d-2)는 10개의 은닉층과 80개의 뉴런에 기반해 학습된 인공신경망에 의해 최소화된 코스트 $CI_c$를 보여준다. ACI 318-14 기반으로는 최소 코스트 $CI_c = f_{CI_c}^{FW}(\mathbf{x})$가 329790.4로 구해졌고 ACI 318-19 기반으로는 $CI_c = f_{CI_c}^{FW}(\mathbf{x})$가 338757.2로 구해졌다. 표 3.1.1에서 보듯이 0.08의 철근비가 사용된 KKT 조건 2에서 최소화된 코스트 $f_{CI_c}^{FW}(\mathbf{x})$는 0.01의 철근비가 사용된 KKT 조건 1에서 최소화된 코스트 $f_{CI_c}^{FW}(\mathbf{x})$보다 높다는 것을 알 수 있다.

### 3) KKT 조건 3 : 부등 제약함수 $\boldsymbol{v_1(x)}$와 $\boldsymbol{v_2(x)}$ 모두 비활성으로 가정되는 경우

라그랑주 함수는 등 제약함수, 부등 제약함수에 라그랑주 승수를 적용해 목적함수와 조합해 유도한다. 그러나 라그랑주 함수를 유도할 때는 등 제약함수 또는 등 제약함수로 binding된 부등함수만 포함시킨다. KKT 조건 3에서는 부등 제약함수 $v_1(x)$와 $v_2(x)$ 모두 비활성으로 가정되어 식 (3.1.7)의 $s_1$과 $s_2$는 0이 되는 경우다. 따라서 비활성으로 가정되는 부등 제약함수 $v_1(x)$과 $v_2(x)$는 slack 조건이 되고 식 (3.1.7)의 라그랑주 함수를 작성할 때 무시되지만 라그랑주 함수를 최소화하는 stationary 포인트는 부등 제약함수 $v_1(x)$과 $v_2(x)$ 범위 내에서 도출되어야 한다. 즉 부등 제약함수 $v_1(x)$과 $v_2(x)$ 범위 내에서 KKT 3의 해가 반드시 결정되어야 하며 그렇지 않은 경우, KKT 3의 해는 존재하지 않는다.

$$\mathcal{L}_{CI_C}^{FW}(\mathbf{x}, \boldsymbol{\lambda}_c, \boldsymbol{\lambda}_v) = f_{CI_C}^{FW}(\mathbf{x}) - \boldsymbol{\lambda}_c^T \mathbf{c}(\mathbf{x}) - \boldsymbol{\lambda}_v^T \begin{bmatrix} 0 & 0 \\ 0 & 0 \end{bmatrix} \mathbf{v}(\mathbf{x}) \tag{3.1.7}$$

$$\mathbf{x}^{(0)} = \left[b, h, \rho_s, f_c', f_y, P_u, M_u\right]^T = [b, h, \rho_s, 40{,}500{,}1000{,}3000]^T \tag{3.1.8}$$

식 (3.1.8)의 입력 파라미터 $(f_c', f_y, P_u, M_u)$들은 단순히 표 2.1.5의 등 제약조건 $c_2(\mathbf{x})$, $c_3(\mathbf{x})$, $c_4(\mathbf{x})$, $c_5(\mathbf{x})$에 의해 $40\text{MPa}, 500\text{MPa}, 1000\text{kN}, 3000\text{kN}{\cdot}\text{m}$로 입력부에 지정된다. 부등 제약함수 $v_1(x)$과 $v_2(x)$가 비활성으로 가정되는 KKT 조건 3의 경우, 철근비 $\rho_s$는 반드시 부등 제약함수 $v_1(x)$과 $v_2(x)$ 범위인 (0.01<$\rho_s$<0.08)에서 도출되어야 한다. 뉴턴-랩슨 반복연산을 시작하기 위한 초기 파라미터는 식 (3.1.8)에 주어져 있다. 보폭 $b$와 보춤 $h$도 반복연산으로 구한다.

KKT 조건 1, 2와 유사하게 KKT 조건 3도 식 (3.1.2-3)의 1차 편미분방정식으로 구성된 라그랑주 함수의 제이코비해를 뉴턴-랩슨 반복연산으로 구하는 문제가 된다. 이때 미지수 세 개 $b$, $h$, $\rho_s$는 빅데이터 생성 범위인 $300 \le b \le 2250$, $300 \le h \le 1500$, 0.01<$\rho_s$<0.08 내에서 뉴턴-랩슨 반복연산으로 구한다. 식 (3.1.8)의 초기 입력 파라미터는 라그랑주 승수 $[\lambda_{c1}, \lambda_{c2}] = [0, 0]$을 포함해 $\left[\mathbf{x}^{(0)}, \lambda_{c1}^{(0)}, \lambda_{c2}^{(0)}\right]^T = [b, h, \rho_s, 40, 500, 1000, 3000, 0, 0]^T$로 구성되고 식 (3.1.2-2) 또는 식 (3.1.7)의 라그랑주 함수의 최적화에 사용된다. 즉 KKT 조건 3에서는 $b$, $h$와 함께 철근비 $\rho_s$가 미지수이므로 초기 파라미터 내에 포함시켜 반복연산을 수행해야 한다. 따라서 KKT 조건 3에서는 $b$, $h$, $\rho_s$ 미지수를 각각 5등분한 $5^3$=125개의 초기 입력 파라미터를 빅데이터 영역 내에 무작위로 분포시켜 반복연산에 사용한다. 즉 $5^3$=125의 초기 입력 파라미터를 균등하게 분포시키면 빠른 수렴에 도움이 될 것이다.

초기 라그랑주 승수 $[\lambda_{c1}^{(0)}, \lambda_{c2}^{(0)}]$는 뉴턴-랩슨 반복연산을 거치면서 정확한 라그랑주 승수로 수렴할 것이므로 $[0, 0]$을 포함해 어떤 승수든지 초기에 가정될 수 있다. 따라서 뉴턴-랩슨 반복연산을 시작하기 위한 초기 파라미터는 $\left[\mathbf{x}^{(0)}, \lambda_{c1}^{(0)}, \lambda_{c2}^{(0)}\right]^T = [b, h, \rho_s, 40, 500, 1000, 3000, 0, 0]^T$로 결정되었다. 총 125개의 초기 입력 파라미터는 반복연산을 독립적으로 수행하는데 일부는 수렴하지만 일부는 발산할 수 있다. 인공신경망은 1, 2, 5, 10개 은닉층과 80개의 뉴런에 기반해 학습해 우수한 학습 정확도를 도출했고 라그랑주 최적화 과정과 반복연산으로 125개의 초기 파라미터로부터 식 (3.1.2-3)의 해를 구하고 구한 해가 KKT 조건 3의 후보해가 되는 것이다. 이때 1, 2, 5, 10개의 은닉층 조합과 80개의 뉴런으로 학습해 도출한 표 3.1.1(e-1)과 표 3.1.1(e-2)에서 보듯이 ACI 318-14 기반에서는 [931.8, 931.8, 0.0159]로 각각 수렴했고 ACI 318-19 기반에서는 [929.3, 929.3, 0.0161] 로 각각 수렴했다. 이 계산에서는 $5^3$=125 초기 입력 파라미터를 반복연산에 사용했다.

KKT 조건 3의 경우, 표 2.1.2(a)에서 도출된 기장 우수한 학습 결과에 기반한 해가 표 3.1.1(e-1)와 표 3.1.1(e-2)에 제시되었다. 식 (3.1.2-3)를 최소화해 ACI 318-14 기반으로는 최소 코스트 $CI_c = f_{CI_c}^{FW}(\mathbf{x})$ 가 196698.5로 구해졌고 ACI 318-19 기반으로는 $CI_c = f_{CI_c}^{FW}(\mathbf{x})$ 가 196562.0으로 구해졌다. 표 3.1.2(a-1)와 표 3.1.2(a-2)는 한 개의 은닉층과 80개의 뉴런에 기반해 학습된 인공신경망에 의해 도출된 KKT 조건 3에 대한 최적화 결과다. ACI 318-14 기반으로는 최소 코스트 $CI_c = f_{CI_c}^{FW}(\mathbf{x})$ 가 189969.1로 구해졌고 ACI 318-19 기반으로는 $CI_c = f_{CI_c}^{FW}(\mathbf{x})$가 193798.6으로 구해졌지만 학습에 사용된 은닉층 수가 부족해 설계 정확도가 좋지 않다는 것을 알 수 있다. 2, 5, 10개의 은닉층과 80개의 뉴런에 기반해 학습된 인공신경망에 의해 최소화된 코스트 $CI_c$는 ACI 318-14 기반으로 표 3.1.1(b-1)부터 표 3.1.1(d-1)에 제시되어 있고 ACI 318-19 기반으로는 표 3.1.1(b-2)부터 표 3.1.1(d-2)에 제시되어 있다. 표 3.1.1(d-1)의 최소 코스트 $CI_c = f_{CI_c}^{FW}(\mathbf{x})$ 가 196049.0 (-0.06% 오차, 표 3.1.2(d-1) 참조)로 구해졌고 표 3.1.1(d-2)에서는 최소 코스트 $CI_c = f_{CI_c}^{FW}(\mathbf{x})$가 197370.8 (0.51% 오차, 표 3.1.2(d-2) 참조)로 구해졌다. 이때 가중변수 매트릭스와 편향변수 매트릭스를 도출하는 데 사용된 인공신경망은 10개의 은닉층과 80개의 뉴런으로 학습되었으며 표 3.1.1에 코스트 $CI_c$가 ACI 318-14와 ACI 318-19 기반에서 비교되어 있다. 순방향 라그랑주 최적화에 기반한(forward Lagrange optimizations) 표 3.1.2에서 보듯이 ACI 318-14와 ACI 318-19 기반에서 인공신경망 기반의 최소 코스트 $CI_c$ 오차는 구조 계산식과 비교해 각각 -0.06%와 0.51%의 무시할 수 있는 오차가 도출되었다.

4) KKT 조건 4 : 부등 제약함수 $\boldsymbol{v_1(x)}$와 $\boldsymbol{v_2(x)}$ 모두 활성으로 가정되는 경우

부등 제약함수 $v_1(x)$와 $v_2(x)$ 모두를 충족시키는 철근비는 존재하지 않으므로 부등 제약함수 $v_1(x)$와 $v_2(x)$ 모두를 활성으로 가정하는 KKT 조건 4는 존재하지 않는다. 즉 철근비 $\rho_s$는 0.01과 0.08로 동시에 binding될 수 없다. 따라서 KKT 조건 4의 라그랑주 함수의 최적화는 수행되지 않는다.

(3) 학습 파라미터(은닉층, 뉴런)가 KKT 조건식에 미치는 영향

코스트 라그랑주 함수를 최적화하는 설계 파라미터(stationary 포인트)는 표 3.1.2에서 도출한 후 구조설계 프로그램인 *AutoCol*에 의해 검증된다. 표 3.1.2는 1, 2, 5, 10개의 은닉층과 80개의 뉴런을 순방향 인공신경망에 적용해 라그랑주 최적설계를 수행했다. 한 개의 은닉층이 80개의 뉴런과 같이 적용되는 경우, 표 3.1.2(a-1)와 표 3.1.2(a-2)에서 보듯이 설계 모멘트($\phi M_n$)에 대해 최고 7.60%(ACI 318-14)와 8.06%(ACI 318-19)의 오차가 발생했다. 그러나 이 같은 오차는 2, 5, 10개의 은닉층을 80개의 뉴런과 적용한 경우인 표 3.1.2(b-1), (c-1), (d-1)에서 보듯이 ACI 318-14 기반에서는 각각 1.27%, 0.25%, 0.11%로 감소했고 ACI 318-19 기반에서는 표 3.1.2(b-2), (c-2), (d-2)처럼 각각 0.98%, 0.00%, -0.56%로 감소했다. 그림 3.1.2는 빅데이터로부터 구한 최소 기둥 코스트 즉, ACI 318-14 기반으로는 195515KRW/m, ACI 318-19 기반으로는 195756KRW/m를 구했다. 빅데이터로부터 구한 최소 기둥 코스트와 표 3.1.2의 순방향 네트워크로부터 최소화된 기둥 코스트를 다음과 같이 검증했다.

표 3.1.2(a-1), (a-2)에서는 한 개의 은닉층을 사용했으며 ACI 318-14 기반으로는 189969.1KRW/m, ACI 318-19 기반으로는 193798.6KRW/m로 구했고 빅데이터와의 오차는 318-14 기반으로는 -2.84%, 318-19 기반으로는 -1.00%로 나타났다. 그러나 표 3.1.2(b-1), (b-2)에서는 두 개의 은닉층을 사용했고 ACI 318-14 기반으로는 196623.5KRW/m, 318-19 기반으로는 197238.1KRW/m로 구했고 빅데이터와의 오차는 ACI 318-14 기반으로는 0.57%, ACI 318-19 기반으로는 0.76%로 감소했다. 표 3.1.2(c-1), (c-2)에서는 다섯 개의 은닉층을 사용했고 ACI 318-14 기반으로는 193397.0KRW/m, 318-19 기반으로는 196769.0 KRW/m로 구했고 빅데이터와의 오차는 ACI 318-14 기반으로는 1.08%, ACI 318-19 기반으로는 0.52%로 나타났다. 표 3.1.2(d-1), (d-2)처럼 열 개의 은닉층을 사용하는 경우, ACI 318-14 기반으로는 196049.0KRW/m, 318-19 기반으로는 197370.8KRW/m로 구했고 빅데이터와의 오차는 ACI

318-14 기반으로는 -1.08%, ACI 318-19 기반으로는 0.82%로 나타났다. 표 3.1.2(e-1), (e-2)에는 80개의 뉴런과 1, 2, 5, 10개의 은닉층 조합을 사용했고 ACI 318-14 기반으로는 196698.5KRW/m, ACI 318-19 기반으로는 196562.0KRW/m로 구했고 빅데이터와의 오차는 ACI 318-19 기반으로는 0.61%, ACI 318-19 기반으로는 0.41%로 나타났다. 80개의 뉴런과 1, 2, 5, 10개의 은닉층 조합을 사용한 경우가 빅데이터와 가장 근접한 결과를 도출했다. 표 3.1.1(a)과 표 3.1.2(a)에서 보듯이 한 개의 은닉층을 사용한 순방향 인공신경망의 경우, 최소 코스트 $CI_c$를 도출했지만 설계 모멘트 강도 $M_n$(kN·m)와 같은 설계 파라미터의 오차가 너무 커 설계에 이용할 수 없다는 것을 알 수 있다. 표 3.1.4(a)과 표 3.1.5(a)처럼 한 개의 은닉층을 사용한 역방향 인공신경망의 경우에도 유사한 문제점이 도출되었다. 즉 모든 설계 파라미터에 대해 표 3.1.2와 표 3.1.5와 같은 검증이 수행되어야 최소 코스트 $CI_c$를 최종적으로 확정할 수 있다.

표 3.1.1 순방향 인공신경망에 의해서 KKT 조건으로 최소화된 코스트($CI_c$)와 해당 설계 파라미터

표 3.1.1(a-1) 한 개의 은닉층 및 80개의 뉴런에 기반한 순방향 인공신경망을 학습하여 ACI 318-14로 도출[학습 정확도는 표3.2.2.2(a-1) 참조]

인공신경망 기반 **Case** 별 **Lagrange** 최적화
(*1 layer - 80 neurons*) (*ACI 318-14*)

| | 설계변수 | Case 1 | Case 2 | Case 3 |
|---|---|---|---|---|
| 1 | $b$ (mm) | 1042.0 | 665.4 | **919.0** |
| 2 | $h$ (mm) | 1042.0 | 665.4 | **919.0** |
| 3 | $\rho_s$ | 0.0100 | 0.0800 | **0.0157** |
| 4 | $f_c'$ (MPa) | 40 | 40 | 40 |
| 5 | $f_y$ (MPa) | 500 | 500 | 500 |
| 6 | $P_u$(kN) | 1000 | 1000 | 1000 |
| 7 | $M_u$ (kN·m) | 3000 | 3000 | 3000 |
| 목적함수: $CI_C$ (KRW/m) | | 192921.0 | 334987.4 | **189969.1** |

***Note:*** *Case 1* – 부등 제약함수 $v_1(\boldsymbol{x})$ 활성
*Case 2* – 부등 제약함수 $v_2(\boldsymbol{x})$ 활성
*Case 3* – 모두 비활성

표 3.1.1(a-2) 한 개의 은닉층 및 80개의 뉴런에 기반한 순방향 인공신경망을 학습하여 ACI 318-19로 도출[학습 정확도는 표 3.2.2.2(b-1) 참조]

인공신경망 기반 **Case** 별 **Lagrange** 최적화
(*1 layer - 80 neurons*) (*ACI 318-19*)

| | 설계변수 | Case 1 | Case 2 | Case 3 |
|---|---|---|---|---|
| 1 | $b$ (mm) | 1050.2 | 662.9 | **956.5** |
| 2 | $h$ (mm) | 1050.2 | 662.9 | **956.5** |
| 3 | $\rho_s$ | 0.0100 | 0.0800 | **0.0142** |
| 4 | $f_c'$ (MPa) | 40 | 40 | 40 |
| 5 | $f_y$ (MPa) | 500 | 500 | 500 |
| 6 | $P_u$(kN) | 1000 | 1000 | 1000 |
| 7 | $M_u$ (kN·m) | 3000 | 3000 | 3000 |
| 목적함수: $CI_C$ (KRW/m) | | 195308.3 | 332604.8 | **193798.6** |

***Note:*** *Case 1* – 부등 제약함수 $v_1(\boldsymbol{x})$ 활성
*Case 2* – 부등 제약함수 $v_2(\boldsymbol{x})$ 활성
*Case 3* – 모두 비활성

표 3.1.1(b-1) 두 개의 은닉층 및 80개의 뉴런에 기반한 순방향 인공신경망을 학습하여 ACI 318-14로 도출[학습 정확도는 표 3.2.2.2(a-1) 참조]

| 인공신경망 기반 **Case** 별 **Lagrange** 최적화 (*2 layers - 80 neurons*) (*ACI 318-14*) | | | | |
|---|---|---|---|---|
| 설계변수 | | **Case 1** | **Case 2** | **Case 3** |
| 1 | $b$ (mm) | 1063.2 | 662.6 | **934.5** |
| 2 | $h$ (mm) | 1063.2 | 662.6 | **934.5** |
| 3 | $\rho_s$ | 0.0100 | 0.0800 | **0.0158** |
| 4 | $f_c'$ (MPa) | 40 | 40 | 40 |
| 5 | $f_y$ (MPa) | 500 | 500 | 500 |
| 6 | $P_u$(kN) | 1000 | 1000 | 1000 |
| 7 | $M_u$ (kN·m) | 3000 | 3000 | 3000 |
| 목적함수: $CI_c$ (KRW/m) | | 200257.1 | 332556.4 | **196623.5** |

***Note:*** *Case 1* – 부등 제약함수 $v_1(\boldsymbol{x})$ 활성
*Case 2* – 부등 제약함수 $v_2(\boldsymbol{x})$ 활성
*Case 3* – 모두 비활성

표 3.1.1(b-2) 두 개의 은닉층 및 80개의 뉴런에 기반한 순방향 인공신경망을 학습하여 ACI 318-19로 도출[학습 정확도는 표 3.2.2.2(b-1) 참조]

| 인공신경망 기반 **Case** 별 **agrange** 최적화 (*2 layers - 80 neurons*) (*ACI 318-19*) | | | | |
|---|---|---|---|---|
| 설계변수 | | **Case 1** | **Case 2** | **Case 3** |
| 1 | $b$ (mm) | 1061.9 | 669.9 | **935.4** |
| 2 | $h$ (mm) | 1061.9 | 669.9 | **935.4** |
| 3 | $\rho_s$ | 0.0100 | 0.0800 | **0.0157** |
| 4 | $f_c'$ (MPa) | 40 | 40 | 40 |
| 5 | $f_y$ (MPa) | 500 | 500 | 500 |
| 6 | $P_u$(kN) | 1000 | 1000 | 1000 |
| 7 | $M_u$ (kN·m) | 3000 | 3000 | 3000 |
| 목적함수: $CI_c$ (KRW/m) | | 200078.6 | 339157.8 | **197238.1** |

***Note:*** *Case 1* – 부등 제약함수 $v_1(\boldsymbol{x})$ 활성
*Case 2* – 부등 제약함수 $v_2(\boldsymbol{x})$ 활성
*Case 3* – 모두 비활성

표 3.1.1(c-1) 다섯 개의 은닉층 및 80개의 뉴런에 기반한 순방향 인공신경망을 학습하여 ACI 318-14로 도출[학습 정확도는 표 3.2.2.2(a-1) 참조]

인공신경망 기반 **Case** 별 **Lagrange** 최적화

(*5 layers - 80 neurons*) (*ACI 318-14*)

| | 설계변수 | Case 1 | Case 2 | Case 3 |
|---|---|---|---|---|
| 1 | $b$ (mm) | 1068.5 | 663.3 | **919.5** |
| 2 | $h$ (mm) | 1068.5 | 663.3 | **919.5** |
| 3 | $\rho_s$ | 0.0100 | 0.0800 | **0.0167** |
| 4 | $f_c'$ (MPa) | 40 | 40 | 40 |
| 5 | $f_y$ (MPa) | 500 | 500 | 500 |
| 6 | $P_u$(kN) | 1000 | 1000 | 1000 |
| 7 | $M_u$ (kN·m) | 3000 | 3000 | 3000 |
| | 목적함수: $CI_c$ (KRW/m) | 204528.9 | 332664.1 | **193397.0** |

***Note:*** *Case 1* – 부등 제약함수 $v_1(\boldsymbol{x})$ 활성
*Case 2* – 부등 제약함수 $v_2(\boldsymbol{x})$ 활성
*Case 3* 모두 비활성

표 3.1.1(c-2) 다섯 개의 은닉층 및 80개의 뉴런에 기반한 순방향 인공신경망을 학습하여 ACI 318-19로 도출[학습 정확도는 표 3.2.2.2(b-1) 참조]

인공신경망 기반 **Case** 별 **Lagrange** 최적화

(*5 layers - 80 neurons*) (*ACI 318-19*)

| | 설계변수 | Case 1 | Case 2 | Case 3 |
|---|---|---|---|---|
| 1 | $b$ (mm) | 1069.4 | 669.7 | **961.2** |
| 2 | $h$ (mm) | 1069.4 | 669.7 | **961.2** |
| 3 | $\rho_s$ | 0.0100 | 0.0800 | **0.0144** |
| 4 | $f_c'$ (MPa) | 40 | 40 | 40 |
| 5 | $f_y$ (MPa) | 500 | 500 | 500 |
| 6 | $P_u$(kN) | 1000 | 1000 | 1000 |
| 7 | $M_u$ (kN·m) | 3000 | 3000 | 3000 |
| | 목적함수: $CI_c$ (KRW/m) | 199538.2 | 345367.4 | **196769.0** |

***Note:*** *Case 1* – 부등 제약함수 $v_1(\boldsymbol{x})$ 활성
*Case 2* – 부등 제약함수 $v_2(\boldsymbol{x})$ 활성
*Case 3* – 모두 비활성

표 3.1.1(d-1) 열 개의 은닉층 및 80개의 뉴런에 기반한 순방향 인공신경망을 학습하여 ACI 318-14로 도출[학습 정확도는 표 3.2.2.2(a-1) 참조]

인공신경망 기반 **Case** 별 **Lagrange** 최적화
(*10 layers - 80 neurons*) (*ACI 318-14*)

| | 설계변수 | Case 1 | Case 2 | Case 3 |
|---|---|---|---|---|
| 1 | $b$ (mm) | 1068.0 | 661.9 | **940.1** |
| 2 | $h$ (mm) | 1068.0 | 661.9 | **940.1** |
| 3 | $\rho_s$ | 0.0100 | 0.0800 | **0.0155** |
| 4 | $f_c'$ (MPa) | 40 | 40 | 40 |
| 5 | $f_y$ (MPa) | 500 | 500 | 500 |
| 6 | $P_u$(kN) | 1000 | 1000 | 1000 |
| 7 | $M_u$ (kN·m) | 3000 | 3000 | 3000 |
| | 목적함수: $CI_C$ (KRW/m) | 201393.5 | 329790.4 | **196049.0** |

***Note:*** *Case 1* – 부등 제약함수 $v_1(\boldsymbol{x})$ 활성
*Case 2* – 부등 제약함수 $v_2(\boldsymbol{x})$ 활성
*Case 3* – 모두 비활성

표 3.1.1(d-2) 열 개의 은닉층 및 80개의 뉴런에 기반한 순방향 인공신경망을 학습하여 ACI 318-19로 도출[학습 정확도는 표 3.2.2.2(b-1) 참조]

인공신경망 기반 **Case** 별 **Lagrange** 최적화
(*10 layers - 80 neurons*) (*ACI 318-19*)

| | 설계변수 | Case 1 | Case 2 | Case 3 |
|---|---|---|---|---|
| 1 | $b$ (mm) | 1071.1 | 668.6 | **927.6** |
| 2 | $h$ (mm) | 1071.1 | 668.6 | **927.6** |
| 3 | $\rho_s$ | 0.0100 | 0.0800 | **0.0162** |
| 4 | $f_c'$ (MPa) | 40 | 40 | 40 |
| 5 | $f_y$ (MPa) | 500 | 500 | 500 |
| 6 | $P_u$(kN) | 1000 | 1000 | 1000 |
| 7 | $M_u$ (kN·m) | 3000 | 3000 | 3000 |
| | 목적함수: $CI_C$ (KRW/m) | 203678.7 | 338757.2 | **197370.8** |

***Note:*** *Case 1* – 부등 제약함수 $v_1(\boldsymbol{x})$ 활성
*Case 2* – 부등 제약함수 $v_2(\boldsymbol{x})$ 활성
*Case 3* – 모두 비활성

표 3.1.1(e-1) 1, 2, 5, 10개의 은닉층 조합 및 80개의 뉴런에 기반한 순방향 인공신경망을 학습하여 ACI 318-14로 도출[학습 정확도는 표 3.2.2.2(a-1) 참조]

인공신경망 기반 **Case** 별 **Lagrange** 최적화
(*best networks in term of test MSE*) (*ACI 318-14*)

| | 설계변수 | Case 1 | Case 2 | Case 3 |
|---|---|---|---|---|
| 1 | $b$ (mm) | 1068.0 | 661.9 | **931.8** |
| 2 | $h$ (mm) | 1068.0 | 661.9 | **931.8** |
| 3 | $\rho_s$ | 0.0100 | 0.0800 | **0.0159** |
| 4 | $f_c'$ (MPa) | 40 | 40 | 40 |
| 5 | $f_y$ (MPa) | 500 | 500 | 500 |
| 6 | $P_u$(kN) | 1000 | 1000 | 1000 |
| 7 | $M_u$ (kN·m) | 3000 | 3000 | 3000 |
| | 목적함수: $CI_c$ (KRW/m) | 202692.7 | 331487.6 | **196698.5** |

***Note:*** *Case 1* – 부등 제약함수 $v_1(\boldsymbol{x})$ 활성
*Case 2* – 부등 제약함수 $v_2(\boldsymbol{x})$ 활성
*Case 3* – 모두 비활성

표 3.1.1(e-2) 1, 2, 5, 10개의 은닉층 조합 및 80개의 뉴런에 기반한 순방향 인공신경망을 학습하여 ACI 318-19로 도출[학습 정확도는 표 3.2.2.2(b-1) 참조]

인공신경망 기반 **Case** 별 **Lagrange** 최적화
(*best networks in term of test MSE*) (*ACI 318-19*)

| | 설계변수 | Case 1 | Case 2 | Case 3 |
|---|---|---|---|---|
| 1 | $b$ (mm) | 1071.1 | 668.6 | **929.3** |
| 2 | $h$ (mm) | 1071.1 | 668.6 | **929.3** |
| 3 | $\rho_s$ | 0.0100 | 0.0800 | **0.0161** |
| 4 | $f_c'$ (MPa) | 40 | 40 | 40 |
| 5 | $f_y$ (MPa) | 500 | 500 | 500 |
| 6 | $P_u$(kN) | 1000 | 1000 | 1000 |
| 7 | $M_u$ (kN·m) | 3000 | 3000 | 3000 |
| | 목적함수: $CI_c$ (KRW/m) | 203141.0 | 338294.0 | **196562.0** |

***Note:*** *Case 1* – 부등 제약함수 $v_1(\boldsymbol{x})$ 활성
*Case 2* – 부등 제약함수 $v_2(\boldsymbol{x})$ 활성
*Case 3* – 모두 비활성

표 3.1.2 순방향 인공신경망에 기반하여 최소화된 코스트($CI_c$)의 설계 정확도

표 3.1.2(a-1) 한 개의 은닉층 및 80개의 뉴런에 기반한 순방향 인공신경망을 학습하여 ACI 318-14로 도출[학습 정확도는 표 3.2.2.2(a-1) 참조]

***$CI_C$* 최적화 설계**

(*based on 1 layer with 80 neurons*) (*ACI 318-14*)

| | 설계변수 | AI 결과 | *AutoCol* 검증 | 오차 |
|---|---|---|---|---|
| 1 | $b$ (mm) | **919.00** | | |
| 2 | $h$ (mm) | **919.00** | | |
| 3 | $\rho_s$ | **0.0157** | | |
| 4 | $f_c'$ (MPa) | 40 | | |
| 5 | $f_y$ (MPa) | 500 | | |
| 6 | $P_u$(kN) | 1000 | | |
| 7 | $M_u$ (kN·m) | 3000 | | |
| 8 | $\phi P_n$ (kN) | 981.9 | 944.5 | 3.8% |
| 9 | $\phi M_n$ (kN·m) | 3066.7 | 2833.6 | 7.60% |
| 10 | $SF$ | 1.00 | 0.94 | 5.55% |
| 11 | $b/h$ | 0.9999 | 1.0000 | -0.01% |
| 12 | $\varepsilon_s$ | 0.0211 | 0.0221 | -4.72% |
| 13 | $CI_C$ (KRW/m) | **189969.1** | **189445.5** | 0.28% |
| 14 | $CO_2$ (t-$CO_2$/m) | 0.4043 | 0.4038 | 0.12% |
| 15 | $W_C$ (kN/m) | 19.90 | 19.90 | 0.00% |
| 16 | $\alpha_{e/h}$ | 0.317 | 0.297 | 6.24% |

**Note:** (점선 상자) 인공신경망 기반 설계용 **7** 개 설계변수
(파선 상자) ***AutoCol*** 검증
인공신경망 기반 최적화 ***$CI_c$* = 189969.1**
(빅데이터 도출 **195515** 대비 **-2.84%** 오차)

표 3.1.2(a-2) 한 개의 은닉층 및 80개의 뉴런에 기반한 순방향 인공신경망을 학습하여 ACI 318-19로 도출[학습 정확도는 표 3.2.2.2(b-1) 참조]

***$CI_C$* 최적화 설계**

*(based on 1 layer with 80 neurons) (ACI 318-19)*

| | 설계변수 | AI 결과 | ***AutoCol*** 검증 | 오차 |
|---|---|---|---|---|
| 1 | $b$ (mm) | **956.55** | | |
| 2 | $h$ (mm) | **956.55** | | |
| 3 | $\rho_s$ | **0.0142** | | |
| 4 | $f_c'$ (MPa) | 40 | | |
| 5 | $f_y$ (MPa) | 500 | | |
| 6 | $P_u$(kN) | 1000 | | |
| 7 | $M_u$ (kN·m) | 3000 | | |
| 8 | $\phi P_n$ (kN) | 1027.1 | 974.1 | 5.2% |
| 9 | $\phi M_n$ (kN·m) | 3178.6 | 2922.4 | 8.06% |
| 10 | $SF$ | 1.00 | 0.97 | 2.59% |
| 11 | $b/h$ | 1.00 | 1.00 | 0.00% |
| 12 | $\varepsilon_s$ | 0.0235 | 0.0238 | -1.48% |
| 13 | $CI_C$ (KRW/m) | **193798.6** | **193602.9** | 0.10% |
| 14 | $CO_2$ (t-$CO_2$/m) | 0.4109 | 0.4097 | 0.29% |
| 15 | $W_C$ (kN/m) | 21.56 | 21.56 | 0.00% |
| 16 | $\alpha_{e/h}$ | 0.341 | 0.309 | 9.55% |

**Note:** (점선 상자) 인공신경망 기반 설계용 **7** 개 설계변수
(파선 상자) ***AutoCol*** 검증
인공신경망 기반 최적화 ***$CI_c$* = 193798.6**
**(**빅데이터 도출 **195756** 대비 **-1.00%** 오차**)**

표 3.1.2(b-1) 두 개의 은닉층 및 80개의 뉴런에 기반한 순방향 인공신경망을 학습하여 ACI 318-14로 도출[학습 정확도는 표 3.2.2.2(a-1) 참조]

**$CI_C$ 최적화 설계**
*(based on 2 layers with 80 neurons) (ACI 318-14)*

| | 설계변수 | AI 결과 | *AutoCol* 검증 | 오차 |
|---|---|---|---|---|
| 1 | $b$ (mm) | **934.49** | | |
| 2 | $h$ (mm) | **934.49** | | |
| 3 | $\rho_s$ | **0.0158** | | |
| 4 | $f_c'$ (MPa) | 40 | | |
| 5 | $f_y$ (MPa) | 500 | | |
| 6 | $P_u$(kN) | 1000 | | |
| 7 | $M_u$ (kN·m) | 3000 | | |
| 8 | $\phi P_n$ (kN) | 947.5 | 1003.3 | -5.9% |
| 9 | $\phi M_n$ (kN·m) | 3048.6 | 3010.0 | 1.27% |
| 10 | $SF$ | 1.000 | 1.003 | -0.33% |
| 11 | $b/h$ | 1.000 | 1.000 | 0.00% |
| 12 | $\varepsilon_s$ | 0.0227 | 0.0221 | 2.89% |
| 13 | $CI_c$ (KRW/m) | **196623.5** | **196579.0** | 0.02% |
| 14 | $CO_2$ (t-$CO_2$/m) | 0.4191 | 0.4192 | -0.02% |
| 15 | $W_c$ (kN/m) | 20.571 | 20.574 | -0.02% |
| 16 | $\alpha_{e/h}$ | 0.3024 | 0.3020 | 0.13% |

**Note:** (점선 상자) 인공신경망 기반 설계용 7 개 설계변수
(파선 상자) *AutoCol* 검증
인공신경망 기반 최적화 $CI_c$ = **196623.5**
**(빅데이터 도출 195515 대비 0.57% 오차)**

표 3.1.2(b-2) 두 개의 은닉층 및 80개의 뉴런에 기반한 순방향 인공신경망을 학습하여 ACI 318-19로 도출[학습 정확도는 표 3.2.2.2(b-1) 참조]

***$CI_C$* 최적화 설계**

*(based on 2 layers with 80 neurons) (ACI 318-19)*

| | 설계변수 | AI 결과 | *AutoCol* 검증 | 오차 |
|---|---|---|---|---|
| 1 | $b$ (mm) | **935.36** | | |
| 2 | $h$ (mm) | **935.36** | | |
| 3 | $\rho_s$ | **0.0157** | | |
| 4 | $f_c'$ (MPa) | 40 | | |
| 5 | $f_y$ (MPa) | 500 | | |
| 6 | $P_u$(kN) | 1000 | | |
| 7 | $M_u$ (kN·m) | 3000 | | |
| 8 | $\phi P_n$ (kN) | 972.4 | 999.8 | -2.8% |
| 9 | $\phi M_n$ (kN·m) | 3029.2 | 2999.5 | 0.98% |
| 10 | $SF$ | 1.0000 | 0.9998 | 0.02% |
| 11 | $b/h$ | 1.000 | 1.000 | 0.00% |
| 12 | $\varepsilon_s$ | 0.0227 | 0.0222 | 2.48% |
| 13 | $CI_C$ (KRW/m) | **197238.1** | **196175.8** | 0.54% |
| 14 | $CO_2$ (t-$CO_2$/m) | 0.415 | 0.418 | -0.67% |
| 15 | $W_C$ (kN/m) | 20.612 | 20.612 | 0.00% |
| 16 | $\alpha_{e/h}$ | 0.3029 | 0.3022 | 0.22% |

**Note:** (점선 상자) 인공신경망 기반 설계용 7 개 설계변수
(파선 상자) *AutoCol* 검증
인공신경망 기반 최적화 ***$CI_c$* = 197238.1**
(빅데이터 도출 **195756** 대비 **0.76%** 오차)

표 3.1.2(c-1) 다섯 개의 은닉층 및 80개의 뉴런에 기반한 순방향 인공신경망을 학습하여 ACI 318-14로 도출[학습 정확도는 표 3.2.2.2(a-1) 참조]

$CI_C$ 최적화 설계
(*based on 5 layers with 80 neurons*) (*ACI 318-14*)

| | 설계변수 | AI 결과 | *AutoCol* 검증 | 오차 |
|---|---|---|---|---|
| 1 | $b$ (mm) | **919.48** | | |
| 2 | $h$ (mm) | **919.48** | | |
| 3 | $\rho_s$ | **0.0167** | | |
| 4 | $f_c'$ (MPa) | 40 | | |
| 5 | $f_y$ (MPa) | 500 | | |
| 6 | $P_u$(kN) | 1000 | | |
| 7 | $M_u$ (kN·m) | 3000 | | |
| 8 | $\phi P_n$ (kN) | 976.7 | 1003.5 | -2.7% |
| 9 | $\phi M_n$ (kN·m) | 3018.2 | 3010.6 | 0.25% |
| 10 | $SF$ | 1.000 | 1.004 | -0.35% |
| 11 | $b/h$ | 1.000 | 1.000 | 0.00% |
| 12 | $\varepsilon_s$ | 0.0215 | 0.0212 | 1.12% |
| 13 | $CI_c$ (KRW/m) | **193397.0** | **196534.9** | -1.62% |
| 14 | $CO_2$ (t-$CO_2$/m) | 0.420 | 0.421 | -0.21% |
| 15 | $W_c$ (kN/m) | 19.95 | 19.92 | 0.14% |
| 16 | $\alpha_{e/h}$ | 0.2973 | 0.2974 | -0.04% |

**Note:** (점선 상자) 인공신경망 기반 설계용 **7** 개 설계변수
(파선 상자) ***AutoCol*** 검증
인공신경망 기반 최적화 $CI_c$= **193397.0**
**(빅데이터 도출 195515 대비 -1.08% 오차)**

표 3.1.2(c-2) 다섯 개의 은닉층 및 80개의 뉴런에 기반한 순방향 인공신경망을 학습하여 ACI 318-19로 도출[학습 정확도는 표 3.2.2.2(b-1) 참조]

***$CI_C$* 최적화 설계**

*(based on 5 layers with 80 neurons) (ACI 318-19)*

| | 설계변수 | **AI** 결과 | ***AutoCol*** 검증 | 오차 |
|---|---|---|---|---|
| 1 | $b$ (mm) | **961.24** | | |
| 2 | $h$ (mm) | **961.24** | | |
| 3 | $\rho_s$ | **0.0144** | | |
| 4 | $f_c'$ (MPa) | 40 | | |
| 5 | $f_y$ (MPa) | 500 | | |
| 6 | $P_u$(kN) | 1000 | | |
| 7 | $M_u$ (kN·m) | 3000 | | |
| 8 | $\phi P_n$ (kN) | 990.0 | 1000.7 | -1.1% |
| 9 | $\phi M_n$ (kN·m) | 3001.8 | 3002.0 | 0.00% |
| 10 | $SF$ | 1.000 | 1.001 | -0.07% |
| 11 | $b/h$ | 1.0001 | 1.0000 | 0.01% |
| 12 | $\varepsilon_s$ | 0.0244 | 0.0237 | 2.96% |
| 13 | $CI_C$ (KRW/m) | **196769.0** | **196730.6** | 0.02% |
| 14 | $CO_2$ (t-$CO_2$/m) | 0.415 | 0.417 | -0.44% |
| 15 | $W_C$ (kN/m) | 21.744 | 21.769 | -0.12% |
| 16 | $\alpha_{e/h}$ | 0.31014 | 0.31008 | 0.02% |

**Note:** (점선) 인공신경망 기반 설계용 7 개 설계변수
(파선) ***AutoCol*** 검증
인공신경망 기반 최적화 ***$CI_c$* = 196769.0**
(빅데이터 도출 **195756** 대비 **0.52%** 오차)

표 3.1.2(d-1) 열 개의 은닉층 및 80개의 뉴런에 기반한 순방향 인공신경망을 학습하여 ACI 318-14로 도출[학습 정확도는 표 3.2.2.2(a-1) 참조]

***$CI_C$* 최적화 설계**
(*based on 10 layers with 80 neurons*) (*ACI 318-14*)

| | 설계변수 | **AI** 결과 | ***AutoCol*** 검증 | 오차 |
|---|---|---|---|---|
| 1 | $b$ (mm) | **940.10** | | |
| 2 | $h$ (mm) | **940.10** | | |
| 3 | $\rho_s$ | **0.0155** | | |
| 4 | $f_c'$ (MPa) | 40 | | |
| 5 | $f_y$ (MPa) | 500 | | |
| 6 | $P_u$(kN) | 1000 | | |
| 7 | $M_u$ (kN·m) | 3000 | | |
| 8 | $\phi P_n$ (kN) | 986.7 | 999.4 | -1.3% |
| 9 | $\phi M_n$ (kN·m) | 3001.3 | 2998.1 | 0.11% |
| 10 | $SF$ | 1.000 | 0.999 | 0.06% |
| 11 | $b/h$ | 1.0008 | 1.0000 | 0.08% |
| 12 | $\varepsilon_s$ | 0.0231 | 0.0224 | 2.67% |
| 13 | $CI_C$ (KRW/m) | **196049.0** | **196172.7** | -0.06% |
| 14 | $CO_2$ (t-$CO_2$/m) | 0.417 | 0.418 | -0.15% |
| 15 | $W_C$ (kN/m) | 20.737 | 20.822 | -0.41% |
| 16 | $\alpha_{e/h}$ | 0.3034 | 0.3037 | -0.09% |

**Note:** (점선) 인공신경망 기반 설계용 **7** 개 설계변수
(파선) ***AutoCol*** 검증
인공신경망 기반 최적화 ***$CI_c$* = 196049.0**
(빅데이터 도출 **195515** 대비 **0.27%** 오차)

표 3.1.2(d-2) 열 개의 은닉층 및 80개의 뉴런에 기반한 순방향 인공신경망을 학습하여 ACI 318-19로 도출[학습 정확도는 표 3.2.2.2(b-1) 참조]

***$CI_C$* 최적화 설계**

*(based on 10 layers with 80 neurons)* *(ACI 318-19)*

| | 설계변수 | **AI** 결과 | ***AutoCol*** 검증 | 오차 |
|---|---|---|---|---|
| 1 | $b$ (mm) | **927.60** | | |
| 2 | $h$ (mm) | **927.60** | | |
| 3 | $\rho_s$ | **0.0162** | | |
| 4 | $f_c'$ (MPa) | 40 | | |
| 5 | $f_y$ (MPa) | 500 | | |
| 6 | $P_u$(kN) | 1000 | | |
| 7 | $M_u$ (kN·m) | 3000 | | |
| 8 | $\phi P_n$ (kN) | 1001.2 | 1002.0 | -0.1% |
| 9 | $\phi M_n$ (kN·m) | 2989.2 | 3005.9 | -0.56% |
| 10 | $SF$ | 1.000 | 1.002 | -0.20% |
| 11 | $b/h$ | 1.0002 | 1.0000 | 0.02% |
| 12 | $\varepsilon_s$ | 0.0221 | 0.0217 | 2.03% |
| 13 | $CI_C$ (KRW/m) | **197370.8** | **196368.0** | 0.51% |
| 14 | $CO_2$ (t-$CO_2$/m) | 0.417 | 0.419 | -0.56% |
| 15 | $W_C$ (kN/m) | 20.271 | 20.272 | -0.01% |
| 16 | $\alpha_{e/h}$ | 0.2997 | 0.2999 | -0.07% |

**Note:** (점선 박스) 인공신경망 기반 설계용 **7** 개 설계변수
(파선 박스) ***AutoCol*** 검증
인공신경망 기반 최적화 ***$CI_c$* = 197370.8**
(빅데이터 도출 **195756** 대비 **0.82%** 오차)

표 3.1.2(e-1) 1, 2, 5, 10개의 은닉층 조합 및 80개의 뉴런에 기반한 순방향 인공신경망을 학습하여 ACI 318-14로 도출[학습 정확도는 표 3.2.2.2(a-1) 참조]

***$CI_C$* 최적화 설계**
(*based on best networks in term of MSE*) (*ACI 318-14*)

| 설계변수 | | BEST 인공신경망 | AI 결과 | *AutoCol* 검증 | 오차 |
|---|---|---|---|---|---|
| 1 | $b$ (mm) | | **931.81** | | |
| 2 | $h$ (mm) | | **931.81** | | |
| 3 | $\rho_s$ | | **0.0159** | | |
| 4 | $f_c'$ (MPa) | | 40 | | |
| 5 | $f_y$ (MPa) | | 500 | | |
| 6 | $P_u$(kN) | | 1000 | | |
| 7 | $M_u$ (kN·m) | | 3000 | | |
| 8 | $\phi P_n$ (kN) | 5L - 80N | (978.2) | 999.9 | (-2.2%) |
| 9 | $\phi M_n$ (kN·m) | 10L - 80N | (3002.3) | 2999.8 | (0.08%) |
| 10 | $SF$ | 10L - 80N | 1.0000 | 0.9999 | 0.01% |
| 11 | $b/h$ | 2L - 80N | (1.00) | 1.00 | (0.00%) |
| 12 | $\varepsilon_s$ | 10L - 80N | (0.02254) | 0.02196 | (2.54%) |
| 13 | $CI_C$ (KRW/m) | 1L - 80N | **196698.5** | **196159.3** | 0.27% |
| 14 | $CO_2$ (t-$CO_2$/m) | 2L - 80N | (0.4183) | 0.4185 | (-0.03%) |
| 15 | $W_C$ (kN/m) | 1L - 80N | (20.457) | 20.456 | (0.00%) |
| 16 | $\alpha_{e/h}$ | 10L - 80N | (0.3009) | 0.3012 | (-0.09%) |

**Note:** (점선 상자) 인공신경망 기반 설계용 7 개 설계변수
(파선 상자) *AutoCol* 검증
인공신경망 기반 최적화 $CI_c$= **196698.5**
(빅데이터 도출 **195515** 대비 **0.61%** 오차)

표 3.1.2(e-2) 1, 2, 5, 10개의 은닉층 조합 및 80개의 뉴런에 기반한 순방향 인공신경망을 학습하여 ACI 318-19로 도출[학습 정확도는 표 3.2.2.2(b-1) 참조]

***$CI_C$* 최적화 설계**

(*based on best networks in term of MSE*) (*ACI 318-19*)

| | 설계변수 | **BEST** 인공신경망 | **AI** 결과 | ***AutoCol*** 검증 | 오차 |
|---|---|---|---|---|---|
| 1 | $b$ (mm) | | **929.33** | | |
| 2 | $h$ (mm) | | **929.33** | | |
| 3 | $\rho_s$ | | **0.0161** | | |
| 4 | $f_c'$ (MPa) | | 40 | | |
| 5 | $f_y$ (MPa) | | 500 | | |
| 6 | $P_u$(kN) | | 1000 | | |
| 7 | $M_u$ (kN·m) | | 3000 | | |
| 8 | $\phi P_n$ (kN) | 10L - 80N | (1001.3) | 1001.9 | (-0.1%) |
| 9 | $\phi M_n$ (kN·m) | 10L - 80N | (2989.5) | 3005.6 | (-0.54%) |
| 10 | $SF$ | 10L - 80N | 1.000 | 1.002 | (-0.19%) |
| 11 | $b/h$ | 2L - 80N | (1.00) | 1.00 | (0.00%) |
| 12 | $\varepsilon_s$ | 5L - 80N | (0.02241) | 0.02179 | (2.76%) |
| 13 | $CI_C$ (KRW/m) | 1L - 80N | **196562.0** | **196367.6** | (0.10%) |
| 14 | $CO_2$ (t-$CO_2$/m) | 1L - 80N | (0.420) | 0.419 | (0.26%) |
| 15 | $W_C$ (kN/m) | 1L - 80N | (20.347) | 20.348 | (0.00%) |
| 16 | $\alpha_{e/h}$ | 10L - 80N | (0.3002) | 0.3004 | (-0.07%) |

**Note:** (점선 박스) 인공신경망 기반 설계용 **7** 개 설계변수

(파선 박스) *AutoCol* 검증

인공신경망 기반 최적화 ***$CI_c$* = 196562.0**

(빅데이터 도출 **195756** 대비 **0.41%** 오차)

(4) 목적함수를 최소화하는 설계 파라미터의 도출

표 2.1.5(a)의 등 제약조건 $c_1(\boldsymbol{x}) = b - h = 0$ , $c_6(\boldsymbol{x}) = SF - 1 = 0$ 과 부등 제약조건 $v_1(\boldsymbol{x}) = \rho_s - 0.01 \geq 0$, $v_2(\boldsymbol{x}) = -\rho_s + 0.08 \geq 0$을 3.1.1(2)절에서 설명한 KKT 조건에 적용하는 경우, 목적함수 $CI_c$가 순방향 인공신경망에 의해 표 3.1.2처럼 최소화되었다. 표 3.1.2의 점선 박스 1~7에서 인공신경망에 의해 도출된 일곱 개의 입력 파라미터($b$, $h$, $\rho_s$, $f_c'$, $f_y$, $P_u$, $M_u$)들이 *AutoCol*에 입력 파라미터로 이용되어 8, 9, 10, 11, 12, 13, 14, 15, 16 박스에서 ($\phi P_n$, $\phi M_n$, $SF$, $b/h$, $\varepsilon_s$, $CI$, $CO_2$ , $W_c$, $\alpha_{e/h}$)들을 도출했고 인공신경망에서 도출된 파라미터들을 검증했다. 1, 2, 5, 10개의 은닉층 조합과 80개의 뉴런을 사용한 표 3.1.2(e-1), (e-2)의 점선 박스 1~7에서 보듯이 인공신경망에 의해 도출된 일곱 개의 입력 파라미터($b$, $h$, $\rho_s$, $f_c'$, $f_y$, $P_u$, $M_u$)들은 931.81, 931.81, 0.0159, 40, 500, 1000, 3000이고 *AutoCol*에 사용되었다. 즉 일반 구조설계 기반의 소프트웨어(*AutoCol*)에 의해 표 3.1.2의 8, 9, 10, 11, 12, 13, 14, 15, 16 박스에서 도출된 ($\phi P_n$, $\phi M_n$, $SF$, $b/h$, $\varepsilon_s$, $CI$, $CO_2$ , $W_c$, $\alpha_{e/h}$)들이 인공신경망에 의해 구한 결과들에 유사하게 비교되어 작은 오차를 도출했고 최적설계 결과는 검증되었다.

## 3.1.2 역방향 인공신경망 기반의 최적화

### (1) 역방향 인공신경망의 장·단점

표 3.1.3과 표 3.1.4에서 보듯이 역방향 인공신경망에는 $SF$, $b/h$이 역입력 파라미터로 입력부에 설정되었고 순방향 인공신경망에서 입력부에 설정되었던 $b, h$가 역출력 파라미터로 변경되었다. 그러나 표 3.1.3, 표 3.1.1, 표 3.1.4에 보이듯이 순방향 인공신경망에서 $b, h$는 입력 파라미터이고 $SF$, $b/h$는 출력 파라미터로 출력부에서 도출되었다. 역 인공신경망에 기반한 최적화는 각각 장·단점이 있다. $SF = 1$, $b/h = 1$ 와 같은 제약조건들을 입력부에 미리 설정해 인공신경망을 단순화할 수 있고 제약조건들을 줄여 계산시간을 절감할 수 있다. 즉 입력부에 설정된 $SF$, $b/h$ 역입력 파라미터는 모두 1로 설정되어 제약조건을 단순화할 수 있다는 장점이 있다. 그러나 순방향 인공신경망과 달리 역 인공신경망에 공존할 수 없는 역입력 파라미터가 입력부에 동시에 설정되면 역입력 파라미터 간에 불일치가 발생할 수 있다. 표 3.1.3에서 보듯이 역 인공신경망의 $b$와 $h$는 별도로 제약조건에서 지정될 필요없이 출력부에서 직접 도출된다. 이때 $b$와 $h$는 일곱 개의 입력 파라미터 ($\rho_s, f'_c, f_y, P_u, M_u, SF, b/h$)의 함수로 출력된다.

표 3.1.3 순방향 및 역방향 인공신경망에 기반한 입출력 파라미터의 비교

| 순방향 인공신경망 | | 역방향 인공신경망 |
|---|---|---|
| $\begin{cases} SF = f_{SF}(b,\ h, \rho_s,\ f_c', f_y, P_u, M_u) \\ b/h = f_{b/h}(b,\ h, \rho_s,\ f_c', f_y, P_u, M_u) \\ CCM = f_{CBM}(b,\ h, \rho_s,\ f_c', f_y, P_u, M_u) \end{cases}$ | $(\boldsymbol{b,h})$와 $(\boldsymbol{SF},\ \boldsymbol{b/h})$의 변수 교환 → | $\begin{cases} b = f_b(\rho_s,\ f_c', f_y, P_u, M_u, SF,\ b/h) \\ h = f_h(\rho_s,\ f_c', f_y, P_u, M_u, SF,\ b/h) \\ CCM = f_{CBM}(\rho_s,\ f_c', f_y, P_u, M_u, SF,\ b/h) \end{cases}$ |

### (2) 초기 입력 파라미터 설정과 뉴턴-랩슨 반복연산에 의한 KKT 조건의 해

식 (3.1.9-1)과 식 (3.1.9-2)는 목적함수인 코스트이고 라그랑주 함수를 역 인공지능망 기반에서 보여준다. 이때 라그랑주 함수는 일곱 개의 입력 파라미터 함수, $\mathbf{x} = [\rho_s, f_c', f_y, P_u, M_u, SF, b/h]^T$로 나타냈고 그 중 여섯 개의 파라미터 $(f_c', f_y, P_u, M_u, SF, b/h)$는 등 제약 조건식에 의해 역 인공지능망에 입력된다. 라그랑주 함수는 식 (3.1.9-3)처럼 KKT 조건[1]의 후보해들로 유도되어 목적함수를 최소화하는 설계 파라미터(stationary 포인트)를 도출한다.

목적함수 $CI_c$ :

$$CI_c = f_{CI_c}^{RV}(\mathbf{x}) \tag{3.1.9-1}$$

목적함수에 대한 라그랑주 함수 $CI_c$ :

$$\mathcal{L}_{CI_c}^{RV}(\mathbf{x}, \boldsymbol{\lambda}_c, \boldsymbol{\lambda}_v) = f_{CI_c}^{RV}(\mathbf{x}) - \boldsymbol{\lambda}_c^T \mathbf{c}(\mathbf{x}) - \boldsymbol{\lambda}_v^T \mathbf{S}\mathbf{v}(\mathbf{x}) \tag{3.1.9-2}$$

KKT 조건 후보해 :

$$\nabla \mathcal{L}_{CI_c}^{RV}(\mathbf{x}, \boldsymbol{\lambda}_c, \boldsymbol{\lambda}_v) = \begin{bmatrix} \nabla f_{CI_c}^{RV}(\mathbf{x}) - \boldsymbol{J}_c(\mathbf{x})^T \boldsymbol{\lambda}_c - \boldsymbol{J}_v(\mathbf{x})^T \mathbf{S}\boldsymbol{\lambda}_v \\ -\mathbf{c}(\mathbf{x}) \\ -\mathbf{S}\mathbf{v}(\mathbf{x}) \end{bmatrix} \tag{3.1.9-3}$$

#### 1) KKT 조건 1: 부등 제약함수 $\boldsymbol{v_1}(\boldsymbol{x})$가 활성으로 가정되고 부등 제약함수 $\boldsymbol{v_2}(\boldsymbol{x})$가 비활성으로 가정되는 경우

KKT 조건하에서 부등 제약함수 $v_1(x)$가 활성으로 가정되는 경우, 부등 제약함수는 등 제약조건으로 전환되며 이때 적용되는 라그랑주 승수 $\boldsymbol{\lambda}_{v_1}$는 0보다 큰 수로 구해진다. 즉 목적함수 최적화는 등 제약함수로 binding되는 $v_1(x)$에 의해 제약받는다. 이때 부등 제약함수 $v_1(x)$가 활성으로 가정되는 경우, 표 2.1.5에서 보듯이 철근비 $\rho_s$는 식 (3.1.10)에서 0.01로

binding되어 목적함수 최적화를 제약한다. 즉 부등 제약함수 $v_1(x)$의 활성 조건은 부등 제약함수 $v_1(x)$를 등 제약함수 $v_1(x)$로 전환시키게 된다. 나머지 입력 파라미터 ($f_c', f_y, P_u, M_u, SF$, $b/h$)는 등 제약함수로 입력된다. 즉 식 (3.1.10)의 다섯 개의 입력 파라미터 ($f_c', f_y, P_u, M_u$, $SF$) 들은 단순히 표 2.1.5의 등 제약조건 $c_2(\mathbf{x})$, $c_3(\mathbf{x})$, $c_4(\mathbf{x})$, $c_5(\mathbf{x})$, $c_6(\mathbf{x})$에 의해 40MPa, 500MPa, 1000kN, 3000kN·m, 1로 입력부에 지정되고 한 개의 역입력 파라미터 ($b/h$)는 1로 지정된다. 즉 $\rho_s$ 에 0.01을 설정하고 $SF$ 와 $b/h$ 에는 각각 1을 설정한다. 따라서 입력 파라미터 ($\rho_s, f_c', f_y, P_u, M_u, SF, b/h$)는 (0.01, 40, 500, 1000, 3000, 1, 1)로 설정된다. 비활성으로 가정되는 부등 제약함수 $v_2(x)$는 식 (3.1.9-2)의 라그랑주 함수를 작성할 때 slack 조건으로 간주되어 무시되며 목적함수 최적화는 slack 조건으로 간주되는 $v_2(x)$에 의해 제약받지 않는다. 하지만 부등 제약함수 $v_2(\boldsymbol{x}) = -\rho_s + 0.08 \geq 0$ 범위 내에서 KKT 1의 해가 반드시 결정되어야 하며 그렇지 않은 경우, KKT 1의 해는 존재하지 않는다. 즉 KKT 조건 1에서 구한 라그랑주 함수의 최적점(stationary 포인트)은 반드시 비활성으로 가정된 부등 제약함수 $v_2(x)$ 범위 내에서 구해야 한다.

$$\mathbf{x}^{(0)} = \left[\rho_s, f_c', f_y, P_u, M_u, SF, b/h\right]^T = [0.01, 40, 500, 1000, 3000, 1, 1]^T \tag{3.1.10}$$

이 경우, 식 (3.1.10)에서 전체 초기 입력 파라미터 ($\rho_s, f_c', f_y, P_u, M_u, SF, b/h$)가 이미 설정되었으므로 곧바로 라그랑주 함수 최적점에 수렴하는데 역 인공신경망을 사용해 각각 표 3.1.4(d-1), (e-1), (d-2), (e-2)처럼 ACI 318-14 기반으로는 코스트는 $f_{CI_c}^{RV}(\mathbf{x}) = 202254.5$, ACI 318-19 기반으로는 $f_{CI_c}^{RV}(\mathbf{x}) = 200787.8$로 수렴한다. KKT 1 조건 하에서 유도된 식 (3.1.9-3)의 해가 최적화된 목적함수 코스트 $f_{CI_c}^{RV}(\mathbf{x})$가 된다. 이때 최고의 학습 정확도는 1, 2, 5, 10개의 은닉층 중 열 개의 은닉층과 80개의 뉴런을 사용하는 경우에 도출되며 ACI 318-14 기반으로는 MSE = (5.2E10-6), ACI 318-19 기반으로는 MSE = (5.1E10-6)로 구했다. 이것은 표 2.1.2(a-2)와 (b-2)의 6d에 나타나 있다. 그러나 모든 KKT 조건해를 고려할 경우, KKT 조건 3의 표 3.1.4(e-1)과 (e-2)에서 보듯이 1, 2, 5, 10개의 은닉층을 조합해 80개의 뉴런과 같이 사용하는 경우에 코스트 최소값 $f_{CI_c}^{RV}(\mathbf{x})$이 도출되었다. 즉 ACI 318-14 기반으로는 $f_{CI_c}^{RV}(\mathbf{x}) = 196696.7$, ACI 318-19 기반으로는 $f_{CI_c}^{RV}(\mathbf{x}) = 196453.4$로 구했다. 표 3.1.5(e-1)과 (e-2)에는 역방향 인공신경망에서 $CI_c$가 최소화되는 경우, 설계 파라미터들의 값과 정확도를 도출했다.

표 3.1.4 역방향 인공신경망에 의해서 KKT 조건으로 최소화된 코스트($CI_c$) 와 해당 설계 파라미터

표 3.1.4(a-1) 한 개의 은닉층 및 80개의 뉴런에 기반한 역방향 인공신경망을 학습하여 ACI 318-14로 도출[학습 정확도는 표 3.2.2.2(a-2) 참조]

인공신경망 기반 **Case** 별 **Lagrange** 최적화
(*1 layer - 80 neurons*) (*ACI 318-14*)

| | 설계변수 | Case 1 | Case 2 | Case 3 |
|---|---|---|---|---|
| 3 | $\rho_s$ | 0.0100 | 0.0800 | **0.0131** |
| 4 | $f_c'$ (MPa) | 40 | 40 | 40 |
| 5 | $f_y$ (MPa) | 500 | 500 | 500 |
| 6 | $P_u$(kN) | 1000 | 1000 | 1000 |
| 7 | $M_u$ (kN·m) | 3000 | 3000 | 3000 |
| 10 | $SF$ | 1 | 1 | 1 |
| 11 | $b/h$ | 1 | 1 | 1 |
| | 목적함수: $CI_c$ (KRW/m) | 192717.7 | 335941.7 | **191792.6** |

***Note:*** *Case 1* – 부등 제약함수 $v_1(\boldsymbol{x})$ 활성
*Case 2* – 부등 제약함수 $v_2(\boldsymbol{x})$ 활성
*Case 3* – 모두 비활성

표 3.1.4(a-2) 한 개의 은닉층 및 80개의 뉴런에 기반한 역방향 인공신경망을 학습하여 ACI 318-19로 도출[학습 정확도는 표 3.2.2.2(b-2) 참조]

인공신경망 기반 **Case** 별 **Lagrange** 최적화
(*1 layer - 80 neurons*) (*ACI 318-19*)

| | 설계변수 | Case 1 | Case 2 | Case 3 |
|---|---|---|---|---|
| 3 | $\rho_s$ | 0.0100 | 0.0800 | **0.0114** |
| 4 | $f_c'$ (MPa) | 40 | 40 | 40 |
| 5 | $f_y$ (MPa) | 500 | 500 | 500 |
| 6 | $P_u$(kN) | 1000 | 1000 | 1000 |
| 7 | $M_u$ (kN·m) | 3000 | 3000 | 3000 |
| 10 | $SF$ | 1 | 1 | 1 |
| 11 | $b/h$ | 1 | 1 | 1 |
| | 목적함수: $CI_c$ (KRW/m) | 191793.2 | 338530.3 | **191683.8** |

***Note:*** *Case 1* – 부등 제약함수 $v_1(\boldsymbol{x})$ 활성
*Case 2* – 부등 제약함수 $v_2(\boldsymbol{x})$ 활성
*Case 3* – 모두 비활성

표 3.1.4(b-1) 두 개의 은닉층 및 80개의 뉴런에 기반한 역방향 인공신경망을 학습하여 ACI 318-14로 도출[학습 정확도는 표 3.2.2.2(a-2) 참조]

인공신경망 기반 **Case** 별 **Lagrange** 최적화
(*2 layers - 80 neurons*) (*ACI 318-14*)

| | Parameters | Case 1 | Case 2 | Case 3 |
|---|---|---|---|---|
| 3 | $\rho_s$ | 0.0100 | 0.0800 | **0.0153** |
| 4 | $f_c'$ (MPa) | 40 | 40 | 40 |
| 5 | $f_y$ (MPa) | 500 | 500 | 500 |
| 6 | $P_u$(kN) | 1000 | 1000 | 1000 |
| 7 | $M_u$ (kN·m) | 3000 | 3000 | 3000 |
| 10 | $SF$ | 1 | 1 | 1 |
| 11 | $b/h$ | 1 | 1 | 1 |
| | 목적함수: $CI_c$ (KRW/m) | 201370.0 | 333063.6 | **197915.2** |

***Note:*** *Case 1* – 부등 제약함수 $v_1(\boldsymbol{x})$ 활성
*Case 2* – 부등 제약함수 $v_2(\boldsymbol{x})$ 활성
*Case 3* – 모두 비활성

표 3.1.4(b-2) 두 개의 은닉층 및 80개의 뉴런에 기반한 역방향 인공신경망을 학습하여 ACI 318-19로 도출[학습 정확도는 표 3.2.2.2(b-2) 참조]

인공신경망 기반 **Case** 별 **Lagrange** 최적화
(*2 layers - 80 neurons*) (*ACI 318-19*)

| | 설계변수 | Case 1 | Case 2 | Case 3 |
|---|---|---|---|---|
| 3 | $\rho_s$ | 0.0100 | 0.0800 | **0.0150** |
| 4 | $f_c'$ (MPa) | 40 | 40 | 40 |
| 5 | $f_y$ (MPa) | 500 | 500 | 500 |
| 6 | $P_u$(kN) | 1000 | 1000 | 1000 |
| 7 | $M_u$ (kN·m) | 3000 | 3000 | 3000 |
| 10 | $SF$ | 1 | 1 | 1 |
| 11 | $b/h$ | 1 | 1 | 1 |
| | 목적함수: $CI_c$ (KRW/m) | 199846.0 | 337425.6 | **196510.1** |

***Note:*** *Case 1* – 부등 제약함수 $v_1(\boldsymbol{x})$ 활성
*Case 2* – 부등 제약함수 $v_2(\boldsymbol{x})$ 활성
*Case 3* – 모두 비활성

표 3.1.4(c-1) 다섯 개의 은닉층 및 80개의 뉴런에 기반한 역방향 인공신경망을 학습하여 ACI 318-14로 도출[학습 정확도는 표 3.2.2.2(a-2) 참조]

인공신경망 기반 **Case** 별 **Lagrange** 최적화
(*5 layers - 80 neurons*) (*ACI 318-14*)

| 설계변수 | | Case 1 | Case 2 | Case 3 |
|---|---|---|---|---|
| 3 | $\rho_s$ | 0.0100 | 0.0800 | **0.0137** |
| 4 | $f_c'$ (MPa) | 40 | 40 | 40 |
| 5 | $f_y$ (MPa) | 500 | 500 | 500 |
| 6 | $P_u$(kN) | 1000 | 1000 | 1000 |
| 7 | $M_u$ (kN·m) | 3000 | 3000 | 3000 |
| 10 | $SF$ | 1 | 1 | 1 |
| 11 | $b/h$ | 1 | 1 | 1 |
| 목적함수: $CI_c$ (KRW/m) | | 198135.8 | 328165.7 | **196877.4** |

***Note:*** *Case 1* – 부등 제약함수 $v_1(\boldsymbol{x})$ 활성
*Case 2* – 부등 제약함수 $v_2(\boldsymbol{x})$ 활성
*Case 3* – 모두 비활성

표 3.1.4(c-2) 다섯 개의 은닉층 및 80개의 뉴런에 기반한 역방향 인공신경망을 학습하여 ACI 318-19로 도출[학습 정확도는 표 3.2.2.2(b-2) 참조]

인공신경망 기반 **Case** 별 **Lagrange** 최적화
(*5 layers - 80 neurons*) (*ACI 318-19*)

| 설계변수 | | Case 1 | Case 2 | Case 3 |
|---|---|---|---|---|
| 3 | $\rho_s$ | 0.0100 | 0.0800 | **0.0148** |
| 4 | $f_c'$ (MPa) | 40 | 40 | 40 |
| 5 | $f_y$ (MPa) | 500 | 500 | 500 |
| 6 | $P_u$(kN) | 1000 | 1000 | 1000 |
| 7 | $M_u$ (kN·m) | 3000 | 3000 | 3000 |
| 10 | $SF$ | 1 | 1 | 1 |
| 11 | $b/h$ | 1 | 1 | 1 |
| 목적함수: $CI_c$ (KRW/m) | | 198950.9 | 335319.7 | **196012.7** |

***Note:*** *Case 1* – 부등 제약함수 $v_1(\boldsymbol{x})$ *is* 활성
*Case 2* – 부등 제약함수 $v_2(\boldsymbol{x})$ *is* 활성
*Case 3* – 모두 비활성

표 3.1.4(d-1) 열 개의 은닉층 및 80개의 뉴런에 기반한 역방향 인공신경망을 학습하여 ACI 318-14로 도출[학습 정확도는 표 3.2.2.2(a-2) 참조]

인공신경망 기반 **Case** 별 **Lagrange** 최적화
(*10 layers - 80 neurons*) (*ACI 318-14*)

| 설계변수 | | Case 1 | Case 2 | Case 3 |
|---|---|---|---|---|
| 3 | $\rho_s$ | 0.0100 | 0.0800 | **0.0159** |
| 4 | $f_c'$ (MPa) | 40 | 40 | 40 |
| 5 | $f_y$ (MPa) | 500 | 500 | 500 |
| 6 | $P_u$(kN) | 1000 | 1000 | 1000 |
| 7 | $M_u$ (kN·m) | 3000 | 3000 | 3000 |
| 10 | $SF$ | 1 | 1 | 1 |
| 11 | $b/h$ | 1 | 1 | 1 |
| 목적함수: $CI_C$ (KRW/m) | | 202254.5 | 330847.2 | **196696.7** |

***Note:*** *Case 1* – 부등 제약함수 $v_1(\boldsymbol{x})$ 활성
*Case 2* – 부등 제약함수 $v_2(\boldsymbol{x})$ 활성
*Case 3* – 모두 비활성

표 3.1.4(d-2) 열 개의 은닉층 및 80개의 뉴런에 기반한 역방향 인공신경망을 학습하여 ACI 318-19로 도출[학습 정확도는 표 3.2.2.2(b-2) 참조]

인공신경망 기반 **Case** 별 **Lagrange** 최적화
(*10 layers - 80 neurons*) (*ACI 318-19*)

| 설계변수 | | Case 1 | Case 2 | Case 3 |
|---|---|---|---|---|
| 3 | $\rho_s$ | 0.0100 | 0.0800 | **0.0155** |
| 4 | $f_c'$ (MPa) | 40 | 40 | 40 |
| 5 | $f_y$ (MPa) | 500 | 500 | 500 |
| 6 | $P_u$(kN) | 1000 | 1000 | 1000 |
| 7 | $M_u$ (kN·m) | 3000 | 3000 | 3000 |
| 10 | $SF$ | 1 | 1 | 1 |
| 11 | $b/h$ | 1 | 1 | 1 |
| 목적함수: $CI_C$ (KRW/m) | | 200787.8 | 338474.8 | **196453.4** |

***Note:*** *Case 1* – 부등 제약함수 $v_1(\boldsymbol{x})$ 활성
*Case 2* – 부등 제약함수 $v_2(\boldsymbol{x})$ 활성
*Case 3* – 모두 비활성

표 3.1.4(e-1) 1, 2, 5, 10개의 은닉층 조합 및 80개의 뉴런에 기반한 역방향 인공신경망을 학습하여 ACI 318-14로 도출[학습 정확도는 표 3.2.2.2(a-2) 참조]

인공신경망 기반 **Case** 별 **Lagrange** 최적화
(*best networks in term of MSE*) (*ACI 318-14*)

| | 설계변수 | Case 1 | Case 2 | Case 3 |
|---|---|---|---|---|
| 3 | $\rho_s$ | 0.0100 | 0.0800 | **0.0159** |
| 4 | $f_c'$ (MPa) | 40 | 40 | 40 |
| 5 | $f_y$ (MPa) | 500 | 500 | 500 |
| 6 | $P_u$(kN) | 1000 | 1000 | 1000 |
| 7 | $M_u$ (kN·m) | 3000 | 3000 | 3000 |
| 10 | $SF$ | 1 | 1 | 1 |
| 11 | $b/h$ | 1 | 1 | 1 |
| | 목적함수: $CI_c$ (KRW/m) | 202254.5 | 330847.2 | **196696.7** |

***Note:*** *Case 1* – 부등 제약함수 $v_1(\boldsymbol{x})$ 활성
*Case 2* – 부등 제약함수 $v_2(\boldsymbol{x})$ 활성
*Case 3* – 모두 비활성

표 3.1.4(e-2) 1, 2, 5, 10개의 은닉층 조합 및 80개의 뉴런에 기반한 역방향 인공신경망을 학습하여 ACI 318-19로 도출[학습 정확도는 표 3.2.2.2(b-2) 참조]

인공신경망 기반 **Case** 별 **Lagrange** 최적화
(*best networks in term of MSE*) (*ACI 318-19*)

| | 설계변수 | Case 1 | Case 2 | Case 3 |
|---|---|---|---|---|
| 3 | $\rho_s$ | 0.0100 | 0.0800 | **0.0155** |
| 4 | $f_c'$ (MPa) | 40 | 40 | 40 |
| 5 | $f_y$ (MPa) | 500 | 500 | 500 |
| 6 | $P_u$(kN) | 1000 | 1000 | 1000 |
| 7 | $M_u$ (kN·m) | 3000 | 3000 | 3000 |
| 10 | $SF$ | 1 | 1 | 1 |
| 11 | $b/h$ | 1 | 1 | 1 |
| | 목적함수: $CI_c$ (KRW/m) | 200787.8 | 338474.8 | **196453.4** |

***Note:*** *Case 1* – 부등 제약함수 $v_1(\boldsymbol{x})$ 활성
*Case 2* – 부등 제약함수 $v_2(\boldsymbol{x})$ 활성
*Case 3* – 모두 비활성

### 2) KKT 조건 2 : 부등 제약함수 $\boldsymbol{v_1(x)}$가 비활성으로 가정되고 부등 제약함수 $\boldsymbol{v_2(x)}$가 활성으로 가정되는 경우

KKT 조건 2에서는 부등 제약함수 $v_1(x)$가 비활성으로 가정되고 부등 제약함수 $v_2(x)$가 활성으로 가정되는 경우다. 활성으로 가정되는 부등 제약함수 $v_2(x)$는 등 제약함수 $v_2(x)$로 binding되어 라그랑주 승수 $\boldsymbol{\lambda}_{v_2}$를 적용하는 반면, 등 제약함수에는 라그랑주 승수 $\boldsymbol{\lambda}_c$를 적용한다. 즉 철근비 $\rho_s$는 0.08로 binding된다. 이때 라그랑주 승수 $\boldsymbol{\lambda}_{v_2}$와 $\boldsymbol{\lambda}_c$는 반드시 양수로 도출되어야 한다. 비활성으로 가정되는 부등 제약함수 $v_1(x)$는 식 (3.1.9-2)의 라그랑주 함수를 작성할 때 slack 조건으로 무시되지만 KKT 2의 후보해는 부등 제약함수 $v_1(\boldsymbol{x}) = \rho_s - 0.01 \geq 0$ 범위 내에서 반드시 결정되어야 하며 그렇지 않은 경우, KKT 2의 후보해는 존재하지 않는다. KKT 조건 2의 부등 제약함수 $v_2(x)$는 활성으로 가정되므로 등 제약함수로 binding되어 목적함수의 최적화를 제약한다. 즉 $s_2$ =1을 대입해 구한 $\mathbf{S_2} = \begin{bmatrix} 0 & 0 \\ 0 & 1 \end{bmatrix}$을 식 (3.1.9-2)에 대입해 식 (3.1.9-3)에서 라그랑주 함수를 구한다.

나머지 입력 파라미터 $(f_c', f_y, P_u, M_u, SF, b/h)$는 등 제약함수로 입력된다. 즉 식 (3.1.11)의 다섯 개의 입력 파라미터 $(f_c', f_y, P_u, M_u, SF)$들은 단순히 표 2.1.5의 등 제약조건 $c_2(\mathbf{x})$, $c_3(\mathbf{x})$, $c_4(\mathbf{x})$, $c_5(\mathbf{x})$, $c_6(\mathbf{x})$에 의해 40MPa, 500MPa, 1000kN, 3000kN·m, 1로 입력부에 지정되고 한 개의 역입력 파라미터 $(b/h)$는 1로 지정된다. 즉 $\rho_s$에 0.08을 설정하고 $SF$ 와 $b/h$에는 각각 1을 설정해 결정된다. 따라서 입력 파라미터 $(\rho_s, f_c', f_y, P_u, M_u, SF, b/h)$는 (0.08, 40, 500, 1000, 3000, 1, 1)로 설정된다. KKT 조건 2에서 구한 라그랑주 함수의 최적점은 반드시 비활성으로 가정된 부등 제약함수 $v_1(x)$의 범위 내에서 구해야 한다.

$$\mathbf{x}^{(0)} = \left[\rho_s, f_c', f_y, P_u, M_u, SF, b/h\right]^T = [0.08, 40, 500, 1000, 3000, 1, 1]^T \tag{3.1.11}$$

KKT 조건하에서 유도된 식 (3.1.9-3)의 해가 최적화된 목적함수인 코스트 $CI_c$가 된다. 이때 1, 2, 5, 10개의 은닉층 중 열 개의 은닉층과 80개의 뉴런을 사용하는 경우, 최고의 학습 정확도가 도출되었는데 ACI 318-14 기반으로는 MSE = (5.2E10-6), ACI 318-19 기반으로는 MSE = (5.1E10-6)로 구했다. 이것은 표 2.1.2(a-2)와 표 2.1.2(b-2)의 6d에 나타나 있다. 이 경우, 식 (3.1.11)에서 전체 초기 입력 파라미터 $(\rho_s, f_c', f_y, P_u, M_u, SF, b/h)$가 이미 설정되었으므로 곧바로 라그랑주 함수 최적점에 수렴하는데 역 인공신경망을 사용해 각각 표 3.1.4(d-1), (e-1), (d-2), (e-2)처럼 ACI 318-14 기반으로는 코스트는 $f_{CI_c}^{RV}(\mathbf{x}) = 330847.2$ 와 ACI 318-19 기반으로는 $f_{CI_c}^{RV}(\mathbf{x}) = 338474.8$ 로 수렴한다.

3) KKT 조건 3 : 부등 제약함수 $\boldsymbol{v_1(x)}$와 $\boldsymbol{v_2(x)}$ 모두 비활성으로 가정되는 경우

라그랑주 함수는 등 제약함수, 부등 제약함수에 라그랑주 승수를 적용해 목적함수와 조합해 유도한다. 그러나 라그랑주 함수를 유도할 때는 등 제약함수 또는 등 제약함수로 binding된 부등함수만 포함시킨다. KKT 조건 3에서는 부등 제약함수 $v_1(x)$과 $v_2(x)$ 모두 비활성으로 가정되는 경우다. 따라서 비활성으로 가정되는 부등 제약함수 $v_1(x)$과 $v_2(x)$는 식 (3.1.9-2)의 라그랑주 함수를 작성할 때 slack 조건으로 무시되지만 라그랑주 함수를 최소화하는 stationary 포인트는 부등 제약함수 $v_1(x)$과 $v_2(x)$ 범위 내에서 도출되어야 한다. 즉 부등 제약함수 $v_1(x)$과 $v_2(x)$범위 내에서 KKT 3의 해가 반드시 결정되어야 하며 그렇지 않은 경우, KKT 3의 해는 존재하지 않는다. 뉴턴-랩슨 반복연산을 시작하기 위한 초기 파라미터 일곱 개는 식 (3.1.12)에 주어져 있다. 식 (3.1.12)의 네 개의 입력 파라미터 ($f_c', f_y, P_u, M_u$, $SF$)들은 단순히 표 2.1.5의 등 제약조건 $c_2(\mathbf{x})$, $c_3(\mathbf{x})$, $c_4(\mathbf{x})$, $c_5(\mathbf{x})$, $c_6(\mathbf{x})$에 의해 40MPa, 500MPa, 1000kN, 3000kN·m, 1로 입력부에 지정되고 한 개의 역입력 파라미터 ($b/h$)는 1로 지정된다. 나머지 파라미터인 철근비 $\rho_s$는 KKT 조건 3에서는 미지의 설계 파라미터이므로 비활성으로 가정된 부등 제약조건에서는 뉴턴-랩슨 반복연산으로 식 (3.1.9-2)의 라그랑주 함수를 최적화하는 stationary 포인트로서 구해지므로 부등 제약함수 $v_1(x)$과 $v_2(x)$가 비활성으로 가정되는 KKT 조건 3의 경우, 철근비 $\rho_s$는 반드시 부등 제약함수 $v_1(x)$과 $v_2(x)$ 범위인 ($0.01 < \rho_s < 0.08$)에서 도출되어야 한다.

$$\mathbf{x}^{(0)} = \left[\rho_s, f_c', f_y, P_u, M_u, SF, b/h\right]^T = [\rho_s, 40, 500, 1000, 3000, 1, 1]^T \tag{3.3.1.12}$$

KKT 조건 1, 2와 유사하게 KKT 조건 3도 식 (3.1.9-3)의 1차 편미분 방정식으로 구성된 라그랑주 함수의 제이코비해를 뉴턴-랩슨 반복연산으로 구하는 문제가 된다. 이때 두 개의 역입력 파라미터 ($SF, b/h$)들은 각각 1로 지정되고 $\rho_s$는 미지수로서 빅데이터 생성 범위인 $0.01 < \rho_s < 0.08$ 내에서 뉴턴-랩슨 반복연산으로 구해진다.

식 (3.1.12)의 초기 입력 파라미터는 라그랑주 승수 $[\lambda_{c1}, \lambda_{c2}] = [0, 0]$을 포함해 $\left[\mathbf{x}^{(0)}, \lambda_{c1}^{(0)}, \lambda_{c2}^{(0)}\right]^{\boldsymbol{T}} = \mathbf{x}^{(0)} = [\rho_s, 40, 500, 1000, 3000, 1, 1, 0, 0]^T$ 로 구성되고 식 (3.1.9-2)의 라그랑주 함수를 최적화한다. KKT 조건 3에서는 철근비 $\rho_s$가 미지수이므로 $5^1$개의 철근비

$\rho_s$를 초기 파라미터 내에 포함시켜 무작위로 반복연산을 수행한다. KKT 조건하에서 유도된 식 (3.1.9-3)의 해가 최적화된 목적함수인 코스트 $CI_c$가 된다. 이때 최고의 학습 정확도는 표 2.1.2(a-2)와 표 2.1.2(b-2)의 6d에 나타나 있듯이 1, 2, 5, 10개의 은닉층 중 열 개의 은닉층과 80개의 뉴런을 사용하는 경우, ACI 318-14 기반으로는 MSE=(5.2E10-6), ACI 318-19 기반으로는 MSE=(5.1E10-6)로 구해졌다. 1, 2, 5, 10개의 은닉층 조합을 기반으로 구한 표 3.1.4 (e-1)과 표 3.1.4 (e-2)처럼 ACI 318-14 기반으로는 코스트 $f_{CI_c}^{RV}(\mathbf{x})$ =196696.7, ACI 318-19 기반으로는 $f_{CI_c}^{RV}(\mathbf{x})$ =196453.4로 수렴한다. 표 3.1.5(e-1)과 표 3.1.5(e-2)에는 역 인공신경망에서 $f_{CI_c}^{RV}(\mathbf{x})$가 최소화되는 경우, 설계 파라미터들의 값과 정확도를 도출했다. 이때 철근비 $\rho_s$는 표 3.1.4(d-1), (e-1), (d-2), (e-2)에서 보듯이 ACI 318-14 기반으로는 $\rho_s = 0.0159$로 수렴했고 ACI 318-19 기반으로는 $\rho_s = 0.0155$로 수렴했다. 따라서 표 2.1.5의 $v_1(\mathbf{x})$과 $v_2(\mathbf{x})$의 non-binding 또는 slack 조건을 충족시켰다. 즉 철근비 $\rho_s$가 비활성 부등 제약조건의 범위 $v_1(\mathbf{x}) = \rho_s - 0.01 \geq 0$과 $v_2(\mathbf{x}) = -\rho_s + 0.08 \geq 0$ 사이에서 구해져 KKT 조건 3의 후보해로서 유효하다는 것을 알 수 있다. 최소화된 코스트와 설계 파라미터들도 KKT 조건 3의 후보해로서 유효하다고 할 수 있다.

#### 4) KKT 조건 4 : 부등 제약함수 $\boldsymbol{v_1(x)}$와 $\boldsymbol{v_2(x)}$ 모두 활성으로 가정되는 경우

부등 제약함수 $v_1(x)$와 $v_2(x)$ 모두를 충족시키는 철근비는 존재하지 않으므로 부등 제약함수 $v_1(x)$와 $v_2(x)$ 모두 활성으로 가정되는 KKT 조건 4는 존재하지 않는다. 즉 철근비 $\rho_s$는 0.01과 0.08로 동시에 binding될 수 없으므로 KKT 조건 4의 라그랑주 함수의 최적화는 수행되지 않는다.

### (3) KKT 조건 후보해 도출에 미치는 학습 파라미터(은닉층, 뉴런)의 영향

표 3.1.4는 역 인공신경망 기반 Hong-Lagrange 알고리즘을 이용한 최적설계 결과를 보여주며 표 3.1.5는 구조설계 소프트웨어(*AutoCol*)를 이용한 검증 결과를 제시하고 있다. 1, 2, 5, 10개의 은닉층 조합과 80개의 뉴런을 사용하는 역 인공신경망을 활용해 도출한 표 3.1.5(e-1)과 표 3.1.5(e-2)에서는 콘크리트 기둥의 코스트를 최적화시키는 최적설계 파라미터(라그랑주 함수의 stationary 포인트)들과 그들의 설계 정확도를 보여주고 있다. 가장 큰 오차는 철근 변형률에서 발생했고 ACI 318-14 기반으로는 2.03%, ACI 318-19 기반으로는 2.17%로 나타났으며 최적화

설계 정확성이 확인되었다. 그림 3.1.2에서는 빅데이터로부터 ACI 318-14 기반으로는 코스트 $CI_c$ = 195515, ACI 318-19 기반으로는 코스트 $CI_c$ = 195756 가 구해지는 과정을 나타내고 있다. 이 값들은 1, 2, 5, 10개의 은닉층과 80개의 뉴런을 사용한 역 인공신경망에 의해 구한 최적화 결과로 표 3.1.4(d-1), (e-1), (d-2), (e-2)와 매우 유사하게 나타나고 있다. 즉 표에 의하면 KKT 조건에 기반한 식 (3.1.9-3)의 라그랑주 1차 미분식(제이코비) 해는 ACI 318-14 기반으로는 코스트 $CI_c$ = 196696.7, ACI 318-19 기반으로는 $CI_c$ = 196453.4로 수렴한다.

표 3.1.4(a-1)과 표 3.1.4(a-2)[또는 표 3.1.5(a-1)과 표 3.1.5(a-2)]에서 보듯이 한 개의 은닉층과 80개의 뉴런을 사용하면 ACI 318-14 기반으로는 코스트 $CI_c$ = 191792.6, ACI 318-19 기반으로는 $CI_c$ = 191683.8로 수렴한다. 이것은 그림 3.1.2의 빅데이터로부터 직접 구한 최적화된 코스트 $CI_c$와 비교해 ACI 318-14 기반으로는 -1.90%, ACI 318-19 기반으로는 -2.08% 오차를 보인다. 표 3.1.4(b-1)과 표 3.1.4(b-2)[또는 표 3.1.5(b-1)과 표 3.1.5(b-2)]에서 보듯이 두 개의 은닉층과 80개의 뉴런을 사용하면 ACI 318-14 기반으로는 코스트 $CI_c$ = 197915.2, ACI 318-19 기반으로는 $CI_c$ = 1196510.1 로 수렴한다. 이것은 그림 3.1.2의 빅데이터로부터 직접 구한 최적화된 코스트 $CI_c$와 비교해 ACI 318-14 기반으로는 1.23%, ACI 318-19 기반으로는 0.39% 오차를 보인다. 표 3.1.4(c-1)과 표 3.1.4(c-2)[또는 표 3.1.5(c-1)과 표 3.1.5(c-2)]에서 보듯이 다섯 개의 은닉층과 80개의 뉴런을 사용하면 ACI 318-14 기반으로는 코스트 $CI_c$ = 196877.4, ACI 318-19 기반으로는 $CI_c$ = 196012.7 로 수렴한다. 이것은 그림 3.1.2의 빅데이터로부터 직접 구한 최적화된 코스트 $CI_c$와 비교해 ACI 318-14 기반으로는 0.70%, CI 318-19 기반으로는 0.13% 오차를 보인다. 표 3.1.4(d-1), (d-2), (e-1), (e-2)[또는 표 3.1.5(d-1), (d-2), (e-1), (e-2)]에서 보듯이 열 개의 은닉층과 80개의 뉴런을 사용하면 ACI 318-14 기반으로는 코스트 $CI_c$ = 196696.7, ACI 318-19 기반으로는 $CI_c$ = 196453.4 로 수렴한다. 이것도 그림 3.1.2의 빅데이터로부터 직접 구한 최적화된 코스트 $CI_c$와 비교해 ACI 318-14 기반으로는 0.60%, ACI 318-19 기반으로는 0.36% 오차를 보인다. 표 3.1.4(e-1)과 표 3.1.4(e-2)[또는 표 3.1.5(e-1)과 표 3.1.5(e-2)]에서 보듯이 1, 2, 5, 10개의 은닉층 조합과 80개의 뉴런을 사용하면 ACI 318-14 기반으로는 코스트 $CI_c$ = 196696.7, ACI 318-1 기반으로는 $CI_c$ = 196453.4 로 수렴한다. 이것은 그림 3.1.2의 빅데이터로부터 직접 구한 최적화된 코스트 $CI_c$와 비교해 ACI 318-14 기반으로는 0.60%, ACI 318-19 기반으로는 0.36% 오차를 보인다. 따라서 표 3.1.4와 표 3.1.5의 역 인공신경망으로 도출된 최적화된 코스트 $CI_c$는 그림 3.1.2의 빅데이터에서 직접 구한 최적화된

코스트 $CI_c$와 매우 유사하다는 것을 알 수 있다. 결론적으로 역 인공신경망 기반 Hong-Lagrange 알고리즘은 주어진 제약조건에서 기둥의 최적설계에 성공적으로 이용될 수 있다는 것이 입증되었다.

표 3.1.5 역방향 인공신경망에 기반하여 최소화된 코스트 ($CI_c$)의 설계 정확도

표 3.1.5(a-1) 한 개의 은닉층 및 80개의 뉴런에 기반한 역방향 인공신경망을 학습하여 ACI 318-14로 도출[학습 정확도는 표 3.2.2.2(a-2) 참조]

***$CI_C$* 최적화 설계**
*(based on 1 layer with 80 neurons) (ACI 318-14)*

| | 설계변수 | **AI** 결과 | ***AutoCol*** 검증 | 오차 |
|---|---|---|---|---|
| 1 | $b$ (mm) | **959.90** | | |
| 2 | $h$ (mm) | **978.98** | | |
| 3 | $\rho_s$ | **0.0131** | | |
| 4 | $f_c'$ (MPa) | 40 | | |
| 5 | $f_y$ (MPa) | 500 | | |
| 6 | $P_u$(kN) | 1000 | | |
| 7 | $M_u$ (kN·m) | 3000 | | |
| 8 | $\phi P_n$ (kN) | 992.3 | 954.6 | 3.8% |
| 9 | $\phi M_n$ (kN·m) | 2999.1 | 2863.7 | 4.51% |
| 10 | $SF$ | 1.00 | 0.95 | 4.54% |
| 11 | $b/h$ | 1.00 | 0.98 | 1.95% |
| 12 | $\varepsilon_s$ | 0.0254 | 0.0252 | 1.01% |
| 13 | $CI_C$ (KRW/m) | **191792.6** | **190492.9** | 0.68% |
| 14 | $CO_2$ (t-$CO_2$/m) | 0.392 | 0.401 | -2.17% |
| 15 | $W_C$ (kN/m) | 22.278 | 22.140 | 0.62% |
| 16 | $\alpha_{e/h}$ | 0.310 | 0.315 | -1.87% |

**Note:** (점선 상자) 인공신경망 기반 설계용 7 개 설계변수
(파선 상자) ***AutoCol*** 검증
인공신경망 기반 최적화 $CI_c$ = **191792.6**
(빅데이터 도출 **195515** 대비 **-1.90%** 오차)

표 3.1.5(a-2) 한 개의 은닉층 및 80개의 뉴런에 기반한 역방향 인공신경망을 학습하여 ACI 318-19로 도출[학습 정확도는 표 3.2.2.2(b-2) 참조]

***$CI_C$* 최적화 설계**
(*based on 1 layer with 80 neurons*) (*ACI 318-19*)

| | 설계변수 | AI 결과 | ***AutoCol*** 검증 | 오차 |
|---|---|---|---|---|
| 1 | $b$ (mm) | **1001.71** | | |
| 2 | $h$ (mm) | **1010.31** | | |
| 3 | $\rho_s$ | **0.0114** | | |
| 4 | $f_c'$ (MPa) | 40 | | |
| 5 | $f_y$ (MPa) | 500 | | |
| 6 | $P_u$(kN) | 1000 | | |
| 7 | $M_u$ (kN·m) | 3000 | | |
| 8 | $\phi P_n$ (kN) | 1010.6 | 930.5 | 7.9% |
| 9 | $\phi M_n$ (kN·m) | 2995.3 | 2791.4 | 6.81% |
| 10 | $SF$ | 1.00 | 0.93 | 6.95% |
| 11 | $b/h$ | 1.00 | 0.99 | 0.85% |
| 12 | $\varepsilon_s$ | 0.0282 | 0.0278 | 1.51% |
| 13 | $CI_c$ (KRW/m) | **191683.8** | **190425.2** | 0.66% |
| 14 | $CO_2$ (t-$CO_2$/m) | 0.403 | 0.397 | 1.50% |
| 15 | $W_c$ (kN/m) | 23.997 | 23.844 | 0.64% |
| 16 | $\alpha_{e/h}$ | 0.324 | 0.325 | -0.38% |

**Note:** (점선 상자) 인공신경망 기반 설계용 **7** 개 설계변수
(파선 상자) ***AutoCol*** 검증
인공신경망 기반 최적화 ***$CI_c$*** **= 191683.8**
(빅데이터 도출 **195756** 대비 **-2.08%** 오차)

표 3.1.5(b-1) 두 개의 은닉층 및 80개의 뉴런에 기반한 역방향 인공신경망을 학습하여 ACI 318-14로 도출[학습 정확도는 표 3.2.2.2(a-2) 참조]

***$CI_C$* 최적화 설계**
(*based on 2 layers with 80 neurons*) (*ACI 318-14*)

| | 설계변수 | AI 결과 | *AutoCol* 검증 | 오차 |
|---|---|---|---|---|
| 1 | $b$ (mm) | **941.58** | | |
| 2 | $h$ (mm) | **942.08** | | |
| 3 | $\rho_s$ | **0.0153** | | |
| 4 | $f_c'$ (MPa) | 40 | | |
| 5 | $f_y$ (MPa) | 500 | | |
| 6 | $P_u$(kN) | 1000 | | |
| 7 | $M_u$ (kN·m) | 3000 | | |
| 8 | $\phi P_n$ (kN) | 992.6 | 998.0 | -0.5% |
| 9 | $\phi M_n$ (kN·m) | 2997.6 | 2994.1 | 0.12% |
| 10 | $SF$ | 1.000 | 0.998 | 0.20% |
| 11 | $b/h$ | 1.0000 | 0.9995 | 0.05% |
| 12 | $\varepsilon_s$ | 0.0232 | 0.0226 | 2.71% |
| 13 | $CI_C$ (KRW/m) | **197915.2** | **196001.2** | 0.97% |
| 14 | $CO_2$ (t-$CO_2$/m) | 0.418 | 0.417 | 0.15% |
| 15 | $W_C$ (kN/m) | 20.828 | 20.899 | -0.34% |
| 16 | $\alpha_{e/h}$ | 0.309 | 0.304 | 1.37% |

**Note:** (점선 박스) 인공신경망 기반 설계용 **7** 개 설계변수
(파선 박스) ***AutoCol*** 검증
인공신경망 기반 최적화 ***$CI_c$* = 197915.2**
(빅데이터 도출 **195515** 대비 **1.23%** 오차)

표 3.1.5(b-2) 두 개의 은닉층 및 80개의 뉴런에 기반한 역방향 인공신경망을 학습하여 ACI 318-19로 도출[학습 정확도는 표 3.2.2.2(b-2) 참조]

***$CI_C$* 최적화 설계**
(*based on 2 layers with 80 neurons*) (*ACI 318-19*)

| | 설계변수 | AI 결과 | *AutoCol* 검증 | 오차 |
|---|---|---|---|---|
| 1 | $b$ (mm) | **949.08** | | |
| 2 | $h$ (mm) | **947.60** | | |
| 3 | $\rho_s$ | **0.0150** | | |
| 4 | $f_c'$ (MPa) | 40 | | |
| 5 | $f_y$ (MPa) | 500 | | |
| 6 | $P_u$(kN) | 1000 | | |
| 7 | $M_u$ (kN·m) | 3000 | | |
| 8 | $\phi P_n$ (kN) | 998.4 | 994.9 | 0.3% |
| 9 | $\phi M_n$ (kN·m) | 2996.2 | 2984.7 | 0.38% |
| 10 | $SF$ | 1.000 | 0.995 | 0.51% |
| 11 | $b/h$ | 1.0000 | 1.0016 | -0.16% |
| 12 | $\varepsilon_s$ | 0.0237 | 0.0230 | 3.20% |
| 13 | $CI_C$ (KRW/m) | **196510.1** | **195903.6** | 0.31% |
| 14 | $CO_2$ (t-$CO_2$/m) | 0.413 | 0.416 | -0.65% |
| 15 | $W_C$ (kN/m) | 21.238 | 21.189 | 0.23% |
| 16 | $\alpha_{e/h}$ | 0.306 | 0.306 | 0.16% |

**Note:** (점선 상자) 인공신경망 기반 설계용 **7** 개 설계변수
(파선 상자) *AutoCol* 검증
인공신경망 기반 최적화 ***$CI_c$* = 196510.1**
(빅데이터 도출 **195756** 대비 **0.39%** 오차)

표 3.1.5(c-1) 다섯 개의 은닉층 및 80개의 뉴런에 기반한 역방향 인공신경망을 학습하여 ACI 318-14로 도출[학습 정확도는 표 3.2.2.2(a-2) 참조]

***$CI_C$* 최적화 설계**

(*based on 5 layers with 80 neurons*) (*ACI 318-14*)

| | 설계변수 | AI 결과 | ***AutoCol*** 검증 | 오차 |
|---|---|---|---|---|
| 1 | $b$ (mm) | **973.92** | | |
| 2 | $h$ (mm) | **974.05** | | |
| 3 | $\rho_s$ | **0.0137** | | |
| 4 | $f_c'$ (MPa) | 40 | | |
| 5 | $f_y$ (MPa) | 500 | | |
| 6 | $P_u$(kN) | 1000 | | |
| 7 | $M_u$ (kN·m) | 3000 | | |
| 8 | $\phi P_n$ (kN) | 998.0 | 1000.1 | -0.2% |
| 9 | $\phi M_n$ (kN·m) | 2972.9 | 3000.4 | -0.93% |
| 10 | $SF$ | 1.0000 | 1.0001 | -0.01% |
| 11 | $b/h$ | 1.0000 | 0.9999 | 0.01% |
| 12 | $\varepsilon_s$ | 0.0250 | 0.0244 | 2.29% |
| 13 | $CI_C$ (KRW/m) | **196877.4** | **197030.9** | -0.08% |
| 14 | $CO_2$ (t-$CO_2$/m) | 0.4157 | 0.4160 | -0.07% |
| 15 | $W_C$ (kN/m) | 22.353 | 22.350 | 0.01% |
| 16 | $\alpha_{e/h}$ | 0.3141 | 0.3139 | 0.05% |

**Note:** (점선 박스) 인공신경망 기반 설계용 **7** 개 설계변수
(파선 박스) ***AutoCol*** 검증
인공신경망 기반 최적화 ***$CI_c$* = 196877.4**
(빅데이터 도출 **195515** 대비 **0.70%** 오차)

표 3.1.5(c-2) 다섯 개의 은닉층 및 80개의 뉴런에 기반한 역방향 인공신경망을 학습하여 ACI 318-19로 도출[학습 정확도는 표 3.2.2.2(b-2) 참조]

***$CI_C$* 최적화 설계**

*(based on 5 layers with 80 neurons)* *(ACI 318-19)*

| | 설계변수 | AI 결과 | *AutoCol* 검증 | 오차 |
|---|---|---|---|---|
| 1 | $b$ (mm) | **952.73** | | |
| 2 | $h$ (mm) | **952.98** | | |
| 3 | $\rho_s$ | **0.0148** | | |
| 4 | $f_c'$ (MPa) | 40 | | |
| 5 | $f_y$ (MPa) | 500 | | |
| 6 | $P_u$(kN) | 1000 | | |
| 7 | $M_u$ (kN·m) | 3000 | | |
| 8 | $\phi P_n$ (kN) | 941.5 | 998.8 | -6.1% |
| 9 | $\phi M_n$ (kN·m) | 3024.9 | 2996.5 | 0.94% |
| 10 | $SF$ | 1.00 | 1.00 | 0.12% |
| 11 | $b/h$ | 1.00 | 1.00 | 0.03% |
| 12 | $\varepsilon_s$ | 0.0237 | 0.0232 | 2.21% |
| 13 | $CI_C$ (KRW/m) | **196012.7** | **196312.5** | -0.15% |
| 14 | $CO_2$ (t-$CO_2$/m) | 0.416 | 0.417 | -0.16% |
| 15 | $W_C$ (kN/m) | 21.381 | 21.391 | -0.05% |
| 16 | $\alpha_{e/h}$ | 0.308 | 0.308 | -0.01% |

**Note:** (점선 박스) 인공신경망 기반 설계용 7 개 설계변수
(파선 박스) ***AutoCol*** 검증
인공신경망 기반 최적화 $CI_c$ = **196012.7**
(빅데이터 도출 **195756** 대비 **0.13%** 오차)

표 3.1.5(d-1) 열 개의 은닉층 및 80개의 뉴런에 기반한 역방향 인공신경망을 학습하여 ACI 318-14로 도출[학습 정확도는 표 3.2.2.2(a-2) 참조]

***$CI_C$* 최적화 설계**

*(based on 10 layers with 80 neurons) (ACI 318-14)*

| | 설계변수 | AI 결과 | *AutoCol* 검증 | 오차 |
|---|---|---|---|---|
| 1 | $b$ (mm) | **933.28** | | |
| 2 | $h$ (mm) | **933.17** | | |
| 3 | $\rho_s$ | **0.0159** | | |
| 4 | $f_c'$ (MPa) | 40 | | |
| 5 | $f_y$ (MPa) | 500 | | |
| 6 | $P_u$(kN) | 1000 | | |
| 7 | $M_u$ (kN·m) | 3000 | | |
| 8 | $\phi P_n$ (kN) | 966.7 | 1000.5 | -3.5% |
| 9 | $\phi M_n$ (kN·m) | 3002.7 | 3001.5 | 0.04% |
| 10 | $SF$ | 1.0000 | 1.0005 | -0.05% |
| 11 | $b/h$ | 1.0000 | 1.0001 | -0.01% |
| 12 | $\varepsilon_s$ | 0.0225 | 0.0220 | 2.03% |
| 13 | $CI_C$ (KRW/m) | **196696.7** | **196240.7** | 0.23% |
| 14 | $CO_2$ (t-$CO_2$/m) | 0.4188 | 0.4185 | 0.08% |
| 15 | $W_C$ (kN/m) | 20.505 | 20.519 | -0.07% |
| 16 | $\alpha_{e/h}$ | 0.3018 | 0.3016 | 0.08% |

**Note:** (점선 상자) 인공신경망 기반 설계용 7 개 설계변수
(파선 상자) *AutoCol* 검증
인공신경망 기반 최적화 $CI_c$ = **196696.7**
(빅데이터 도출 **195515** 대비 **0.60%** 오차)

표 3.1.5(d-2) 열 개의 은닉층 및 80개의 뉴런에 기반한 역방향 인공신경망을 학습하여 ACI 318-19로 도출[학습 정확도는 표 3.2.2.2(b-2) 참조]

***$CI_C$* 최적화 설계**

(*based on 10 layers with 80 neurons*) (*ACI 318-19*)

| | 설계변수 | AI 결과 | *AutoCol* 검증 | 오차 |
|---|---|---|---|---|
| 1 | $b$ (mm) | **939.00** | | |
| 2 | $h$ (mm) | **939.22** | | |
| 3 | $\rho_s$ | **0.0155** | | |
| 4 | $f_c'$ (MPa) | 40 | | |
| 5 | $f_y$ (MPa) | 500 | | |
| 6 | $P_u$(kN) | 1000 | | |
| 7 | $M_u$ (kN·m) | 3000 | | |
| 8 | $\phi P_n$ (kN) | 959.9 | 1000.3 | -4.2% |
| 9 | $\phi M_n$ (kN·m) | 2997.2 | 3000.8 | -0.12% |
| 10 | $SF$ | 1.00 | 1.00 | -0.03% |
| 11 | $b/h$ | 1.00 | 1.00 | 0.02% |
| 12 | $\varepsilon_s$ | 0.0229 | 0.0224 | 2.17% |
| 13 | $CI_C$ (KRW/m) | **196453.4** | **196248.7** | 0.10% |
| 14 | $CO_2$ (t-$CO_2$/m) | 0.419 | 0.418 | 0.18% |
| 15 | $W_C$ (kN/m) | 20.774 | 20.778 | -0.02% |
| 16 | $\alpha_{e/h}$ | 0.304 | 0.303 | 0.08% |

**Note:** (점선 박스) 인공신경망 기반 설계용 **7** 개 설계변수
(파선 박스) *AutoCol* 검증
인공신경망 기반 최적화 ***$CI_c$* = 196453.4**
(빅데이터 도출 **195756** 대비 0.36% 오차)

표 3.1.5(e-1) 1, 2, 5, 10개의 은닉층 조합 및 80개의 뉴런에 기반한 역방향 인공신경망을 학습하여 ACI 318-14로 도출[학습 정확도는 표 3.2.2.2(a-2) 참조]

***$CI_C$* 최적화 설계**

*(based on best networks in term of MSE)* *(ACI 318-14)*

| | 설계변수 | BEST 인공신경망 | AI 결과 | *AutoCol* 검증 | 오차 |
|---|---|---|---|---|---|
| 1 | $b$ (mm) | 5L - 80N | **933.51** | | |
| 2 | $h$ (mm) | 10L - 80N | **933.17** | | |
| 3 | $\rho_s$ | | **0.0159** | | |
| 4 | $f_c'$ (MPa) | | 40 | | |
| 5 | $f_y$ (MPa) | | 500 | | |
| 6 | $P_u$(kN) | | 1000 | | |
| 7 | $M_u$ *(kN·m)* | | 3000 | | |
| 8 | $\phi P_n$ (kN) | 1L - 80N | (991.3) | 1000.7 | (-0.9%) |
| 9 | $\phi M_n$ (kN·m) | 2L - 80N | (2997.8) | 3002.2 | (-0.15%) |
| 10 | $SF$ | | 1.0000 | 1.0007 | -0.07% |
| 11 | $b/h$ | | 1.0000 | 1.0004 | -0.04% |
| 12 | $\varepsilon_s$ | 10L - 80N | (0.0225) | 0.0220 | (2.03%) |
| 13 | $CI_C$ (KRW/m) | 10L - 80N | **196696.7** | **196287.5** | 0.21% |
| 14 | $CO_2$ (t-$CO_2$/m) | 5L - 80N | (0.418) | 0.419 | (-0.03%) |
| 15 | $W_C$ (kN/m) | 10L - 80N | (20.505) | 20.524 | (-0.09%) |
| 16 | $\alpha_{e/h}$ | 10L - 80N | (0.3018) | 0.3016 | (0.08%) |

**Note:** (점선 상자) 인공신경망 기반 설계용 7 개 설계변수
(파선 상자) ***AutoCol*** 검증
인공신경망 기반 최적화 ***$CI_c$* = 196696.7**
**(빅데이터 도출 195515 대비 0.60% 오차)**

표 3.1.5(e-2) 1, 2, 5, 10개의 은닉층 조합 및 80개의 뉴런에 기반한 역방향 인공신경망을 학습하여 ACI 318-19로 도출[학습 정확도는 표 3.2.2.2(b-2) 참조]

***$CI_C$* 최적화 설계**

(*based on best networks in term of MSE*) (*ACI 318-19*)

| | 설계변수 | BEST 인공신경망 | AI 결과 | *AutoCol* 검증 | 오차 |
|---|---|---|---|---|---|
| 1 | $b$ (mm) | 5L - 80N | **938.93** | | |
| 2 | $h$ (mm) | 5L - 80N | **939.04** | | |
| 3 | $\rho_s$ | | **0.0155** | | |
| 4 | $f_c'$ (MPa) | | 40 | | |
| 5 | $f_y$ (MPa) | | 500 | | |
| 6 | $P_u$(kN) | | 1000 | | |
| 7 | $M_u$ (kN·m) | | 3000 | | |
| 8 | $\phi P_n$ (kN) | 2L - 80N | (998.4) | 999.8 | (-0.1%) |
| 9 | $\phi M_n$ (kN·m) | 2L - 80N | (2996.4) | 2999.3 | (-0.10%) |
| 10 | $SF$ | | 1.0000 | 0.9998 | 0.02% |
| 11 | $b/h$ | | 1.0000 | 0.9999 | 0.01% |
| 12 | $\varepsilon_s$ | 10L - 80N | (0.0229) | 0.0224 | (2.17%) |
| 13 | $CI_C$ (KRW/m) | 10L - 80N | **196453.4** | **196196.7** | 0.13% |
| 14 | $CO_2$ (t-$CO_2$/m) | 10L - 80N | (0.419) | 0.418 | (0.20%) |
| 15 | $W_C$ (kN/m) | 5L - 80N | (20.763) | 20.773 | (-0.05%) |
| 16 | $\alpha_{e/h}$ | 5L - 80N | (0.3032) | 0.3034 | (-0.03%) |

**Note:** (점선 상자) 인공신경망 기반 설계용 7 개 설계변수
(파선 상자) *AutoCol* 검증
인공신경망 기반 최적화 $CI_c$ = **196453.4**
(빅데이터 도출 **195756** 대비 **0.36%** 오차)

#### (4) 목적함수를 최소화하는 설계 파라미터의 도출

표 2.1.5(b)의 $c_1(\boldsymbol{x}) = \frac{b}{h}$, $c_6(\boldsymbol{x}) = SF$ 는 역입력 파라미터가 되고 $b$와 $h$는 출력부에서 도출되는 역출력 파라미터가 된다. 부등 제약조건 $v_1(\boldsymbol{x}) = \rho_s - 0.01 \geq 0$, $v_2(\boldsymbol{x}) = -\rho_s + 0.08 \geq 0$을 3.1.1(2)절에서 설명한 KKT 조건에 적용하는 경우, 목적함수 $CI_c$가 역방향 인공신경망에 의해 표 3.1.5에 최소화되었다. 표 3.1.5의 점선 박스 1~7에서 인공신경망에 의해 도출된 일곱 개의 입력 파라미터 $(b, h, \rho_s, f_c', f_y, P_u, M_u)$들이 *AutoCol*에 입력 파라미터로 이용되어 8, 9, 10, 11, 12, 13, 14, 15, 16 박스에서 $(\phi P_n,\ \phi M_n,\ SF,\ b/h,\ \varepsilon_s,\ CI, CO_2, W_c,\ \alpha_{e/h})$들을 도출했고 인공신경망에서 도출된 파라미터들을 검증했다. 1, 2, 5, 10개의 은닉층 조합과 80개의 뉴런을 사용한 표 3.1.5(e-1), 표 3.1.5(e-2)의 점선 박스 1~7에 도출된 일곱 개의 입력 파라미터 $(b, h,\ \rho_s, f_c', f_y, P_u, M_u)$ 들은 933.51, 933.51, 0.0159, 40, 500, 1000, 3000이고 *AutoCol*에 사용되었다. 즉 일반 구조설계 기반의 소프트웨어(*AutoCol*)에 의해 표 3.1.5의 8, 9, 10, 11, 12, 13, 14, 15, 16 박스에서 도출된 $(\phi P_n,\ \phi M_n,\ SF,\ b/h,\ \varepsilon_s,\ CI, CO_2, W_c,\ \alpha_{e/h})$들이 인공신경망에 의해 구한 결과들에 유사하게 비교되어 작은 오차를 도출했고 최적설계 결과는 검증되었다.

### 3.1.3 검증

#### (1) 역방향 인공신경망에 의한 최소 코스트 $CI_c$ 검증

식 (2.1.5-1)의 역 인공신경망에 의해 구한 코스트 $CI_c$ 목적함수는 초기 입력 파라미터 $(\rho_s, f_c', f_y, P_u, M_u, SF, b/h)$의 함수로 구성된다. 일곱 개 중 미지수인 철근비 $\rho_s$를 제외한 여섯 개의 입력 파라미터$(f_c', f_y, P_u, M_u, SF, b/h)$는 표 2.1.4(b)와 표 2.1.5(b)의 설계기준에 기반해 등 제약조건으로 결정된다. 철근비 $\rho_s$는 미지수로서 뉴턴-랩슨 반복연산으로 구하고 그외 설계 파라미터들도 동시에 출력부에서 도출된다. 그림 3.1.1에서 보듯이 목적함수인 코스트 $CI_c$는 역 인공신경망에 기반해 철근비 $\rho_s$의 함수로서 구해졌고 네 개의 코스트 $CI_c$는 1, 2, 5, 10개의 은닉층과 80개의 뉴런을 사용한 역 인공신경망에 의해 도출되었다. 최대 철근비 $\rho_{s,max}$ 0.08과 최소 철근비 $\rho_{s,min}$ 0.01 사이에는 역 인공신경망에 의해 도출된 그림 3.1.1의 네 개의 설계 차트 곡선이 잘 일치하는 것으로 나타났고 그외 영역에서는 큰 오차를 보이고 있다는 것을 알 수 있다. 특히 2, 5, 10개의 은닉층과 80개의 뉴런을 사용한 역 인공신경망 곡선은 서로 일치하고 있다. 표 3.1.5에서 최적설계된 목적함수와도 잘 일치하고 있다. 그러나 한 개의 은닉층과 80개의 뉴런을 사용한 역 인공신경망 곡선은 2, 5, 10개의 은닉층과 80개의 뉴런을 사용한 역 인공신경망과 달리 도출된 최적 코스트 $CI_c$가 충분한 설계 정확도를 도출하지 못하고 있다. 그러나 그림 3.1.1의 네 개의 설계 차트는 라그랑주 방법을 이용하지 않고도 반복연산으로 구할 수 있다. 즉 초기 입력 파라미터를 $f_c'$=40, $f_y$=500, $P_u$=1000, $M_u$=3000, $SF$=1, $b/h$=1로 놓고 철근비 $\rho_s$를 0부터 0.1까지 반복연산해 구할 수 있는 것이다. 철근비 $\rho_s$를 제외한 나머지 파라미터들은 선지정이 가능한 파라미터이기 때문이다. 그러나 이 같은 방법은 설계하려는 파라미터의 미지수가 한 개 이상일 때는 반복연산과 관련된 계산량이 증가하므로 라그랑주 최적화와 비교하면 비실용적이라고 판단된다. 특히 기둥폭 $b$와 깊이 $h$가 미지수인 경우, 일정한 범위에서 이 두 파라미터도 반복적으로 변화시켜 계산해야 하기 때문이다. 따라서 인공신경망 기반 Hong-Lagrange 알고리즘은 최적화 과정을 매우 단축시키고 제약조건이 증가하는 경우에도 최적화 과정을 쉽게 수행할 수 있다는 장점이 있다. 그림 3.1.1의 설계 차트는 학습 정확도가 높을수록 최적 코스트 $CI_c$를 포함한 설계 파라미터들의 설계 정확도를 높일 수 있고 빅데이터를 이용해 검증할 수 있다. 그러나 최대 철근비 $\rho_{s,max}$ 0.08과 최소 철근비 $\rho_{s,min}$ 이외 영역에서 인공신경망은 학습되어 있지 않으므로 설계 정확도가 낮을 수 있다.

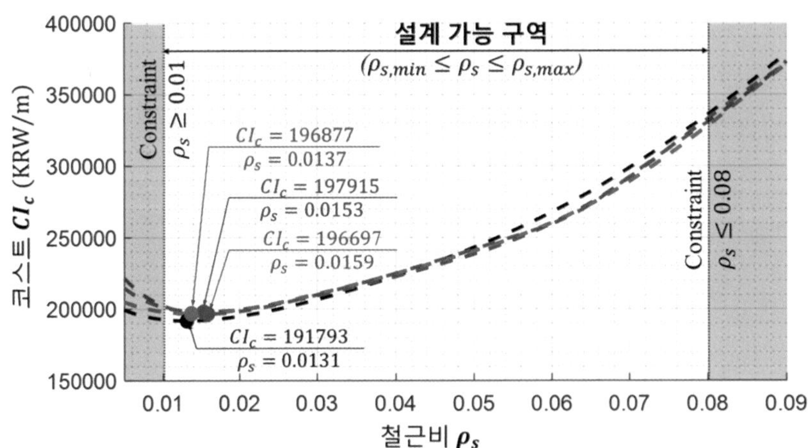


그림 3.1.1(a) ACI 318-14

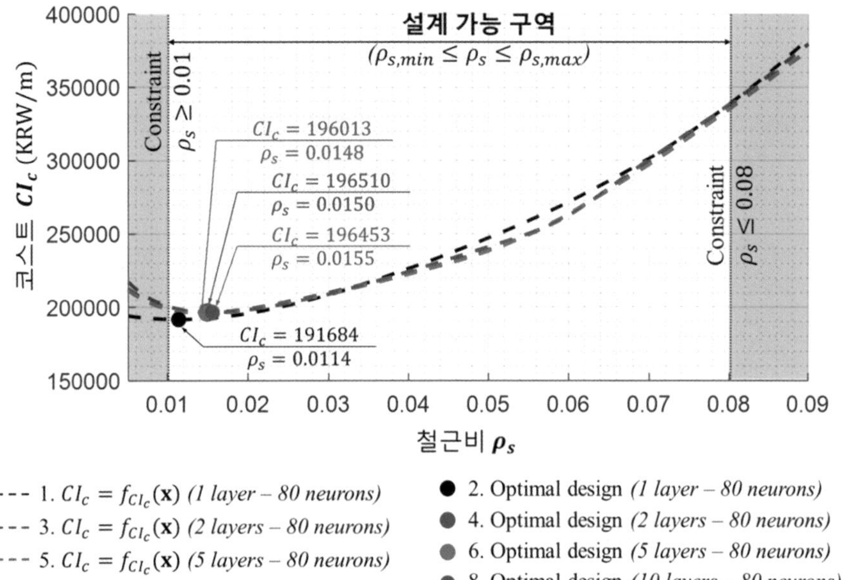


그림 3.1.1(b) ACI 318-19

그림 3.1.1 0.0과 0.1의 철근비($\rho_s$) 구간에서 1, 2, 5, 10 은닉층에 기반한 역방향 인공신경망에 의해 산출된 코스트(CIc) 검증

(2) 빅데이터에 의한 최적 코스트 $CI_c$ 검증

그림 3.1.2는 200만 개의 빅데이터로부터 $f_c' = 40$ MPa, $f_y = 500$ MPa, $SF = 1$, $b/h = 1$에 해당하는 데이터만 추려낸 데이터이고 이로부터 최소 코스트를 직접 도출했다. ACI 318-14 기반으로는 최소 코스트 $CI_c$ = 195515, ACI 318-19 기반으로는 최소 $CI_c$ = 195756 으로 수렴했다. 다섯 개의 은닉층과 80개의 뉴런을 이용해 10만 개의 빅데이터로 학습된 인공신경망으로 구한 코스트 최적화를 검증했다. 순방향 인공신경망으로 구한 표 3.1.1(c-1), 표 3.1.2(c-1)에서 보듯이 ACI 318-14 기반으로는 코스트 $CI_c$ = 193397.0 을 구했고 표 3.1.1(c-2), 표 3.1.2(c-2)의 ACI 318-19 기반으로는 $CI_c$ = 196769.0을 도출했다. 역방향 인공신경망에 의해서는 표 3.1.4(c-1), 표 3.1.5(c-1)에서 보듯이 ACI 318-14 기반으로는 코스트 $CI_c$ = 196877.4를 도출했고 ACI 318-19 기반으로는 $CI_c$ = 196012.7을 표 3.1.4(c-2), 표 3.1.5(c-2)처럼 구했다. 순방향, 역방향 모두 그림 3.1.2의 빅데이터로 구한 결과와 유사했고 오차는 미미했다.

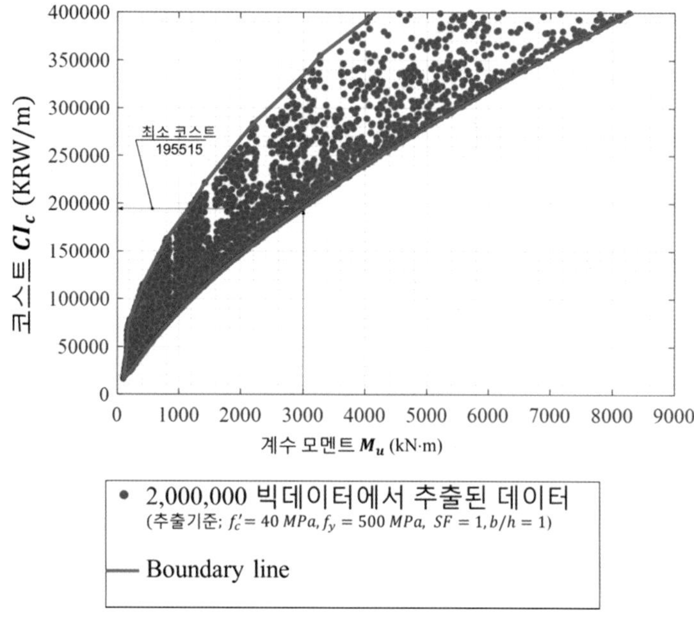


그림 3.1.2(a) ACI 318-14

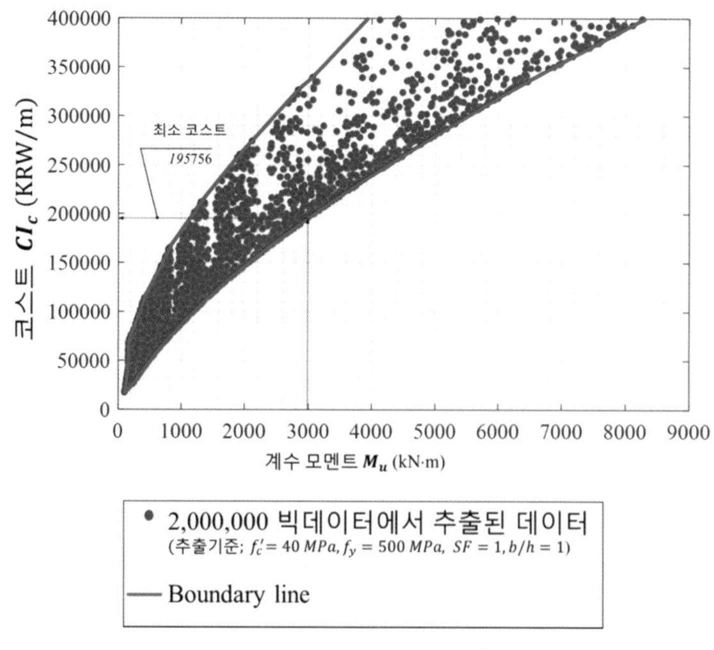


그림 3.1.2(b) ACI 318-19

그림 3.1.2 빅데이터에 의한 코스트($CI_c$) 검증

### (3) 최적화의 정확도

표 3.1.2와 표 3.1.5는 10만 개의 빅데이터로 학습된 순방향 및 역방향 인공신경망에 의해 최적화된 코스트와 코스트를 최적화하는 설계 파라미터 및 설계 정확도를 보여주고 있다. 이때 인공신경망은 1, 2, 5, 10개의 은닉층과 80개의 뉴런을 이용했다. 표 3.1.2(a-1), 표 3.1.2(a-2)는 한 개의 은닉층과 80개의 뉴런을 이용한 순방향 인공신경망으로 도출된 설계 축강도 $P_n$(kN)를 보여주고 있고 ACI 318-14 기반으로는 3.8%, ACI 318-19 기반으로는 5.2%를 도출했다. 이 같은 오차는 다섯 개의 은닉층과 80개의 뉴런을 이용한 순방향 인공신경망을 사용하는 경우, 표 3.1.2(c-1), 표 3.1.2(c-2)처럼 설계 축강도 $P_n$(kN)의 오차가 ACI 318-14 기반으로는 -2.7%, ACI 318-19 기반으로는 -1.1%로 축소되었다. 순방향 인공신경망이 열 개의 은닉층과 80개의 뉴런을 이용하는 경우, 표 3.1.2(d-1), 표 3.1.2(d-2)처럼 설계 축강도 $P_n$(kN)의 오차가 ACI 318-14 기반으로는 -1.3%, ACI 318-19 기반으로는 -0.1%로 더 축소되었다. 유사하게 표 3.1.2(a-1), 표 3.1.2(a-2)는 한 개의 은닉층과 80개의 뉴런을 이용한 순방향 인공신경망으로 도출된 설계 모멘트 강도 $M_n$(kN·m)를 보여주고 있고 ACI 318-14 기반으로는 7.60%와 ACI 318-19 기반으로는 8.06%를 도출했다. 이 같은 오차는 두 개의 은닉층과 80개의 뉴런을 이용한 순방향 인공신경망을 사용하는 경우에는 감소했다. 표 3.1.2(b-1), 표 3.1.2(b-2)처럼 설계 모멘트 강도 $M_n$(kN·m)의 오차가 ACI 318-14 기반으로는 1.27%, ACI 318-19 기반으로는 0.98%로 축소된 것이다. 순방향 인공신경망이 다섯 개의 은닉층과 80개의 뉴런을 이용하는 경우, 표 3.1.2(c-1), 표 3.1.2(c-2)처럼 설계 모멘트 강도 $M_n$(kN·m)의 오차가 ACI 318-14 기반으로는 0.25%, ACI 318-19 기반으로는 0.00%로 더 축소되었다.

은닉층의 깊이가 증가할수록 설계 정확도가 증가한다는 것을 알 수 있지만 과학습은 주의해야 한다. 한 개의 은닉층과 80개의 뉴런을 이용한 표 3.1.2(a-1), 표 3.1.2(a-2)의 순방향 인공신경망과 표 3.1.5(a-1), 표 3.1.5(a-2)의 역방향 인공신경망으로 도출된 설계 축강도 $P_n$(kN) 및 모멘트 강도 $M_n$(kN·m)의 정확도가 부족했고 그외 설계 파라미터의 정확도도 신뢰할 수 없으므로 설계에 적용할 수 없을 것으로 판단된다. 이같이 인공신경망 기반 Hong-Lagrange 알고리즘으로 목적함수를 여러 입력 파라미터의 함수로 유도할 수 있어 수학식으로 유도하기 어려운 목적함수를 대체할 수 있게 되었고 라그랑주 방법에 기반해 콘크리트 기둥의 최적화를 쉽고 빠르게 수행할 수 있게 되었다. 순방향 및 역방향 인공신경망은 은닉층과 뉴런의 개수가 비슷한 경우, 두 인공신경망 모두 유사한 학습 결과와 최적화 설계 결과를 도출했지만 역방향 인공신경망의 경우, 역입력 파라미터의 입력 모순이 발생하지 않도록 유의해야 한다.

### 3.1.4 P-M 상관도

그림 3.1.3(a), (b)는 각각 순방향 및 역방향 인공신경망에 의해 기둥 코스트 $CI_c$를 최소화하도록 작성된 $P-M$ 상관도를 보여주고 있으며 각각 ACI 318-14와 ACI 318-19를 기반으로 작성되었다. 범례 1~5의 $P-M$ 상관도는 1, 2, 5, 10개 은닉층 및 이들 은닉층 조합과 80개의 뉴런을 이용한 인공신경망으로 작성되었고 최적화된 코스트 및 코스트를 최적화하는 설계 파라미터를 사용해 도출되었다. 이때 순방향 및 역방향의 AI 기반 Hong-Lagrange 알고리즘으로 구한 표 3.1.2와 표 3.1.5에서 1-7로 표시된 파라미터를 구조설계 프로그램인 *AutoCol*에 적용해 $P-M$ 상관도를 작성했다. 표 3.1.2와 표 3.1.5의 설계 정확도에 의해 범례 2~5의 $P-M$ 상관도는 하중점을 의미하는 붉은색 점($Pu$ = 1000 kN, $Mu$ = 3000 kN·m)을 지나고 있다는 것을 그림 3.1.3으로부터 알 수 있다. 이 경우, $P-M$ 상관도는 표 2.1.4(b) 및 표 2.1.5에서 보이는 모든 설계 규준을 충족시킨다. 그림 3.1.3(a-1)과 그림 3.1.3(a-2), 그림 3.1.3(b-1), 그림 3.1.3(b-2)의 범례 1은 하중점을 지나지 못하고 있는데 은닉층의 개수가 부족한 것으로 판단단된다.

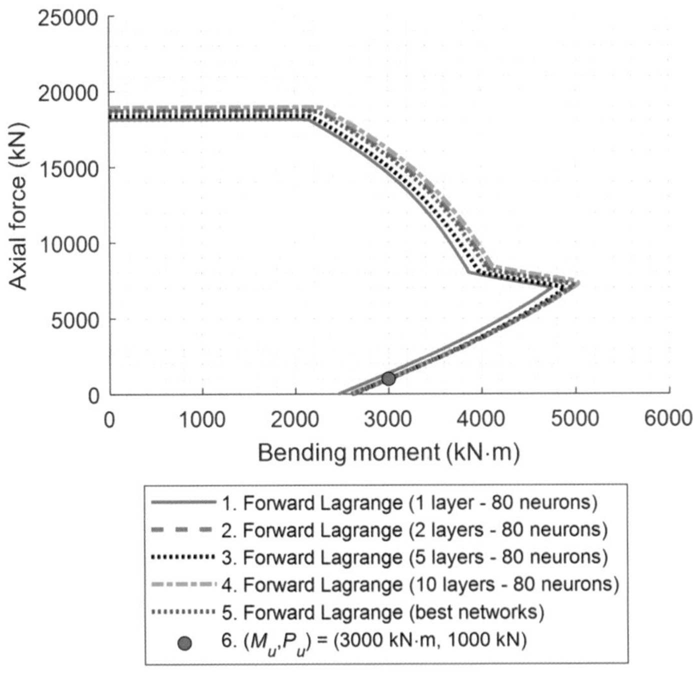


그림 3.1.3(a-1) 표 3.3.1.2 기반의 순방향 인공신경망 이용

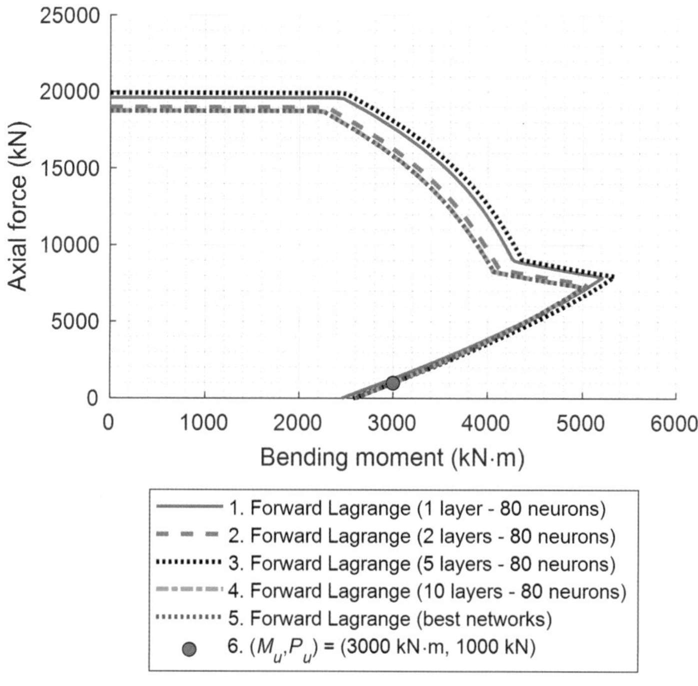


그림 3.1.3(a-2) 표 3.3.1.5 기반의 역방향 인공신경망 이용

그림 3.1.3(a) ACI 318-14

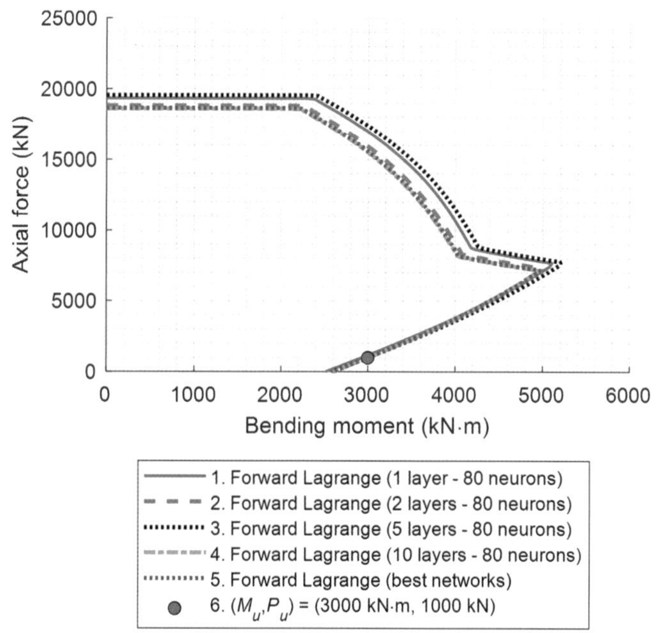


그림 3.1.3(b-1) 표 3.3.1.2 기반의 순방향 인공신경망 이용

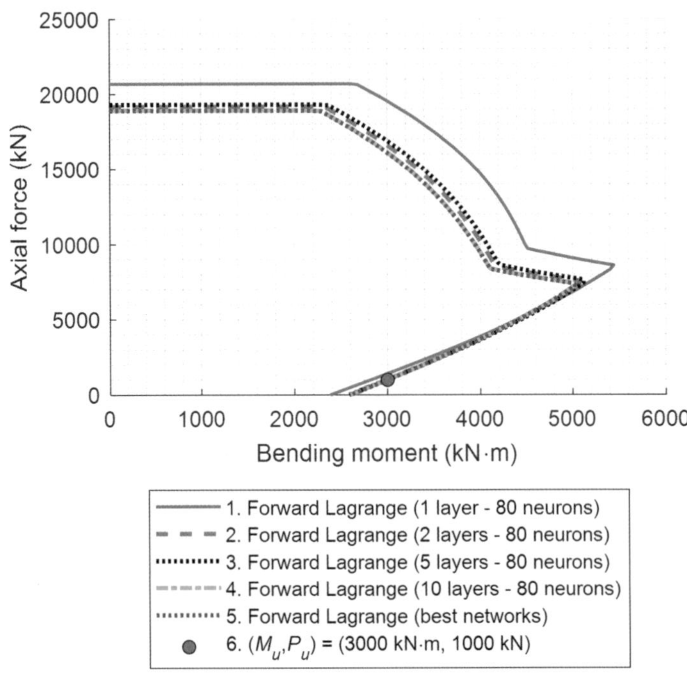


그림 3.1.3(b-2) 표 3.3.1.5 기반의 역방향 인공신경망 이용

그림 3.1.3(b) ACI 318-19

그림 3.1.3 코스트($CI_c$)를 최소화하는 P-M 상관도

## 3.2 이산화탄소 배출량 최적설계 시나리오

### 3.2.1 순방향 및 역방향 인공신경망의 유도

이번 절에서는 식 (2.1.5-2)처럼 목적함수를 이산화탄소 배출량($CO_2$ emission)으로 설정해 최적화를 수행해보자. 순방향 인공신경망을 시용하는 경우, 목적함수는 $(b, h, \rho_s, f_c', f_y, P_u, M_u)$의 함수로 유도되며 역방향 인공신경망을 사용하는 경우, 목적함수는 ($\rho_s$, $f_c'$, $f_y$, $P_u$, $M_u$, $SF$, $b/h$)의 함수로 유도된다. 철근비 $\rho_s$을 제외한 여섯 개의 입력 파라미터 $f_c', f_y, P_u, M_u, SF, b/h$는 표 2.1.5의 등 제약조건으로 입력하도록 한다. 역방향 인공신경망에서는 표 2.1.5(b)의 $SF$, $b/h$를 각각 1.0으로 입력부에 역입력한다. $f_c' = 40\text{MPa}$, $f_y = 500\text{MPa}$, 안전율 $SF = 1$을 사용할 때 $P_u = 1000\text{kN}$, $M_u = 3000\text{kN·m}$가 작용하는 사각 기둥의 이산화탄소 배출량을

표 3.2.1 $CO_2$ 배출량의 최소화 설계

| $\boldsymbol{CO_2}$ 배출량 최적설계 $CO_2 = f_{CO_2}(\boldsymbol{x})$ | |
|---|---|
| 제약조건 | |
| 등 제약조건: | $P_u = 1000$ kN, $M_u = 3000$ kN · m<br>$f_c' = 40$ MPa, $f_y = 500$ MPa, $SF = 1, b/h = 1$ |
| 부등 제약조건: | $\rho_{s,min} \le \rho_s \le \rho_{s,max}$ |

최소화해보자. 철근비 $\rho_s$은 ACI-318-14 및 ACI-318-19 규준에 의해 $\rho_{s,min} \le \rho_s \le \rho_{s,max}$에서 결정되어야 한다. 최적설계 시나리오는 표 2.1.4(b)와 표 3.2.1에 제시했다.

### 3.2.2 뉴턴-랩슨 반복연산에 의한 KKT 조건의 비선형 후보해 수렴

목적함수인 이산화탄소 배출량을 구하기 위해 초기 입력 파라미터는 미지의 설계 파라미터와 라그랑주 승수를 빅데이터 생성 범위 내에서 무작위로 설정하고 뉴턴-랩슨 반복연산으로 라그랑주 함수의 1차 미분식(제이코비)의 해(stationary 포인트)로 수렴시킨다. 표 3.1.1과 표 3.1.4에서 최소화된 코스트 $CI_c$처럼 이산화탄소 배출량도 순방향 인공신경망을 사용하는 경우에는 표 3.2.2, 역방향 인공신경망을 사용하는 경우에는 표 3.2.3에서 최소화되었다. KKT 조건 1의 경우는 부등 조건 $v_1(\mathbf{x}) = \rho_s - 0.01 \ge 0$이 활성으로 가정되는 경우이고 KKT 조건 2의 경우는 부등 조건 $v_2(\boldsymbol{x}) = -\rho_s + 0.08 \ge 0$이 활성으로 가정되는 경우이고 KKT 조건 3의 경우는 모든 부등 조건이 비활성으로 가정되는 경우다. 표 3.2.2는 1, 2, 5, 10개의 은닉층 및 1, 2, 5, 10개 조합으로 이뤄진 은닉층과 80개의 뉴런을 사용한 순방향 인공신경망을 적용하는 경우에 최적화된 이산화탄소 배출량을 보여주고 있다. KKT 조건 3의 경우, ACI 318-14 기반에서는 철근비 $\rho_s$이 0.0123일 때 최적화된 최소 이산화탄소 배출량은 $0.415(\mathrm{t-CO_2/m})$로 배출[표 3.2.2(e-1)]되었고 ACI 318-19 기반으로는 철근비 $\rho_s$이 0.0127일 때 $0.417(\mathrm{t-CO_2/m})$로 배출[표 3.2.2(e-2)]되었다.

표 3.2.2 순방향 인공신경망에 의해서 KKT 조건으로 최소화된 $CO_2$ 배출량과 해당 설계 파라미터

표 3.2.2(a-1) 한 개의 은닉층 및 80개의 뉴런에 기반한 순방향 인공신경망을 학습하여 ACI 318-14로 도출[학습 정확도는 표 3.2.2.2(a-1) 도출]

인공신경망 기반 **Case** 별 **Lagrange** 최적화
(*1 layer - 80 neurons*) (*ACI 318-14*)

| | 설계변수 | Case 1 | Case 2 | Case 3 |
|---|---|---|---|---|
| 1 | $b$ (mm) | **1042.0** | 665.4 | *N/A* |
| 2 | $h$ (mm) | **1042.0** | 665.4 | *N/A* |
| 3 | $\rho_s$ | **0.0100** | 0.0800 | *N/A* |
| 4 | $f_c'$ (MPa) | 40 | 40 | *N/A* |
| 5 | $f_y$ (MPa) | 500 | 500 | *N/A* |
| 6 | $P_u$(kN) | 1000 | 1000 | *N/A* |
| 7 | $M_u$ (kN·m) | 3000 | 3000 | *N/A* |
| 목적함수:<br>$CO_2$ (t-$CO_2$/m) | | **0.397** | 0.771 | *N/A* |

***Note:*** *Case 1* – 부등 제약함수 $v_1(\boldsymbol{x})$ 활성
*Case 2* – 부등 제약함수 $v_2(\boldsymbol{x})$ 활성
*Case 3* – 모두 비활성

표 3.2.2(a-2) 한 개의 은닉층 및 80개의 뉴런에 기반한 순방향 인공신경망을 학습하여 ACI 318-19로 도출[학습 정확도는 표 3.2.2.2(b-1) 도출]

인공신경망 기반 **Case** 별 **Lagrange** 최적화
(*1 layer - 80 neurons*) (*ACI 318-19*)

| | 설계변수 | Case 1 | Case 2 | Case 3 |
|---|---|---|---|---|
| 1 | $b$ (mm) | **1050.2** | 662.9 | *N/A* |
| 2 | $h$ (mm) | **1050.2*** | 662.9 | *N/A* |
| 3 | $\rho_s$ | **0.0100** | 0.0800 | *N/A* |
| 4 | $f_c'$ (MPa) | 40 | 40 | *N/A* |
| 5 | $f_y$ (MPa) | 500 | 500 | *N/A* |
| 6 | $P_u$(kN) | 1000 | 1000 | *N/A* |
| 7 | $M_u$ (kN·m) | 3000 | 3000 | *N/A* |
| 목적함수:<br>$CO_2$ (t-$CO_2$/m) | | **0.404** | 0.767 | *N/A* |

***Note:*** *Case 1 – Inequality* $v_1(\boldsymbol{x})$ *is active*
*Case 2 – Inequality* $v_2(\boldsymbol{x})$ *is active*
*Case 3 – None of inequalities are active*

표 3.2.2(b-1) 두 개의 은닉층 및 80개의 뉴런에 기반한 순방향 인공신경망을 학습하여 ACI 318-14로 도출[학습 정확도는 표 3.2.2.2(a-1) 도출]

인공신경망 기반 **Case** 별 **Lagrange** 최적화
(*2 layers - 80 neurons*) (*ACI 318-14*)

| | 설계변수 | Case 1 | Case 2 | Case 3 |
|---|---|---|---|---|
| 1 | $b$ (mm) | **1063.2** | 662.6 | *N/A* |
| 2 | $h$ (mm) | **1063.2** | 662.6 | *N/A* |
| 3 | $\rho_s$ | **0.0100** | 0.0800 | *N/A* |
| 4 | $f_c'$ (MPa) | 40 | 40 | *N/A* |
| 5 | $f_y$ (MPa) | 500 | 500 | *N/A* |
| 6 | $P_u$(kN) | 1000 | 1000 | *N/A* |
| 7 | $M_u$ (kN·m) | 3000 | 3000 | *N/A* |
| 목적함수: $CO_2$ (t-$CO_2$/m) | | **0.413** | 0.766 | *N/A* |

***Note:*** *Case 1* – 부등 제약함수 $v_1(\boldsymbol{x})$ 활성
*Case 2* – 부등 제약함수 $v_2(\boldsymbol{x})$ 활성
*Case 3* – 모두 비활성

표 3.2.2(b-2) 두 개의 은닉층 및 80개의 뉴런에 기반한 순방향 인공신경망을 학습하여 ACI 318-19로 도출[학습 정확도는 표 3.2.2.2(b-1) 도출]

인공신경망 기반 **Case** 별 **Lagrange** 최적화
(*2 layers - 80 neurons*) (*ACI 318-19*)

| | 설계변수 | Case 1 | Case 2 | Case 3 |
|---|---|---|---|---|
| 1 | $b$ (mm) | 1061.9 | 669.9 | **1006.9** |
| 2 | $h$ (mm) | 1061.9 | 669.9 | **1006.9** |
| 3 | $\rho_s$ | 0.0100 | 0.0800 | **0.0121** |
| 4 | $f_c'$ (MPa) | 40 | 40 | 40 |
| 5 | $f_y$ (MPa) | 500 | 500 | 500 |
| 6 | $P_u$(kN) | 1000 | 1000 | 1000 |
| 7 | $M_u$ (kN·m) | 3000 | 3000 | 3000 |
| 목적함수: $CO_2$ (t-$CO_2$/m) | | 0.413 | 0.780 | **0.411** |

***Note:*** *Case 1* – 부등 제약함수 $v_1(\boldsymbol{x})$ 활성
*Case 2* – 부등 제약함수 $v_2(\boldsymbol{x})$ 활성
*Case 3* – 모두 비활성

표 3.2.2(c-1) 다섯 개의 은닉층 및 80개의 뉴런에 기반한 순방향 인공신경망을 학습하여 ACI 318-14로 도출[학습 정확도는 표 3.2.2.2(a-1) 도출]

인공신경망 기반 **Case** 별 **Lagrange** 최적화
(*5 layers - 80 neurons*) (*ACI 318-14*)

| | 설계변수 | Case 1 | Case 2 | Case 3 |
|---|---|---|---|---|
| 1 | $b$ (mm) | 1068.5 | 663.3 | **996.3** |
| 2 | $h$ (mm) | 1068.5 | 663.3 | **996.3** |
| 3 | $\rho_s$ | 0.0100 | 0.0800 | **0.0127** |
| 4 | $f_c'$ (MPa) | 40 | 40 | 40 |
| 5 | $f_y$ (MPa) | 500 | 500 | 500 |
| 6 | $P_u$(kN) | 1000 | 1000 | 1000 |
| 7 | $M_u$ (kN·m) | 3000 | 3000 | 3000 |
| 목적함수:<br>$CO_2$ (t-$CO_2$/m) | | 0.418 | 0.771 | **0.415** |

***Note:*** *Case 1* – 부등 제약함수 $v_1(\boldsymbol{x})$ 활성
*Case 2* – 부등 제약함수 $v_2(\boldsymbol{x})$ 활성
*Case 3* – 모두 비활성

표 3.2.2(c-2) 다섯 개의 은닉층 및 80개의 뉴런에 기반한 순방향 인공신경망을 학습하여 ACI 318-19로 도출[학습 정확도는 표 3.2.2.2(b-1) 도출]

인공신경망 기반 **Case** 별 **Lagrange** 최적화
(*5 layers - 80 neurons*) (*ACI 318-19*)

| | 설계변수 | Case 1 | Case 2 | Case 3 |
|---|---|---|---|---|
| 1 | $b$ (mm) | 1069.4 | 669.7 | **1014.5** |
| 2 | $h$ (mm) | 1069.4 | 669.7 | **1014.5** |
| 3 | $\rho_s$ | 0.0100 | 0.0800 | **0.0120** |
| 4 | $f_c'$ (MPa) | 40 | 40 | 40 |
| 5 | $f_y$ (MPa) | 500 | 500 | 500 |
| 6 | $P_u$(kN) | 1000 | 1000 | 1000 |
| 7 | $M_u$ (kN·m) | 3000 | 3000 | 3000 |
| 목적함수:<br>$CO_2$ (t-$CO_2$/m) | | 0.415 | 0.783 | **0.413** |

***Note:*** *Case 1* – 부등 제약함수 $v_1(\boldsymbol{x})$ 활성
*Case 2* – 부등 제약함수 $v_2(\boldsymbol{x})$ 활성
*Case 3* – 모두 비활성

표 3.2.2(d-1) 열 개의 은닉층 및 80개의 뉴런에 기반한 순방향 인공신경망을 학습하여 ACI 318-14로 도출[학습 정확도는 표 3.2.2.2(a-1) 도출]

인공신경망 기반 **Case** 별 **Lagrange** 최적화
(*10 layers - 80 neurons*) (*ACI 318-14*)

| | 설계변수 | Case 1 | Case 2 | Case 3 |
|---|---|---|---|---|
| 1 | $b$ (mm) | 1068.0 | 661.9 | **957.6** |
| 2 | $h$ (mm) | 1068.0 | 661.9 | **957.6** |
| 3 | $\rho_s$ | 0.0100 | 0.0800 | **0.0145** |
| 4 | $f_c'$ (MPa) | 40 | 40 | 40 |
| 5 | $f_y$ (MPa) | 500 | 500 | 500 |
| 6 | $P_u$(kN) | 1000 | 1000 | 1000 |
| 7 | $M_u$ (kN·m) | 3000 | 3000 | 3000 |
| 목적함수: $CO_2$ (t-$CO_2$/m) | | 0.424 | 0.768 | **0.417** |

***Note:*** *Case 1* – 부등 제약함수 $v_1(\boldsymbol{x})$ 활성
*Case 2* – 부등 제약함수 $v_2(\boldsymbol{x})$ 활성
*Case 3* – 모두 비활성

표 3.2.2(d-2) 열 개의 은닉층 및 80개의 뉴런에 기반한 순방향 인공신경망을 학습하여 ACI 318-19로 도출[학습 정확도는 표 3.2.2.2(b-1) 도출]

인공신경망 기반 **Case** 별 **Lagrange** 최적화
(*10 layers - 80 neurons*) (*ACI 318-19*)

| | 설계변수 | Case 1 | Case 2 | Case 3 |
|---|---|---|---|---|
| 1 | $b$ (mm) | 1071.1 | 668.6 | **945.2** |
| 2 | $h$ (mm) | 1071.1 | 668.6 | **945.2** |
| 3 | $\rho_s$ | 0.0100 | 0.0800 | **0.0152** |
| 4 | $f_c'$ (MPa) | 40 | 40 | 40 |
| 5 | $f_y$ (MPa) | 500 | 500 | 500 |
| 6 | $P_u$(kN) | 1000 | 1000 | 1000 |
| 7 | $M_u$ (kN·m) | 3000 | 3000 | 3000 |
| 목적함수: $CO_2$ (t-$CO_2$/m) | | 0.427 | 0.774 | **0.417** |

***Note:*** *Case 1* – 부등 제약함수 $v_1(\boldsymbol{x})$ 활성
*Case 2* – 부등 제약함수 $v_2(\boldsymbol{x})$ 활성
*Case 3* – 모두 비활성

표 3.2.2(e-1) 1, 2, 5, 10개의 은닉층 조합 및 80개의 뉴런에 기반한 순방향 인공신경망을 학습하여 ACI 318-14로 도출[학습 정확도는 표 3.2.2.2(a-1) 도출]

인공신경망 기반 **Case** 별 **Lagrange** 최적화
(*best networks in term of test MSE*) (*ACI 318-14*)

| | 설계변수 | Case 1 | Case 2 | Case 3 |
|---|---|---|---|---|
| 1 | $b$ (mm) | 1068.0 | 661.9 | **1005.9** |
| 2 | $h$ (mm) | 1068.0 | 661.9 | **1005.9** |
| 3 | $\rho_s$ | 0.0100 | 0.0800 | **0.0123** |
| 4 | $f_c'$ (MPa) | 40 | 40 | 40 |
| 5 | $f_y$ (MPa) | 500 | 500 | 500 |
| 6 | $P_u$(kN) | 1000 | 1000 | 1000 |
| 7 | $M_u$ (kN·m) | 3000 | 3000 | 3000 |
| 목적함수:<br>$CO_2$ (t-$CO_2$/m) | | 0.417 | 0.765 | **0.415** |

***Note:*** *Case 1* – 부등 제약함수 $v_1(\boldsymbol{x})$ 활성
*Case 2* – 부등 제약함수 $v_2(\boldsymbol{x})$ 활성
*Case 3* – 모두 비활성

표 3.2.2(e-2) 1, 2, 5, 10개의 은닉층 조합 및 80개의 뉴런에 기반한 순방향 인공신경망을 학습하여 ACI 318-19로 도출[학습 정확도는 표 3.2.2.2(b-1) 도출]

인공신경망 기반 **Case** 별 **Lagrange** 최적화
(*best networks in term of test MSE*) (*ACI 318-19*)

| | 설계변수 | Case 1 | Case 2 | Case 3 |
|---|---|---|---|---|
| 1 | $b$ (mm) | 1071.1 | 668.6 | **997.3** |
| 2 | $h$ (mm) | 1071.1 | 668.6 | **997.3** |
| 3 | $\rho_s$ | 0.0100 | 0.0800 | **0.0127** |
| 4 | $f_c'$ (MPa) | 40 | 40 | 40 |
| 5 | $f_y$ (MPa) | 500 | 500 | 500 |
| 6 | $P_u$(kN) | 1000 | 1000 | 1000 |
| 7 | $M_u$ (kN·m) | 3000 | 3000 | 3000 |
| 목적함수:<br>$CO_2$ (t-$CO_2$/m) | | 0.420 | 0.780 | **0.417** |

***Note:*** *Case 1* – 부등 제약함수 $v_1(\boldsymbol{x})$ 활성
*Case 2* – 부등 제약함수 $v_2(\boldsymbol{x})$ 활성
*Case 3* – 모두 비활성

표 3.2.3 역방향 인공신경망에 의해서 KKT 조건으로 최소화된 $CO_2$ 배출량과 해당 설계 파라미터

표 3.2.3(a-1) 한 개의 은닉층 및 80개의 뉴런에 기반한 역방향 인공신경망을 학습하여 ACI 318-14로 도출[학습 정확도는 표 3.2.2.2(a-2) 도출]

인공신경망 기반 **Case** 별 **Lagrange** 최적화
(*1 layer - 80 neurons*) (*ACI 318-14*)

| | 설계변수 | Case 1 | Case 2 | Case 3 |
|---|---|---|---|---|
| 3 | $\rho_s$ | **0.0100** | 0.0800 | *N/A* |
| 4 | $f_c'$ (MPa) | 40 | 40 | *N/A* |
| 5 | $f_y$ (MPa) | 500 | 500 | *N/A* |
| 6 | $P_u$(kN) | 1000 | 1000 | *N/A* |
| 7 | $M_u$ (kN·m) | 3000 | 3000 | *N/A* |
| 10 | $SF$ | 1 | 1 | *N/A* |
| 11 | $b/h$ | 1 | 1 | *N/A* |
| 목적함수: $CO_2$ (t-$CO_2$/m) | | **0.384** | 0.764 | *N/A* |

***Note:*** *Case 1* – 부등 제약함수 $v_1(\boldsymbol{x})$ 활성
*Case 2* – 부등 제약함수 $v_2(\boldsymbol{x})$ 활성
*Case 3* – 모두 비활성

표 3.2.3(a-2) 한 개의 은닉층 및 80개의 뉴런에 기반한 역방향 인공신경망을 학습하여 ACI 318-19로 도출[학습 정확도는 표 3.2.2.2(b-2) 도출]

인공신경망 기반 **Case** 별 **Lagrange** 최적화
(*1 layer - 80 neurons*) (*ACI 318-19*)

| | 설계변수 | Case 1 | Case 2 | Case 3 |
|---|---|---|---|---|
| 3 | $\rho_s$ | **0.0100** | 0.0800 | *N/A* |
| 4 | $f_c'$ (MPa) | 40 | 40 | *N/A* |
| 5 | $f_y$ (MPa) | 500 | 500 | *N/A* |
| 6 | $P_u$(kN) | 1000 | 1000 | *N/A* |
| 7 | $M_u$ (kN·m) | 3000 | 3000 | *N/A* |
| 10 | $SF$ | 1 | 1 | *N/A* |
| 11 | $b/h$ | 1 | 1 | *N/A* |
| 목적함수: $CO_2$ (t-$CO_2$/m) | | **0.400** | 0.783 | *N/A* |

***Note:*** *Case 1* – 부등 제약함수 $v_1(\boldsymbol{x})$ 활성
*Case 2* – 부등 제약함수 $v_2(\boldsymbol{x})$ 활성
*Case 3* – 모두 비활성

표 3.2.3(b-1) 두 개의 은닉층 및 80개의 뉴런에 기반한 역방향 인공신경망을 학습하여 ACI 318-14로 도출[학습 정확도는 표 3.2.2.2(a-2) 도출]

인공신경망 기반 **Case** 별 **Lagrange** 최적화
(*2 layers - 80 neurons*) (*ACI 318-14*)

| | 설계변수 | Case 1 | Case 2 | Case 3 |
|---|---|---|---|---|
| 3 | $\rho_s$ | 0.0100 | 0.0800 | **0.0116** |
| 4 | $f_c'$ (MPa) | 40 | 40 | 40 |
| 5 | $f_y$ (MPa) | 500 | 500 | 500 |
| 6 | $P_u$(kN) | 1000 | 1000 | 1000 |
| 7 | $M_u$ (kN·m) | 3000 | 3000 | 3000 |
| 10 | $SF$ | 1 | 1 | 1 |
| 11 | $b/h$ | 1 | 1 | 1 |
| | 목적함수:<br>$CO_2$ (t-$CO_2$/m) | 0.4149 | 0.7670 | **0.414** |

**Note:** *Case 1* – 부등 제약함수 $v_1(\boldsymbol{x})$ 활성
*Case 2* – 부등 제약함수 $v_2(\boldsymbol{x})$ 활성
*Case 3* – 모두 비활성

표 3.2.3(b-2) 두 개의 은닉층 및 80개의 뉴런에 기반한 역방향 인공신경망을 학습하여 ACI 318-19로 도출[학습 정확도는 표 3.2.2.2(b-2) 도출]

인공신경망 기반 **Case** 별 **Lagrange** 최적화
(*2 layers - 80 neurons*) (*ACI 318-19*)

| | 설계변수 | Case 1 | Case 2 | Case 3 |
|---|---|---|---|---|
| 3 | $\rho_s$ | **0.0100** | 0.0800 | *N/A* |
| 4 | $f_c'$ (MPa) | 40 | 40 | *N/A* |
| 5 | $f_y$ (MPa) | 500 | 500 | *N/A* |
| 6 | $P_u$(kN) | 1000 | 1000 | *N/A* |
| 7 | $M_u$ (kN·m) | 3000 | 3000 | *N/A* |
| 10 | $SF$ | 1 | 1 | *N/A* |
| 11 | $b/h$ | 1 | 1 | *N/A* |
| | 목적함수:<br>$CO_2$ (t-$CO_2$/m) | **0.4058** | 0.7889 | *N/A* |

**Note:** *Case 1* – 부등 제약함수 $v_1(\boldsymbol{x})$ 활성
*Case 2* – 부등 제약함수 $v_2(\boldsymbol{x})$ 활성
*Case 3* – 모두 비활성

표 3.2.3(c-1) 다섯 개의 은닉층 및 80개의 뉴런에 기반한 역방향 인공신경망을 학습하여 ACI 318-14로 도출[학습 정확도는 표 3.2.2.2(a-2) 도출]

인공신경망 기반 **Case** 별 **Lagrange** 최적화
(*5 layers - 80 neurons*) (*ACI 318-14*)

| | 설계변수 | Case 1 | Case 2 | Case 3 |
|---|---|---|---|---|
| 3 | $\rho_s$ | 0.0100 | 0.0800 | **0.0116** |
| 4 | $f_c'$ (MPa) | 40 | 40 | 40 |
| 5 | $f_y$ (MPa) | 500 | 500 | 500 |
| 6 | $P_u$(kN) | 1000 | 1000 | 1000 |
| 7 | $M_u$ (kN·m) | 3000 | 3000 | 3000 |
| 10 | $SF$ | 1 | 1 | 1 |
| 11 | $b/h$ | 1 | 1 | 1 |
| | 목적함수:<br>$CO_2$ (t-$CO_2$/m) | 0.4154 | 0.7664 | **0.415** |

**Note:** *Case 1* – 부등 제약함수 $v_1(\boldsymbol{x})$ 활성
*Case 2* – 부등 제약함수 $v_2(\boldsymbol{x})$ 활성
*Case 3* – 모두 비활성

표 3.2.3(c-2) 다섯 개의 은닉층 및 80개의 뉴런에 기반한 역방향 인공신경망을 학습하여 ACI 318-19로 도출[학습 정확도는 표 3.2.2.2(b-2) 도출]

인공신경망 기반 **Case** 별 **Lagrange** 최적화
(*5 layers - 80 neurons*) (*ACI 318-19*)

| | 설계변수 | Case 1 | Case 2 | Case 3 |
|---|---|---|---|---|
| 3 | $\rho_s$ | **0.0100** | 0.0800 | *N/A* |
| 4 | $f_c'$ (MPa) | 40 | 40 | *N/A* |
| 5 | $f_y$ (MPa) | 500 | 500 | *N/A* |
| 6 | $P_u$(kN) | 1000 | 1000 | *N/A* |
| 7 | $M_u$ (kN·m) | 3000 | 3000 | *N/A* |
| 10 | $SF$ | 1 | 1 | *N/A* |
| 11 | $b/h$ | 1 | 1 | *N/A* |
| | 목적함수:<br>$CO_2$ (t-$CO_2$/m) | **0.4107** | 0.7780 | *N/A* |

**Note:** *Case 1* – 부등 제약함수 $v_1(\boldsymbol{x})$ 활성
*Case 2* – 부등 제약함수 $v_2(\boldsymbol{x})$ 활성
*Case 3* – 모두 비활성

표 3.2.3(d-1) 열 개의 은닉층 및 80개의 뉴런에 기반한 역방향 인공신경망을 학습하여 ACI 318-14로 도출[학습 정확도는 표 3.2.2.2(a-2) 도출]

인공신경망 기반 **Case** 별 **Lagrange** 최적화
(*10 layers - 80 neurons*) (*ACI 318-14*)

| | 설계변수 | Case 1 | Case 2 | Case 3 |
|---|---|---|---|---|
| 3 | $\rho_s$ | 0.0100 | 0.0800 | **0.0119** |
| 4 | $f_c'$ (MPa) | 40 | 40 | 40 |
| 5 | $f_y$ (MPa) | 500 | 500 | 500 |
| 6 | $P_u$(kN) | 1000 | 1000 | 1000 |
| 7 | $M_u$ (kN·m) | 3000 | 3000 | 3000 |
| 10 | $SF$ | 1 | 1 | 1 |
| 11 | $b/h$ | 1 | 1 | 1 |
| | 목적함수: $CO_2$ (t-$CO_2$/m) | 0.4161 | 0.7651 | **0.4150** |

***Note:*** *Case 1* – 부등 제약함수 $v_1(\boldsymbol{x})$ 활성
*Case 2* – 부등 제약함수 $v_2(\boldsymbol{x})$ 활성
*Case 3* – 모두 비활성

표 3.2.3(d-2) 열 개의 은닉층 및 80개의 뉴런에 기반한 역방향 인공신경망을 학습하여 ACI 318-19로 도출[학습 정확도는 표 3.2.2.2(b-2) 도출]

인공신경망 기반 **Case** 별 **Lagrange** 최적화
(*10 layers - 80 neurons*) (*ACI 318-19*)

| | 설계변수 | Case 1 | Case 2 | Case 3 |
|---|---|---|---|---|
| 3 | $\rho_s$ | 0.0100 | 0.0800 | **0.0105** |
| 4 | $f_c'$ (MPa) | 40 | 40 | 40 |
| 5 | $f_y$ (MPa) | 500 | 500 | 500 |
| 6 | $P_u$(kN) | 1000 | 1000 | 1000 |
| 7 | $M_u$ (kN·m) | 3000 | 3000 | 3000 |
| 10 | $SF$ | 1 | 1 | 1 |
| 11 | $b/h$ | 1 | 1 | 1 |
| | 목적함수: $CO_2$ (t-$CO_2$/m) | 0.4141 | 0.7792 | **0.4140** |

***Note:*** *Case 1* – 부등 제약함수 $v_1(\boldsymbol{x})$ 활성
*Case 2* – 부등 제약함수 $v_2(\boldsymbol{x})$ 활성
*Case 3* – 모두 비활성

표 3.2.3(e-1) 1, 2, 5, 10개의 은닉층 조합 및 80개의 뉴런에 기반한 역방향 인공신경망을 학습하여 ACI 318-14로 도출[학습 정확도는 표 3.2.2.2(a-2) 도출]

인공신경망 기반 **Case** 별 **Lagrange** 최적화
(*best networks in term of MSE*) (*ACI 318-14*)

| | 설계변수 | Case 1 | Case 2 | Case 3 |
|---|---|---|---|---|
| 3 | $\rho_s$ | 0.0100 | 0.0800 | **0.0116** |
| 4 | $f_c'$ (MPa) | 40 | 40 | 40 |
| 5 | $f_y$ (MPa) | 500 | 500 | 500 |
| 6 | $P_u$(kN) | 1000 | 1000 | 1000 |
| 7 | $M_u$ (kN·m) | 3000 | 3000 | 3000 |
| 10 | $SF$ | 1 | 1 | 1 |
| 11 | $b/h$ | 1 | 1 | 1 |
| | 목적함수: $CO_2$ (t-$CO_2$/m) | 0.4154 | 0.7664 | **0.4147** |

***Note:*** *Case 1* – 부등 제약함수 $v_1(\boldsymbol{x})$ 활성
*Case 2* – 부등 제약함수 $v_2(\boldsymbol{x})$ 활성
*Case 3* – 모두 비활성

표 3.2.3(e-2) 1, 2, 5, 10개의 은닉층 조합 및 80개의 뉴런에 기반한 역방향 인공신경망을 학습하여 80 뉴런을 갖는 역방향 인공신경망에 기반하여 ACI 318-19로 도출 [학습 정확도는 표 3.2.2.2(b-2) 도출]

인공신경망 기반 **Case** 별 **Lagrange** 최적화
(*best networks in term of MSE*) (*ACI 318-19*)

| | 설계변수 | Case 1 | Case 2 | Case 3 |
|---|---|---|---|---|
| 3 | $\rho_s$ | 0.0100 | 0.0800 | **0.0105** |
| 4 | $f_c'$ (MPa) | 40 | 40 | 40 |
| 5 | $f_y$ (MPa) | 500 | 500 | 500 |
| 6 | $P_u$(kN) | 1000 | 1000 | 1000 |
| 7 | $M_u$ (kN·m) | 3000 | 3000 | 3000 |
| 10 | $SF$ | 1 | 1 | 1 |
| 11 | $b/h$ | 1 | 1 | 1 |
| | 목적함수: $CO_2$ (t-$CO_2$/m) | 0.4141 | 0.7792 | **0.4140** |

***Note:*** *Case 1* – 부등 제약함수 $v_1(\boldsymbol{x})$ 활성
*Case 2* – 부등 제약함수 $v_2(\boldsymbol{x})$ 활성
*Case 3* – 모두 비활성

표 3.2.3은 1, 2, 5, 10개의 은닉층 및 1, 2, 5, 10개 조합으로 이뤄진 은닉층과 80개의 뉴런을 사용한 역방향 인공신경망을 적용하는 경우에 최적화된 이산화탄소 배출량을 보여주고 있다. KKT 조건 3의 경우, ACI 318-14 기반으로는 철근비 $\rho_s$이 0.0116일 때 최적화된 최소 이산화탄소 배출량은 0.4147(t - $CO_2$/m)로 도출[표 3.2.3(e-1)]되었고 ACI 318-19 기반으로는 철근비 $\rho_s$가 0.0105일 때 0.4140(t - $CO_2$/m)으로 배출[표 3.2.3(e-2))]되었다. 이때 가장 우수한 학습 결과 test MSE를 이용했다. 표 3.2.4와 표 3.2.5는 1, 2, 5, 10개의 은닉층 및 1, 2, 5, 10개 조합으로 이뤄진 은닉층과 80개의 뉴런을 사용한 순방향과 역방향 인공신경망을 적용한 경우에 최적화된 이산화탄소 배출량에 대응하는 설계 파라미터의 설계 정확도를 보여주고 있다.

두 개 조합으로 이뤄진 은닉층과 80개의 뉴런을 사용한 순방향 인공신경망을 적용하는 경우, 표 3.2.4(b-1)의 ACI 318-14 기반으로는 설계 축강도 $\phi P_n$의 최대 오차는 -10.3%, 표 3.2.4(b-2)의 ACI 318-19 기반으로는 -3.42%로 구해졌다. 다섯 개 조합으로 이뤄진 은닉층과 80개의 뉴런을 사용한 순방향 인공신경망을 적용하는 경우, 표 3.2.4(c-1)의 ACI 318-14 기반으로는 설계 축강도 $\phi P_n$의 최대 오차는 0.7%로 축소되었고 표 3.2.4(c-2)의 ACI 318-19 기반으로는 0.98%로 축소되었다. 10개 조합으로 이뤄진 은닉층과 80개의 뉴런을 사용한 순방향 인공신경망을 적용하는 경우, 표 3.2.4(d-1)의 ACI 318-14 기반으로는 최대 오차는 -1.1%로 축소되었고 표 3.2.4 (d-2)의 ACI 318-19 기반으로는 0.03%로 축소되었다.

한 개 조합으로 이뤄진 은닉층과 80개의 뉴런을 사용한 역방향 인공신경망을 적용하는 경우, 표 3.2.5(a-1)의 ACI 318-14 기반으로는 설계 축강도 $\phi P_n$의 최대 오차는 8.7%, 표 3.2.5(a-2)의 ACI 318-19 기반으로는 10.0%로 구해졌다. 두 개 조합으로 이뤄진 은닉층과 80개의 뉴런을 사용한 역방향 인공신경망을 적용하는 경우, 표 3.2.5(b-1)의 ACI 318-14 기반으로는 설계 축강도 $\phi P_n$의 최대 오차는 1.2%로 축소되었고 표 3.2.5(b-2)의 ACI 318-19 기반으로는 0.7%로 축소되었다. 1, 2, 5, 10개 조합으로 이뤄진 은닉층과 80개의 뉴런을 사용한 역방향 인공신경망을 적용하는 경우, 표 3.2.5(e-1)의 ACI 318-14 기반으로는 설계 축강도 $\phi P_n$의 최대 오차는 -0.7%로 축소되었고 표 3.2.5(e-2)의 ACI 318-19 기반으로는 0.1%로 축소되었다.

한 개의 은닉층과 80개의 뉴런을 이용한 표 3.2.4(a-1), (a-2)의 순방향 인공신경망과 표 3.2.5(a-1), (a-2)의 역방향 인공신경망은 최소 이산화탄소 배출량을 도출했지만 설계 축강도 $P_n$(kN) 및 모멘트 강도 $M_n$(kN·m) 정확도가 부족했고 그외 설계 파라미터의 정확도도 신뢰할 수 없어 설계에 적용할 수 없을 것으로 판단된다. 최소 이산화탄소 배출량의 결론을 도출하기 전 모든 설계 정확도를 반드시 검증해야 한다. 즉 적은 수의 은닉층과 뉴런을 이용하는 인공신경망을 적용하면 설계 파라미터의 정확도를 신뢰할 수 없고 설계에 큰 오차가 초래될 수 있다. 다양한 은닉층과 뉴런을 이용해 빅데이터 학습과 관련된 불확실성을 줄여야 할 것으로 판단된다.

표 3.2.4 순방향 인공신경망에 기반하여 최소화된 $CO_2$ 배출량의 설계 정확도

표 3.2.4(a-1) 한 개의 은닉층 및 80개의 뉴런에 기반한 순방향 인공신경망을 학습하여 ACI 318-14로 도출[학습 정확도는 표 3.2.2.2(a-1) 도출]

***$CO_2$* 배출량 최적화 설계**
(*based on 1 layer with 80 neurons*) (*ACI 318-14*)

| | 설계변수 | AI 결과 | *AutoCol* 검증 | 오차 |
|---|---|---|---|---|
| 1 | $b$ (mm) | **1042.00** | | |
| 2 | $h$ (mm) | **1042.00** | | |
| 3 | $\rho_s$ | **0.0100** | | |
| 4 | $f_c'$ (MPa) | 40 | | |
| 5 | $f_y$ (MPa) | 500 | | |
| 6 | $P_u$(kN) | 1000 | | |
| 7 | $M_u$ (kN·m) | 3000 | | |
| 8 | $\phi P_n$ (kN) | 984.1 | 916.5 | 6.9% |
| 9 | $\phi M_n$ (kN·m) | 2938.6 | 2749.4 | 6.44% |
| 10 | $SF$ | 1.00 | 0.92 | 8.35% |
| 11 | $b/h$ | 1.00 | 1.00 | 0.00% |
| 12 | $\varepsilon_s$ | 0.0297 | 0.0304 | -2.49% |
| 13 | $CI_c$ (KRW/m) | 192921.0 | 191983.6 | 0.49% |
| 14 | $CO_2$ (t-$CO_2$/m) | **0.39650** | **0.39629** | 0.05% |
| 15 | $W_c$ (kN/m) | 25.584 | 25.581 | 0.01% |
| 16 | $\alpha_{e/h}$ | 0.351 | 0.334 | 4.89% |

**Note:** (점선 박스) 인공신경망 기반 설계용 **7** 개 설계변수
(파선 박스) ***AutoCol*** 검증
인공신경망 기반 최적화 ***$CO_2$*** 배출량 = **0.3965**
**(빅데이터 도출 0.4145 대비 -434% 오차)**

표 3.2.4(a-2) 한 개의 은닉층 및 80개의 뉴런에 기반한 순방향 인공신경망을 학습하여 ACI 318-19로 도출[학습 정확도는 표 3.2.2.2(b-1) 도출]

***$CO_2$* 배출량 최적화 설계**
(*based on 1 layer with 80 neurons*) (*ACI 318-19*)

| | 설계변수 | **AI** 결과 | ***AutoCol*** 검증 | 오차 |
|---|---|---|---|---|
| 1 | $b$ (mm) | **1050.21** | | |
| 2 | $h$ (mm) | **1050.21** | | |
| 3 | $\rho_s$ | **0.0100** | | |
| 4 | $f_c'$ (MPa) | 40 | | |
| 5 | $f_y$ (MPa) | 500 | | |
| 6 | $P_u$(kN) | 1000 | | |
| 7 | $M_u$ (kN·m) | 3000 | | |
| 8 | $\phi P_n$ (kN) | 1105.3 | 940.3 | 14.9% |
| 9 | $\phi M_n$ (kN·m) | 3119.9 | 2820.8 | 9.59% |
| 10 | $SF$ | 1.00 | 0.94 | 5.97% |
| 11 | $b/h$ | 1.00 | 1.00 | 0.00% |
| 12 | $\varepsilon_s$ | 0.0305 | 0.0304 | 0.13% |
| 13 | $CI_c$ (KRW/m) | 195308.3 | 195021.0 | 0.15% |
| 14 | $CO_2$ (t-$CO_2$/m) | **0.40379** | **0.40256** | 0.30% |
| 15 | $W_c$ (kN/m) | 25.99 | 25.99 | 0.00% |
| 16 | $\alpha_{e/h}$ | 0.364 | 0.337 | 7.54% |

**Note:** (점선 상자) 인공신경망 기반 설계용 **7** 개 설계변수
(파선 상자) ***AutoCol*** 검증
인공신경망 기반 최적화 $CO_2$ 배출량 = **0.4038**
(빅데이터 도출 **0.4145** 대비 **-2.58%** 오차)

표 3.2.4(b-1) 두 개의 은닉층 및 80개의 뉴런에 기반한 순방향 인공신경망을 학습하여 ACI 318-14로 도출[학습 정확도는 표 3.2.2.2(a-1) 도출]

***$CO_2$* 배출량 최적화 설계**

(*based on 2 layers with 80 neurons*) (*ACI 318-14*)

| | 설계변수 | AI 결과 | ***AutoCol*** 검증 | 오차 |
|---|---|---|---|---|
| 1 | $b$ (mm) | **1063.15** | | |
| 2 | $h$ (mm) | **1063.15** | | |
| 3 | $\rho_s$ | **0.0100** | | |
| 4 | $f_c'$ (MPa) | 40 | | |
| 5 | $f_y$ (MPa) | 500 | | |
| 6 | $P_u$(kN) | 1000 | | |
| 7 | $M_u$ (kN·m) | 3000 | | |
| 8 | $\phi P_n$ (kN) | 887.4 | 978.7 | -10.3% |
| 9 | $\phi M_n$ (kN·m) | 3058.5 | 2936.0 | 4.00% |
| 10 | $SF$ | 1.00 | 0.98 | 2.13% |
| 11 | $b/h$ | 0.9999 | 1.0000 | -0.01% |
| 12 | $\varepsilon_s$ | 0.0312 | 0.0305 | 2.16% |
| 13 | $CI_C$ (KRW/m) | 200257.1 | 199856.0 | 0.20% |
| 14 | $CO_2$ (t-$CO_2$/m) | **0.4129** | **0.4125** | 0.09% |
| 15 | $W_C$ (kN/m) | 26.630 | 26.630 | 0.00% |
| 16 | $\alpha_{e/h}$ | 0.347 | 0.341 | 1.98% |

**Note:** (점선 상자) 인공신경망 기반 설계용 **7** 개 설계변수
(파선 상자) ***AutoCol*** 검증
인공신경망 기반 최적화 ***$CO_2$*** 배출량 = **0.4129**
(빅데이터 도출 **0.4145** 대비 **-0.39%** 오차)

표 3.2.4(b-2) 두 개의 은닉층 및 80개의 뉴런에 기반한 순방향 인공신경망을 학습하여 ACI 318-19로 도출[학습 정확도는 표 3.2.2.2(b-1) 도출]

**$CO_2$ 배출량 최적화 설계**

(*based on 2 layers with 80 neurons*) (*ACI 318-19*)

| | 설계변수 | AI 결과 | *AutoCol* 검증 | 오차 |
|---|---|---|---|---|
| 1 | $b$ (mm) | **1006.86** | | |
| 2 | $h$ (mm) | **1006.86** | | |
| 3 | $\rho_s$ | **0.0121** | | |
| 4 | $f_c'$ (MPa) | 40 | | |
| 5 | $f_y$ (MPa) | 500 | | |
| 6 | $P_u$(kN) | 1000 | | |
| 7 | $M_u$ (kN·m) | 3000 | | |
| 8 | $\phi P_n$ (kN) | 955.5 | 988.1 | -3.42% |
| 9 | $\phi M_n$ (kN·m) | 3033.6 | 2964.4 | 2.28% |
| 10 | $SF$ | 1.00 | 0.99 | 1.19% |
| 11 | $b/h$ | 1.0001 | 1.0000 | 0.01% |
| 12 | $\varepsilon_s$ | 0.0276 | 0.0266 | 3.40% |
| 13 | $CI_c$ (KRW/m) | 198278.9 | 197124.5 | 0.58% |
| 14 | $CO_2$ (t-$CO_2$/m) | **0.411** | **0.413** | -0.31% |
| 15 | $W_c$ (kN/m) | 23.881 | 23.884 | -0.01% |
| 16 | $\alpha_{e/h}$ | 0.3243 | 0.3238 | 0.14% |

**Note:** (점선 상자) 인공신경망 기반 설계용 **7** 개 설계변수

(파선 상자) ***AutoCol*** 검증

인공신경망 기반 최적화 $CO_2$ 배출량 = **0.411**

(빅데이터 도출 **0.4145** 대비 **-0.84%** 오차)

표 3.2.4(c-1) 다섯 개의 은닉층 및 80개의 뉴런에 기반한 순방향 인공신경망을 학습하여 ACI 318-14로 도출[학습 정확도는 표 3.2.2.2(a-1) 도출]

***$CO_2$* 배출량 최적화 설계**

(*based on 5 layers with 80 neurons*) (*ACI 318-14*)

| | 설계변수 | AI 결과 | ***AutoCol*** 검증 | 오차 |
|---|---|---|---|---|
| 1 | $b$ (mm) | **996.35** | | |
| 2 | $h$ (mm) | **996.35** | | |
| 3 | $\rho_s$ | **0.0127** | | |
| 4 | $f_c'$ (MPa) | 40 | | |
| 5 | $f_y$ (MPa) | 500 | | |
| 6 | $P_u$(kN) | 1000 | | |
| 7 | $M_u$ (kN·m) | 3000 | | |
| 8 | $\phi P_n$ (kN) | 1006.0 | 999.0 | 0.7% |
| 9 | $\phi M_n$ (kN·m) | 3037.9 | 2997.1 | 1.34% |
| 10 | $SF$ | 1.000 | 0.999 | 0.10% |
| 11 | $b/h$ | 1.000 | 1.000 | 0.00% |
| 12 | $\varepsilon_s$ | 0.0267 | 0.0258 | 3.36% |
| 13 | $CI_c$ (KRW/m) | 196706.2 | 197784.1 | -0.55% |
| 14 | $CO_2$ (t-$CO_2$/m) | **0.415** | **0.415** | -0.02% |
| 15 | $W_c$ (kN/m) | 23.423 | 23.388 | 0.15% |
| 16 | $\alpha_{e/h}$ | 0.3206 | 0.3207 | -0.03% |

**Note:** (점선 상자) 인공신경망 기반 설계용 7 개 설계변수
(파선 상자) *AutoCol* 검증
인공신경망 기반 최적화 $CO_2$ 배출량 = **0.415**
(빅데이터 도출 **0.4145** 대비 **0.12%** 오차)

표 3.2.4(c-2) 다섯 개의 은닉층 및 80개의 뉴런에 기반한 순방향 인공신경망을 학습하여 ACI 318-19로 도출[학습 정확도는 표 3.2.2.2(b-1) 도출]

***$CO_2$* 배출량 최적화 설계**
(*based on 5 layers with 80 neurons*) (*ACI 318-19*)

| | 설계변수 | AI 결과 | *AutoCol* 검증 | 오차 |
|---|---|---|---|---|
| 1 | $b$ (mm) | **1014.50** | | |
| 2 | $h$ (mm) | **1014.50** | | |
| 3 | $\rho_s$ | **0.0120** | | |
| 4 | $f_c'$ (MPa) | 40 | | |
| 5 | $f_y$ (MPa) | 500 | | |
| 6 | $P_u$(kN) | 1000 | | |
| 7 | $M_u$ (kN·m) | 3000 | | |
| 8 | $\phi P_n$ (kN) | 1009.2 | 999.4 | 0.98% |
| 9 | $\phi M_n$ (kN·m) | 3006.9 | 2998.1 | 0.29% |
| 10 | $SF$ | 1.000 | 0.999 | 0.06% |
| 11 | $b/h$ | 1.0001 | 1.0000 | 0.01% |
| 12 | $\varepsilon_s$ | 0.0276 | 0.0269 | 2.34% |
| 13 | $CI_c$ (KRW/m) | 197431.6 | 198709.6 | -0.65% |
| 14 | $CO_2$ (t-$CO_2$/m) | **0.413** | **0.415** | -0.58% |
| 15 | $W_c$ (kN/m) | 24.179 | 24.248 | -0.29% |
| 16 | $\alpha_{e/h}$ | 0.326 | 0.326 | 0.00% |

**Note:** (점선 박스) 인공신경망 기반 설계용 7 개 설계변수
(파선 박스) *AutoCol* 검증
인공신경망 기반 최적화 $CO_2$ 배출량 = **0.413**
(빅데이터 도출 **0.4145** 대비 **-0.36%** 오차)

표 3.2.4(d-1) 열 개의 은닉층 및 80개의 뉴런에 기반한 순방향 인공신경망을 학습하여 ACI 318-14로 도출[학습 정확도는 표 3.2.2.2(a-1) 도출]

***$CO_2$* 배출량 최적화 설계**
(*based on 10 layers with 80 neurons*) (*ACI 318-14*)

| | 설계변수 | **AI** 결과 | ***AutoCol*** 검증 | 오차 |
|---|---|---|---|---|
| 1 | $b$ (mm) | **957.56** | | |
| 2 | $h$ (mm) | **957.56** | | |
| 3 | $\rho_s$ | **0.0145** | | |
| 4 | $f_c'$ (MPa) | 40 | | |
| 5 | $f_y$ (MPa) | 500 | | |
| 6 | $P_u$(kN) | 1000 | | |
| 7 | $M_u$ (kN·m) | 3000 | | |
| 8 | $\phi P_n$ (kN) | 987.6 | 998.2 | -1.1% |
| 9 | $\phi M_n$ (kN·m) | 2998.7 | 2994.7 | 0.14% |
| 10 | $SF$ | 1.000 | 0.998 | 0.18% |
| 11 | $b/h$ | 1.001 | 1.000 | 0.08% |
| 12 | $\varepsilon_s$ | 0.0242 | 0.0235 | 2.85% |
| 13 | $CI_c$ (KRW/m) | 196160.1 | 196365.6 | -0.10% |
| 14 | $CO_2$ (t-$CO_2$/m) | **0.417** | **0.416** | 0.12% |
| 15 | $W_c$ (kN/m) | 21.522 | 21.603 | -0.37% |
| 16 | $\alpha_{e/h}$ | 0.3087 | 0.3090 | -0.08% |

**Note:** (점선 박스): 인공신경망 기반 설계용 **7** 개 설계변수
(파선 박스): ***AutoCol*** 검증
인공신경망 기반 최적화 ***$CO_2$*** 배출량 = **0.417**
(빅데이터 도출 **0.4145** 대비 **0.60%** 오차)

표 3.2.4(d-2) 열 개의 은닉층 및 80개의 뉴런에 기반한 순방향 인공신경망을 학습하여 ACI 318-19로 도출[학습 정확도는 표 3.2.2.2(b-1) 도출]

***$CO_2$* 배출량 최적화 설계**

*(based on 10 layers with 80 neurons) (ACI 318-19)*

| | 설계변수 | AI 결과 | *AutoCol* 검증 | 오차 |
|---|---|---|---|---|
| 1 | $b$ (mm) | **945.21** | | |
| 2 | $h$ (mm) | **945.21** | | |
| 3 | $\rho_s$ | **0.0152** | | |
| 4 | $f_c'$ (MPa) | 40 | | |
| 5 | $f_y$ (MPa) | 500 | | |
| 6 | $P_u$(kN) | 1000 | | |
| 7 | $M_u$ (kN·m) | 3000 | | |
| 8 | $\phi P_n$ (kN) | 1001.6 | 1001.3 | 0.03% |
| 9 | $\phi M_n$ (kN·m) | 2991.8 | 3004.0 | -0.41% |
| 10 | $SF$ | 1.000 | 1.001 | -0.13% |
| 11 | $b/h$ | 1.0002 | 1.0000 | 0.02% |
| 12 | $\varepsilon_s$ | 0.0232 | 0.0227 | 2.01% |
| 13 | $CI_c$ (KRW/m) | 197486.9 | 196477.8 | 0.51% |
| 14 | $CO_2$ (t-$CO_2$/m) | **0.417** | **0.418** | -0.25% |
| 15 | $W_c$ (kN/m) | 21.045 | 21.049 | -0.02% |
| 16 | $\alpha_{e/h}$ | 0.3050 | 0.3052 | -0.08% |

**Note:** (점선 박스) 인공신경망 기반 설계용 **7** 개 설계변수
(파선 박스) *AutoCol* 검증
인공신경망 기반 최적화 ***$CO_2$*** 배출량 = **0.417**
(빅데이터 도출 **0.4145** 대비 **0.60%** 오차)

표 3.2.4(e-1) 1, 2, 5, 10개의 은닉층 조합 및 80개의 뉴런에 기반한 순방향 인공신경망을 학습하여 ACI 318-14로 도출[학습 정확도는 표 3.2.2.2(a-1) 도출]

**$CO_2$ 배출량 최적화 설계**
(*based on best networks in term of MSE*) (*ACI 318-14*)

| | 설계변수 | **BEST** 인공신경망 | **AI** 결과 | ***AutoCol*** 검증 | 오차 |
|---|---|---|---|---|---|
| 1 | $b$ (mm) | | **1005.90** | | |
| 2 | $h$ (mm) | | **1005.90** | | |
| 3 | $\rho_s$ | | **0.0123** | | |
| 4 | $f_c'$ (MPa) | | 40 | | |
| 5 | $f_y$ (MPa) | | 500 | | |
| 6 | $P_u$(kN) | | 1000 | | |
| 7 | $M_u$ (kN·m) | | 3000 | | |
| 8 | $\phi P_n$ (kN) | 5L - 80N | (1008.5) | 996.1 | (1.23%) |
| 9 | $\phi M_n$ (kN·m) | 10L - 80N | (2989.0) | 2988.3 | (0.02%) |
| 10 | $SF$ | 10L - 80N | 1.000 | 0.996 | 0.39% |
| 11 | $b/h$ | 2L - 80N | (1.0000) | 1.0000 | (0.00%) |
| 12 | $\varepsilon_s$ | 10L - 80N | (0.02728) | 0.02645 | (3.07%) |
| 13 | $CI_C$ (KRW/m) | 1L - 80N | (198661.8) | 197920.9 | (0.37%) |
| 14 | $CO_2$ (t-$CO_2$/m) | 2L - 80N | **0.4149** | **0.4146** | 0.07% |
| 15 | $W_C$ (kN/m) | 1L - 80N | (23.842) | 23.839 | (0.01%) |
| 16 | $\alpha_{e/h}$ | 10L - 80N | (0.3233) | 0.3235 | (-0.07%) |

**Note:** (점선 박스) 인공신경망 기반 설계용 7개 설계변수
(파선 박스) ***AutoCol*** 검증
인공신경망 기반 최적화 $CO_2$ 배출량 = **0.4149**
(빅데이터 도출 **0.4145** 대비 **0.10%** 오차)

표 3.2.4(e-2) 1, 2, 5, 10개의 은닉층 조합 및 80개의 뉴런에 기반한 순방향 인공신경망을 학습하여 ACI 318-19로 도출[학습 정확도는 표 3.2.2.2(b-1) 도출]

**$CO_2$ 배출량 최적화 설계**

*(based on best networks in term of MSE) (ACI 318-19)*

| | 설계변수 | **BEST** 인공신경망 | **AI** 결과 | ***AutoCol*** 검증 | 오차 |
|---|---|---|---|---|---|
| 1 | $b$ (mm) | | **997.33** | | |
| 2 | $h$ (mm) | | **997.33** | | |
| 3 | $\rho_s$ | | **0.0127** | | |
| 4 | $f_c'$ (MPa) | | 40 | | |
| 5 | $f_y$ (MPa) | | 500 | | |
| 6 | $P_u$(kN) | | 1000 | | |
| 7 | $M_u$ (kN·m) | | 3000 | | |
| 8 | $\phi P_n$ (kN) | 10L - 80N | (1003.4) | 1001.5 | (0.19%) |
| 9 | $\phi M_n$ (kN·m) | 10L - 80N | (2999.1) | 3004.5 | (-0.18%) |
| 10 | $SF$ | 10L - 80N | 1.000 | 1.001 | -0.15% |
| 11 | $b/h$ | 2L - 80N | (1.0001) | 1.0000 | (0.01%) |
| 12 | $\varepsilon_s$ | 5L - 80N | (0.02652) | 0.02582 | (2.65%) |
| 13 | $CI_C$ (KRW/m) | 1L - 80N | (198292.8) | 198092.2 | (0.10%) |
| 14 | $CO_2$ (t-$CO_2$/m) | 1L - 80N | **0.417** | **0.416** | 0.29% |
| 15 | $W_C$ (kN/m) | 1L - 80N | (23.434) | 23.435 | (0.00%) |
| 16 | $\alpha_{e/h}$ | 10L - 80N | (0.3207) | 0.3210 | (-0.09%) |

**Note:** (점선 박스) 인공신경망 기반 설계용 **7** 개 설계변수
(파선 박스) *AutoCol* 검증
인공신경망 기반 최적화 $CO_2$ 배출량 = **0.417**
(빅데이터 도출 **0.4145** 대비 **0.60%** 오차)

표 3.2.5 역방향 인공신경망에 기반하여 최소화된 $CO_2$ 배출량의 설계 정확도

표 3.2.5(a-1) 한 개의 은닉층 및 80개의 뉴런에 기반한 역방향 인공신경망을 학습하여 ACI 318-14로 도출[학습 정확도는 표 3.2.2.2(a-2) 도출]

**$CO_2$ 배출량 최적화 설계**
*(based on 1 layer with 80 neurons) (ACI 318-14)*

| | 설계변수 | AI 결과 | *AutoCol* 검증 | 오차 |
|---|---|---|---|---|
| 1 | $b$ (mm) | **1023.19** | | |
| 2 | $h$ (mm) | **1045.94** | | |
| 3 | $\rho_s$ | **0.0100** | | |
| 4 | $f_c'$ (MPa) | 40 | | |
| 5 | $f_y$ (MPa) | 500 | | |
| 6 | $P_u$(kN) | 1000 | | |
| 7 | $M_u$ (kN·m) | 3000 | | |
| 8 | $\phi P_n$ (kN) | 993.6 | 907.6 | 8.7% |
| 9 | $\phi M_n$ (kN·m) | 3000.4 | 2722.9 | 9.25% |
| 10 | $SF$ | 1.00 | 0.91 | 9.24% |
| 11 | $b/h$ | 1.00 | 0.98 | 2.18% |
| 12 | $\varepsilon_s$ | 0.0311 | 0.0304 | 2.29% |
| 13 | $CI_c$ (KRW/m) | 192717.7 | 189228.3 | 1.81% |
| 14 | $CO_2$ (t-$CO_2$/m) | **0.384** | **0.391** | -1.67% |
| 15 | $W_c$ (kN/m) | 25.176 | 25.214 | -0.15% |
| 16 | $\alpha_{e/h}$ | 0.330 | 0.335 | -1.60% |

**Note:** (점선 박스) 인공신경망 기반 설계용 **7** 개 설계변수
(파선 박스) *AutoCol* 검증
인공신경망 기반 최적화 $\boldsymbol{CO_2}$ 배출량 = **0.384**
(빅데이터 도출 **0.4145** 대비 **-7.36%** 오차)

표 3.2.5(a-2) 한 개의 은닉층 및 80개의 뉴런에 기반한 역방향 인공신경망을 학습하여 ACI 318-19로 도출[학습 정확도는 표 3.2.2.2(b-2) 도출]

***$CO_2$* 배출량 최적화 설계**

(*based on 1 layer with 80 neurons*) (*ACI 318-19*)

| | 설계변수 | AI 결과 | *AutoCol* 검증 | 오차 |
|---|---|---|---|---|
| 1 | $b$ (mm) | **1030.17** | | |
| 2 | $h$ (mm) | **1042.95** | | |
| 3 | $\rho_s$ | **0.0100** | | |
| 4 | $f_c'$ (MPa) | 40 | | |
| 5 | $f_y$ (MPa) | 500 | | |
| 6 | $P_u$(kN) | 1000 | | |
| 7 | $M_u$ (kN·m) | 3000 | | |
| 8 | $\phi P_n$ (kN) | 1009.1 | 907.9 | 10.0% |
| 9 | $\phi M_n$ (kN·m) | 2995.3 | 2723.8 | 9.07% |
| 10 | $SF$ | 1.00 | 0.91 | 9.21% |
| 11 | $b/h$ | 1.00 | 0.99 | 1.23% |
| 12 | $\varepsilon_s$ | 0.0308 | 0.0304 | 1.47% |
| 13 | $CI_c$ (KRW/m) | 191793.2 | 189976.4 | 0.95% |
| 14 | $CO_2$ (t-$CO_2$/m) | **0.400** | **0.392** | 1.93% |
| 15 | $W_c$ (kN/m) | 25.529 | 25.313 | 0.84% |
| 16 | $\alpha_{e/h}$ | 0.333 | 0.335 | -0.43% |

**Note:** (점선) 인공신경망 기반 설계용 **7** 개 설계변수
(파선) ***AutoCol*** 검증
인공신경망 기반 최적화 ***$CO_2$*** 배출량 = **0.400**
(빅데이터 도출 **0.4145** 대비 **-3.50%** 오차)

표 3.2.5(b-1) 두 개의 은닉층 및 80개의 뉴런에 기반한 역방향 인공신경망을 학습하여 ACI 318-14로 도출[학습 정확도는 표 3.2.2.2(a-2) 도출]

***$CO_2$* 배출량 최적화 설계**
(*based on 2 layers with 80 neurons*) (*ACI 318-14*)

| | 설계변수 | AI 결과 | *AutoCol* 검증 | 오차 |
|---|---|---|---|---|
| 1 | $b$ (mm) | **1020.93** | | |
| 2 | $h$ (mm) | **1021.08** | | |
| 3 | $\rho_s$ | **0.0116** | | |
| 4 | $f_c'$ (MPa) | 40 | | |
| 5 | $f_y$ (MPa) | 500 | | |
| 6 | $P_u$(kN) | 1000 | | |
| 7 | $M_u$ (kN·m) | 3000 | | |
| 8 | $\phi P_n$ (kN) | 1006.2 | 993.9 | 1.2% |
| 9 | $\phi M_n$ (kN·m) | 2996.0 | 2981.6 | 0.48% |
| 10 | $SF$ | 1.000 | 0.994 | 0.61% |
| 11 | $b/h$ | 1.0000 | 0.9999 | 0.01% |
| 12 | $\varepsilon_s$ | 0.0288 | 0.0274 | 4.59% |
| 13 | $CI_c$ (KRW/m) | 199441.7 | 198488.6 | 0.48% |
| 14 | $CO_2$ (t-$CO_2$/m) | **0.4140** | **0.4142** | -0.05% |
| 15 | $W_c$ (kN/m) | 24.521 | 24.560 | -0.16% |
| 16 | $\alpha_{e/h}$ | 0.333 | 0.328 | 1.61% |

**Note:** (점선 상자) 인공신경망 기반 설계용 7 개 설계변수
(파선 상자) *AutoCol* 검증
인공신경망 기반 최적화 $CO_2$ 배출량 = **0.414**
(빅데이터 도출 **0.4145** 대비 **-0.12%** 오차)

표 3.2.5(b-2) 두 개의 은닉층 및 80개의 뉴런에 기반한 역방향 인공신경망을 학습하여 ACI 318-19로 도출[학습 정확도는 표 3.2.2.2(b-2) 도출]

***$CO_2$* 배출량 최적화 설계**
(*based on 2 layers with 80 neurons*) (*ACI 318-19*)

| | 설계변수 | AI 결과 | *AutoCol* 검증 | 오차 |
|---|---|---|---|---|
| 1 | $b$ (mm) | **1069.99** | | |
| 2 | $h$ (mm) | **1065.97** | | |
| 3 | $\rho_s$ | **0.0100** | | |
| 4 | $f_c'$ (MPa) | 40 | | |
| 5 | $f_y$ (MPa) | 500 | | |
| 6 | $P_u$(kN) | 1000 | | |
| 7 | $M_u$ (kN·m) | 3000 | | |
| 8 | $\phi P_n$ (kN) | 998.3 | 990.9 | 0.7% |
| 9 | $\phi M_n$ (kN·m) | 2994.9 | 2972.7 | 0.74% |
| 10 | $SF$ | 1.000 | 0.991 | 0.91% |
| 11 | $b/h$ | 1.000 | 1.004 | -0.38% |
| 12 | $\varepsilon_s$ | 0.0315 | 0.0305 | 3.04% |
| 13 | $CI_C$ (KRW/m) | 199846.0 | 201675.4 | -0.92% |
| 14 | $CO_2$ (t-$CO_2$/m) | **0.406** | **0.416** | -2.59% |
| 15 | $W_C$ (kN/m) | 26.823 | 26.872 | -0.18% |
| 16 | $\alpha_{e/h}$ | 0.339 | 0.341 | -0.74% |

**Note:** (점선 박스) 인공신경망 기반 설계용 **7** 개 설계변수
(파선 박스) *AutoCol* 검증
인공신경망 기반 최적화 ***$CO_2$*** 배출량 = **0.406**
(빅데이터 도출 **0.4145** 대비 -2.05% 오차)

표 3.2.5(c-1) 다섯 개의 은닉층 및 80개의 뉴런에 기반한 역방향 인공신경망을 학습하여 ACI 318-14로 도출 [학습 정확도는 표 3.2.2.2(a-2) 도출]

***$CO_2$* 배출량 최적화 설계**

*(based on 5 layers with 80 neurons) (ACI 318-14)*

| | 설계변수 | **AI** 결과 | ***AutoCol*** 검증 | 오차 |
|---|---|---|---|---|
| 1 | $b$ (mm) | **1023.36** | | |
| 2 | $h$ (mm) | **1023.15** | | |
| 3 | $\rho_s$ | **0.0116** | | |
| 4 | $f_c'$ (MPa) | 40 | | |
| 5 | $f_y$ (MPa) | 500 | | |
| 6 | $P_u$(kN) | 1000 | | |
| 7 | $M_u$ (kN·m) | 3000 | | |
| 8 | $\phi P_n$ (kN) | 998.2 | 999.7 | -0.2% |
| 9 | $\phi M_n$ (kN·m) | 2969.1 | 2999.2 | -1.01% |
| 10 | $SF$ | 1.0000 | 0.9997 | 0.03% |
| 11 | $b/h$ | 1.0000 | 1.0002 | -0.02% |
| 12 | $\varepsilon_s$ | 0.0283 | 0.0275 | 2.84% |
| 13 | $CI_c$ (KRW/m) | 197257.3 | 199252.1 | -1.01% |
| 14 | $CO_2$ (t-$CO_2$/m) | **0.415** | **0.416** | -0.26% |
| 15 | $W_c$ (kN/m) | 24.662 | 24.669 | -0.03% |
| 16 | $\alpha_{e/h}$ | 0.3290 | 0.3287 | 0.08% |

**Note:** (점선 박스) 인공신경망 기반 설계용 7 개 설계변수
(파선 박스) ***AutoCol*** 검증
인공신경망 기반 최적화 $CO_2$ 배출량 = **0.415**
(빅데이터 도출 **0.4145** 대비 **0.12%** 오차)

표 3.2.5(c-2) 다섯 개의 은닉층 및 80개의 뉴런에 기반한 역방향 인공신경망을 학습하여 ACI 318-19로 도출[학습 정확도는 표 3.2.2.2(b-2) 도출]

***$CO_2$* 배출량 최적화 설계**

*(based on 5 layers with 80 neurons) (ACI 318-19)*

| | 설계변수 | **AI** 결과 | ***AutoCol*** 검증 | 오차 |
|---|---|---|---|---|
| 1 | $b$ (mm) | **1067.69** | | |
| 2 | $h$ (mm) | **1070.15** | | |
| 3 | $\rho_s$ | **0.0100** | | |
| 4 | $f_c'$ (MPa) | 40 | | |
| 5 | $f_y$ (MPa) | 500 | | |
| 6 | $P_u$(kN) | 1000 | | |
| 7 | $M_u$ (kN·m) | 3000 | | |
| 8 | $\phi P_n$ (kN) | 929.0 | 997.6 | -7.4% |
| 9 | $\phi M_n$ (kN·m) | 3048.4 | 2992.9 | 1.82% |
| 10 | $SF$ | 1.00 | 1.00 | 0.24% |
| 11 | $b/h$ | 1.00 | 1.00 | 0.23% |
| 12 | $\varepsilon_s$ | 0.0311 | 0.0305 | 1.70% |
| 13 | $CI_c$ (KRW/m) | 198950.9 | 202029.0 | -1.55% |
| 14 | $CO_2$ (t-$CO_2$/m) | **0.411** | **0.417** | -1.55% |
| 15 | $W_c$ (kN/m) | 27.058 | 26.919 | 0.51% |
| 16 | $\alpha_{e/h}$ | 0.342 | 0.343 | -0.10% |

**Note:** (점선 박스) 인공신경망 기반 설계용 7 개 설계변수
(파선 박스) ***AutoCol*** 검증
인공신경망 기반 최적화 ***$CO_2$*** 배출량 = **0.411**
(빅데이터 도출 **0.4145** 대비 **-0.84%**오차)

표 3.2.5(d-1) 열 개의 은닉층 80개의 뉴런에 기반한 역방향 인공신경망을 학습하여 ACI 318-14로 도출[학습 정확도는 표 3.2.2.2(a-2) 도출]

***$CO_2$* 배출량 최적화 설계**
(*based on 10 layers with 80 neurons*) (*ACI 318-14*)

| | 설계변수 | AI 결과 | *AutoCol* 검증 | 오차 |
|---|---|---|---|---|
| 1 | $b$ (mm) | **1016.21** | | |
| 2 | $h$ (mm) | **1016.51** | | |
| 3 | $\rho_s$ | **0.0119** | | |
| 4 | $f_c'$ (MPa) | 40 | | |
| 5 | $f_y$ (MPa) | 500 | | |
| 6 | $P_u$(kN) | 1000 | | |
| 7 | $M_u$ (kN·m) | 3000 | | |
| 8 | $\phi P_n$ (kN) | 955.7 | 998.6 | -4.5% |
| 9 | $\phi M_n$ (kN·m) | 3003.3 | 2995.9 | 0.25% |
| 10 | $SF$ | 1.000 | 0.999 | 0.14% |
| 11 | $b/h$ | 1.0000 | 0.9997 | 0.03% |
| 12 | $\varepsilon_s$ | 0.0279 | 0.0271 | 2.86% |
| 13 | $CI_c$ (KRW/m) | 199025.5 | 198713.9 | 0.16% |
| 14 | $CO_2$ (t-$CO_2$/m) | **0.4150** | **0.4153** | -0.06% |
| 15 | $W_c$ (kN/m) | 24.335 | 24.337 | -0.01% |
| 16 | $\alpha_{e/h}$ | 0.32674 | 0.32670 | 0.01% |

**Note:** (점선 상자) 인공신경망 기반 설계용 **7** 개 설계변수
(파선 상자) ***AutoCol*** 검증
인공신경망 기반 최적화 ***$CO_2$*** 배출량 = **0.415**
(빅데이터 도출 **0.4145** 대비 **0.12%** 오차)

표 3.2.5(d-2) 열 개의 은닉층 및 80개의 뉴런에 기반한 역방향 인공신경망을 학습하여 ACI 318-19로 도출[학습 정확도는 표 3.2.2.2(b-2) 도출]

***$CO_2$* 배출량 최적화 설계**
(*based on 5 layers with 80 neurons*) (*ACI 318-19*)

| | 설계변수 | **AI** 결과 | ***AutoCol*** 검증 | 오차 |
|---|---|---|---|---|
| 1 | $b$ (mm) | **1053.99** | | |
| 2 | $h$ (mm) | **1053.59** | | |
| 3 | $\rho_s$ | **0.0105** | | |
| 4 | $f_c'$ (MPa) | 40 | | |
| 5 | $f_y$ (MPa) | 500 | | |
| 6 | $P_u$(kN) | 1000 | | |
| 7 | $M_u$ (kN·m) | 3000 | | |
| 8 | $\phi P_n$ (kN) | 1325.5 | 997.7 | 24.7% |
| 9 | $\phi M_n$ (kN·m) | 3005.3 | 2993.1 | 0.40% |
| 10 | $SF$ | 1.00 | 1.00 | 0.23% |
| 11 | $b/h$ | 1.00 | 1.00 | -0.04% |
| 12 | $\varepsilon_s$ | 0.0303 | 0.0295 | 2.71% |
| 13 | $CI_C$ (KRW/m) | 199923.7 | 201054.3 | -0.57% |
| 14 | $CO_2$ (t-$CO_2$/m) | **0.414** | **0.417** | -0.59% |
| 15 | $W_C$ (kN/m) | 26.159 | 26.163 | -0.01% |
| 16 | $\alpha_{e/h}$ | 0.338 | 0.338 | 0.03% |

**Note:** (점선 상자) 인공신경망 기반 설계용 **7** 개 설계변수
(파선 상자) ***AutoCol*** 검증
인공신경망 기반 최적화 $CO_2$ 배출량 = **0.414**
(빅데이터 도출 **0.4145** 대비 **-0.12%** 오차)

표 3.2.5(e-1) 1, 2, 5, 10개의 은닉층 조합 및 80개의 뉴런에 기반한 역방향 인공신경망을 학습하여 ACI 318-14로 도출[학습 정확도는 표 3.2.2.2(a-2) 도출]

**$CO_2$ 배출량 최적화 설계**

*(based on best networks in term of MSE) (ACI 318-14)*

| | 설계변수 | **BEST** 인공신경망 | **AI** 결과 | ***AutoCol*** 검증 | 오차 |
|---|---|---|---|---|---|
| 1 | $b$ (mm) | 5L - 80N | **1023.36** | | |
| 2 | $h$ (mm) | 10L - 80N | **1023.03** | | |
| 3 | $\rho_s$ | | **0.0116** | | |
| 4 | $f_c'$ (MPa) | | 40 | | |
| 5 | $f_y$ (MPa) | | 500 | | |
| 6 | $P_u$(kN) | | 1000 | | |
| 7 | $M_u$ (kN·m) | | 3000 | | |
| 8 | $\phi P_n$ (kN) | 1L - 80N | (992.9) | 999.5 | (-0.7%) |
| 9 | $\phi M_n$ (kN·m) | 2L - 80N | (2996.0) | 2998.4 | (-0.08%) |
| 10 | $SF$ | | 1.000 | 0.999 | 0.05% |
| 11 | $b/h$ | | 1.0000 | 1.0003 | -0.03% |
| 12 | $\varepsilon_s$ | 10L - 80N | (0.0283) | 0.0275 | (2.98%) |
| 13 | $CI_C$ (KRW/m) | 10L - 80N | (199361.1) | 199228.8 | (0.07%) |
| 14 | $CO_2$ (t-$CO_2$/m) | 5L - 80N | **0.415** | **0.416** | -0.25% |
| 15 | $W_C$ (kN/m) | 10L - 80N | (24.650) | 24.666 | (-0.06%) |
| 16 | $\alpha_{e/h}$ | 5L - 80N | (0.329) | 0.329 | (0.00%) |

**Note:** (점선 박스) 인공신경망 기반 설계용 **7** 개 설계변수

(파선 박스) ***AutoCol*** 검증

인공신경망 기반 최적화 $CO_2$ 배출량 = **0.415**

(빅데이터 도출 **0.4145** 대비 **0.12%** 오차)

표 3.2.5(e-2) 1, 2, 5, 10개의 은닉층 조합 및 80개의 뉴런에 기반한 역방향 인공신경망을 학습하여 ACI 318-19로 도출[학습 정확도는 표 3.2.2.2(b-2) 도출]

***$CO_2$* 배출량 최적화 설계**
*(based on best networks in term of MSE) (ACI 318-19)*

| | 설계변수 | **BEST** 인공신경망 | **AI** 결과 | ***AutoCol*** 검증 | 오차 |
|---|---|---|---|---|---|
| 1 | $b$ (mm) | 5L - 80N | **1052.26** | | |
| 2 | $h$ (mm) | 5L - 80N | **1054.29** | | |
| 3 | $\rho_s$ | | **0.0105** | | |
| 4 | $f_c'$ (MPa) | | 40 | | |
| 5 | $f_y$ (MPa) | | 500 | | |
| 6 | $P_u$(kN) | | 1000 | | |
| 7 | $M_u$ (kN·m) | | 3000 | | |
| 8 | $\phi P_n$ (kN) | 2L - 80N | (998.3) | 997.6 | (0.1%) |
| 9 | $\phi M_n$ (kN·m) | 2L - 80N | (2995.1) | 2992.7 | (0.08%) |
| 10 | $SF$ | | 1.000 | 0.998 | 0.24% |
| 11 | $b/h$ | | 1.000 | 0.998 | 0.19% |
| 12 | $\varepsilon_s$ | 10L - 80N | (0.0303) | 0.0295 | (2.69%) |
| 13 | $CI_c$ (KRW/m) | 10L - 80N | (199923.7) | 200857.4 | (-0.47%) |
| 14 | $CO_2$ (t-$CO_2$/m) | 10L - 80N | **0.414** | **0.416** | -0.50% |
| 15 | $W_c$ (kN/m) | 5L - 80N | (26.231) | 26.137 | (0.36%) |
| 16 | $\alpha_{e/h}$ | 5L - 80N | (0.3378) | 0.3379 | (-0.05%) |

**Note:** (점선 상자) 인공신경망 기반 설계용 7 개 설계변수
(파선 상자) ***AutoCol*** 검증
인공신경망 기반 최적화 $CO_2$ 배출량 = **0.414**
(빅데이터 도출 **0.4145** 대비 **-0.12%** 오차)

### 3.2.3 검증

#### (1) 역방향 인공신경망에 의한 최소 이산화탄소 배출량 검증

식 (2.1.5-2)의 역 인공신경망에 의해 구한 이산화탄소 배출량인 목적함수는 초기 입력 파라미터($f_c', f_y, P_u, M_u, SF, b/h$)의 함수로 구성된다. 일곱 개 중 미지수인 철근비 $\rho_s$를 제외한 여섯 개의 입력 파라미터($f_c', f_y, P_u, M_u, SF, b/h$)는 표 2.1.4(b)와 표 2.1.5(b)의 설계 기준에 기반해 등 제약조건으로 결정된다. 철근비 $\rho_s$는 미지수로 뉴턴-랩슨 반복연산으로 최대 철근비 $\rho_{s,max}$ 0.08과 최소 철근비 $\rho_{s,min}$ 0.01 사이 영역에서 구해지고 그외 설계 파라미터들도 동시에 출력부에서 도출된다. 그림 3.2.1에서 보듯이 목적함수인 이산화탄소 배출량은 역 인공신경망에 기반해 철근비 $\rho_s$의 함수로서 구해졌다. 그림 3.2.1에 도시된 네 개의 이산화탄소 배출량 설계 차트는 1, 2, 5, 10개의 은닉층과 80개의 뉴런을 사용한 역 인공신경망에 의해 도출되었다. 설계 차트는 학습 정확도가 높을수록 이산화탄소 배출량의 최적설계를 포함한 기타 설계 파라미터의 설계 정확도를 높이고 빅데이터를 이용해 검증할 수 있다. 그러나 최대 철근비 $\rho_{s,max}$ 0.08과 최소 철근비 $\rho_{s,min}$ 0.01 이외 영역에서 인공신경망은 학습되어 있지 않으므로 설계 정확도는 매우 낮아진다. ACI 318-14에 기반한 그림 3.2.1(a)과 표 3.2.5(a-1)은 한 개의 은닉층과 80개의 뉴런을 사용한 역방향 인공신경망을 적용하는 경우, 최적화된 이산화탄소 배출량 = 0.384($t-CO_2/m$) 를 보여주고 있다. 이때 철근비 $\rho_s$은 0.01로 계산되었다. ACI 318-19에 기반한 그림 3.2.1(b)과 표 3.2.5(a-2)는 한 개의 은닉층과 80개의 뉴런을 사용한 역방향 인공신경망을 적용하는 경우, 최소화된 이산화탄소 배출량 = 0.400($t-CO_2/m$)를 역시 보여준다. 이때 철근비 $\rho_s$은 0.01로 계산되었다.

0.4145($t-CO_2/m$)로 구한 그림 3.2.2의 빅데이터와 비교해 인공신경망에 기반해 최소화된 이산화탄소 배출량의 최대 오차는 그림 3.2.2(a)의 ACI 318-14 기반으로는 -7.36%, 그림 3.2.2(b)의 ACI 318-19 기반으로는 -3.50%의 오차를 나타냈다. 두 개의 은닉층과 80개의 뉴런을 사용한 역방향 인공신경망을 적용하는 경우, 빅데이터와의 최대 오차는 표 3.2.5(b-1)의 ACI 318-14 기반으로는 -0.12%, 표 3.2.5(b-2)의 ACI 318-19 기반으로는 -2.05%로 구해졌다. 다섯 개의 은닉층과 80개의 뉴런을 사용한 역방향 인공신경망을 적용하는 경우, 빅데이터와의 최대 오차는 표 3.2.5(c-1)의 ACI 318-14 기반으로는 0.12%로 축소되었고 표 3.2.5(c-2)의 ACI 318-19 기반으로는 -0.84%로 축소되었다. 그림 3.2.1에 도시된 네 개의 이산화탄소 배출량 설계 차트는 1, 2, 5, 10개의 은닉층과 80개의 뉴런을 사용한 역 인공신경망에 의해 최대

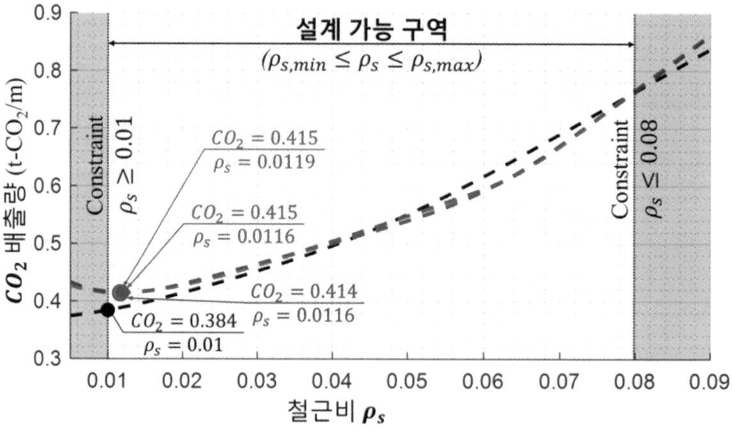


그림 3.2.1(a) ACI 318-14

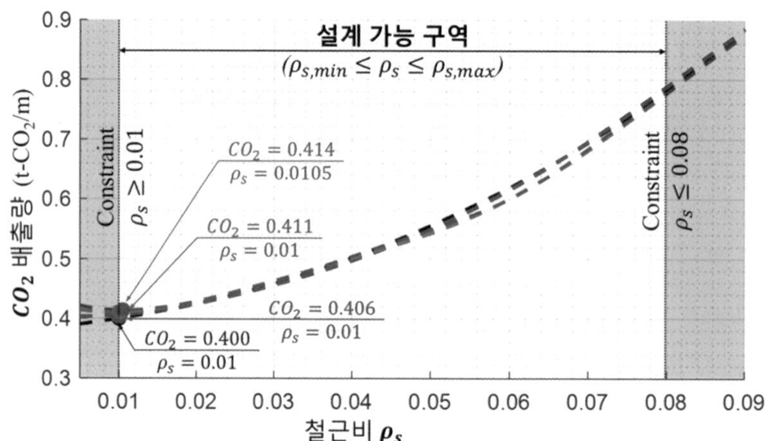


그림 3.2.1(b) ACI 318-19

그림 3.2.1 철근비 0.0과 0.1의 철근비($\rho_s$) 구간에서 1, 2, 5, 10 은닉층에 기반한 역방향 인공신경망에 의해 산출된 $CO_2$ 배출량 검증

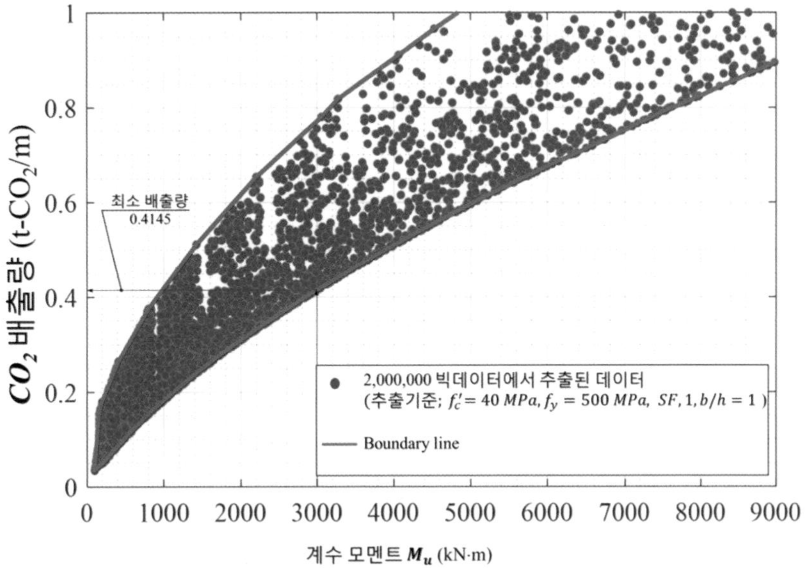


그림 3.2.2(a) ACI 318-14

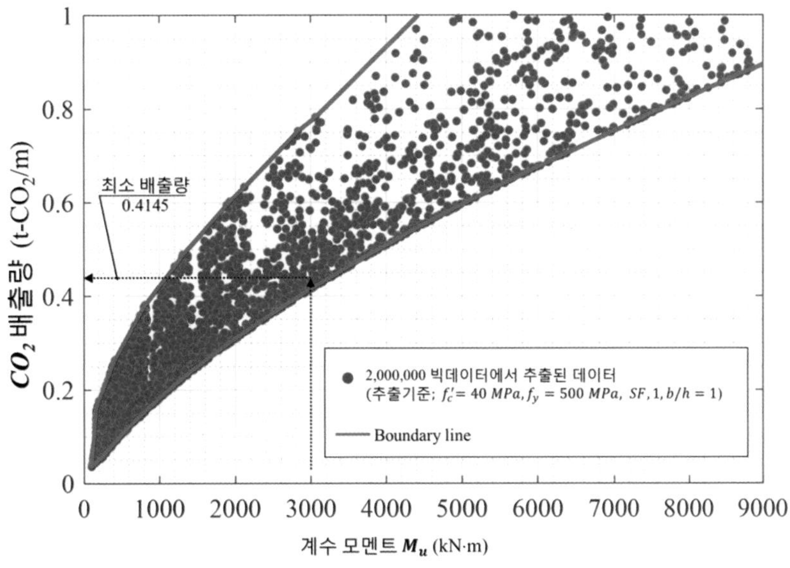


그림 3.2.2(b) ACI 318-14

그림 3.2.2 빅데이터에 의한 $CO_2$배출량 검증

철근비 $\rho_{s,max}$ 0.08과 최소 철근비 $\rho_{s,min}$ 0.01 사이 영역에서 최적화된 것으로 빅데이터와 비교해 정확히 도출되었다. 그러나 최대 철근비 $\rho_{s,max}$ 0.08과 최소 철근비 $\rho_{s,min}$ 0.01 이외 영역에서 인공신경망은 학습되어 있지 않으므로 설계 정확도는 매우 낮아진다.

(2) 빅데이터를 이용한 이산화탄소 배출량의 검증

ACI 318-14와 ACI 318-19에 기반한 이산화탄소 배출량은 그림 3.2.2의 200만 개 빅데이터로부터 총 0.4145(t - $CO_2$/m)로 도출되었다. 표 3.2.2(e-1)과 (e-2)의 순방향 인공신경망에서 이산화탄소 배출량은 그림 3.2.2(a)의 ACI 318-14 기반으로는 0.415(t - $CO_2$/m), 그림 3.2.2(b)의 ACI 318-19 기반으로는 0.417(t - $CO_2$/m)로 빅데이터와 유사하게 최적화되었다. 표 3.2.3(e-1)과 표 3.2.3(e-2)의 역방향 인공신경망으로부터 이산화탄소 배출량은 ACI 318-14 기반으로는 0.4147(t - $CO_2$/m), ACI 318-19 기반으로는 0.4140(t - $CO_2$/m)로 역시 빅데이터와 유사하게 최적화되었다. 이때 학습 정확도는 1, 2, 5, 10개의 은닉층 조합과 80개의 뉴런을 사용한 순방향 및 역방향 인공신경망에 의해 도출되었다. 한 개의 은닉층과 80개의 뉴런을 사용한 인공신경망의 경우, 순방향과 역방향 모두 설계 정확도는 좋지 않았다. 표 3.2.2(a-1)과 표 3.2.2(a-2)의 순방향 인공신경망의 경우, 이산화탄소 배출량은 ACI 318-14 기반으로는 0.397(t - $CO_2$/m), ACI 318-19 기반으로는 0.404(t - $CO_2$/m)로 최적화되었다. 표 3.2.3(a-1)과 표 3.2.3(a-2)의 역방향 인공신경망의 경우, ACI 318-14 기반으로는 0.384(t - $CO_2$/m), ACI 318-19 기반으로는 0.400(t - $CO_2$/m)로 최적화되었다. 한 개의 은닉층과 80개의 뉴런을 사용한 표 3.2.2(a-1), 표 3.2.2(a-2), 표 3.2.3(a-1), 표 3.2.3(a-2)의 순방향 및 역방향 인공신경망은 최소 이산화탄소 배출량을 도출했지만 표 3.2.4(a-1), 표 3.2.4(a-2), 표 3.2.5(a-1), 표 3.2.5(a-2)의 순방향 및 역방향 인공신경망에서 보듯이 도출된 설계 축강도 $P_n$(kN) 정확도가 부족했고 그외 설계 파라미터의 정확도도 신뢰할 수 없어 설계에 적용할 수 없을 것으로 판단된다. 최소 이산화탄소 배출량의 결론을 도출하기 전에 모든 설계 정확도를 반드시 검증해야 한다.

(3) 이산화탄소 배출량의 최소화 설계 정확도

표 3.2.4와 표 3.2.5에는 1, 2, 5, 10개의 은닉층과 1, 2, 5, 10개의 은닉층 조합과 80개의 뉴런을 사용한 순방향 및 역방향 인공신경망이 도출한 최소 이산화탄소 배출량이 제시되어 있다. 특히 표 3.2.4(e-1), 표 3.2.4(e-2), 표 3.2.5(e-1), 표 3.2.5(e-2)에는 1, 2, 5, 10개의 은닉층 조합과

80개의 뉴런을 사용한 순방향 및 역방향 인공신경망에 의해 정확도가 우수한 최소 이산화탄소 배출량이 제시되어 있다. 그러나 표 3.2.4(a-1), 표 3.2.4(a-2), 표 3.2.5(a-1), 표 3.2.5(a-2)에서 보듯이 한 개의 은닉층과 80개의 뉴런을 사용한 순방향 및 역방향 인공신경망은 이산화탄소 배출량을 최소로 도출했지만 정확도가 너무 낮아 설계에 적용하기는 어렵다. 2, 5, 10개의 은닉층은 한 개의 은닉층보다 최소 이산화탄소 배출량을 정확히 도출했다.

### 3.2.4 P-M 상관도

그림 3.2.3(a), (b)는 각각 순방향 및 역방향 인공신경망에 의해 이산회탄소 배출량을 최소화하도록 작성된 $P-M$ 상관도를 보여주고 있고 각각 ACI 318-14와 ACI 318-19에 기반해 작성되었다. 이때 순방향 및 역방향의 AI 기반 Hong-Lagrange 알고리즘으로 구한 표 3.2.4와 표 3.2.5에서 1-7로 표시된 파라미터를 구조설계 프로그램인 *AutoCol*에 적용해 $P-M$ 상관도를 작성했다. 이 경우, $P-M$ 상관도는 표 2.1.4(b)와 표 2.1.5에서 보듯이 모든 설계 규준을 충족시킨다.

범례 1~5의 $P-M$ 상관도는 1, 2, 5, 10개의 은닉층과 네 개의 은닉층 조합과 80개의 뉴런을 사용한 인공신경망으로 작성되었고 최적화된 이산화탄소 배출량과 이산화탄소 배출량을 최소화하는 설계 파라미터를 사용해 도출되었다. 학습 정확도가 우수한 경우, 그림 3.2.3(a), (b)의 $P-M$ 상관도는 하중점을 뜻하는 붉은색 점($P_u$ = 1000kN, $M_u$ = 3000kN·m)을 지나고 있다는 것을 알 수 있다. 그러나 한 개 은닉층만 이용한 인공신경망으로 작성된 $P-M$ 상관도는 학습 정확도가 낮아 하중점을 뜻하는 붉은색 점($P_u$ = 1000kN, $M_u$ = 3000kN·m)을 살짝 지나치고 있다는 것을 알 수 있다.

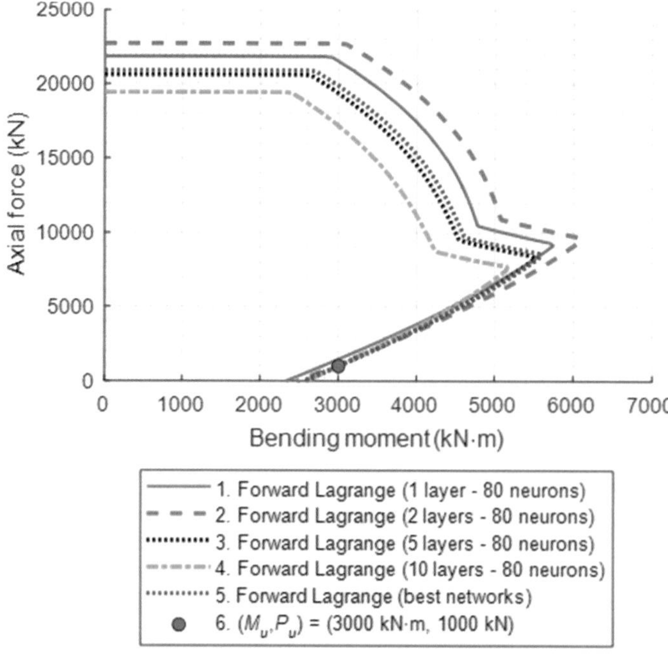


그림 3.2.3(a-1) 표 3.3.2.4 기반의 순방향 인공신경망 이용

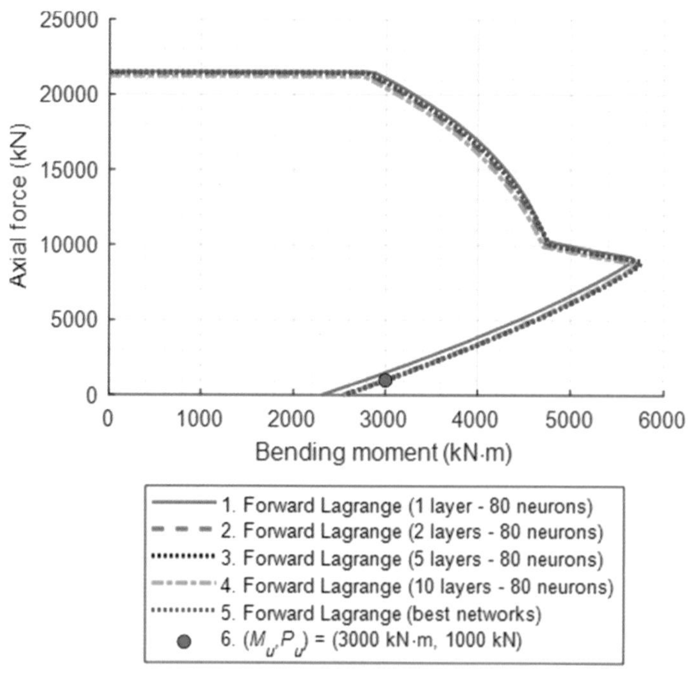


그림 3.2.3(a-2) 표 3.3.2.5 기반의 역방향 인공신경망 이용

그림 3.2.3(a) ACI 318-14

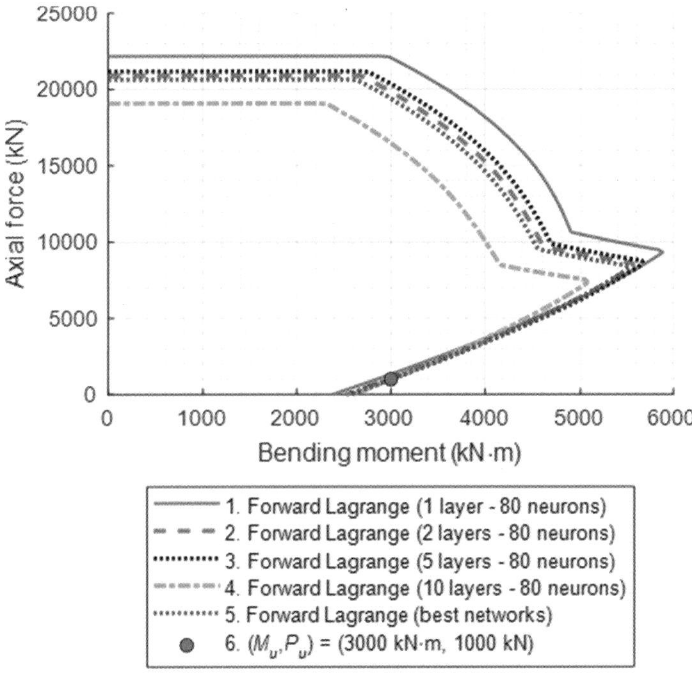


그림 3.2.3(b-1) 표 3.3.2.4 기반의 순방향 인공신경망 이용

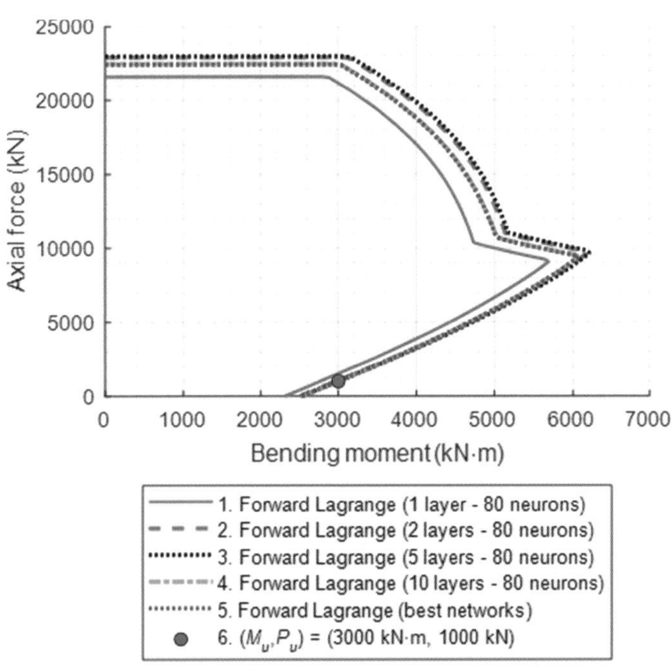


그림 3.2.3(b-2) 표 3.3.2.5 기반의 역방향 인공신경망 이용

그림 3.2.3(b) ACI 318-19

그림 3.2.3 $CO_2$배출량을 최소화하는 P-M 상관도

## 3.3 기둥 중량($W_c$) 최적설계 시나리오

### 3.3.1 순방향 및 역방향 네트워크의 유도

이 절에서는 식 (2.1.5-3)처럼 목적함수를 기둥 중량($W_c$)으로 설정해 최적화를 수행해보자. 순방향 인공신경망을 시용하는 경우, 목적함수는 $(b, h, \rho_s, f_c', f_y, P_u, M_u)$의 함수로 유도되고 역방향 인공신경망을 시용하는 경우, 목적함수는 $(\rho_s, f_c', f_y, P_u, M_u, SF, b/h)$의 함수로 유도된다. 철근비 $\rho_s$ 을 제외한 여섯 개의 입력 파라미터 $f_c', f_y, P_u, M_u, SF, b/h$를 표 2.1.5(a)의 등 제약조건으로 입력하도록 한다. 역방향 인공신경망에서는 표 2.1.5(b)의 $SF$, $b/h$를 각각 1.0으로 역입력한다.

$f_c' = 40\text{MPa}$, $f_y = 500\text{MPa}$, 안전율 SF=1을 사용할 때 $P_u = 1000\text{kN}$, $M_u = 3000\text{kN·m}$가 작용하는 사각 기둥의 기둥 중량($W_c$)을 최소화하도록 한다. 철근비 $\rho_s$은 ACI 318-14 및 ACI 318-19 규준에 의해 $\rho_{s,min} \le \rho_s \le \rho_{s,max}$ 에서 결정되어야 한다. 최적설계 시나리오가 표 2.1.4(b)와 표 3.3.1에 제시되어 있다.

표 3.3.1 중량 $W_c$의 최소화 설계

| 중량 $\boldsymbol{W_c}$ 최적설계 | $W_c = f_{W_c}(\boldsymbol{x})$ |
|---|---|
| 제약조건 | |
| 등 제약조건: | $P_u = 1000\text{ kN}$, $M_u = 3000\text{ kN·m}$<br>$f_c' = 40\text{ MPa}$, $f_y = 500\text{ MPa}$, $SF = 1, b/h = 1$ |
| 부등 제약조건: | $\rho_{s,min} \le \rho_s \le \rho_{s,max}$ |

### 3.3.2 뉴턴-랩슨 반복연산에 의한 비선형 KKT 후보해의 도출

초기 라그랑주 승수와 초기 파라미터를 빅데이터 범위 내에서 무작위로 가정해 뉴턴-랩슨 반복연산에 적용하고 비선형 KKT 후보해를 도출해 목적함수의 라그랑주 함수 1차 미분식 해를 최적화해보자. 표 3.2.2와 표 3.2.3에서 최소화된 이산화탄소 배출량과 유사하게 표 3.3.2와 표 3.3.3은 최소화된 기둥 중량을 보여주고 있다.

표 3.3.4(a-1)과 표 3.3.4(a-2)의 순방향 인공신경망으로부터 설계 축강도 $\phi P_n$의 최대 설계 오차는 ACI 318-14 기반으로는 -138%, ACI 318-19 기반으로는 -127%로 도출되었다. 이때 학습 정확도는 한 개의 은닉층과 80개의 뉴런을 사용한 순방향 인공신경망에 의해 도출되었다. 두 개의 조합으로 이뤄진 은닉층과 80개의 뉴런을 사용한 순방향 인공신경망을 적용

하는 경우, 표 3.3.4(b-1)처럼 ACI 318-14 기반으로는 설계 축강도 $\phi P_n$의 최대 오차는 6.4%로 축소되었고 표 3.3.4(b-2)처럼 ACI 318-19 기반으로는 1.0%로 축소되었다. 표 3.3.5(a-1)과 표 3.3.5(a-2)의 역방향 인공신경망으로부터 설계 축강도 $\phi P_n$의 최대 설계 오차는 ACI 318-14 기반으로는 -3.4%, ACI 318-19 기반으로는 6.0%로 도출되었다. 이때 학습 정확도는 한 개의 은닉층과 80개의 뉴런을 사용한 역 인공신경망에 의해 도출되었다. 두 개의 조합으로 이뤄진 은닉층과 80개의 뉴런을 사용한 역방향 인공신경망을 적용하는 경우, 표 3.3.5(b-1)처럼 ACI 318-14 기반에서 설계 축강도 $\phi P_n$의 최대 오차는 1.3%로 축소되었고 표 3.3.5(b-2)처럼 ACI 318-19 기반으로는 1.9%로 축소되었다. 표 3.3.4(a)와 표 3.3.5(a)에서 보듯이 한 개의 은닉층을 사용한 역방향 및 순방향 인공신경망으로부터 최소화된 기둥 중량은 정확도에서 큰 오차를 보인다. 그러나 표 3.3.4(e)와 표 3.3.5(e)에서 보듯이 학습 정확도가 충분한 경우, 순방향 및 역방향 인공신경망에 기반해 최소화된 기둥 중량은 일반 구조설계 소프트웨어인 *AutoCol*에 의한 결과와 같았다. 기둥 중량을 최소화시키는 데 기여하는 기타 설계 파라미터도 높은 정확도를 도출했다.

### 3.3.3 검증

#### (1) 역방향 인공신경망에 의한 최소 기둥 중량($W_c$)의 검증

식 (2.1.5-3)의 역 인공신경망에 의해 유도된 기둥 중량 목적함수는 초기 입력 파라미터($f_c', f_y, P_u, M_u, SF, b/h$)의 함수로 구성된다. 일곱 개 중 미지수인 철근비 $\rho_s$를 제외한 여섯 개의 입력 파라미터($f_c', f_y, P_u, M_u, SF, b/h$)는 표 2.1.4(b)와 표 2.1.5(b)의 설계 기준에 기반해 등 제약조건으로 결정된다. 철근비 $\rho_s$는 미지수로서 뉴턴-랩슨 반복연산에 의해 최대 철근비 $\rho_{s,max}$ 0.08과 최소 철근비 $\rho_{s,min}$ 0.01 사이 영역에서 구해지고 그외 설계 파라미터들도 동시에 출력부에서 도출된다. 그림 3.3.1에서 보듯이 목적함수인 기둥 중량은 역 인공신경망에 기반해 철근비 $\rho_s$의 함수로서 구해졌다. 도시된 네 개의 기둥 중량 설계 차트는, 1, 2, 5, 10개의 은닉층과 80개의 뉴런을 사용한 역 인공신경망에 의해 최대 철근비 $\rho_{s,max}$ 0.08과 최소 철근비 $\rho_{s,min}$ 0.01 이내에서 도출되었다. 설계 차트는 학습 정확도가 높을수록 정확히 기둥 중량을 최소화했으며 기타 설계 파라미터도 설계 정확도를 높이고 빅데이터를 이용해 검증할 수 있었다. 그러나 최대 철근비 $\rho_{s,max}$ 0.08과 최소 철근비 $\rho_{s,min}$ 0.01 이외 영역에서 인공신경망은 학습되어 있지 않으므로 설계 정확도는 낮아진다.

표 3.3.2 순방향 인공신경망에 의해서 KKT 조건으로 최소화된 중량 $W_c$와 해당 설계 파라미터

표 3.3.2(a-1) 한 개의 은닉층 및 80개의 뉴런에 기반한 순방향 인공신경망을 학습하여 ACI 318-14로 도출[학습 정확도는 표 3.2.2.2(a-1) 도출]

인공신경망 기반 **Case** 별 **Lagrange** 최적화
(*1 layer - 80 neurons*) (*ACI 318-14*)

| | 설계변수 | Case 1 | Case 2 | Case 3 |
|---|---|---|---|---|
| 1 | $b$ (mm) | 1042.0 | 665.4 | **664.8** |
| 2 | $h$ (mm) | 1042.0 | 665.4 | **664.8** |
| 3 | $\rho_s$ | 0.0100 | 0.0800 | 0.0726 |
| 4 | $f_c'$ (MPa) | 40 | 40 | 40 |
| 5 | $f_y$ (MPa) | 500 | 500 | 500 |
| 6 | $P_u$(kN) | 1000 | 1000 | 1000 |
| 7 | $M_u$ (kN·m) | 3000 | 3000 | 3000 |
| 목적함수:<br>$W_c$ (kN/m) | | 25.584 | 10.437 | **10.419** |

***Note:*** *Case 1* – 부등 제약함수 $v_1(\boldsymbol{x})$ 활성
*Case 2* – 부등 제약함수 $v_2(\boldsymbol{x})$ 활성
*Case 3* – 모두 비활성

표 3.3.2(a-2) 한 개의 은닉층 및 80개의 뉴런에 기반한 순방향 인공신경망을 학습하여 ACI 318-19로 도출[학습 정확도는 표 3.2.2.2(b-1) 도출]

인공신경망 기반 **Case** 별 **Lagrange** 최적화
(*1 layer - 80 neurons*) (*ACI 318-19*)

| | 설계변수 | Case 1 | Case 2 | Case 3 |
|---|---|---|---|---|
| 1 | $b$ (mm) | 1050.2 | 662.9 | **661.0** |
| 2 | $h$ (mm) | 1050.2 | 662.9 | **661.0** |
| 3 | $\rho_s$ | 0.0100 | 0.0800 | 0.0690 |
| 4 | $f_c'$ (MPa) | 40 | 40 | 40 |
| 5 | $f_y$ (MPa) | 500 | 500 | 500 |
| 6 | $P_u$(kN) | 1000 | 1000 | 1000 |
| 7 | $M_u$ (kN·m) | 3000 | 3000 | 3000 |
| 목적함수:<br>$W_c$ (kN/m) | | 25.986 | 10.358 | **10.297** |

***Note:*** *Case 1* – 부등 제약함수 $v_1(\boldsymbol{x})$ 활성
*Case 2* – 부등 제약함수 $v_2(\boldsymbol{x})$ 활성
*Case 3* – 모두 비활성

표 3.3.2(b-1) 두 개의 은닉층 및 80개의 뉴런에 기반한 순방향 인공신경망을 학습하여 ACI 318-14로 도출[학습 정확도는 표 3.2.2.2(a-1) 도출]

인공신경망 기반 **Case** 별 **Lagrange** 최적화
(*2 layers - 80 neurons*) (*ACI 318-14*)

| | 설계변수 | Case 1 | Case 2 | Case 3 |
|---|---|---|---|---|
| 1 | $b$ (mm) | 1063.2 | 662.6 | **656.8** |
| 2 | $h$ (mm) | 1063.2 | 662.6 | **656.8** |
| 3 | $\rho_s$ | 0.0100 | 0.0800 | **0.0710** |
| 4 | $f_c'$ (MPa) | 40 | 40 | 40 |
| 5 | $f_y$ (MPa) | 500 | 500 | 500 |
| 6 | $P_u$(kN) | 1000 | 1000 | 1000 |
| 7 | $M_u$ (kN·m) | 3000 | 3000 | 3000 |
| 목적함수: $W_c$ (kN/m) | | 26.630 | 10.344 | **10.164** |

***Note:*** *Case 1* – 부등 제약함수 $v_1(\boldsymbol{x})$ 활성
*Case 2* – 부등 제약함수 $v_2(\boldsymbol{x})$ 활성
*Case 3* – 모두 비활성

표 3.3.2(b-2) 두 개의 은닉층 및 80개의 뉴런에 기반한 순방향 인공신경망을 학습하여 ACI 318-19로 도출[학습 정확도는 표 3.2.2.2(b-1) 도출]

인공신경망 기반 **Case** 별 **Lagrange** 최적화
(*2 layers - 80 neurons*) (*ACI 318-19*)

| | 설계변수 | Case 1 | Case 2 | Case 3 |
|---|---|---|---|---|
| 1 | $b$ (mm) | 1061.9 | 669.9 | **666.0** |
| 2 | $h$ (mm) | 1061.9 | 669.9 | **666.0** |
| 3 | $\rho_s$ | 0.0100 | 0.0800 | **0.0645** |
| 4 | $f_c'$ (MPa) | 40 | 40 | 40 |
| 5 | $f_y$ (MPa) | 500 | 500 | 500 |
| 6 | $P_u$(kN) | 1000 | 1000 | 1000 |
| 7 | $M_u$ (kN·m) | 3000 | 3000 | 3000 |
| 목적함수: $W_c$ (kN/m) | | 26.561 | 10.575 | **10.452** |

***Note:*** *Case 1* – 부등 제약함수 $v_1(\boldsymbol{x})$ 활성
*Case 2* – 부등 제약함수 $v_2(\boldsymbol{x})$ 활성
*Case 3* – 모두 비활성

표 3.3.2(c-1) 다섯 개의 은닉층 및 80개의 뉴런에 기반한 순방향 인공신경망을 학습하여 318-14으로 도출[학습 정확도는 표 3.2.2.2(a-1) 도출]

인공신경망 기반 **Case** 별 **Lagrange** 최적화
(*5 layers - 80 neurons*) (*ACI 318-14*)

| | 설계변수 | Case 1 | Case 2 | Case 3 |
|---|---|---|---|---|
| 1 | $b$ (mm) | 1068.5 | 663.3 | **656.9** |
| 2 | $h$ (mm) | 1068.5 | 663.3 | **656.9** |
| 3 | $\rho_s$ | 0.0100 | 0.0800 | **0.0654** |
| 4 | $f_c'$ (MPa) | 40 | 40 | 40 |
| 5 | $f_y$ (MPa) | 500 | 500 | 500 |
| 6 | $P_u$(kN) | 1000 | 1000 | 1000 |
| 7 | $M_u$ (kN·m) | 3000 | 3000 | 3000 |
| 목적함수:<br>$W_c$ (kN/m) | | 26.936 | 10.364 | **10.177** |

***Note:*** *Case 1* – 부등 제약함수 $v_1(\boldsymbol{x})$ 활성
*Case 2* – 부등 제약함수 $v_2(\boldsymbol{x})$ 활성
*Case 3* – 모두 비활성

표 3.3.2(c-2) 다섯 개의 은닉층 및 80개의 뉴런에 기반한 순방향 인공신경망을 학습하여 ACI 318-19로 도출[학습 정확도는 표 3.2.2.2(b-1) 도출]

인공신경망 기반 **Case** 별 **Lagrange** 최적화
(*5 layers - 80 neurons*) (*ACI 318-19*)

| | 설계변수 | Case 1 | Case 2 | Case 3 |
|---|---|---|---|---|
| 1 | $b$ (mm) | 1069.4 | 669.7 | **664.0** |
| 2 | $h$ (mm) | 1069.4 | 669.7 | **664.0** |
| 3 | $\rho_s$ | 0.0100 | 0.0800 | **0.0625** |
| 4 | $f_c'$ (MPa) | 40 | 40 | 40 |
| 5 | $f_y$ (MPa) | 500 | 500 | 500 |
| 6 | $P_u$(kN) | 1000 | 1000 | 1000 |
| 7 | $M_u$ (kN·m) | 3000 | 3000 | 3000 |
| 목적함수:<br>$W_c$ (kN/m) | | 26.864 | 10.533 | **10.372** |

***Note:*** *Case 1* – 부등 제약함수 $v_1(\boldsymbol{x})$ 활성
*Case 2* – 부등 제약함수 $v_2(\boldsymbol{x})$ 활성
*Case 3* – 모두 비활성

표 3.3.2(d-1) 열개의 은닉층 및 80개의 뉴런에 기반한 순방향 인공신경망을 학습하여 ACI 318-14로 도출[학습 정확도는 표 3.2.2.2(a-1) 도출]

인공신경망 기반 **Case** 별 **Lagrange** 최적화
(*10 layers - 80 neurons*) (*ACI 318-14*)

| | 설계변수 | Case 1 | Case 2 | Case 3 |
|---|---|---|---|---|
| 1 | $b$ (mm) | 1068.5 | 663.3 | **656.9** |
| 2 | $h$ (mm) | 1068.5 | 663.3 | **656.9** |
| 3 | $\rho_s$ | 0.0100 | 0.0800 | **0.0654** |
| 4 | $f_c'$ (MPa) | 40 | 40 | 40 |
| 5 | $f_y$ (MPa) | 500 | 500 | 500 |
| 6 | $P_u$(kN) | 1000 | 1000 | 1000 |
| 7 | $M_u$ (kN·m) | 3000 | 3000 | 3000 |
| 목적함수:<br>$W_c$ (kN/m) | | 26.936 | 10.364 | **10.177** |

***Note:*** *Case 1* – 부등 제약함수 $v_1(\boldsymbol{x})$ 활성
*Case 2* – 부등 제약함수 $v_2(\boldsymbol{x})$ 활성
*Case 3* – 모두 비활성

표 3.3.2(d-2) 열개의 은닉층 및 80개의 뉴런에 기반한 순방향 인공신경망을 학습하여 ACI 318-19로 도출[학습 정확도는 표 3.2.2.2(b-1) 도출]

인공신경망 기반 **Case** 별 **Lagrange** 최적화
(*10 layers - 80 neurons*) (*ACI 318-19*)

| | 설계변수 | Case 1 | Case 2 | Case 3 |
|---|---|---|---|---|
| 1 | $b$ (mm) | 1071.1 | 668.6 | **665.0** |
| 2 | $h$ (mm) | 1071.1 | 668.6 | **665.0** |
| 3 | $\rho_s$ | 0.0100 | 0.0800 | **0.0616** |
| 4 | $f_c'$ (MPa) | 40 | 40 | 40 |
| 5 | $f_y$ (MPa) | 500 | 500 | 500 |
| 6 | $P_u$(kN) | 1000 | 1000 | 1000 |
| 7 | $M_u$ (kN·m) | 3000 | 3000 | 3000 |
| 목적함수:<br>$W_c$ (kN/m) | | 27.010 | 10.551 | **10.439** |

***Note:*** *Case 1* – 부등 제약함수 $v_1(\boldsymbol{x})$ 활성
*Case 2* – 부등 제약함수 $v_2(\boldsymbol{x})$ 활성
*Case 3* – 모두 비활성

표 3.3.2(e-1) 1, 2, 5, 10개의 은닉층 조합 및 80개의 뉴런에 기반한 순방향 인공신경망을 학습하여 ACI 318-14로 도출[학습 정확도는 표 3.2.2.2(a-1) 도출]

인공신경망 기반 **Case** 별 **Lagrange** 최적화

(*best networks in term of test MSE*) (*ACI 318-14*)

| | 설계변수 | Case 1 | Case 2 | Case 3 |
|---|---|---|---|---|
| 1 | $b$ (mm) | 1068.0 | 661.9 | **656.4** |
| 2 | $h$ (mm) | 1068.0 | 661.9 | **656.4** |
| 3 | $\rho_s$ | 0.0100 | 0.0800 | **0.0651** |
| 4 | $f_c'$ (MPa) | 40 | 40 | 40 |
| 5 | $f_y$ (MPa) | 500 | 500 | 500 |
| 6 | $P_u$(kN) | 1000 | 1000 | 1000 |
| 7 | $M_u$ (kN·m) | 3000 | 3000 | 3000 |
| 목적함수:$W_c$ (kN/m) | | 26.877 | 10.328 | **10.158** |

**Note:** *Case 1* – 부등 제약함수 $v_1(\boldsymbol{x})$ 활성
*Case 2* – 부등 제약함수 $v_2(\boldsymbol{x})$ 활성
*Case 3* – 모두 비활성

표 3.3.2(e-2) 1, 2, 5, 10개의 은닉층 조합 및 80개의 뉴런에 기반한 순방향 인공신경망을 학습하여 ACI 318-19로 도출[학습 정확도는 표 3.2.2.2(b-1) 도출]

인공신경망 기반 **Case** 별 **Lagrange** 최적화

(*best networks in term of test MSE*) (*ACI 318-19*)

| | 설계변수 | Case 1 | Case 2 | Case 3 |
|---|---|---|---|---|
| 1 | $b$ (mm) | 1071.1 | **668.6** | *N/A* |
| 2 | $h$ (mm) | 1071.1 | **668.6** | *N/A* |
| 3 | $\rho_s$ | 0.0100 | **0.0800** | *N/A* |
| 4 | $f_c'$ (MPa) | 40 | 40 | *N/A* |
| 5 | $f_y$ (MPa) | 500 | 500 | *N/A* |
| 6 | $P_u$(kN) | 1000 | 1000 | *N/A* |
| 7 | $M_u$ (kN·m) | 3000 | 3000 | *N/A* |
| 목적함수: $W_c$ (kN/m) | | 27.030 | **10.535** | *N/A* |

**Note:** *Case 1* – 부등 제약함수 $v_1(\boldsymbol{x})$ 활성
*Case 2* – 부등 제약함수 $v_2(\boldsymbol{x})$ 활성
*Case 3* – 모두 비활성

표 3.3.3 역방향 인공신경망에 의해서 KKT 조건으로 최소화된 중량 $W_c$와 해당 설계 파라미터

표 3.3.3(a-1) 한 개의 은닉층 및 80개의 뉴런에 기반한 역방향 인공신경망을 학습하여 ACI 318-14로 도출[학습 정확도는 표 3.2.2.2(a-2) 도출]

인공신경망 기반 **Case** 별 **Lagrange** 최적화
(*1 layer - 80 neurons*) (*ACI 318-14*)

| | 설계변수 | Case 1 | Case 2 | Case 3 |
|---|---|---|---|---|
| 3 | $\rho_s$ | 0.0100 | 0.0800 | **0.0734** |
| 4 | $f_c'$ (MPa) | 40 | 40 | 40 |
| 5 | $f_y$ (MPa) | 500 | 500 | 500 |
| 6 | $P_u$(kN) | 1000 | 1000 | 1000 |
| 7 | $M_u$ (kN·m) | 3000 | 3000 | 3000 |
| 10 | $SF$ | 1 | 1 | 1 |
| 11 | $b/h$ | 1 | 1 | 1 |
| 목적함수: $W_c$ (kN/m) | | 25.176 | 10.511 | **10.496** |

***Note:*** *Case 1* – 부등 제약함수 $v_1(\boldsymbol{x})$ 활성
*Case 2* – 부등 제약함수 $v_2(\boldsymbol{x})$ 활성
*Case 3* – 모두 비활성

표 3.3.3(a-2) 한 개의 은닉층 및 80개의 뉴런에 기반한 역방향 인공신경망을 학습하여 ACI 318-19로 도출[학습 정확도는 표 3.2.2.2(b-2) 도출]

인공신경망 기반 **Case** 별 **Lagrange** 최적화
(*1 layer - 80 neurons*) (*ACI 318-19*)

| | 설계변수 | Case 1 | Case 2 | Case 3 |
|---|---|---|---|---|
| 3 | $\rho_s$ | 0.0100 | **0.0800** | *N/A* |
| 4 | $f_c'$ (MPa) | 40 | 40 | *N/A* |
| 5 | $f_y$ (MPa) | 500 | 500 | *N/A* |
| 6 | $P_u$(kN) | 1000 | 1000 | *N/A* |
| 7 | $M_u$ (kN·m) | 3000 | 3000 | *N/A* |
| 10 | $SF$ | 1 | 1 | *N/A* |
| 11 | $b/h$ | 1 | 1 | *N/A* |
| 목적함수: $W_c$ (kN/m) | | 25.529 | **10.243** | *N/A* |

***Note:*** *Case 1* – 부등 제약함수 $v_1(\boldsymbol{x})$ 활성
*Case 2* – 부등 제약함수 $v_2(\boldsymbol{x})$ 활성
*Case 3* – 모두 비활성

표 3.3.3(b-1) 두 개의 은닉층 및 80개의 뉴런에 기반한 역방향 인공신경망을 학습하여 ACI 318-14로 도출[학습 정확도는 표 3.2.2.2(a-2) 도출]

인공신경망 기반 **Case** 별 **Lagrange** 최적화
(*2 layers - 80 neurons*) (*ACI 318-14*)

| | 설계변수 | Case 1 | Case 2 | Case 3 |
|---|---|---|---|---|
| 3 | $\rho_s$ | 0.0100 | 0.0800 | **0.0674** |
| 4 | $f_c'$ (MPa) | 40 | 40 | 40 |
| 5 | $f_y$ (MPa) | 500 | 500 | 500 |
| 6 | $P_u$(kN) | 1000 | 1000 | 1000 |
| 7 | $M_u$ (kN·m) | 3000 | 3000 | 3000 |
| 10 | $SF$ | 1 | 1 | 1 |
| 11 | $b/h$ | 1 | 1 | 1 |
| 목적함수: $W_c$ (kN/m) | | 26.819 | 10.336 | **10.158** |

***Note:*** *Case 1* – 부등 제약함수 $v_1(\boldsymbol{x})$ 활성
*Case 2* – 부등 제약함수 $v_2(\boldsymbol{x})$ 활성
*Case 3* – 모두 비활성

표 3.3.3(b-2) 두 개의 은닉층 및 80개의 뉴런에 기반한 역방향 인공신경망을 학습하여 ACI 318-19로 도출[학습 정확도는 표 3.2.2.2(b-2) 도출]

인공신경망 기반 **Case** 별 **Lagrange** 최적화
(*2 layers - 80 neurons*) (*ACI 318-19*)

| | 설계변수 | Case 1 | Case 2 | Case 3 |
|---|---|---|---|---|
| 3 | $\rho_s$ | 0.0100 | 0.0800 | **0.0662** |
| 4 | $f_c'$ (MPa) | 40 | 40 | 40 |
| 5 | $f_y$ (MPa) | 500 | 500 | 500 |
| 6 | $P_u$(kN) | 1000 | 1000 | 1000 |
| 7 | $M_u$ (kN·m) | 3000 | 3000 | 3000 |
| 10 | $SF$ | 1 | 1 | 1 |
| 11 | $b/h$ | 1 | 1 | 1 |
| 목적함수: $W_c$ (kN/m) | | 26.823 | 10.597 | **10.390** |

***Note:*** *Case 1* – 부등 제약함수 $v_1(\boldsymbol{x})$ 활성
*Case 2* – 부등 제약함수 $v_2(\boldsymbol{x})$ 활성
*Case 3* – 모두 비활성

표 3.3.3(c-1) 다섯 개의 은닉층 및 80개의 뉴런에 기반한 역방향 인공신경망을 학습하여 ACI 318-14로 도출[학습 정확도는 표 3.2.2.2(a-2) 도출]

인공신경망 기반 **Case** 별 **Lagrange** 최적화
(*5 layers - 80 neurons*) (*ACI 318-14*)

| | 설계변수 | Case 1 | Case 2 | Case 3 |
|---|---|---|---|---|
| 3 | $\rho_s$ | 0.0100 | 0.0800 | **0.0660** |
| 4 | $f_c'$ (MPa) | 40 | 40 | 40 |
| 5 | $f_y$ (MPa) | 500 | 500 | 500 |
| 6 | $P_u$(kN) | 1000 | 1000 | 1000 |
| 7 | $M_u$ (kN·m) | 3000 | 3000 | 3000 |
| 10 | $SF$ | 1 | 1 | 1 |
| 11 | $b/h$ | 1 | 1 | 1 |
| 목적함수:<br>$W_c$ (kN/m) | | 26.993 | 10.316 | **10.177** |

***Note:*** *Case 1* – 부등 제약함수 $v_1(\boldsymbol{x})$ 활성
*Case 2* – 부등 제약함수 $v_2(\boldsymbol{x})$ 활성
*Case 3* – 모두 비활성

표 3.3.3(c-2) 다섯 개의 은닉층 및 80개의 뉴런에 기반한 역방향 인공신경망을 학습하여 ACI 318-19로 도출[학습 정확도는 표 3.2.2.2(b-2) 도출]

인공신경망 기반 **Case** 별 **Lagrange** 최적화
(*5 layers - 80 neurons*) (*ACI 318-19*)

| | 설계변수 | Case 1 | Case 2 | Case 3 |
|---|---|---|---|---|
| 3 | $\rho_s$ | 0.0100 | 0.0800 | **0.0614** |
| 4 | $f_c'$ (MPa) | 40 | 40 | 40 |
| 5 | $f_y$ (MPa) | 500 | 500 | 500 |
| 6 | $P_u$(kN) | 1000 | 1000 | 1000 |
| 7 | $M_u$ (kN·m) | 3000 | 3000 | 3000 |
| 10 | $SF$ | 1 | 1 | 1 |
| 11 | $b/h$ | 1 | 1 | 1 |
| 목적함수:<br>$W_c$ (kN/m) | | 27.005 | 9.312 | **9.322** |

***Note:*** *Case 1* – 부등 제약함수 $v_1(\boldsymbol{x})$ 활성
*Case 2* – 부등 제약함수 $v_2(\boldsymbol{x})$ 활성
*Case 3* – 모두 비활성

표 3.3.3(d-1) 열 개의 은닉층 및 80개의 뉴런에 기반한 역방향 인공신경망을 학습하여 ACI 318-14로 도출[학습 정확도는 표 3.2.2.2(a-2) 도출]

인공신경망 기반 **Case** 별 **Lagrange** 최적화
(*10 layers - 80 neurons*) (*ACI 318-14*)

| | 설계변수 | Case 1 | Case 2 | Case 3 |
|---|---|---|---|---|
| 3 | $\rho_s$ | 0.0100 | 0.0800 | **0.0642** |
| 4 | $f_c'$ (MPa) | 40 | 40 | 40 |
| 5 | $f_y$ (MPa) | 500 | 500 | 500 |
| 6 | $P_u$(kN) | 1000 | 1000 | 1000 |
| 7 | $M_u$ (kN·m) | 3000 | 3000 | 3000 |
| 10 | $SF$ | 1 | 1 | 1 |
| 11 | $b/h$ | 1 | 1 | 1 |
| 목적함수:<br>$W_c$ (kN/m) | | 27.017 | 10.328 | **10.174** |

***Note:*** *Case 1* – 부등 제약함수 $v_1(\boldsymbol{x})$ 활성
*Case 2* – 부등 제약함수 $v_2(\boldsymbol{x})$ 활성
*Case 3* – 모두 비활성

표 3.3.3(d-2) 열 개의 은닉층 및 80개의 뉴런에 기반한 역방향 인공신경망을 학습하여 ACI 318-19로 도출[학습 정확도는 표 3.2.2.2(b-2) 도출]

인공신경망 기반 **Case** 별 **Lagrange** 최적화
(*10 layers - 80 neurons*) (*ACI 318-19*)

| | 설계변수 | Case 1 | Case 2 | Case 3 |
|---|---|---|---|---|
| 3 | $\rho_s$ | 0.0100 | 0.0800 | **0.0626** |
| 4 | $f_c'$ (MPa) | 40 | 40 | 40 |
| 5 | $f_y$ (MPa) | 500 | 500 | 500 |
| 6 | $P_u$(kN) | 1000 | 1000 | 1000 |
| 7 | $M_u$ (kN·m) | 3000 | 3000 | 3000 |
| 10 | $SF$ | 1 | 1 | 1 |
| 11 | $b/h$ | 1 | 1 | 1 |
| 목적함수:<br>$W_c$ (kN/m) | | 26.949 | 10.577 | **10.435** |

***Note:*** *Case 1* – 부등 제약함수 $v_1(\boldsymbol{x})$ 활성
*Case 2* – 부등 제약함수 $v_2(\boldsymbol{x})$ 활성
*Case 3* – 모두 비활성

표 3.3.3(e-1) 1, 2, 5, 10개의 은닉층 조합 및 80개의 뉴런에 기반한 역방향 인공신경망을 학습하여 ACI 318-14로 도출[학습 정확도는 표 3.2.2.2(a-2) 도출]

인공신경망 기반 **Case** 별 **Lagrange** 최적화
(*best networks in term of MSE*) (*ACI 318-14*)

| | 설계변수 | Case 1 | Case 2 | Case 3 |
|---|---|---|---|---|
| 3 | $\rho_s$ | 0.0100 | 0.0800 | **0.0642** |
| 4 | $f_c'$ (MPa) | 40 | 40 | 40 |
| 5 | $f_y$ (MPa) | 500 | 500 | 500 |
| 6 | $P_u$(kN) | 1000 | 1000 | 1000 |
| 7 | $M_u$ (kN·m) | 3000 | 3000 | 3000 |
| 10 | $SF$ | 1 | 1 | 1 |
| 11 | $b/h$ | 1 | 1 | 1 |
| 목적함수:<br>$W_c$ (kN/m) | | 27.017 | 10.328 | **10.174** |

**Note:** *Case 1* – 부등 제약함수 $v_1(\boldsymbol{x})$ 활성
*Case 2* – 부등 제약함수 $v_2(\boldsymbol{x})$ 활성
*Case 3* – 모두 비활성

표 3.3.3(e-2) 1, 2, 5, 10개의 은닉층 조합 및 80개의 뉴런에 기반한 역방향 인공신경망을 학습하여 ACI 318-19로 도출[학습 정확도는 표 3.2.2.2(b-2) 도출]

인공신경망 기반 **Case** 별 **Lagrange** 최적화
(*best networks in term of MSE*) (*ACI 318-19*)

| | 설계변수 | Case 1 | Case 2 | Case 3 |
|---|---|---|---|---|
| 3 | $\rho_s$ | 0.0100 | 0.0800 | **0.0614** |
| 4 | $f_c'$ (MPa) | 40 | 40 | 40 |
| 5 | $f_y$ (MPa) | 500 | 500 | 500 |
| 6 | $P_u$(kN) | 1000 | 1000 | 1000 |
| 7 | $M_u$ (kN·m) | 3000 | 3000 | 3000 |
| 10 | $SF$ | 1 | 1 | 1 |
| 11 | $b/h$ | 1 | 1 | 1 |
| 목적함수:<br>$W_c$ (kN/m) | | 27.058 | 10.511 | **10.448** |

**Note:** *Case 1* – 부등 제약함수 $v_1(\boldsymbol{x})$ 활성
*Case 2* – 부등 제약함수 $v_2(\boldsymbol{x})$ 활성
*Case 3* – 모두 비활성

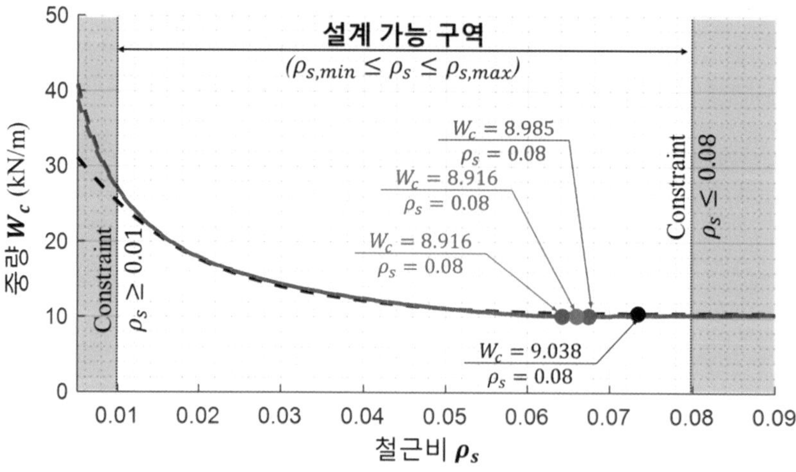


--- 1.$W_c = f_{W_c}(\mathbf{x})$ *(1 layer – 80 neurons)*
--- 3.$W_c = f_{W_c}(\mathbf{x})$ *(2 layers – 80 neurons)*
--- 5.$W_c = f_{W_c}(\mathbf{x})$ *(5 layers – 80 neurons)*
--- 7.$W_c = f_{W_c}(\mathbf{x})$ *(10 layers – 80 neurons)*

● 2. Optimal design *(1 layer – 80 neurons)*
● 4. Optimal design *(2 layers – 80 neurons)*
● 6. Optimal design *(5 layers – 80 neurons)*
● 8. Optimal design *(10 layers – 80 neurons)*

그림 3.3.1(a) ACI 318-14

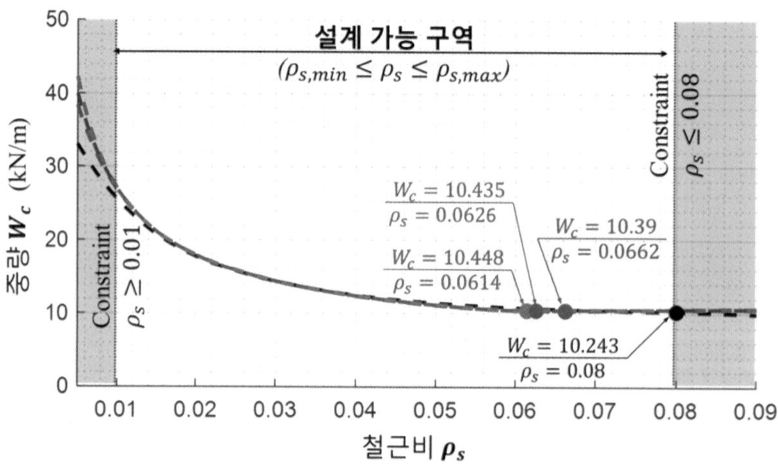


--- 1.$W_c = f_{W_c}(\mathbf{x})$ *(1 layer – 80 neurons)*
--- 3.$W_c = f_{W_c}(\mathbf{x})$ *(2 layers – 80 neurons)*
--- 5.$W_c = f_{W_c}(\mathbf{x})$ *(5 layers – 80 neurons)*
--- 7.$W_c = f_{W_c}(\mathbf{x})$ *(10 layers – 80 neurons)*

● 2. Optimal design *(1 layer – 80 neurons)*
● 4. Optimal design *(2 layers – 80 neurons)*
● 6. Optimal design *(5 layers – 80 neurons)*
● 8. Optimal design *(10 layers – 80 neurons)*

그림 3.3.1(b) ACI 318-14

그림 3.3.1 철근비 0.0과 0.1의 철근비($\rho_s$) 구간에서 1, 2, 5, 10 은닉층에 기반한 역방향 인공신경망에 의해 산출된 기둥중량 $W_c$ 검증

### (2) 빅데이터에 의한 최소 기둥 중량($W_c$)의 검증

표 3.3.4(e-1)과 표 3.3.4(e-2)의 순방향 인공신경망으로부터 기둥 중량($W_c$)은 ACI 318-14 기반으로는 10.158, ACI 318-19 기반으로는 10.535로 최소화되었다. 1, 2, 5, 10 조합으로 이뤄진 은닉층과 80개의 뉴런을 사용해 도출한 인공신경망으로부터 가장 우수한 학습 정확도를 활용했다. 표 3.3.5(e-1)과 표 3.3.5(e-2)의 역방향 인공신경망으로부터도 유사한 정확도를 도출했다. 기둥 중량은 ACI 318-14 기반으로는 10.174kN/m, ACI 318-19 기반으로는 10.448kN/m로 최소화되었다. 그림 3.3.2에서는 200만 개의 빅데이터로부터 콘크리트의 압축강도 $f_c' = 40\text{MPa}$, 철근의 인장강도 $f_y = 500\text{MPa}$, $SF = 1$, $b/h = 1$에 해당하는 데이터를 추출했고 추출된 데이터로부터 ACI 318-14 기반으로는 10.240kN/m, ACI 318-19 기반으로는 10.441kN/m의 최소 기둥 중량을 도출했다.

이 결과는 표 3.3.4(c-1)와 표 3.3.4(c-2)에서 보듯이 순방향 인공신경망을 이용해 ACI 318-14 기반에서 구한 10.177kN/m과 ACI 318-19 기반에서 구한 10.372kN/m와 유사하다. 또한 표 3.3.5(c-1)와 표 3.3.5(c-2)에서 보듯이 역방향 인공신경망을 이용해 ACI 318-14에 기반해 구한 10.177kN/m과 ACI 318-19에 기반해 구한 10.448kN/m과도 유사하다. 이때 순방향 및 역방향 인공신경망은 다섯 개의 은닉층과 80개의 뉴런을 사용해 도출된 학습 정확도를 활용했다.

### (3) 기둥 중량($W_c$)의 최소화 설계 정확도

표 3.3.4(a)와 표 3.3.5(a)에서 보듯이 한 개의 은닉층을 사용한 순방향 및 역방향 인공신경망에 의해 도출된 설계 정확도를 두 개 은닉층을 사용해 구한 표 3.3.4(b), 표 3.3.5(b)와 비교했다. 다섯 개 은닉층을 사용한 결과는 표 3.3.4(c), 표 3.3.5(c)에 나타내었다. 두 개와 다섯 개 은닉층을 사용해 구한 설계 결과는 한 개 은닉층을 사용한 설계보다 우수한 정확도를 보여줬다. 그림 3.3.2(a)와 그림 3.3.2(b)는 200만 개 빅데이터로부터 최소 기둥 중량을 도출하는 과정을 도시했고 ACI 318-14 기반으로는 10.240kN/m, ACI 318-19 기반으로는 10.441kN/m의 최소 기둥 중량을 도출했다. 한 개 은닉층만 사용한 역방향 인공신경망을 이용한 경우, ACI 318-14 기반으로는 -2.54%, ACI 318-19 기반으로는 -1.90%의 오차를 보이고 있다. 하지만 은닉층 개수 등 학습 파라미터를 개선해 학습 정확도를 향상시키면 기둥 중량을 감소시키는 설계 파라미터를 더 정확히 도출할 수 있었다. 즉 열 개의 은닉층을 사용한 역방향 인

표 3.3.4 순방향 인공신경망에 기반하여 최소화된 중량 $W_c$의 설계 정확도

표 3.3.4(a-1) 한 개의 은닉층 및 80개의 뉴런에 기반한 순방향 인공신경망을 학습하여 ACI 318-14로 도출[학습 정확도는 표 3.2.2.2(a-1) 도출]

중량 $W_C$ 최적화 설계
*(based on 1 layer with 80 neurons) (ACI 318-14)*

| | 설계변수 | AI 결과 | *AutoCol* 검증 | 오차 |
|---|---|---|---|---|
| 1 | $b$ (mm) | **664.82** | | |
| 2 | $h$ (mm) | **664.82** | | |
| 3 | $\rho_s$ | **0.0726** | | |
| 4 | $f_c'$ (MPa) | 40 | | |
| 5 | $f_y$ (MPa) | 500 | | |
| 6 | $P_u$(kN) | 1000 | | |
| 7 | $M_u$ (kN·m) | 3000 | | |
| 8 | $\phi P_n$ (kN) | 426.8 | 1016.3 | -138% |
| 9 | $\phi M_n$ (kN·m) | 3160.4 | 3048.9 | 3.53% |
| 10 | $SF$ | 1.00 | 1.02 | -1.63% |
| 11 | $b/h$ | 1.00 | 1.00 | 0.00% |
| 12 | $\varepsilon_s$ | 0.00457 | 0.00415 | 9.17% |
| 13 | $CI_C$ (KRW/m) | 307516.6 | 307380.8 | 0.04% |
| 14 | $CO_2$ (t-$CO_2$/m) | 0.7067 | 0.7073 | -0.08% |
| 15 | $W_C$ (kN/m) | **10.419** | **10.413** | 0.06% |
| 16 | $\alpha_{e/h}$ | 0.222 | 0.218 | 1.65% |

**Note:** (점선 박스) 인공신경망 기반 설계용 7 개 설계변수
(파선 박스) *AutoCol* 검증
인공신경망 기반 최적화 $W_C$ = **10.419**
(빅데이터 도출 **10.240** 대비 **1.75%** 오차)

표 3.3.4(a-2) 한 개의 은닉층 및 80개의 뉴런에 기반한 순방향 인공신경망을 학습하여 ACI 318-19로 도출[학습 정확도는 표 3.2.2.2(b-1) 도출]

중량 $W_C$ 최적화 설계
*(based on 1 layer with 80 neurons) (ACI 318-19)*

| | 설계변수 | AI 결과 | *AutoCol* 검증 | 오차 |
|---|---|---|---|---|
| 1 | $b$ (mm) | **660.99** | | |
| 2 | $h$ (mm) | **660.99** | | |
| 3 | $\rho_s$ | **0.0690** | | |
| 4 | $f_c'$ (MPa) | 40 | | |
| 5 | $f_y$ (MPa) | 500 | | |
| 6 | $P_u$(kN) | 1000 | | |
| 7 | $M_u$ (kN·m) | 3000 | | |
| 8 | $\phi P_n$ (kN) | 442.5 | 1003.5 | -127% |
| 9 | $\phi M_n$ (kN·m) | 3023.9 | 3010.4 | 0.44% |
| 10 | $SF$ | 1.000 | 1.003 | -0.35% |
| 11 | $b/h$ | 1.00 | 1.00 | 0.00% |
| 12 | $\varepsilon_s$ | 0.00474 | 0.00438 | 7.55% |
| 13 | $CI_c$ (KRW/m) | 291148.3 | 290771.1 | 0.13% |
| 14 | $CO_2$ (t-$CO_2$/m) | 0.667 | 0.668 | -0.09% |
| 15 | $W_c$ (kN/m) | **10.297** | **10.294** | 0.04% |
| 16 | $\alpha_{e/h}$ | 0.227 | 0.217 | 4.60% |

**Note:** (점선 상자) 인공신경망 기반 설계용 **7** 개 설계변수
(파선 상자) ***AutoCol*** 검증
인공신경망 기반 최적화 $W_C$ = **10.297**
(빅데이터 도출 **10.441** 대비 **-1.38%** 오차)

표 3.3.4(b-1) 두 개의 은닉층 및 80개의 뉴런에 기반한 순방향 인공신경망을 학습하여 ACI 318-14로 도출[학습 정확도는 표 3.2.2.2(a-1) 도출]

중량 $W_C$ 최적화 설계
(*based on 2 layers with 80 neurons*) (*ACI 318-14*)

| | 설계변수 | AI 결과 | *AutoCol* 검증 | 오차 |
|---|---|---|---|---|
| 1 | $b$ (mm) | **656.83** | | |
| 2 | $h$ (mm) | **656.83** | | |
| 3 | $\rho_s$ | **0.0710** | | |
| 4 | $f_c'$ (MPa) | 40 | | |
| 5 | $f_y$ (MPa) | 500 | | |
| 6 | $P_u$(kN) | 1000 | | |
| 7 | $M_u$ (kN·m) | 3000 | | |
| 8 | $\phi P_n$ (kN) | 1052.3 | 985.1 | 6.4% |
| 9 | $\phi M_n$ (kN·m) | 3019.8 | 2955.3 | 2.14% |
| 10 | $SF$ | 1.00 | 0.99 | 1.49% |
| 11 | $b/h$ | 1.00 | 1.00 | 0.00% |
| 12 | $\varepsilon_s$ | 0.00445 | 0.00426 | 4.40% |
| 13 | $CI_C$ (KRW/m) | 294387.4 | 294072.6 | 0.11% |
| 14 | $CO_2$ (t-$CO_2$/m) | 0.6760 | 0.6762 | -0.03% |
| 15 | $W_C$ (kN/m) | **10.164** | **10.164** | 0.00% |
| 16 | $\alpha_{e/h}$ | 0.2181 | 0.2155 | 1.16% |

**Note:** (점선) 인공신경망 기반 설계용 **7** 개 설계변수
(파선) ***AutoCol*** 검증
인공신경망 기반 최적화 $W_C$ = **10.164**
(빅데이터 도출 **10.240** 대비 **-0.74%** 오차)

표 3.3.4(b-2) 두 개의 은닉층 및 80개의 뉴런에 기반한 순방향 인공신경망을 학습하여 ACI 318-19로 도출[학습 정확도는 표 3.2.2.2(b-1) 도출]

중량 $W_C$ 최적화 설계
(*based on 2 layers with 80 neurons*) (*ACI 318-19*)

| | 설계변수 | AI 결과 | *AutoCol* 검증 | 오차 |
|---|---|---|---|---|
| 1 | $b$ (mm) | **666.01** | | |
| 2 | $h$ (mm) | **666.01** | | |
| 3 | $\rho_s$ | **0.0645** | | |
| 4 | $f_c'$ (MPa) | 40 | | |
| 5 | $f_y$ (MPa) | 500 | | |
| 6 | $P_u$(kN) | 1000 | | |
| 7 | $M_u$ (kN·m) | 3000 | | |
| 8 | $\phi P_n$ (kN) | 995.1 | 984.7 | 1.0% |
| 9 | $\phi M_n$ (kN·m) | 3021.3 | 2954.0 | 2.23% |
| 10 | $SF$ | 1.00 | 0.98 | 1.53% |
| 11 | $b/h$ | 1.0000 | 1.0000 | 0.00% |
| 12 | $\varepsilon_s$ | 0.00486 | 0.00477 | 2.01% |
| 13 | $CI_C$ (KRW/m) | 278830.9 | 278637.9 | 0.07% |
| 14 | $CO_2$ (t-$CO_2$/m) | 0.636 | 0.639 | -0.50% |
| 15 | $W_C$ (kN/m) | **10.452** | **10.451** | 0.02% |
| 16 | $\alpha_{e/h}$ | 0.2180 | 0.2185 | -0.19% |

**Note:** (점선 박스) 인공신경망 기반 설계용 **7** 개 설계변수
(파선 박스) ***AutoCol*** 검증
인공신경망 기반 최적화 $W_C$ = **10.452**
(빅데이터 도출 **10.441** 대비 **0.11%** 오차)

표 3.3.4(c-1) 다섯 개의 은닉층 및 80개의 뉴런에 기반한 순방향 인공신경망을 학습하여 ACI 318-14로 도출[학습 정확도는 표 3.2.2.2(a-1) 도출]

중량 $W_C$ 최적화 설계
(*based on 5 layers with 80 neurons*) (*ACI 318-14*)

| | 설계변수 | AI 결과 | *AutoCol* 검증 | 오차 |
|---|---|---|---|---|
| 1 | $b$ (mm) | **656.87** | | |
| 2 | $h$ (mm) | **656.87** | | |
| 3 | $\rho_s$ | **0.0654** | | |
| 4 | $f_c'$ (MPa) | 40 | | |
| 5 | $f_y$ (MPa) | 500 | | |
| 6 | $P_u$(kN) | 1000 | | |
| 7 | $M_u$ (kN·m) | 3000 | | |
| 8 | $\phi P_n$ (kN) | 930.6 | 989.8 | -6.4% |
| 9 | $\phi M_n$ (kN·m) | 2987.2 | 2969.5 | 0.59% |
| 10 | $SF$ | 1.00 | 0.99 | 1.02% |
| 11 | $b/h$ | 1.00 | 1.00 | 0.00% |
| 12 | $\varepsilon_s$ | 0.00479 | 0.00470 | 1.85% |
| 13 | $CI_c$ (KRW/m) | 275741.1 | 274324.1 | 0.51% |
| 14 | $CO_2$ (t-$CO_2$/m) | 0.6286 | 0.6292 | -0.09% |
| 15 | $W_c$ (kN/m) | **10.177** | **10.166** | 0.11% |
| 16 | $\alpha_{e/h}$ | 0.2154 | 0.2156 | -0.08% |

**Note:** (점선) 인공신경망 기반 설계용 7 개 설계변수
(파선) *AutoCol* 검증
인공신경망 기반 최적화 $W_C$ = **10.177**
(빅데이터 도출 **10.240** 대비 **-0.62%** 오차)

표 3.3.4(c-2) 다섯 개의 은닉층 및 80개의 뉴런에 기반한 순방향 인공신경망을 학습하여 ACI 318-19로 도출[학습 정확도는 표 3.2.2.2(b-1) 도출]

**중량 $W_C$ 최적화 설계**

(*based on 5 layers with 80 neurons*) (*ACI 318-19*)

| | 설계변수 | AI 결과 | *AutoCol* 검증 | 오차 |
|---|---|---|---|---|
| 1 | $b$ (mm) | **664.03** | | |
| 2 | $h$ (mm) | **664.03** | | |
| 3 | $\rho_s$ | **0.0625** | | |
| 4 | $f_c'$ (MPa) | 40 | | |
| 5 | $f_y$ (MPa) | 500 | | |
| 6 | $P_u$(kN) | 1000 | | |
| 7 | $M_u$ (kN·m) | 3000 | | |
| 8 | $\phi P_n$ (kN) | 939.9 | 976.4 | -3.9% |
| 9 | $\phi M_n$ (kN·m) | 2973.8 | 2929.3 | 1.50% |
| 10 | $SF$ | 1.00 | 0.98 | 2.36% |
| 11 | $b/h$ | 1.000 | 1.000 | 0.00% |
| 12 | $\varepsilon_s$ | 0.00510 | 0.00497 | 2.58% |
| 13 | $CI_C$ (KRW/m) | 271811.1 | 269644.0 | 0.80% |
| 14 | $CO_2$ (t-$CO_2$/m) | 0.6179 | 0.6175 | 0.07% |
| 15 | $W_C$ (kN/m) | **10.372** | **10.389** | -0.16% |
| 16 | $\alpha_{e/h}$ | 0.2181 | 0.2178 | 0.11% |

**Note:** (점선 박스) 인공신경망 기반 설계용 7 개 설계변수

(파선 박스) *AutoCol* 검증

인공신경망 기반 최적화 $W_C$ = **10.372**

(빅데이터 도출 **10.441** 대비 -0.66% 오차)

표 3.3.4(d-1) 열 개의 은닉층 및 80개의 뉴런에 기반한 순방향 인공신경망을 학습하여 ACI 318-14로 도출[학습 정확도는 표 3.2.2.2(a-1) 도출]

중량 $W_C$ 최적화 설계

*(based on 10 layers with 80 neurons) (ACI 318-14)*

| | 설계변수 | AI 결과 | *AutoCol* 검증 | 오차 |
|---|---|---|---|---|
| 1 | $b$ (mm) | **656.42** | | |
| 2 | $h$ (mm) | **656.42** | | |
| 3 | $\rho_s$ | **0.0650** | | |
| 4 | $f_c'$ (MPa) | 40 | | |
| 5 | $f_y$ (MPa) | 500 | | |
| 6 | $P_u$(kN) | 1000 | | |
| 7 | $M_u$ (kN·m) | 3000 | | |
| 8 | $\phi P_n$ (kN) | 980.0 | 988.6 | -0.9% |
| 9 | $\phi M_n$ (kN·m) | 2985.5 | 2965.9 | 0.66% |
| 10 | $SF$ | 1.00 | 0.99 | 1.14% |
| 11 | $b/h$ | 1.0004 | 1.0000 | 0.04% |
| 12 | $\varepsilon_s$ | 0.00489 | 0.00474 | 2.97% |
| 13 | $CI_C$ (KRW/m) | 272498.6 | 272344.9 | 0.06% |
| 14 | $CO_2$ (t-$CO_2$/m) | 0.6260 | 0.6245 | 0.25% |
| 15 | $W_C$ (kN/m) | **10.161** | **10.152** | 0.09% |
| 16 | $\alpha_{e/h}$ | 0.21543 | 0.21541 | 0.01% |

**Note:** (점선 박스) 인공신경망 기반 설계용 **7** 개 설계변수
(파선 박스) *AutoCol* 검증
인공신경망 기반 최적화 $W_C$ = **10.161**
(빅데이터 도출 **10.240** 대비 **-0.77%** 오차)

표 3.3.4(d-2) 열 개의 은닉층 및 80개의 뉴런에 기반한 순방향 인공신경망을 학습하여 ACI 318-19로 도출[학습 정확도는 표 3.2.2.2(b-1) 도출]

**중량 $W_C$ 최적화 설계**

(*based on 10 layers with 80 neurons*) (*ACI 318-19*)

| | 설계변수 | AI 결과 | *AutoCol* 검증 | 오차 |
|---|---|---|---|---|
| 1 | $b$ (mm) | **665.04** | | |
| 2 | $h$ (mm) | **665.04** | | |
| 3 | $\rho_s$ | **0.0616** | | |
| 4 | $f_c'$ (MPa) | 40 | | |
| 5 | $f_y$ (MPa) | 500 | | |
| 6 | $P_u$(kN) | 1000 | | |
| 7 | $M_u$ (kN·m) | 3000 | | |
| 8 | $\phi P_n$ (kN) | 989.5 | 980.4 | 0.9% |
| 9 | $\phi M_n$ (kN·m) | 3000.1 | 2941.3 | 1.96% |
| 10 | $SF$ | 1.00 | 0.98 | 1.96% |
| 11 | $b/h$ | 0.9998 | 1.0000 | -0.02% |
| 12 | $\varepsilon_s$ | 0.00519 | 0.00506 | 2.56% |
| 13 | $CI_c$ (KRW/m) | 267550.9 | 267345.1 | 0.08% |
| 14 | $CO_2$ (t-$CO_2$/m) | 0.6155 | 0.6119 | 0.58% |
| 15 | $W_c$ (kN/m) | **10.439** | **10.420** | 0.18% |
| 16 | $\alpha_{e/h}$ | 0.2179 | 0.2182 | -0.11% |

**Note:** (점선 박스) 인공신경망 기반 설계용 **7** 개 설계변수
(파선 박스) ***AutoCol*** 검증
인공신경망 기반 최적화 $W_C$ = **10.439**
(빅데이터 도출 **10.441** 대비 **-0.02%** 오차)

표 3.3.4(e-1) 1, 2, 5, 10개의 은닉층 조합 및 80개의 뉴런에 기반한 순방향 인공신경망을 학습하여 ACI 318-14로 도출[학습 정확도는 표 3.2.2.2(a-1) 도출]

중량 $W_C$ 최적화 설계

*(based on best networks in term of MSE) (ACI 318-14)*

| | 설계변수 | BEST 인공신경망 | AI 결과 | *AutoCol* 검증 | 오차 |
|---|---|---|---|---|---|
| 1 | $b$ (mm) | | **656.42** | | |
| 2 | $h$ (mm) | | **656.42** | | |
| 3 | $\rho_s$ | | **0.0651** | | |
| 4 | $f_c'$ (MPa) | | 40 | | |
| 5 | $f_y$ (MPa) | | 500 | | |
| 6 | $P_u$(kN) | | 1000 | | |
| 7 | $M_u$ (kN·m) | | 3000 | | |
| 8 | $\phi P_n$ (kN) | 5L - 80N | (927.1) | 988.5 | (-6.6%) |
| 9 | $\phi M_n$ (kN·m) | 10L - 80N | (2986.3) | 2965.5 | (0.70%) |
| 10 | $SF$ | 10L - 80N | 1.00 | 0.99 | 1.15% |
| 11 | $b/h$ | 2L - 80N | (1.00) | 1.00 | (0.00%) |
| 12 | $\varepsilon_s$ | 10L - 80N | (0.00488) | 0.00474 | (2.98%) |
| 13 | $CI_C$ (KRW/m) | 1L - 80N | (272904.0) | 272651.3 | (0.09%) |
| 14 | $CO_2$ (t-$CO_2$/m) | 2L - 80N | (0.6250) | 0.6252 | (-0.04%) |
| 15 | $W_C$ (kN/m) | 1L - 80N | **10.158** | **10.152** | 0.06% |
| 16 | $\alpha_{e/h}$ | 10L - 80N | (0.21543) | 0.21541 | (0.01%) |

**Note:** (점선 박스) 인공신경망 기반 설계용 **7** 개 설계변수
(파선 박스) ***AutoCol*** 검증
인공신경망 기반 최적화 $W_C$ = **10.158**
(빅데이터 도출 **10.240** 대비 **-0.80%** 오차)

표 3.3.4(e-2) 1, 2, 5, 10개의 은닉층 조합 80개의 뉴런에 기반한 순방향 인공신경망을 학습하여 ACI 318-19로 도출[학습 정확도는 표 3.2.2.2(b-1) 도출]

중량 $W_C$ 최적화 설계
(*based on best networks in term of MSE*) (*ACI 318-19*)

| | 설계변수 | Best 인공신경망 | AI 결과 | *AutoCol* 검증 | 오차 |
|---|---|---|---|---|---|
| 1 | $b$ (mm) | | **668.55** | | |
| 2 | $h$ (mm) | | **668.55** | | |
| 3 | $\rho_s$ | | **0.0800** | | |
| 4 | $f_c'$ (MPa) | | 40 | | |
| 5 | $f_y$ (MPa) | | 500 | | |
| 6 | $P_u$(kN) | | 1000 | | |
| 7 | $M_u$ (kN·m) | | 3000 | | |
| 8 | $\phi P_n$ (kN) | 10L - 80N | (1032.5) | 983.4 | (4.8%) |
| 9 | $\phi M_n$ (kN·m) | 10L - 80N | (3018.5) | 2950.2 | (2.26%) |
| 10 | $SF$ | 10L - 80N | 1.00 | 0.98 | 1.66% |
| 11 | $b/h$ | 2L - 80N | (1.00) | 1.00 | (0.00%) |
| 12 | $\varepsilon_s$ | 5L - 80N | (0.00397) | 0.00391 | (1.55%) |
| 13 | $CI_C$ (KRW/m) | 1L - 80N | (338294.0) | 338145.7 | (0.04%) |
| 14 | $CO_2$ (t-$CO_2$/m) | 1L - 80N | (0.7802) | 0.7803 | (-0.02%) |
| 15 | $W_C$ (kN/m) | 1L - 80N | **10.535** | **10.530** | 0.04% |
| 16 | $\alpha_{e/h}$ | 10L - 80N | (0.2195) | 0.2193 | (0.10%) |

**Note:** (점선 박스) 인공신경망 기반 설계용 7 개 설계변수
(파선 박스) *AutoCol* 검증
인공신경망 기반 최적화 $W_C$ = **10.535**
(빅데이터 도출 **10.441** 대비 **0.90%** 오차)

표 3.3.5 역방향 인공신경망에 기반하여 최소화된 중량 $W_c$의 설계 정확도

표 3.3.5(a-1) 한 개의 은닉층 및 80개의 뉴런에 기반한 역방향 인공신경망을 학습하여 ACI 318-14로 도출[학습 정확도는 표 3.2.2.2(a-2) 도출]

중량 $W_C$ 최적화 설계
(*based on 1 layer with 80 neurons*) (*ACI 318-14*)

| | 설계변수 | **AI** 결과 | ***AutoCol*** 검증 | 오차 |
|---|---|---|---|---|
| 1 | $b$ (mm) | **670.95** | | |
| 2 | $h$ (mm) | **667.47** | | |
| 3 | $\rho_s$ | **0.0734** | | |
| 4 | $f_c'$ (MPa) | 40 | | |
| 5 | $f_y$ (MPa) | 500 | | |
| 6 | $P_u$(kN) | 1000 | | |
| 7 | $M_u$ (kN·m) | 3000 | | |
| 8 | $\phi P_n$ (kN) | 991.9 | 1025.5 | -3.4% |
| 9 | $\phi M_n$ (kN·m) | 2997.0 | 3076.6 | -2.66% |
| 10 | $SF$ | 1.00 | 1.03 | -2.55% |
| 11 | $b/h$ | 1.00 | 1.01 | -0.52% |
| 12 | $\varepsilon_s$ | 0.0045 | 0.0041 | 7.63% |
| 13 | $CI_c$ (KRW/m) | 310724.6 | 314374.8 | -1.17% |
| 14 | $CO_2$ (t-$CO_2$/m) | 0.716 | 0.724 | -1.13% |
| 15 | $W_c$ (kN/m) | **10.50** | **10.55** | -0.53% |
| 16 | $\alpha_{e/h}$ | 0.214 | 0.219 | -2.36% |

**Note:** (점선 상자) 인공신경망 기반 설계용 **7** 개 설계변수
(파선 상자) ***AutoCol*** 검증
인공신경망 기반 최적화 $W_C$ = **10.50**
(빅데이터 도출 **10.240** 대비 **2.54%** 오차)

표 3.3.5(a-2) 한 개의 은닉층 및 80개의 뉴런에 기반한 역방향 인공신경망을 학습하여 ACI 318-19로 도출[학습 정확도는 표 3.2.2.2(b-2) 도출]

중량 $W_C$ 최적화 설계
(*based on 1 layer with 80 neurons*) (*ACI 318-19*)

| | 설계변수 | **AI** 결과 | ***AutoCol*** 검증 | 오차 |
|---|---|---|---|---|
| 1 | $b$ (mm) | **676.84** | | |
| 2 | $h$ (mm) | **671.16** | | |
| 3 | $\rho_s$ | **0.0800** | | |
| 4 | $f_c'$ (MPa) | 40 | | |
| 5 | $f_y$ (MPa) | 500 | | |
| 6 | $P_u$(kN) | 1000 | | |
| 7 | $M_u$ (kN·m) | 3000 | | |
| 8 | $\phi P_n$ (kN) | 1059.5 | 996.0 | 6.0% |
| 9 | $\phi M_n$ (kN·m) | 2995.8 | 2988.0 | 0.26% |
| 10 | $SF$ | 1.000 | 0.996 | 0.40% |
| 11 | $b/h$ | 1.00 | 1.01 | -0.85% |
| 12 | $\varepsilon_s$ | 0.00396 | 0.00391 | 1.42% |
| 13 | $CI_C$ (KRW/m) | 338530.3 | 343674.0 | -1.52% |
| 14 | $CO_2$ (t-$CO_2$/m) | 0.783 | 0.793 | -1.24% |
| 15 | $W_C$ (kN/m) | **10.243** | **10.703** | -4.48% |
| 16 | $\alpha_{e/h}$ | 0.229 | 0.220 | 4.02% |

**Note:** (점선 상자) 인공신경망 기반 설계용 **7** 개 설계변수
(파선 상자) ***AutoCol*** 검증
인공신경망 기반 최적화 $W_C$ **= 10.243**
(빅데이터 도출 **10.441** 대비 **-1.90%** 오차)

표 3.3.5(b-1) 두 개의 은닉층 및 80개의 뉴런에 기반한 역방향 인공신경망을 학습하여 ACI 318-14로 도출[학습 정확도는 표 3.2.2.2(a-2) 도출]

중량 $W_C$ 최적화 설계
(*based on 2 layers with 80 neurons*) (*ACI 318-14*)

| | 설계변수 | AI 결과 | *AutoCol* 검증 | 오차 |
|---|---|---|---|---|
| 1 | $b$ (mm) | **656.68** | | |
| 2 | $h$ (mm) | **655.86** | | |
| 3 | $\rho_s$ | **0.0674** | | |
| 4 | $f_c'$ (MPa) | 40 | | |
| 5 | $f_y$ (MPa) | 500 | | |
| 6 | $P_u$(kN) | 1000 | | |
| 7 | $M_u$ (kN·m) | 3000 | | |
| 8 | $\phi P_n$ (kN) | 997.3 | 983.9 | 1.3% |
| 9 | $\phi M_n$ (kN·m) | 2996.8 | 2951.8 | 1.50% |
| 10 | $SF$ | 1.00 | 0.98 | 1.61% |
| 11 | $b/h$ | 1.000 | 1.001 | -0.13% |
| 12 | $\varepsilon_s$ | 0.00460 | 0.00452 | 1.73% |
| 13 | $CI_C$ (KRW/m) | 282534.6 | 281013.3 | 0.54% |
| 14 | $CO_2$ (t-$CO_2$/m) | 0.647 | 0.645 | 0.36% |
| 15 | $W_C$ (kN/m) | **10.158** | **10.147** | 0.11% |
| 16 | $\alpha_{e/h}$ | 0.2162 | 0.2152 | 0.44% |

**Note:** (점선 상자) 인공신경망 기반 설계용 7 개 설계변수
(파선 상자) *AutoCol* 검증
인공신경망 기반 최적화 $W_C$ = **10.158**
(빅데이터 도출 **10.240** 대비 **-0.80%** 오차)

표 3.3.5(b-2) 두 개의 은닉층 및 80개의 뉴런에 기반한 역방향 인공신경망을 학습하여 ACI 318-19로 도출[학습 정확도는 표 3.2.2.2(b-2) 도출]

중량 $W_C$ 최적화 설계
*(based on 2 layers with 80 neurons) (ACI 318-19)*

| | 설계변수 | AI 결과 | *AutoCol* 검증 | 오차 |
|---|---|---|---|---|
| 1 | $b$ (mm) | **663.92** | | |
| 2 | $h$ (mm) | **664.35** | | |
| 3 | $\rho_s$ | **0.0662** | | |
| 4 | $f_c'$ (MPa) | 40 | | |
| 5 | $f_y$ (MPa) | 500 | | |
| 6 | $P_u$(kN) | 1000 | | |
| 7 | $M_u$ (kN·m) | 3000 | | |
| 8 | $\phi P_n$ (kN) | 997.1 | 978.1 | 1.9% |
| 9 | $\phi M_n$ (kN·m) | 2995.9 | 2934.3 | 2.06% |
| 10 | $SF$ | 1.00 | 0.98 | 2.19% |
| 11 | $b/h$ | 1.000 | 0.999 | 0.07% |
| 12 | $\varepsilon_s$ | 0.00469 | 0.00461 | 1.62% |
| 13 | $CI_C$ (KRW/m) | 285044.1 | 283420.1 | 0.57% |
| 14 | $CO_2$ (t-$CO_2$/m) | 0.664 | 0.650 | 2.13% |
| 15 | $W_C$ (kN/m) | **10.390** | **10.392** | -0.02% |
| 16 | $\alpha_{e/h}$ | 0.2183 | 0.2179 | 0.15% |

**Note:** (점선 상자) 인공신경망 기반 설계용 **7** 개 설계변수
(파선 상자) ***AutoCol*** 검증
인공신경망 기반 최적화 $W_C$ = **10.390**
**(**빅데이터 도출 **10.441** 대비 **0.49%** 오차**)**

표 3.3.5(c-1) 다섯 개의 은닉층 및 80개의 뉴런에 기반한 역방향 인공신경망을 학습하여 ACI 318-14로 도출[학습 정확도는 표 3.2.2.2(a-2) 도출]

중량 $W_C$ 최적화 설계
(*based on 5 layers with 80 neurons*) (*ACI 318-14*)

| | 설계변수 | AI 결과 | *AutoCol* 검증 | 오차 |
|---|---|---|---|---|
| 1 | $b$ (mm) | **658.22** | | |
| 2 | $h$ (mm) | **657.88** | | |
| 3 | $\rho_s$ | **0.0660** | | |
| 4 | $f_c'$ (MPa) | 40 | | |
| 5 | $f_y$ (MPa) | 500 | | |
| 6 | $P_u$(kN) | 1000 | | |
| 7 | $M_u$ (kN·m) | 3000 | | |
| 8 | $\phi P_n$ (kN) | 999.9 | 993.5 | 0.6% |
| 9 | $\phi M_n$ (kN·m) | 2998.1 | 2980.6 | 0.59% |
| 10 | $SF$ | 1.00 | 0.99 | 0.65% |
| 11 | $b/h$ | 1.000 | 1.001 | -0.05% |
| 12 | $\varepsilon_s$ | 0.00473 | 0.00464 | 1.89% |
| 13 | $CI_C$ (KRW/m) | 276340.9 | 277357.4 | -0.37% |
| 14 | $CO_2$ (t-$CO_2$/m) | 0.634 | 0.636 | -0.36% |
| 15 | $W_C$ (kN/m) | **10.177** | **10.202** | -0.25% |
| 16 | $\alpha_{e/h}$ | 0.217 | 0.216 | 0.47% |

**Note:** (점선 상자) 인공신경망 기반 설계용 **7** 개 설계변수
(파선 상자) ***AutoCol*** 검증
인공신경망 기반 최적화 $W_C$ **10.177**
(빅데이터 도출 **10.240** 대비 **-0.62%** 오차)

표 3.3.5(c-2) 다섯 개의 은닉층 및 80개의 뉴런에 기반한 역방향 인공신경망을 학습하여 ACI 318-19로 도출[학습 정확도는 표 3.2.2.2(b-2) 도출]

중량 $W_C$ 최적화 설계
(*based on 5 layers with 80 neurons*) (*ACI 318-19*)

| | 설계변수 | AI 결과 | *AutoCol* 검증 | 오차 |
|---|---|---|---|---|
| 1 | $b$ (mm) | **666.43** | | |
| 2 | $h$ (mm) | **665.76** | | |
| 3 | $\rho_s$ | **0.0614** | | |
| 4 | $f_c'$ (MPa) | 40 | | |
| 5 | $f_y$ (MPa) | 500 | | |
| 6 | $P_u$(kN) | 1000 | | |
| 7 | $M_u$ (kN·m) | 3000 | | |
| 8 | $\phi P_n$ (kN) | 1010.1 | 983.8 | 2.6% |
| 9 | $\phi M_n$ (kN·m) | 3000.4 | 2951.5 | 1.63% |
| 10 | $SF$ | 1.00 | 0.98 | 1.62% |
| 11 | $b/h$ | 1.000 | 1.001 | -0.10% |
| 12 | $\varepsilon_s$ | 0.00527 | 0.00507 | 3.67% |
| 13 | $CI_C$ (KRW/m) | 268043.9 | 267441.4 | 0.22% |
| 14 | $CO_2$ (t-$CO_2$/m) | 0.611 | 0.612 | -0.19% |
| 15 | $W_C$ (kN/m) | **10.448** | **10.453** | -0.05% |
| 16 | $\alpha_{e/h}$ | 0.219 | 0.218 | 0.20% |

**Note:** (점선 박스) 인공신경망 기반 설계용 **7** 개 설계변수
(파선 박스) ***AutoCol*** 검증
인공신경망 기반 최적화 $W_C$ = **10.448**
(빅데이터 도출 **10.441** 대비 **0.07%** 오차)

표 3.3.5(d-1) 열 개의 은닉층 및 80개의 뉴런에 기반한 역방향 인공신경망을 학습하여 ACI 318-14로 도출[학습 정확도는 표 3.2.2.2(a-2) 도출]

중량 $W_C$ 최적화 설계

(*based on 10 layers with 80 neurons*) (*ACI 318-14*)

| 설계변수 | | AI 결과 | *AutoCol* 검증 | 오차 |
|---|---|---|---|---|
| 1 | $b$ (mm) | **656.99** | | |
| 2 | $h$ (mm) | **655.66** | | |
| 3 | $\rho_s$ | **0.0642** | | |
| 4 | $f_c'$ (MPa) | 40 | | |
| 5 | $f_y$ (MPa) | 500 | | |
| 6 | $P_u$(kN) | 1000 | | |
| 7 | $M_u$ (kN·m) | 3000 | | |
| 8 | $\phi P_n$ (kN) | 961.5 | 987.5 | -2.7% |
| 9 | $\phi M_n$ (kN·m) | 3007.6 | 2962.6 | 1.50% |
| 10 | $SF$ | 1.00 | 0.99 | 1.25% |
| 11 | $b/h$ | 1.0000 | 1.0020 | -0.20% |
| 12 | $\varepsilon_s$ | 0.00490 | 0.00481 | 1.66% |
| 13 | $CI_C$ (KRW/m) | 270757.3 | 269612.5 | 0.42% |
| 14 | $CO_2$ (t-$CO_2$/m) | 0.620 | 0.618 | 0.31% |
| 15 | $W_C$ (kN/m) | **10.174** | **10.149** | 0.25% |
| 16 | $\alpha_{e/h}$ | 0.216 | 0.215 | 0.44% |

**Note:** (점선 상자) 인공신경망 기반 설계용 **7** 개 설계변수

(파선 상자) ***AutoCol*** 검증

인공신경망 기반 최적화 $W_C$ = **10.174**

(빅데이터 도출 **10.240** 대비 **-0.64%**오차)

표 3.3.5(d-2) 열 개의 은닉층 및 80개의 뉴런에 기반한 역방향 인공신경망을 학습하여 ACI 318-19로 도출[학습 정확도는 표 3.2.2.2(b-2) 도출]

**중량 $W_C$ 최적화 설계**

*(based on 10 layers with 80 neurons) (ACI 318-19)*

| | 설계변수 | **AI** 결과 | ***AutoCol*** 검증 | 오차 |
|---|---|---|---|---|
| 1 | $b$ (mm) | **665.60** | | |
| 2 | $h$ (mm) | **665.64** | | |
| 3 | $\rho_s$ | **0.0626** | | |
| 4 | $f_c'$ (MPa) | 40 | | |
| 5 | $f_y$ (MPa) | 500 | | |
| 6 | $P_u$(kN) | 1000 | | |
| 7 | $M_u$ (kN·m) | 3000 | | |
| 8 | $\phi P_n$ (kN) | 881.3 | 982.8 | -11.5% |
| 9 | $\phi M_n$ (kN·m) | 2998.0 | 2948.5 | 1.65% |
| 10 | $SF$ | 1.00 | 0.98 | 1.72% |
| 11 | $b/h$ | 1.0000 | 0.9999 | 0.01% |
| 12 | $\varepsilon_s$ | 0.00511 | 0.00496 | 3.09% |
| 13 | $CI_C$ (KRW/m) | 271532.4 | 271348.5 | 0.07% |
| 14 | $CO_2$ (t-$CO_2$/m) | 0.619 | 0.621 | -0.37% |
| 15 | $W_C$ (kN/m) | **10.435** | **10.438** | -0.03% |
| 16 | $\alpha_{e/h}$ | 0.219 | 0.218 | 0.19% |

**Note:** (점선 박스) 인공신경망 기반 설계용 **7** 개 설계변수
(파선 박스) ***AutoCol*** 검증
인공신경망 기반 최적화 $W_C$ = **10.435**
(빅데이터 도출 **10.441** 대비 **-0.06%**오차)

표 3.3.5(e-1) 1, 2, 5, 10개의 은닉층 조합 및 80개의 뉴런에 기반한 역방향 인공신경망을 학습하여 ACI 318-14로 도출[학습 정확도는 표 3.2.2.2(a-2) 도출]

| 중량 $W_C$ 최적화 설계 (*based on best networks in term of MSE*) (*ACI 318-14*) | | | | | |
|---|---|---|---|---|---|
| | 설계변수 | **BEST** 인공신경망 | **AI** 결과 | ***AutoCol*** 검증 | 오차 |
| 1 | $b$ (mm) | 5L - 80N | **657.96** | | |
| 2 | $h$ (mm) | 10L - 80N | **655.66** | | |
| 3 | $\rho_s$ | | **0.0642** | | |
| 4 | $f_c'$ (MPa) | | 40 | | |
| 5 | $f_y$ (MPa) | | 500 | | |
| 6 | $P_u$(kN) | | 1000 | | |
| 7 | $M_u$ (kN·m) | | 3000 | | |
| 8 | $\phi P_n$ (kN) | 1L - 80N | (991.6) | 988.2 | (0.3%) |
| 9 | $\phi M_n$ (kN·m) | 2L - 80N | (2996.8) | 2964.6 | (1.08%) |
| 10 | $SF$ | | 1.00 | 0.99 | 1.18% |
| 11 | $b/h$ | | 1.000 | 1.004 | (-0.35%) |
| 12 | $\varepsilon_s$ | 10L - 80N | (0.0049) | 0.0048 | (1.73%) |
| 13 | $CI_c$ (KRW/m) | 10L - 80N | (270757.3) | 270009.3 | (0.28%) |
| 14 | $CO_2$ (t-$CO_2$/m) | 5L - 80N | (0.621) | 0.619 | (0.32%) |
| 15 | $W_c$ (kN/m) | 10L - 80N | **10.174** | **10.164** | 0.10% |
| 16 | $\alpha_{e/h}$ | 10L - 80N | (0.216) | 0.215 | (0.44%) |

**Note:** (점선 박스) 인공신경망 기반 설계용 **7** 개 설계변수
(파선 박스) ***AutoCol*** 검증
인공신경망 기반 최적화 $W_C$ = **10.174**
(빅데이터 도출 **10.240** 대비 **-0.64%** 오차)

표 3.3.5(e-2) 1, 2, 5, 10개의 은닉층 조합 및 80개의 뉴런에 기반한 역방향 인공신경망을 학습하여 ACI 318-19로 도출[학습 정확도는 표 3.2.2.2(b-2) 도출]

중량 $W_C$ 최적화 설계
*(based on best networks in term of MSE) (ACI 318-19)*

| | 설계변수 | BEST 인공신경망 | AI 결과 | *AutoCol* 검증 | 오차 |
|---|---|---|---|---|---|
| 1 | $b$ (mm) | 5L - 80N | **666.43** | | |
| 2 | $h$ (mm) | 5L - 80N | **665.76** | | |
| 3 | $\rho_s$ | | **0.0614** | | |
| 4 | $f_c'$ (MPa) | | 40 | | |
| 5 | $f_y$ (MPa) | | 500 | | |
| 6 | $P_u$(kN) | | 1000 | | |
| 7 | $M_u$ (kN·m) | | 3000 | | |
| 8 | $\phi P_n$ (kN) | 2L - 80N | (996.3) | 983.8 | (1.3%) |
| 9 | $\phi M_n$ (kN·m) | 2L - 80N | (2996.5) | 2951.5 | (1.50%) |
| 10 | $SF$ | | 1.00 | 0.98 | 1.62% |
| 11 | $b/h$ | | 1.000 | 1.001 | -0.10% |
| 12 | $\varepsilon_s$ | 10L - 80N | (0.0052) | 0.0051 | (3.24%) |
| 13 | $CI_c$ (KRW/m) | 10L - 80N | (267358.9) | 267441.4 | (-0.03%) |
| 14 | $CO_2$ (t-$CO_2$/m) | 10L - 80N | (0.610) | 0.612 | (-0.29%) |
| 15 | $W_c$ (kN/m) | 5L - 80N | **10.448** | **10.453** | -0.05% |
| 16 | $\alpha_{e/h}$ | 5L - 80N | (0.219) | 0.218 | (0.20%) |

**Note:** (점선 상자) 인공신경망 기반 설계용 7 개 설계변수
(파선 상자) *AutoCol* 검증
인공신경망 기반 최적화 $W_C$ = **10.448**
(빅데이터 도출 **10.441** 대비 **0.07%** 오차)

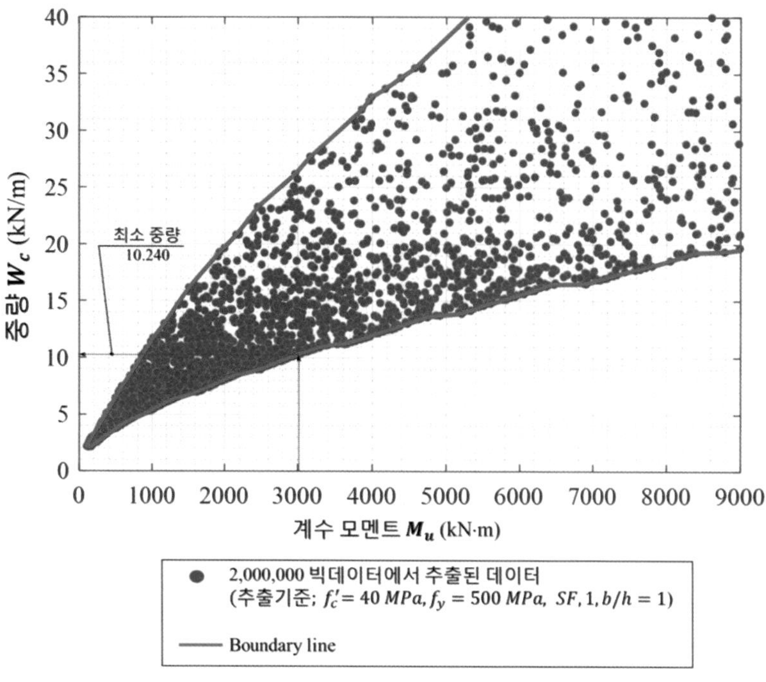


그림 3.3.2(a) ACI 318-14

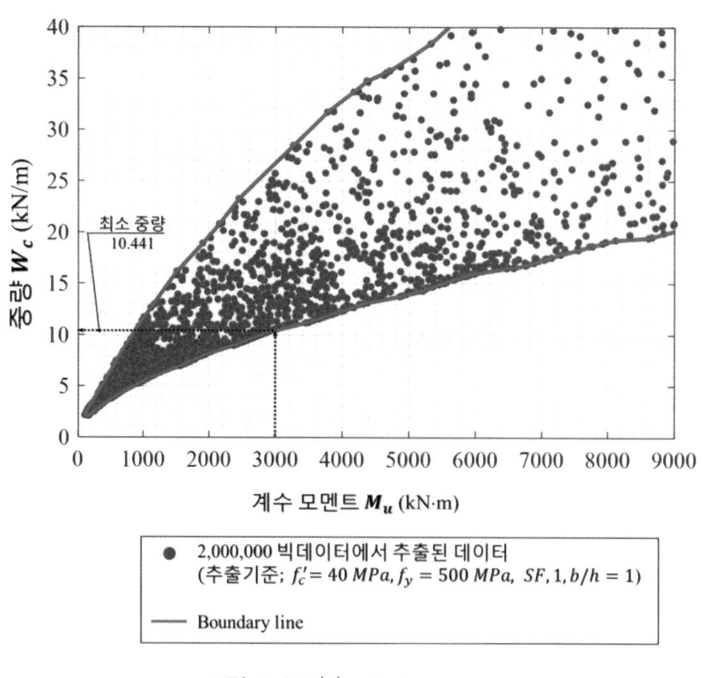


그림 3.3.2(b) ACI 318-149

그림 3.3.2 빅데이터에 의한 기둥중량 $W_c$ 검증

공신경망은 ACI 318-14 기반으로는 10.174kN/m과 ACI 318-19 기반으로는 10.435kN/m를 도출함으로써 상당한 설계 정확도를 보이고 있다. 인공신경망 기반 Hong-Lagrange 알고리즘을 사용해 도출된 순방향 및 역방향 모두에 대한 학습 정확도와 설계 정확도는 검증되었고 주어진 설계 조건에 대해 기둥 중량을 최소화하는 설계가 가능해졌다.

### 3.3.4 P-M 상관도

그림 3.3.3(a), (b)는 각각 순방향 및 역방향 인공신경망에 의해 기둥 중량($W_c$)을 최소화하도록 작성된 $P-M$ 상관도를 보여주고 있고 각각 ACI 318-14와 ACI 318-19에 기반해 작성되었다. 이때 순방향 및 역방향의 AI 기반 Hong-Lagrange 알고리즘으로 구한 표 3.3.4와 표 3.3.5에서 1-7로 표시된 파라미터를 구조설계 프로그램인 *AutoCol*에 적용해 $P-M$ 상관도를 작성했다. 콘크리트의 압축강도 $f_c' = 40\text{MPa}$, 철근의 인장강도 $f_y = 500\text{MPa}$, $SF = 1$, $b/h = 1$일 때 기둥 중량을 최소화하는 직사각형 기둥의 $P-M$ 상관도가 그림 3.3.3(a)와 그림 3.3.3(b)에 도시되어 있다. 이 경우, $P-M$ 상관도는 표 2.1.4(b)과 표 2.1.5의 모든 설계 규준을 충족시킨다.

범례 1부터 5의 $P-M$ 상관도는 1, 2, 5, 10개 은닉층 및 네 개의 은닉층 조합과 80개의 뉴런을 사용한 인공신경망으로 작성되었고 최적화된 기둥 중량($W_c$) 및 기둥 중량($W_c$)을 최소화하는 설계 파라미터를 사용해 도출되었다. 학습 정확도가 우수한 경우, 그림 3.3.3(a), (b)의 $P-M$ 상관도는 하중점을 뜻하는 붉은색 점($P_u = 1000\text{kN}, M_u = 3000\text{kN·m}$)을 지나치고 있다는 것을 알 수 있다. 그러나 그림 3.3.3(a)에서 보듯이 한 개의 은닉층만 이용한 인공신경망으로 작성된 $P-M$ 상관도는 학습 정확도가 낮아 하중점을 뜻하는 붉은색 점($P_u = 1000\text{kN}$, $M_u = 3000\text{kN·m}$)을 살짝 지나치고 있다는 것을 알 수 있다.

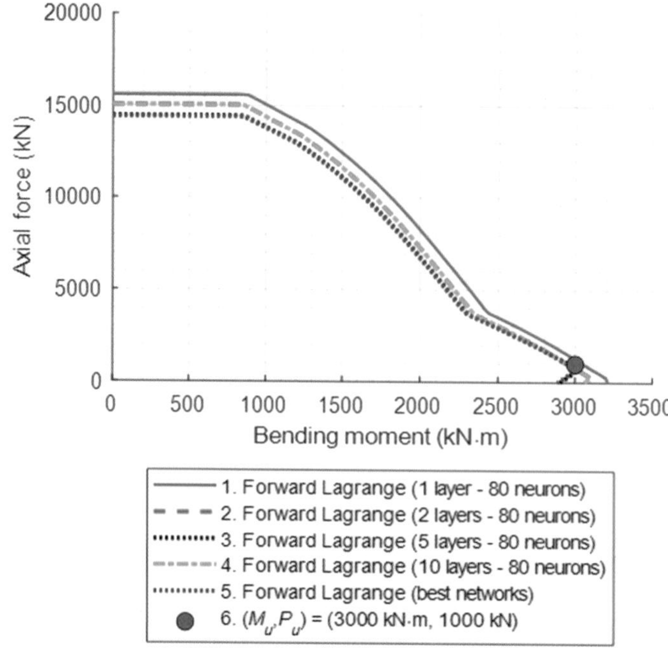


그림 3.3.3(a-1) 표 3.3.3.4 기반의 순방향 인공신경망 이용

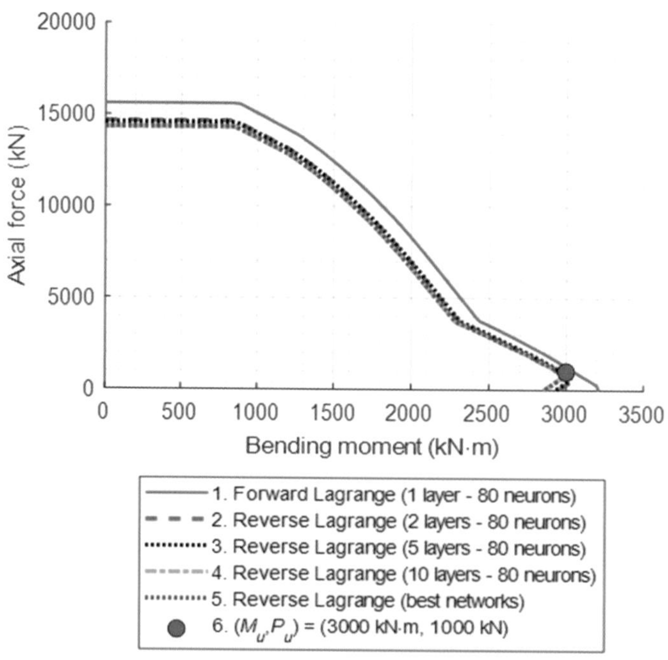


그림 3.3.3(a-2) 표 3.3.3.5 기반의 역방향 인공신경망 이용

그림 3.3.3(a) ACI 318-14

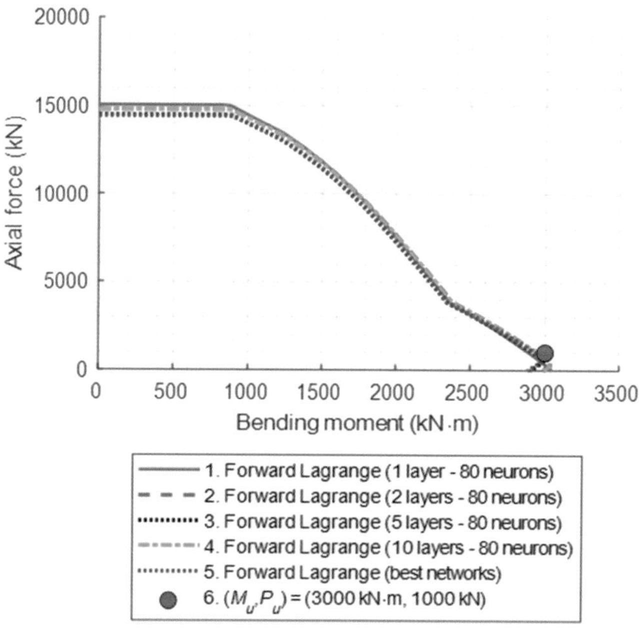


그림 3.3.3(b-1) 표 3.3.3.4 기반의 순방향 인공신경망 이용

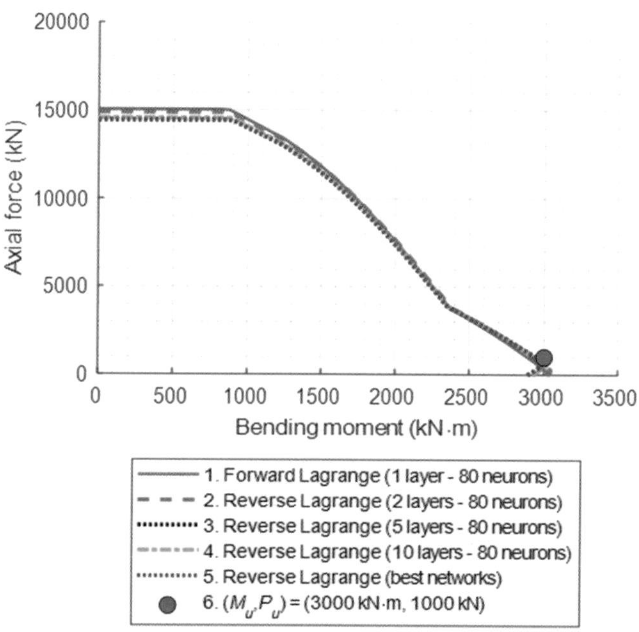


그림 3.3.3(b-2) 표 3.3.3.5 기반의 역방향 인공신경망 이용

그림 3.3.3(b) ACI 318-19

그림 3.3.3 기둥중량 $W_c$를 최소화하는 P-M 상관도

## 3.4 기둥 코스트 $CI_c$ 및 기둥 중량 $W_c$ 최적화가 P-M 상관도에 미치는 영향

순방향 인공신경망에 의해 기둥 중량 $W_c$이 최소화된 표 3.3.4(e-1)과 표 3.3.4(e-2)의 기둥 면적(기둥 중량 $W_c$) $b \times h$과 철근비 $\rho_s$로 작성된 $P-M$ 상관도가 그림 3.3.3에 도시되어 있다. 1, 2, 5, 10개 은닉층 조합과 80개의 뉴런을 사용한 순방향 인공신경망으로 학습된 가장 우수한 MSE에 기반해 작성되었고 기둥 면적(기둥 중량 $W_c$)은 ACI 318-14와 ACI 318-19에 기반해 각각 $b \times h = 656.42 \times 656.42\text{mm}^2$와 $668.55 \times 668.55\text{mm}^2$를 사용했다. 철근비 $\rho_s$는 ACI 318-14와 ACI 318-19에 기반해 각각 0.0651과 0.08을 사용했다. 기둥 중량이 최소화되도록 기둥 면적은 최소화되었고 철근비는 최대화되었다. 반면, 순방향 인공신경망에 의해 작성된 표 3.1.2(e-1)과 표 3.1.2(e-2)에서 보듯이 기둥 코스트($CI_c$)를 최소화하기 위해 기둥 단면적은 최대화되었고 철근비는 최소화되었다. 이때 기둥 면적(기둥 중량 $W_c$)은 ACI 318-14와 ACI 318-19에 기반해 각각 $b \times h = 931.81 \times 931.81\text{mm}^2$ $929.33 \times 929.33\text{mm}^2$이 도출되었다. 철근비 $\rho_s$는 ACI 318-14와 ACI 318-19에 기반해 각각 0.0159와 0.0161이 도출되었다. 이 경우에도 1, 2, 5, 10개 은닉층 조합과 80개의 뉴런을 사용한 순방향 인공신경망으로 학습되어 구한 가장 우수한 MSE를 사용했다. 그림 3.3.3(b)의 역방향 인공신경망에 의해서도 동일한 결론을 유추할 수 있다.

기둥 중량 $W_c$이 최소화되도록 작성된 그림 3.3.3의 $P-M$ 상관도에는 작은 기둥 단면과 이것을 상쇄하기 위한 큰 철근비 $\rho_s$이 사용되었고 공칭(nominal) 축강도는 14,000~15,000kN로 계산되었다. 반면, 그림 3.1.3의 $P-M$ 상관도에서 보듯이 기둥 코스트($CI_c$)를 최소화하는 $P-M$ 상관도에서는 큰 기둥 콘크리트 단면적과 작은 철근비 $\rho_s$가 사용되었고 공칭 축강도는 18,000~20,000kN로 도출되었다. 즉 기둥 코스트($CI_c$)가 최소화된 경우의 공칭 축강도는 기둥 중량 $W_c$이 최소화된 콘크리트의 공칭 축강도(14,000~15,000kN)보다 큰 값이며 그림 3.3.3의 $P-M$ 상관도에서 확인할 수 있다. 즉 기둥 코스트($CI_c$)를 최소화하는 경우의 기둥 중량 $W_c$은 기둥 중량 $W_c$을 최소화하는 경우보다 더 많은 콘크리트 단면이 필요하다는 것을 알 수 있다. 그림 3.3.3에서 보듯이 기둥 중량 $W_c$이 최소화되는 경우, 콘크리트 면적에 의한 공칭 축강도는 $0.85 \times f_c' \times A_c = 13{,}069\text{kN}$로 이것은 $P-M$ 상관도에서 보이는 공칭 축강도 15,000kN의 86.5%에 해당하며 콘크리트 단면의 기여도다. 나머지 13.5%는 철근이 기여한다.

Chapter 04

# 인공지능 기반에서 보는 ACI 318-14 기준과 ACI 318-19 기준의 상이점

## 4.1 인공지능에 기반한 두 설계 기준의 상이점

그림 4.1에서 보듯이 철근 콘크리트를 설계할 때 강도감도계수는 0.65~0.9 사이에서 철근의 변형률($\varepsilon_s$) 크기에 따라 구해진다. 단면 최외각 철근의 변형률($\varepsilon_s$) 크기가 인장지배 구역인 0.005보다 크다면 ACI 318-14 기반에서는 강도감도계수 0.9를 사용한다. ACI 318-19 기반으로는 인장지배 구역이 $\varepsilon_{sy} + 0.003$으로 변경되어 400MPa 이상의 철근에는 인장지배 구역 변형률($\varepsilon_s$) 크기를 증가시켰다. 이 같은 코드 개정은 $P-M$ 상관도에 반영되어 그림 4.1에서 보듯이 ACI 318-19 기반의 변이구역($\varepsilon_{sy} < \varepsilon_s < \varepsilon_{sy} + 0.003$) 에서는 ACI 318-14 기반과 ACI 318-19 기반의 $P-M$ 상관도는 다소 차이를 보이고 있다. 항복강도가 400MPa($\varepsilon_{sy} = 0.002$)보다 큰 철근의 경우, 전반적으로 ACI 318-19 기반의 인장지배 구역은 ACI 318-14 기반보다 다소 큰 철근 변형률에서 시작된다. 이 차이 때문에 강도감소계수가 ACI 318-19에서 다소 감소하기 때문에 ACI 318-19 기반의 $P-M$ 상관도가 ACI 318-14에 기반한 경우보다 인장지배 구역에서 다소 작게 나타난다. 표 4.1(a), (b)와 그림 4.2에서 보듯이 인공지능 기반 Hong-Lagrange 알고리즘에 의해 기둥 코스트($CI_c$)는 ACI 318-14와 ACI 318-19에서 유사하게 최소화되었다. 인공신경망에 의해 표 4.1의 1~16에서 도출된 입력 파라미터와 출력 파라미터는 구조설계식에 의해서도 동일하게 재현되었다.

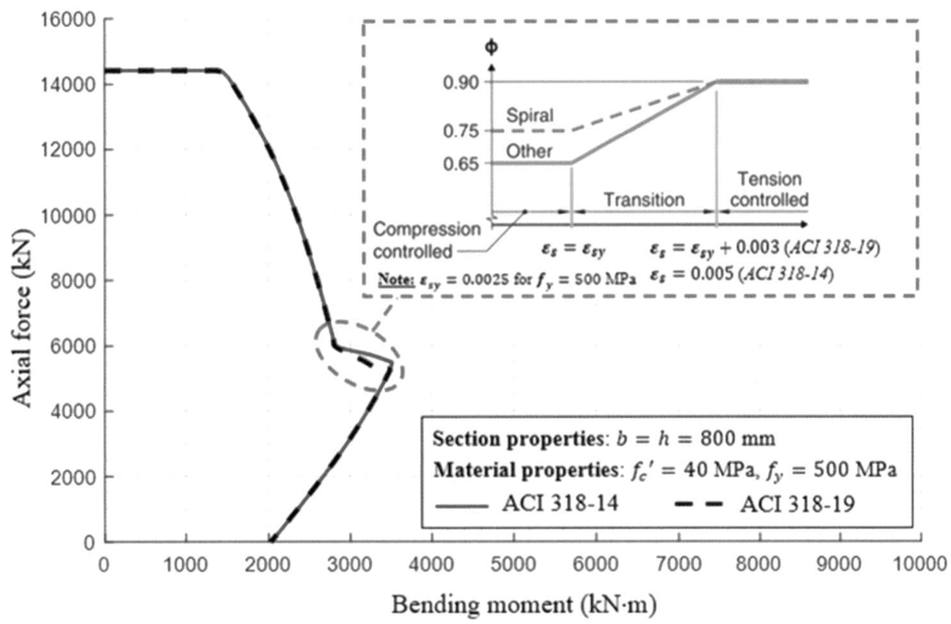


그림 4.1 ACI 318-19와 ACI 318-14의 P-M 상관도 상이점

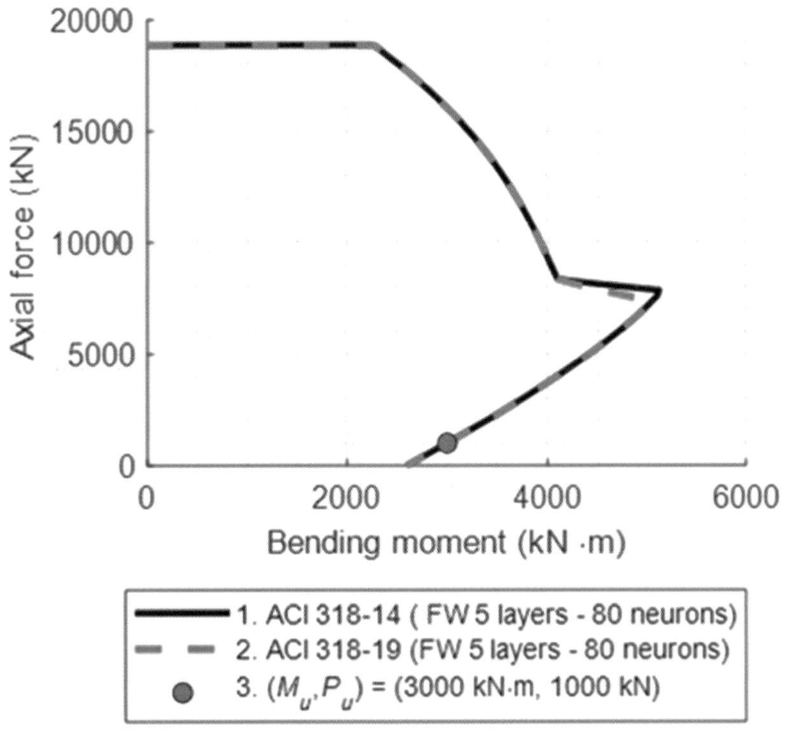


그림 4.2 ACI 318-19와 ACI 318-14에 기반하여 코스트 $(CI_c)$를 최소화하는 P-M 상관도

표 4.1 ACI 318-14 와 ACI 318-19에 기반한 최소 코스트 $CI_c$ 비교

표 4.1(a) ACI 318-14 기준

***$CI_C$* 최적화 설계**
(*based on best networks in term of MSE*) (*ACI 318-14*)

| | 설계변수 | BEST 인공신경망 | AI 결과 | *AutoCol* 검증 | 오차 |
|---|---|---|---|---|---|
| 1 | $b$ (mm) | | **931.81** | | |
| 2 | $h$ (mm) | | **931.81** | | |
| 3 | $\rho_s$ | | **0.0159** | | |
| 4 | $f_c'$ (MPa) | | 40 | | |
| 5 | $f_y$ (MPa) | | 500 | | |
| 6 | $P_u$(kN) | | 1000 | | |
| 7 | $M_u$ (kN·m) | | 3000 | | |
| 8 | $\phi P_n$ (kN) | 5L - 80N | 978.2 | 999.9 | -2.2% |
| 9 | $\phi M_n$ (kN·m) | 10L - 80N | 3002.3 | 2999.8 | 0.08% |
| 10 | $SF$ | 10L - 80N | 1.0000 | 0.9999 | 0.01% |
| 11 | $b/h$ | 2L - 80N | 1.00 | 1.00 | 0.00% |
| 12 | $\varepsilon_s$ | 10L - 80N | 0.02254 | 0.02196 | 2.54% |
| 13 | $CI_C$ (KRW/m) | 1L - 80N | **196698.5** | **196159.3** | 0.27% |
| 14 | $CO_2$ (t-$CO_2$/m) | 2L - 80N | 0.4183 | 0.4185 | -0.03% |
| 15 | $W_C$ (kN/m) | 1L - 80N | 20.457 | 20.456 | 0.00% |
| 16 | $\alpha_{e/h}$ | 10L - 80N | 0.3009 | 0.3012 | -0.09% |

**Note:** (점선 박스) 인공신경망 기반 설계용 **7** 개 설계변수
(파선 박스) ***AutoCol*** 검증
인공신경망 기반 최적화 ***$CI_c$*= 196698.5**
(빅데이터 도출 **195515** 대비 **0.61%** 오차)

표 4.1(b) ACI 318-19 기준

**OPTIMAL $CI_C$ DESIGN**
*(based on best networks in term of MSE) (ACI 318-19)*

| | Parameter | Best networks | AI results | Check (*AutoCol*) | Error |
|---|---|---|---|---|---|
| 1 | $b$ (mm) | | **929.33** | | |
| 2 | $h$ (mm) | | **929.33** | | |
| 3 | $\rho_s$ | | **0.0161** | | |
| 4 | $f_c'$ (MPa) | | 40 | | |
| 5 | $f_y$ (MPa) | | 500 | | |
| 6 | $P_u$(kN) | | 1000 | | |
| 7 | $M_u$ (kN·m) | | 3000 | | |
| 8 | $\phi P_n$ (kN) | 10L - 80N | 1001.3 | 1001.9 | -0.1% |
| 9 | $\phi M_n$ (kN·m) | 10L - 80N | 2989.5 | 3005.6 | -0.54% |
| 10 | $SF$ | 10L - 80N | 1.000 | 1.002 | -0.19% |
| 11 | $b/h$ | 2L - 80N | 1.00 | 1.00 | 0.00% |
| 12 | $\varepsilon_s$ | 5L - 80N | 0.02241 | 0.02179 | 2.76% |
| 13 | $CI_C$ (KRW/m) | 1L - 80N | **196562.0** | **196367.6** | 0.10% |
| 14 | $CO_2$ (t-$CO_2$/m) | 1L - 80N | 0.420 | 0.419 | 0.26% |
| 15 | $W_C$ (kN/m) | 1L - 80N | 20.347 | 20.348 | 0.00% |
| 16 | $\alpha_{e/h}$ | 10L - 80N | 0.3002 | 0.3004 | -0.07% |

**Note:** (dotted box) 7 inputs for forward training
(dashed box) Structural verification by (*AutoCol*)
Optimal $CI_C$ of **196562.0** is 0.41% different from **195756** obtained by large structural datasets.

기둥 중량 $W_c$에 대해서도 동일한 결과를 도출했다. 표 4.1에서 파선으로 표시된 파라미터를 *AutoCol* 프로그램에 입력해 그림 4.2의 기둥 $P-M$ 상관도를 나타낼 수 있다. 표 4.1의 파라미터들은 1, 2, 5, 10개의 은닉층 조합과 80개의 뉴런을 사용한 인공신경망에 의해 충분한 정확도로 최적설계 결과를 도출했고 최적화에 사용된 은닉층과 뉴런이 표 4.1에 나타나 있다. 그림 4.2는 다섯 개의 은닉층과 80개의 뉴런을 사용한 순방향 인공신경망에 의해 기둥 코스트($CI_c$)가 최소화되도록 작성된 $P-M$ 상관도를 보여주고 있고, 범례 1~2에서 보듯이 ACI 318-14와 ACI 318-19에 기반해 작성되었고 충분한 설계 정확도를 도출했다. 학습 정확도가 우수한 경우, 그림 4.2의 $P-M$ 상관도는 하중점을 뜻하는 붉은색 점($P_u = 1000\text{kN}$, $M_u = 3000\text{kN·m}$)을 지나치고 있다는 것을 알 수 있다. 이 경우, $P-M$ 상관도는 표 2.1.4(b)와 표 2.1.5의 모든 설계 규준을 충족시킨다.

## 4.2 AI 기반 Hong-Lagrange 알고리즘을 이용한 철근 콘크리트 기둥의 최적설계 절차 요약(Design Recommendations)

실제 구조설계에서 철근 콘크리트 기둥의 최적설계 적용을 돕기 위해 최적설계 단계를 요약·정리했다. 자세한 설명은 표시된 부분을 참고할 수 있다.

1단계 : 빅데이터 생성을 위한 입력 파라미터와 출력 파라미터의 결정[표 2.1.1(a)]

검증된 일반 구조 프로그램을 이용해 빅데이터를 생성한다. 이를 위해서는 빅데이터 생성에 사용될 입력 파라미터와 출력 파라미터를 먼저 결정해야 한다. 빅데이터에 사용되는 일곱 개의 입력 파라미터($b$, $h$, $\rho_s$, $f_c'$, $f_y$, $P_u$, $M_u$)와 아홉 개의 출력 파라미터($\phi P_n$, $\phi M_n$, $SF$, $b/h$, $\varepsilon_s$, $CI_c$, $CO_2$, $W_c$, $\alpha_{e/h}$)를 표 2.1.1(a)에 정리했다. 독자들은 표 2.1.1(a)의 파라미터를 추가하거나 삭제해 자기만의 빅데이터를 생성할 수 있을 것이다.

2단계 : 빅데이터 생성을 위한 입력 파라미터와 출력 파라미터의 범위 결정[표 2.1.1(b)]

빅데이터 생성에 소요되는 시간은 생성되는 입·출력 파라미터 개수에 비례한다. 입·출력 파라미터 개수 이외에도 입력 파라미터와 출력 파라미터의 범위가 빅데이터 생성에 소요되는 시간에 영향을 미친다. 그리고 입력 파라미터의 범위에 따라 생성되는 출력 파라미터의 범위도 결정된다. 따라서 빅데이터 생성에 소요되는 시간을 절감하기 위해서는 생성되는 입력 파라미터와 출력 파라미터의 범위를 최소한으로 좁혀야 한다. 이를 위해 입력 파라미터의 생성 범위를 합리적으로 결정해야 한다. 입력 파라미터의 범위는 불필요하게 너무 넓게 선택하지 않는 것이 좋다. 반대로 너무 좁게 선택하면 최적화되는 범위가 제한되고 최적화 결과에 오차가 생길 수 있다는 점에도 유의해야 한다. 빅데이터 생성을 위한 입력 파라미터와 출력 파라미터의 범위를 표 2.1.1(b)에 나타냈다.

3단계 : 생성된 빅데이터의 정규화 과정[표 2.1.1(b)]

생성된 빅데이터의 크기는 단위가 서로 다르므로 파라미터 별로 크기가 전혀 다를 수 있다[표 2.1.1(b-1)]. 따라서 일정한 정규화 과정을 거치지 않으면 정확한 빅데이터 학습을 수행할 수 없다. 파라미터 별로 크기를 일정하게 조절하는 정규화는 매우 중요하며 반드시 수행되어야 한다[표 2.1.1(b-2)].

4단계 : 최적화 과정을 통제하는 등 제약함수 및 부등 제약함수(조건)의 결정(표 2.1.5)

설계 규준으로 주어지는 설계 강도, 변형률, 변위 등을 포함하는 다양한 구조역학 기반 설계 조건들을 충족시키는 동시에 나아가 발주처가 요구하는 구조물의 코스트, 정부가 요구하는 이산화탄소 배출량, 시공자가 요구하는 구조물 중량 등 최소화 설계 구현을 위한 조건은 등 제약 및 부등 제약 조건으로 결정한다. 즉 다양한 설계 조건들을 충족시키는 동시에 최적설계 목표를 구현하도록 설계 규준과 기타 설계 조건을 빠짐없이 등 제약 및 부등 제약조건으로 결정해야 한다. 인공 DNA와 같은 역할을 하는 등 제약 및 부등 제약조건들이 일단 잘 설정되어 인공신경망 내에 이식되면, 구조물의 코스트, 이산화탄소 배출량, 구조물 중량 등을 최소화하는 동시에 이들을 도출하는 기타 설계 파라미터를 도출하는 데도 지속적으로 사용할 수 있을 것이다.

5단계 : 학습 정확도 검증(표 2.1.2)

인공신경망 기반의 가중변수 매트릭스와 편향변수 매트릭스의 정확도는 빅데이터 개수뿐만 아니라 은닉층, 뉴런 개수, 적절한 에폭 선택 등 학습 파라미터에 달려 있으므로 신중히 결정되어야 한다. 따라서 RC 기둥 거동 학습과 설계 난이도에 적절한 학습 파라미터를 선정해야 한다. 이 책에서는 Matlab toolbox[14]를 사용해 인공신경망을 빅데이터로 학습했다.

6단계 : 인공신경망 기반의 목적함수, 등 제약함수 및 부등 제약함수 유도(2.2.4절)

본문의 다음 절에 자세히 설명되어 있고 [3]에도 자세히 기술되어 있다.

6-1 가중변수 매트릭스와 편향변수 매트릭스 도출(표 2.1.3)

6-2 인공신경망 기반의 함수(목적함수, 등 제약함수 및 부등 제약함수) 유도[(2.1.4(1)절]

6-3 인공신경망 기반의 제이코비 매트릭스 유도[2.1.4(2)절]

6-4 인공신경망 기반의 헤시안 매트릭스 유도[2.1.4(3)절]

7단계 : 6-2단계에서 유도된 목적함수, 등 제약함수 및 부등 제약함수를 적용한 라그랑주 함수의 유도[식 (3.1.2-2), 식 (3.1.7), 식 (3.1.9-2) 등]

8단계 : 초기 입력 파라미터 설정과 뉴턴-랩슨 반복연산 적용을 통한 라그랑주 함수의 최적화[식 (2.1.7-1)부터 식 (2.1.7-5)]

9단계 : 라그랑주 함수의 최적화 및 stationary 포인트 도출[식 (2.1.6-1)부터 식 (2.1.6-3)]

10단계 : 1~9단계 검증[표 3.1.2, 표 3.1.5, 표 3.2.4, 표 3.2.5, 표 3.3.4, 표 3.3.5]

Chapter 05

# 결 론

이 책에서는 ACI 318-14와 ACI 318-19에 기반해 라그랑주 목적함수 또는 설계 타깃을 사각 RC 기둥의 기둥 코스트($\boldsymbol{CI_c}$), 이산화탄소 배출량($\mathbf{CO_2}$), 기둥 중량($\boldsymbol{W_c}$) 등으로 설정한 후 인공지능 기반 Hong-Lagrange 알고리즘으로 최소화했다. 라그랑주 승수를 적용해 목적함수 또는 설계 타깃을 최소화하고 이때 설계 타깃에 관여하는 기타 설계 파라미터들도 동시에 도출해 합리적인 공학설계에 사용되도록 최적화 절차를 구현했다. 비활성 조건(inactive condition)으로 가정되는 부등 제약조건(inequality constraints)이 존재하는 경우의 라그랑주 함수 최적값은 KKT 조건의 후보해를 먼저 구한 후 최종해를 도출했다. 순방향 및 역방향 인공신경망에 의해 도출된 입력 파라미터와 출력 파라미터는 구조설계식에 의해서도 동일하게 검증되었다.

그리고 RC 기둥 최적설계를 도출하는 일반적인 구조업무 수행에서 개개인의 경험에 의존하지 않고 잘 알려진 수학적 접근의 라그랑주 방법에 인공신경망을 접목(인공지능 기반 Hong-Lagrange 알고리즘)해 구조설계자들을 도울 수 있을 것이다. 여기서 인공신경망의 적용이 필요한 것은 라그랑주 방법은 수학적 접근방식을 따르므로 입·출력 파라미터가 10~20개에 달하는 RC 기둥의 최적설계에는 적용하기 어렵기 때문이다. 특히 발주처가 요구하는 구조물의 코스트, 정부가 요구하는 이산화탄소 배출량, 시공자가 요구하는 구조물의 중량 등을 최소화해야 하는 경우와 각종 설계조건을 포함해 설계 코드가 요구하는 제약조건들을 충족시키면서 보춤, 기둥 단면 크기, 철근비 등 설계상 제약조건들을 구현하는 설계는 인공신경망 사용을 배제하고 상상하기 어렵다. 그래서 다음과 같은 추가 결론을 도출했다.

1.

전통적인 라그랑주 방법을 수학적 접근방식으로 구하기 위해서는 미분 가능한 목적함수와 제약함수들을 수학식으로 유도해야 하는데 입·출력 파라미터 개수가 10~20개에 달하는 RC 기둥은 매우 어려운 작업이 될 것이다. 이 책에서는 잘 알려진 라그랑주 방법에 인공신경망을 접목(인공지능 기반 Hong-Lagrange 알고리즘)해 미분 가능한 목적함수와 제약함수들을 인공신경망을 사용해 유도했고 각각 한 번 또는 두 번 미분해 뉴턴-랩슨 반복연산에서 필요한 제이코비와 헤시안 매트릭스를 유도할 수 있도록 했다.

2.

발주처가 요구하는 구조물의 코스트, 정부가 요구하는 이산화탄소 배출량, 시공자가 요구하는 구조물의 중량 등을 순방향 및 역방향 인공신경망을 적용해 최소화하고 이들을 최소화하는 기타 설계 파라미터들도 동시에 도출했다. 특히 순방향 인공신경망은 역방향 인공신경망과 비교해 계산시간은 더 소요될 수 있지만 입력 파라미터 간의 부조화를 원천 제거해 역방향 인공신경망과 비교해 유연성 있는 최적화 절차를 구현할 수 있다.

3.

비활성 조건으로 가정되는 부등 제약조건이 존재하는 경우의 라그랑주 함수 최적값은 KKT 조건의 후보해를 먼저 구한 후 최종해를 도출했다. KKT 조건이 적용된 연립방정식 수는 $2^N$(N=부등 제약조건 개수)으로 추정된다. 인공 DNA로 처리될 수 있는 부등 제약조건 개수가 증가하면 연립방정식 수는 기하급수적으로 늘어난다. 대부분 설계조건은 부등 제약조건으로 부과되므로 KKT 조건의 적용은 필수적이라고 할 수 있고 계산량은 매우 방대해질 수 있다. 연립방정식해(stationary 포인트)는 뉴턴-랩슨 반복연산으로 구한다. 이 책에서는 RC 기둥 최적설계를 도출하는 일반적인 업무 수행에서 개개인의 경험에 의존하지 않고 잘 알려진 라그랑주 방법에 인공신경망을 접목(인공지능 기반 Hong-Lagrange 알고리즘)해 복수의 설계조건 하에서 RC 기둥의 목적함수들을 최적화하는 방법을 소개했고 현실적인 최적 구조설계에 실질적인 도움이 되도록 했다.

4.

구조물의 코스트, 이산화탄소 배출량, 구조물의 중량 등의 최소화를 개별적으로 수행했고 순방향 및 역방향 인공신경망에 의해 도출된 입력 파라미터와 출력 파라미터의 설계 정확도는 구조역학에 기반한 구조설계식과 빅데이터에 의해 검증되었다. 이제 각종 설계 코드가 요구하는 제약조건들과 설계상 제약조건들이 인공 DNA로 이식되어 보춤, 기둥 단면 크기, 철근비 등을 동시에 충족시키는 설계의 구현이 인공신경망 적용으로 가능해졌다.

## 5.

RC 기둥 코스트, 이산화탄소 배출량, 구조물의 중량 등의 최소화를 구현하는 *P–M* 상관도를 도출했다.

## 6.

이 책에서는 RC 기둥의 코스트, 이산화탄소 배출량, 구조물의 중량 등의 개별적인 최소화를 라그랑주 방법에 기반해 수행했지만 다음 책에서는 MOO(Multi Objective Optimization)라는 모든 목적함수를 동시에 최적화할 수 있는 인공지능 기반 방법을 소개할 것이다. 이를 위해 UFO(Unified Objective Functions)라는 통합 목적함수를 설명할 예정이다. 또한 동시에 여러 하중이 작용하는 기둥에 대해서도 저술할 예정이다.

## 7.

이 책에서 소개한 방법은 빅데이터만 존재하면 구조물의 종류와 상관없이 기둥 이외의 보, 벽체, 건물 프레임 등 모든 구조물에 포괄적으로 적용할 수 있다. 전통적인 라그랑주 방법에 인공신경망을 적용해 수학적으로 유도하기 어려운 함수를 인공지능망으로 유도하고 뉴턴-랩슨 반복연산으로 해를 도출하도록 했다. 이 책에서 소개한 방법을 '인공지능 기반 Hong-Lagrange 알고리즘'이라고 명명했다. 인공지능 기반 Hong-Lagrange 알고리즘의 성공적인 적용 여부는 양질의 빅데이터 확보에 달려 있고 인공지능망 학습을 통해 두 번 이상 미분 가능한 양질의 함수들을 유도할 수 있다면 목적함수의 정확한 최적화에 이를 수 있다. 향후 독자들이 RC 기둥 이외의 다양한 구조물에 이 방법을 적용할 수 있기를 기대한다.

## 8.

이 책에서는 양질의 빅데이터만 존재한다면 일단 양질의 함수들을 확보할 수 있게 되고, 목적함수의 본질과 상관없이 공학적, 사회적, 의학적 데이터 분석을 포함한 모든 경우의 데이터 분석에도 적용 가능한 획기적 방법을 저술했다. 즉 공학적 측면에서의 적용뿐만 아니라 사회, 경제, 의학 등 빅데이터가 존재하는 모든 분야에 적용할 수 있을 것이다. 단순히 설계 속도만 개선시키는 것이 아니라 데이터를 분석하고 독자들이 찾고 싶고 관찰하고 싶은 데이터의 비밀스러운 조합이 드러나는 것이다.

향후 저서로 '인공지능 기반 Hong-Lagrange 알고리즘'을 건물 프레임 구조물에 적용해 인간의 간섭을 최소화하며 내진, 내풍 구조의 최적설계를 구현하려고 한다. 그러나 기둥, 보, 프레임과 같은 구조설계를 위해서는 고성능 컴퓨터의 확보가 필요하리라 생각된다. 건물 프레임의 내진, 내풍 설계에서 부과되는 설계 조건인 횡변위, 층간 drift, 각 부재의 설계강도 및 안전율, 밑면 전단력, 고유 주기 등은 대부분 부등 제약조건으로 부과되기 때문이다. 이 같은 부등 제약조건은 KKT 조건 관련 연립방정식 개수를 증가시킨다.

# PART Ⅰ 참고문헌


[1] KUHN, Harold W.; TUCKER, Albert W. Nonlinear programming. In: Traces and emergence of nonlinear programming. Birkhäuser, Basel, 2014. p. 247-258.

[2] Kuhn, H. W.; Tucker, A. W. (1951). "Nonlinear programming". Proceedings of 2nd Berkeley Symposium. Berkeley: University of California Press. pp. 481–492.

[3] 인공지능 기반의 Hong-Lagrange 최적화와 이를 활용한 데이터 기반의 공학설계, 홍원기, AI-based Data-centric Engineering (AIDE) using ANN-based Hong-Lagrange optimizations, 도서출판 대가, 2022

[4] 인공지능기반 철근콘크리트 구조설계, 홍원기, Artificial intelligence-based design of reinforced concrete structures, 도서출판 대가, 2021

[5] Krenker A, Bešter J, Kos A. Introduction to the artificial neural networks. Artificial Neural Networks: Methodological Advances and Biomedical Applications. InTech, 2011; 1-18. https://doi.org/ 10.5772/15751.

[6] Pham, T. D., & Hong, W. K. (2022). Genetic algorithm using probabilistic-based natural selections and dynamic mutation ranges in optimizing precast beams. *Computers & Structures*, *258*, 106681.

[7] Coello Coello, C. A., Christiansen, A. D., & Hernandez, F. S. (1997). A simple genetic algorithm for the design of reinforced concrete beams. *Engineering with Computers*, *13*(4), 185–196.

[8] Malasri, S., Halijan, D. A., & Keough, M. L. (1994). Concrete beam design optimization with genetic algorithms. *Journal of the Arkansas Academy of Science*, *48*(1), 111–115.

[9] MathWorks, (2022a). Parallel Computing Toolbox: Documentation (R2022a). Retrieved July 26, 2022, from: https://uk.mathworks.com/help/parallel-computing/

[10] MathWorks, (2022a). Statistics and Machine Learning Toolbox: Documentation (R2022a). Retrieved July 26, 2022, from: https://uk.mathworks.com/help/stats/

[11] Standard, A. A. (2014). Building code requirements for structural concrete (ACI 318-14). American Concrete Institute, Farmington Hills, Michigan, USA

[12] Standard, A. A. (2019). Building code requirements for structural concrete (ACI 318-19). American Concrete Institute, Farmington Hills, Michigan, USA

[13-1] MathWorks, (2022a). Global Optimization: User's Guide (R2022a). Retrieved July 26, 20122 from: https://www.mathworks.com/help/pdf_doc/gads/gads.pdf

[13-2] MathWorks, (2022a). Optimization Toolbox: Documentation (R2022a). Retrieved July 26, 2022, from: https://uk.mathworks.com/help/optim/

[14] MathWorks, (2022a). Deep Learning Toolbox: User's Guide (R2022a). Retrieved July 26, 20122 from: https://www.mathworks.com/help/pdf_doc/deeplearning/nnet_ug.pdf

[15] Hong, W. K., Nguyen, V. T., & Nguyen, M. C. (2021). Optimizing reinforced concrete beams cost based on AI-based Lagrange functions. *Journal of Asian Architecture and Building Engineering*, 1-18.

[16] Hong, W. K, Nguyen, M. C. & Pham, T. D. (2022). An autonomous pretensioned beam design based on an AI-based Hong-Lagrange method. Journal of Asian Architecture and Building Engineering (*Under review*)

[17] Hong, W. K., Nguyen, M. C., & Pham, T. D. (2022). Optimized Interaction PM diagram for Rectangular Reinforced Concrete Column based on Artificial Neural Networks Abstract. *Journal of Asian Architecture and Building Engineering*, 1-25.

[18] Hong, W. K., & Nguyen, M. C. (2021). AI-based Lagrange optimization for designing reinforced concrete columns. *Journal of Asian Architecture and Building Engineering*, 1-15.

[19] Hong, W. K., Nguyen, V. T., Nguyen, D. H., & Nguyen, M. C. (2022). An AI-based Lagrange optimization for a design for Concrete Columns Encasing H-Shaped Steel Sections under a Biaxial Bending. *Journal of Asian Architecture and Building Engineering*.

[20] Berrais, A. (1999). Artificial neural networks in structural engineering: Concept and applications. *Engineering Sciences*, 12(1), 53–67.

[21] Kolmogorov, A. N. (1957). On the representation of continuous functions of many variables by superposition of continuous functions of one variable and addition. In *Doklady Akademii* (Vol. *114*, No. 5, pp. 953–956). Russian Academy of Sciences, Saint Petersburg, Russia.

[22] Ripley, B. D. (1996). *Pattern Classification and Neural Networks*. Cambridge University Press, New York, USA.

[23] Math Vault, 2020, Wikipedia; https://en.wikipedia.org/wiki/Hadamard_product_(matrices)

[24] MATLAB developer, 2020.

[25] Villarrubia *et al.* Artificial neural networks used in optimization problems. Neurocomputing 2018; 272, 10-16. https://doi.org/10.1016/j.neucom.2017.04.075

매트랩 활용 현황은 다음과 같다.

[1]은 인공신경망의 학습에 이용되었음

[2]는multiple CPU를 이용하여 빅데이터 생성 시 사용

[3]은 빅데이터 생성 시 순방향 입력 파라미터를 무작위로 선택함

[4], [5]는 라그랑지 함수의 최솟값을 구함

[1] MathWorks, (2022a). Deep Learning Toolbox: User's Guide (R2022a). Retrieved July 26, 20122 from: https://www.mathworks.com/help/pdf_doc/deeplearning/nnet_ug.pdf

[2] MathWorks, (2022a). Parallel Computing Toolbox: Documentation (R2022a). Retrieved July 26, 2022, from: https://uk.mathworks.com/help/parallel-computing/

[3] MathWorks, (2022a). Statistics and Machine Learning Toolbox: Documentation (R2022a). Retrieved July 26, 2022, from: https://uk.mathworks.com/help/stats/

[4] MathWorks, (2022a). Global Optimization: User's Guide (R2022a). Retrieved July 26, 20122 from: https://www.mathworks.com/help/pdf_doc/gads/gads.pdf

[5] MathWorks, (2022a). Optimization Toolbox: Documentation (R2022a). Retrieved July 26, 2022, from: https://uk.mathworks.com/help/optim/

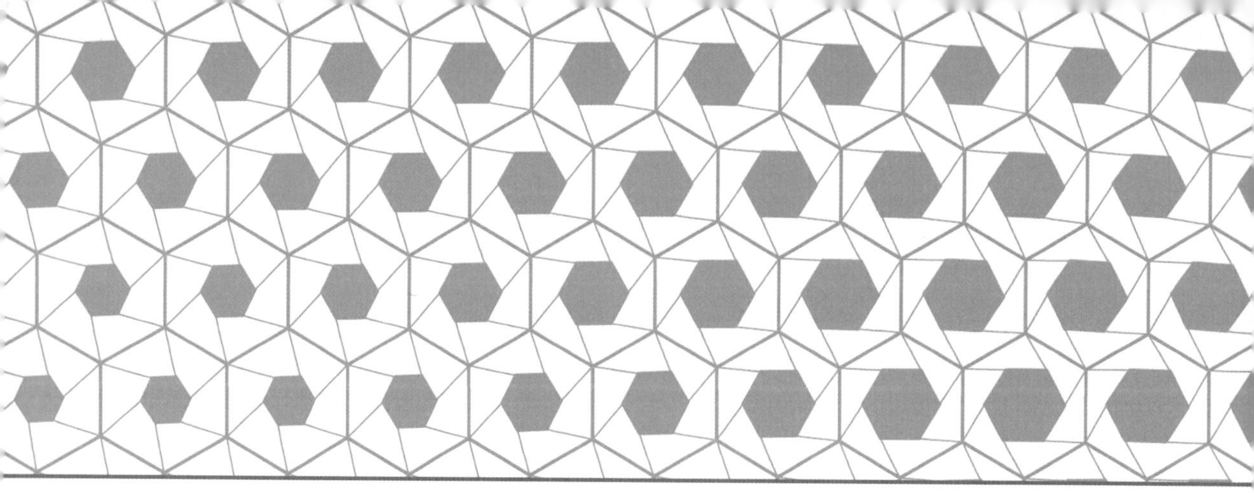

# PART II
# 인공지능 기반 Hong-Lagrange 최적화와 데이터 기반 철근콘크리트(RC) 보의 최적설계

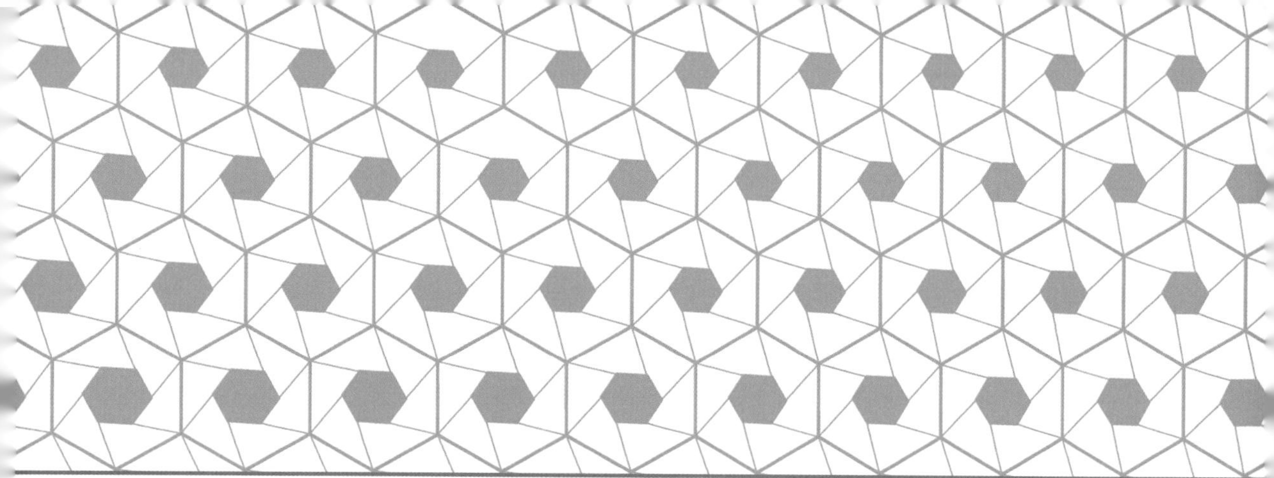

Chapter 01

# 개 론

## 1.1 인공신경망 기반 최적설계

구조 엔지니어들은 설계코드에 근거한 설계조건과 부합하도록 보와 기둥을 포함한 구조 프레임에 대한 여러 가지 구조적 결정을 내려야 하고 이에 따라 설계를 실시해야 한다. 그러나 부과된 구조조건, 요구사항들을 동시에 만족하는 최적설계를 수행하는 일은 일상적인 구조 설계에서는 불가능한 전혀 다른 작업이다. 특히 코스트 등의 최적조건은 콘크리트, 철근 등의 사용량, 부과되는 하중 등과 밀접한 함수관계를 가지므로 엔지니어가 경험적으로 시행착오법(trial and error)으로 수행하는 방식 외에는 다른 방법이 없는 것이 현실이다. 이같이 설계코드에 의해 부과된 설계조건 및 요구조건 등을 만족하는 철근 콘크리트 보의 최적설계는 가능한가? 이 책에서는 홍원기 등이 AI와 라그랑주 최적화 기법을 융합시켜 개발한 Hong-Lagrange 알고리즘을 기반으로 철근 콘크리트 보의 최적설계를 소개한다. Part Ⅱ는 홍원기 등의 논문(Hong 2022[5], Hong 2022[6])을 근간으로 집필되었다.

Keyword: AI-based Data-centric Engineering(AIDE), artificial neural network(ANN), Hong-Lagrange 최적화, 설계타깃의 최적화, KKT conditions, concrete beams, Hessian, Jacobian, optimization design charts

## 1.2 인공신경망 기반 최적설계의 목적

인공신경망 기반의 Hong-Lagrange 최적화는 제약조건에 의해 유도되는 라그랑주 함수의 최소점 또는 최대점을 인공신경망 기반으로 찾음으로써 가능하다. 이때 제약조건들은 설계 코드에 의해 엄격히 결정되고 이에 따라 부등 제약조건들이 존재하는 경우, 목적함수로부터 유도되는 라그랑주 함수에, KKT 조건[1, 2]을 적용한 비선형 연립방정식의 해를 뉴턴-랩슨(Newton-Raphson) 방법으로 도출한다. 이 같은 방법으로 철근 콘크리트 보의 라그랑주 함수 최소점을 찾게 된다. 그러나 구조설계와 같이 입·출력 파라미터가 매우 많은 경우의 목적함수를 수학식으로 유도하는 일은 어려우므로 전통적인 라그랑주 방법을 적용하는 것은 쉽지 않은 일이 되었다. 홍원기 등은 그들의 논문에서 이 같은 문제점을 인공신경망을 사용해 극복했다. 즉, 목적함수, 제약함수를 포함한 어떤 함수든 미분 가능한 인공신경망 기반 함수로 유도했다. 인공신경망 상에서 목적함수, 제약함수를 포함한 어떤 함수든 제이코비(Jacobi) 및 헤시안(Hessian) 매트릭스[3]를 구하면 수학식으로 표현되는 함수를 대체할 수 있다. 따라서 철근 콘크리트 보 부재뿐만 아니라 빅데이터가 생성될 수 있는 모든 공학적 문제 해결에 적용 가능한 데이터 기반 공학설계(AI-based Data-centric Engineering(AIDE))를 제공할 수 있을 것으로 기대된다. 자세한 설명은 저자의 이전 저서 『인공지능 기반의 Hong-Lagrange 최적화와 데이터 기반 공학설계(AIDE)(AI-based Data-centric Engineering (AIDE) using ANN-based Hong-Lagrange optimizations)』 [3]를 참고하기 바란다.

## 1.3 기존 구조설계방식

일반 구조역학 기반에서 연성을 갖는 복철근 콘크리트 보의 구조 설계를 수행해보자. 표 2.1.1(a)의 여덟 개 출력 설계 파라미터를 구하기 위해서는 반드시 아홉 개 입력 설계 파라미터가 필요한 점을 강조하기 위해 '순방향(Forward)'이라는 용어를 사용한다. 즉, 주어진 아홉 개($L$, $h$, $b$, $f_y$, $f_c'$, $\rho_{rt}$, $\rho_{rc}$, $M_D$, $M_L$)의 순방향 입력 파라미터에 대해 여덟 개($\phi M_n$, $M_u$, $M_{cr}$, $\varepsilon_{rt\_0.003}$, $\varepsilon_{rc\_0.003}$, $\Delta_{imme}$, $\Delta_{long}$, $CI_b$)의 순방향 출력 파라미터를 구하는 과정이 현재 수행되는 일반 구조역학 기반의 계산순서다. 순방향 계산에서는 입력 파라미터 사이의 입력 불일치가 발생하지 않을 것이다. 입력 불일치란 입력부의 아홉 개 입력 파라미터가 서로 모순되어 출력부에서 여덟 개 출력 파라미터를 도출할 수 없는 현상이다. 순방향 계산에서는 입력 파라미터 사이의 입력 불일치 현상이 발생하지 않으므로 입력부 파라미터들이 서로 모순되지 않고 출력 파라미터 계산이 항상 가능하다.

## 1.4 인공신경망 기반 최적설계의 의미 및 중요성

구조설계에서 오래된 과제는 진정한 의미의 수학적 최적설계의 가능 여부다. 일반 구조역학 기반에서 연성을 갖는 복철근 콘크리트 보의 최적 구조 설계가 과연 가능할까? 구조엔지니어들도 이 문제의 해답을 찾기 위해 늘 노력한다. 가장 가능한 방법은 다양한 입력 설계 파라미터를 대입해 가장 경제적인 출력 파라미터들을 도출하려는 노력이다. 구조물의 복잡성에 따라 몇 번만에 최적 입력 설계 파라미터들을 결정하거나 수천 수만 번을 반복해도 최적화된 구조계산 결과를 제시할 수 없는 복잡한 구조가 있을 수 있다. 그러나 이 같은 시행착오 방법으로 최적 구조설계를 도출할 가능성은 현실적으로 전혀 없다는 것을 최적설계 문제를 경험해본 엔지니어들은 알고 있을 것이다.

## 1.5 이 책의 중요성

이전 논문들에서 발표된 Hong-Lagrange 알고리즘은 설계코드에 의해 거동이 제약되는 철근 콘크리트 코스트($CI_b$, 보의 제작 및 시공 코스트) 최소화에 성공적으로 적용되었고 500만 개의 빅데이터에 의해 최적화 효율성 및 정확성이 검증되었다. 이는 16세기 라그랑주의 천재적 최적화 기법을 21세기 인공지능에 접목시켜 도출한 고전과 현대의 과학융합의 결과라고 할 수 있다. 구조물의 최적화 영역을 엔지니어들의 경험적 시행착오법에서 벗어나게 해준 획기적 방법이다.

일반적으로 비활성 조건(inactive condition)으로 가정되는 부등 제약조건(inequality constraints)이 존재하는 경우의 라그랑주 함수 최적값은 부등 제약조건을 무시한 후 KKT 조건의 후보해를 먼저 구한 후 최종해를 도출한다[1]. 이를 위해 적용하는 인공신경망은 설계 순방향 및 역방향으로 구분해 유도했다. 이 저서에서는 설계기준으로 주어지는 설계강도, 변형률, 변위 등을 포함하는 다양한 구조역학 기반 설계조건들을 만족하면서 더 나아가 발주처가 요구하는 구조물의 코스트, 정부가 요구하는 이산화탄소 배출량, 시공자가 요구하는 구조물의 중량 등을 최소화하는 철근 콘크리트 보의 설계가 구현될 것이다. 즉, 이 책에서는 다양한 설계조건을 만족하면서 최적설계 목표를 구현하는 방법을 소개해 독자들이 향후 철근 콘크리트 보의 코스트, 이산화탄소 배출량, 구조물의 중량 등을 최소화하고 이들을 도출하는 기타 설계 파라미터들도 동시에 구하도록 도울 것이다.

# 인공신경망 기반의 복철근 콘크리트 보의 최적화

## 2.1 최적설계 차트 작성

### 2.1.1 최적설계 시나리오

표 2.1.1(a)는 아홉 개($L$, $h$, $b$, $f_y$, $f_c^{'}$, $\rho_{rt}$, $\rho_{rc}$, $M_D$, $M_L$)의 순방향 입력 파라미터와 여덟 개($\phi M_n$, $M_u$, $M_{cr}$, $\varepsilon_{rt\_0.003}$, $\varepsilon_{rc\_0.003}$, $\Delta_{imme}$, $\Delta_{long}$, $CI_b$)의 순방향 출력 파라미터로 이루어진 인공신경망 기반의 라그랑주 최적화 시나리오를 보여준다. 이 같은 파라미터들은 등 제약조건에 의해 제약받는 재료 물성치와 보의 형상을 보여준다. 표 2.1.1(b)는 모든 입·출력 파라미터를 설명하고 있다.

표 2.1.2는 이 예제의 최적화 과정에서 적용되는 여섯 개의 제약조건과 열한 개의 부등 제약조건을 제시하고 있다. ACI 318-19의 9.3.3.1절[4]에 의해 인장철근의 최소 변형률($\varepsilon_{rt\_0.003}$)은 RC보의 취성 파괴를 방지하기 위해 $\varepsilon_{ty}(\varepsilon_{ty} = f_y/E_s)$ + 0.003으로 제약되도록 하고 있다. 최소 인장철근의 변형률($\varepsilon_{rt\_0.003}$) 조건은 표 2.1.2에서 부등 제약조건 $v_9$으로 최적화 과정에 반영되도록 했다. 제약조건과 부등 제약조건은 저자의 이전 저서 [3]에 자세히 설명되어 있고 이 저서의 2.2.2절과 2.2.3절에도 자세히 설명되어 있다. 이 저서에서는 인공신경망을 기반으로 한 Hong-Lagrange 알고리즘을 적용해 복철근 콘크리트 보의 제작 및 시공 코스트($CI_b$)를 최소화한다. 이 같은 설계를 구현하기 위해 그림 2.1.1에서처럼 양단 고정인 경간 $L$, 보깊이 $h$의 복철근 콘크리트 보를 설정한다.

### 2.1.2 AI 기반의 Hong-Lagrange 알고리즘에 의한 보의 최적설계 도출

표 2.1.1(a)에 제시된 대로 주어진 아홉 개($L$, $h$, $b$, $f_y, f_c'$, $\rho_{rt}$, $\rho_{rc}$, $M_D$, $M_L$)의 순방향 입력 파라미터에 대해 여덟 개($\phi M_n$, $M_u$, $M_{cr}$, $\varepsilon_{rt\_0.003}$, $\varepsilon_{rc\_0.003}$, $\Delta_{imme}$, $\Delta_{long}$, $CI_b$)의 순방향 출력 파라미터를 설계하되 제작 및 시공 코스트($CI_b$)가 최소화되는 보의 출력 파라미터를 찾아본다. 설계 결과는 빅데이터를 기반으로 검증한다. 그림 2.1.2에서 보듯이 ACI 318-19의 표 24.2.2[4]에 의해 활하중만 고려해 단기처짐이 계산된다. 보의 코스트($CI_b$)가 최소화된 설계 차트를 AI에 기반해 Hong-Lagrange 알고리즘으로 도출해 양단 고정단인 복철근 콘크리트 보의 설계를 초기 설계 단계에서 가능하도록 했다. 보의 코스트($CI_b$)를 최적화 목표인 목적함수로 설정하고 라그랑주 함수를 계산한다. 라그랑주 함수는 아홉 개 입력 파라미터($L$, $h$, $b$, $f_y, f_c'$, $\rho_{rt}$, $\rho_{rc}$, $M_D$, $M_L$)와 라그랑주 승수의 함수로 구한다. 표 2.1.2는 여섯 개의 등 제약함수와 열한 개의 부등 제약함수를 제시하고 있다. 등 제약함수와 부등 제약조건이 고려된 KKT 조건의 해를 순방향 인공신경망 기반에서 구해 설계 차트를 작성했다. 순방향 라그랑주 인공신경망 기반에서 보 코스트($CI_b$)를 최소화하기 위한 설계 차트는 모멘트 $M_u$ 함수로 유도된다. 사하중과 활하중에 대한 양단 고정인 보 계수 모멘트는 식 (2.1.1)에 의해 계산된다. 즉, 식 (2.1.1)에서는 하중계수가 적용된 사하중 및 활하중으로부터 양단 고정단의 모멘트 ($M_u$=1.2 $M_D$ +1.6 $M_L$)가 계산된다. 모멘트 $M_u$는 등 제약함수로 취급되며 예제에서는 500kN·m과 3,000kN·m 사이에서 변화되도록 설계 차트 내에서 변수로 고려된다. 자중 계산을 위한 보 규격은 계산 초기단계에서는 알 수 없기 때문에 자중은 모멘트 $M_u$ 계산에서 제외했다.

$$M_u = 1.2M_D + 1.6M_L \tag{2.1.1}$$

[3]에 소개했듯이 목적함수인 보 코스트($CI_b$)는 라그랑주 함수를 최소화하는 stationary 포인트인 설계 파라미터에서 최적화된다. 즉, 표 2.1.2의 등 제약함수 및 부등 제약함수에 라그랑주 승수를 적용한 후 도출되는 라그랑주 함수가 최소가 되는 점이 설계 파라미터로 특정되는 것이다. 라그랑주 함수의 1차 미분식이 0이 되는 설계 파라미터에서 라그랑주 함수는 최소점을 갖는데 이 점이 stationary 포인트가 되는 것이다. 라그랑주 함수의 1차 미분식이 0이 되는 설계 파라미터를 찾는 것은 매우 복잡한 연산이 되므로 뉴턴-랩슨 방법에

의한 반복연산을 이용한다.

### 2.1.3 최적화 과정 지배를 위한 AI 기반의 DNA 이식

표 2.1.2의 등 제약함수 및 부등 제약함수의 제약을 받는 설계 파라미터를 신속하고 정확히 도출하도록 최적설계 차트를 AI 기반의 Hong-Lagrange 알고리즘에 의해 작성해본다. 즉, 주어진 모멘트 $M_u$에 대해 보 코스트($CI_b$)를 최소화시키는 설계 출력 파라미터들($\phi M_n$, $M_{cr}$, $\varepsilon_{rt\_0.003}$, $\varepsilon_{rc\_0.003}$, $\Delta_{imme}$, $\Delta_{long}$)을 찾기 위해 아홉 개 입력 파라미터($L$, $h$, $b$, $f_y$, $f_c'$, $\rho_{rt}$, $\rho_{rc}$, $M_D$, $M_L$) 중 ($L$, $f_y$, $f_c'$, $M_D$, $M_L$)은 표 2.1.2에서 등 제약조건으로 지정한다. 그리고 $M_u$는 $M_D$, $M_L$이 지정되면 표 2.1.2에서 등 제약조건으로 지정한다. 표 2.1.2의 $M_D$, $M_L$ 범위는 빅데이터 생성 시 적용된 $M_D$, $M_L$의 범위로서 지정된 범위 내에서만 등 제약조건으로 설정된다. 나머지 설계 입력 파라미터들인 $v_3(\mathbf{x}), v_4(\mathbf{x})$의 $h$와 $v_5(\mathbf{x}), v_6(\mathbf{x})$의 $b$, $v_7(\mathbf{x}), v_8(\mathbf{x})$의 $\rho_{rt}$, $\rho_{rc}$는 표 2.1.2의 부등 제약조건으로 지정되어, 뉴턴-랩슨 방법에 의해 보 코스트($CI_b$)를 최소화하도록 설계 출력 파라미터들($\phi M_n$, $M_{cr}$, $\varepsilon_{rt\_0.003}$, $\varepsilon_{rc\_0.003}$, $\Delta_{imme}$, $\Delta_{long}$)을 도출한다. 그리고 그 외 설계기준에서 지정하는 조건들도 표 2.1.2의 부등 제약조건인 $v_1(\mathbf{x}), v_2(\mathbf{x})$ , $v_9(\mathbf{x}), v_{10}(\mathbf{x})$, $v_{11}(\mathbf{x})$에서 설정한다. 이같이 AI 기반 라그랑주 최적화의 핵심부분이 표 2.1.2이고 인공신경망의 DNA로서 최적설계를 통제하며 설계 전제조건에 따라 여러 가지 형태로 인공신경망 내에 이식될 수 있음을 주지해야 한다.

### 2.1.4 뉴턴-랩슨 방법에 의한 최적설계 출력 파라미터들($\boldsymbol{\phi M_n}$, $\boldsymbol{M_{cr}}$, $\boldsymbol{\varepsilon_{rt\_0.003}}$, $\boldsymbol{\varepsilon_{rc\_0.003}}$, $\boldsymbol{\Delta_{imme}}$, $\boldsymbol{\Delta_{long}}$)의 도출

표 2.1.2의 등 제약조건, 부등 제약조건이 설정된 후에는 목적함수인 보 코스트($CI_b$)에 대해 라그랑주 승수를 적용해 식 (2.2.3)의 라그랑주 함수를 유도해야 한다. 자세한 설명은 2.2.2절과 2.2.3절에 자세히 기술되어 있다. 다음은 유도된 라그랑주 함수를 최소화하는 단계이다. 뉴턴-랩슨 반복연산에서 사용되는 초기 입력 파라미터는 표 2.1.1에 의해 $\mathbf{x} = [x_1, x_2, \ldots, x_n]^T = \left[L = 10{,}000, h, b, f_y = 600, f_c' = 30, \rho_{rt}, \rho_{rc}, M_D = 1{,}000, M_L = 500\right]^T$로 정의된다. 이때 $M_D = 1{,}000, M_L = 500$는 설계 표 2.1.1에서처럼 설계하려는 특정 사하중과 활하중에 대해 생성된 빅데이터 범위 내에서 설정한다. 다음 단계로 뉴턴-랩슨 반복연산을 통해 최

적점(stationary 포인트)을 구하는데 최적점으로 수렴할 수 있는 충분한 개수의 초기 입력 파라미터를 적용해야 한다.

뉴턴-랩슨 반복연산은 신속하고 우수한 수렴을 위해 효율적인 초기 입력 파라미터가 필요하다. 콘크리트 변형률이 0.003에 도달할 때의 압축 철근 변형률($\varepsilon_{rc\_0.003}$)과 같은 출력 파라미터는 목적함수의 최적화, 등 제약조건, 부등 제약조건에 직접 관여하지 않았으므로 표 2.1.1(a)의 설계 시나리오에는 지정되지 않았지만 최적화의 결과물로 출력 설계 파라미터($\phi M_n$, $M_{cr}$, $\varepsilon_{rt\_0.003}$, $\varepsilon_{rc\_0.003}$, $\Delta_{imme}$, $\Delta_{long}$)로는 출력되었다. 자세한 내용은 저자의 [3]에 기술되어 있다. 충분한 반복연산 이후 라그랑주 함수를 최소화하는 최적점을 구하는데 이때 $h$, $b$, $\rho_{rt}$, $\rho_{rc}$가 구해진다. 동시에 출력 파라미터($\phi M_n$, $M_{cr}$, $\varepsilon_{rt\_0.003}$, $\varepsilon_{rc\_0.003}$, $\Delta_{imme}$, $\Delta_{long}$)와 최소화된 목적함수인 $CI_b$를 구할 수 있도록 AI 기반에서 라그랑주 최적화를 작동시키는 것이다.

표 2.1.1 철근 콘크리트 보의 설계 시나리오 및 설계변수 일람표

표 2.1.1(a)

| 순방향 인공신경망의 **9** 개 입력 파라미터 | | | | | | | | |
|---|---|---|---|---|---|---|---|---|
| $L$ | $h$ | $b$ | $f_y$ | $f'_c$ | $\rho_{rt}$ | $\rho_{rc}$ | $M_D$ | $M_L$ |
| 순방향 인공신경망의 **8** 개 출력 파라미터 | | | | | | | | |
| $\phi M_n$ | $M_u$ | $M_{cr}$ | $\varepsilon_{rt\_0.003}$ | $\varepsilon_{rc\_0.003}$ | $\Delta_{imme}$ | $\Delta_{long}$ | $CI_b$ | |

표 2.1.1(b)

| No | 설계변수 일람표 | |
|---|---|---|
| | 순방향 입력 파라미터 | |
| 1 | $L$ (mm) | 보 경간 |
| 2 | $h$ (mm) | 보춤 |
| 3 | $b$ (mm) | 보폭 |
| 4 | $f_y$ (MPa) | 철근 항복 강도 |
| 5 | $f'_c$ (MPa) | 콘크리트 압축강도 |
| 6 | $\rho_{rt}$ | 인장철근비 (인장철근면적 $A_{rt}/bh$) |
| 7 | $\rho_{rc}$ | 압축철근비 (압축철근면적 $A_{rc}/bh$) |

| 8 | $\boldsymbol{M_D}$ (kN·m) | 사하중에 의한 모멘트 |
|---|---|---|
| 9 | $\boldsymbol{M_L}$ (kN·m) | 활하중에 의한 모멘트 |
| | 순방향 출력 파라미터 | |
| 10 | $\boldsymbol{\phi M_n}$ (kN·m) | 자중제외 설계 모멘트 강도 |
| 11 | $\boldsymbol{M_u}$ (kN·m) | 사하중, 활하중에 의한 계수모멘트 |
| 12 | $\boldsymbol{M_{cr}}$ (kN·m) | 균열 모멘트 |
| 13 | $\boldsymbol{\varepsilon_{rt\_0.003}}$ | 콘크리트 변형률 0.003일때의 인장철근 변형률 |
| 14 | $\boldsymbol{\varepsilon_{rc\_0.003}}$ | 콘크리트 변형률 0.003일때의 압축철근 변형률 |
| 15 | $\boldsymbol{\Delta_{imme}}$ | 활하중에 의한 즉시처짐 |
| 16 | $\boldsymbol{\Delta_{long}}$ | 장기처짐 |
| 17 | $\boldsymbol{CI_b}$ (KRW/m) | 보 코스트 |

표 2.1.2 설계조건으로 부과되는 여섯 개의 등 제약함수 및 열한 개의 부등 제약함수

| 등 제약조건 | 부등 제약조건 |
|---|---|
| $c_1(\mathbf{x}): L = 10000$ mm | $v_1(\mathbf{x}): \phi M_n - M_u \geq 0$ |
| $c_2(\mathbf{x}): f_c' = 30$ MPa | $v_2(\mathbf{x}): \phi M_n - 1.2M_{cr} \geq 0$ |
| $c_3(\mathbf{x}): f_y = 600$ MPa | $v_3(\mathbf{x}): h - 500 \geq 0$ |
| $c_4(\mathbf{x}): M_D = [250 \sim 1500]$ kN · m | $v_4(\mathbf{x}): -h + 1200 \geq 0$ |
| $c_5(\mathbf{x}): M_L = [125 \sim 750]$ kN · m | $v_5(\mathbf{x}): b - 0.3h \geq 0$ |
| $c_6(\mathbf{x}): M_u = 1.2M_D + 1.6M_L$<br>$= [500 \sim 3000$ kN · m$]$ | $v_6(\mathbf{x}): -b + 0.8h \geq 0$ |
| | $v_7(\mathbf{x}): -\rho_{rc} + \rho_{rt}/2 \geq 0$ |
| | $v_8(\mathbf{x}): \rho_{rc} - \rho_{rt}/400 \geq 0$ |
| | $v_9(\mathbf{x}): \varepsilon_{rt\_0.003} - 0.006^* \geq 0$ |
| | $v_{10}(\mathbf{x}): -\Delta_{imme} + L/360 \geq 0$ |
| | $v_{11}(\mathbf{x}): -\Delta_{long} + L/240 \geq 0$ |

* 인장 설계존의 변형률 $\varepsilon_{ty}\left(\frac{f_y}{E_s} = \frac{600}{200000} = 0.003\right) + 0.003$; $\varepsilon_{ty}$ 철근의 항복변형률, $f_y$ 철근의 항복 강도, $E_s$ 철근의 탄성계수

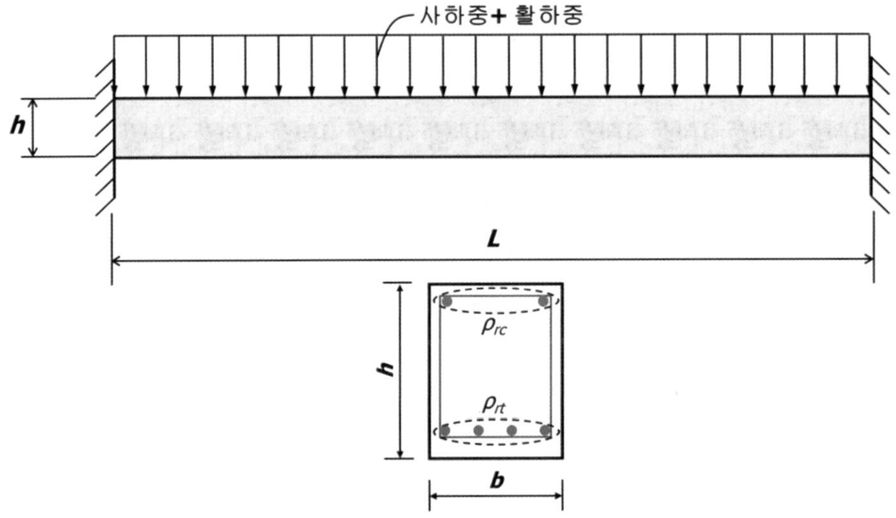


**인공지능 기반의 순방향 Hong-Lagrange 방법에 의한 양단 고정 복철근 콘크리트 보 코스트($CI_b$)의 최소화**

그림 2.1.1 인공지능 기반의 순방향 Hong-Lagrange 방법에 의한 양단 고정 복철근 철근 콘크리트보 코스트($CI_b$)의 최소화

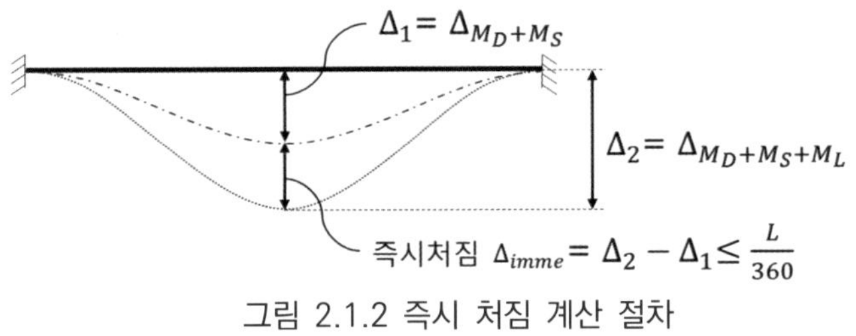


그림 2.1.2 즉시 처짐 계산 절차

## 2.2 보 최적화를 위한 인공신경망 기반의 라그랑주 함수의 유도

그림 2.2.1에 연성을 갖는 철근 콘크리트보의 최적설계를 위한 순방향 인공신경망 작성 알고리즘이 도시되었다. 최적설계는 6단계를 통해 목적함수를 최소화함으로써 달성되며 부등 제약조건이 부과되는 경우, KKT 조건이 사용된다(Hong 2021 [5], Hong 2021 [6]). 먼저 라그랑주 승수를 사용해 등 제약함수 및 부등 제약함수의 제약을 받는 철근 콘크리트 보의 라그랑주 함수를 순방향 인공신경망에 기반해 유도한다.

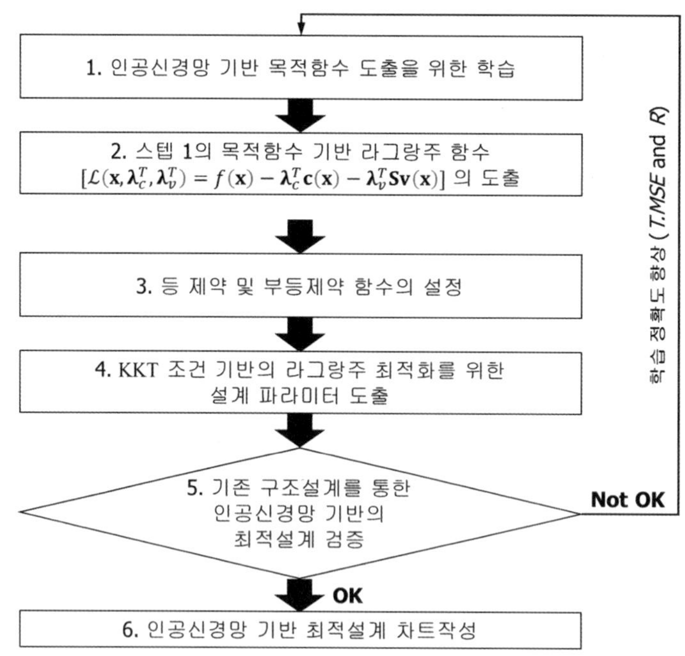

그림 2.2.1 연성 프리캐스트 보의 최적설계를 위한 인공신경망 작성 알고리즘

## 2.2.1 인공신경망 기반의 목적함수 유도

식 (2.2.1)은 인공신경망 기반에서 임의의 함수를 유도한 것이다[7]. 식 (2.2.1)을 빅데이터로 학습해 가중변수와 편향변수를 도출할 수 있다. 더 자세한 설명은 [3]을 참고하길 바란다.

$$\boldsymbol{f}(\mathbf{x}) = g^D\left(f_{lin}^N(\mathbf{W}^N f_t^{N-1}(\mathbf{W}^{N-1} \dots f_t^1(\mathbf{W}^1 g^N(\mathbf{x}) + \mathbf{b}^1) \dots + \mathbf{b}^{N-1}) + b^N)\right) \qquad (2.2.1)$$

식 (2.2.1)은 $L$개의 은닉층과 뉴런, 입력층, 출력층을 갖는 인공지능 기반으로 유도된 목적함수 $\boldsymbol{f}(\mathbf{x})$를 보여주고 있다. $\mathbf{x}$는 목적함수를 구성하는 입력변수다. $\mathbf{W}^l$은 $l-1$과 $l$ 은닉층 간의 가중변수 매트릭스, $\mathbf{b}^l$은 $l$ 은닉층에서의 편향변수 매트릭스를 나타낸다. $g^N$와 $g^D$는 입력 파라미터들의 정규화 및 비정규화로의 변환을 위한 함수를 의미한다. 이때 *tansig*, *tanh* 활성함수 $f_t^l$ 가 $l$ 은닉층에 적용되었다. *tansig*, *tanh* 활성함수는 저자의 인공지능 기반 철근콘크리트 구조 설계(Artificial intelligence-based design of reinforced concrete structures) [8], 1.4.2.2절에 자세히 설명되어 있듯이, 각 은닉층에서 예측된 뉴런값들을 비선형화하는 역할을 담당

한다. 이상 내용과 관련된 자세한 내용은 [8]을 참고하길 바란다. 반면, 출력층에는 도출된 함수를 제한하지 않고 도출된 결과를 그대로 이용하는 선형 활성함수 $f_{lin}^{L}$를 적용해 최종 출력했다(Hong and Nguyen 2021 [9], Hong 2020 [10], and Hong 2021 [11]). 최소 및 최대 철근량은 부등 제약함수로 고려될 수 있고 $M_u, f_c', f_c'$, $f_y$ 등 입력 파라미터들은 등 제약함수로 입력된다. 도출된 가중변수 매트릭스(weight matrices), 바이어스 매트릭스(bias matrices)를 이용해 목적함수, 제약함수, 기타 함수들을 유도하므로 이 매트릭스들의 정확도는 인공신경망 기반의 최적화에 매우 중요하다. 따라서 적절한 학습 파라미터(은닉층, 뉴런 수, 활성함수 등)를 선택해 인공신경망을 학습하고 정확한 가중변수 매트릭스와 바이어스 매트릭스를 도출하는 것은 필수적이다.

또한, 역 인공신경망의 입력부에 공존할 수 없는 역입력 파라미터가 설정되는 경우, 역입력 파라미터 간에 불일치가 발생할 수 있으니 유의해야 한다. 따라서 이 같은 문제를 원천 제거하기 위해서는 순방향 인공신경망을 사용해야 한다. 복철근 콘크리트 보의 코스트를 최소화하기 위한 목적함수는 아홉 개의 입력 파라미터($L$, $h$, $b$, $f_y, f_c'$, $\rho_{rt}$, $\rho_{rc}$, $M_D$, $M_L$)의 함수로 식 (2.2.2)에서처럼 인공신경망 기반으로 도출한다. 이 저서에서는 구조역학 프로그램인 Autobeam을 이용해 양단 고정인 복철근 콘크리트 보의 빅데이터를 생성했다. 보 길이($L$)의 영향을 받는 빅데이터의 출력 파라미터는 $L/360$를 초과할 수 없는 즉시처짐, $L/240$를 초과할 수 없는 장기처짐이다. 즉시처짐과 장기처짐은 부등 제약조건을 사용해 표 2.1.2의 $v_{10}$과 $v_{11}$에서 설정된다.

아홉 개의 입력 파라미터($L$, $h$, $b$, $f_y, f_c'$, $\rho_{rt}$, $\rho_{rc}$, $M_D$, $M_L$)를 각각의 출력 파라미터에 매핑하는 PTM 학습방법을 사용해 표 2.2.1을 도출했다. 예를 들어, 표 2.2.1(a)의 인공신경망 #1(Network #1)인 경우, 아홉 개의 입력 파라미터($L$, $h$, $b$, $f_y, f_c'$, $\rho_{rt}$, $\rho_{rc}$, $M_D$, $M_L$)를, 여덟 개의 출력 파라미터($\phi M_n$, $M_u$, $M_{cr}$, $\varepsilon_{rt\_0.003}$, $\varepsilon_{rc\_0.003}$, $\Delta_{imme}$, $\Delta_{long}$, $CI_b$) 각각에 PTM 학습 방법을 사용해 매핑한 것이다. 인공신경망은 세 개의 은닉층과 세 개의 뉴런 조합(30, 40, 50)을 이용해 가장 우수한 학습 결과를 선택했고 사용된 에폭, **MSE**, **R**값 등도 제시되었다. 예를 들어, 처음 매핑된 $\phi M_n$의 경우, 가장 우수한 학습 결과는 인공신경망이 세 개의 은닉층과 40개의 뉴런을 사용해 학습될 때 도출되었으며 지정된 에폭이 50,000개일 때 19,303번째 에폭까지 진행되었다. Test **MSE**와 **R**값은 4.23E-07과 1로 도출되었다. 여기서 에폭은 순방

향 매핑과 순방향 매핑오차를 보정하기 위한 역전파(back-propagation)가 한 사이클 수행되는 과정을 말한다. 역전파, PTM, 에폭 등과 관련된 자세한 내용은 저자의 이전 저서([8]의 4.9절, 4.11절, 5.3절)를 참고하길 바란다.

표 2.2.1(b)의 인공신경망 #2(Network #2)인 경우, 아홉 개의 입력 파라미터($L$, $h$, $b$, $f_y$, $f_c'$, $\rho_{rt}$, $\rho_{rc}$, $M_D$, $M_L$)를, 여덟 개의 출력 파라미터($\phi M_n$, $M_u$, $M_{cr}$, $\varepsilon_{rt\_0.003}$, $\varepsilon_{rc\_0.003}$, $\Delta_{imme}$, $\Delta_{long}$, $CI_b$) 각각에 PTM 학습방법을 사용해 매핑한 것이다. 이때 인공신경망은 세 개의 은닉층 조합(3, 4, 5)과 다섯 개의 뉴런 조합(30, 40, 50, 60, 70)을 이용해 인공신경망 #1의 학습정확도를 더 향상시킬 수 있도록 했다. 즉, 총 15개의 인공신경망에 대해 가장 우수한 학습결과를 선택했고 사용된 에폭, **MSE**, **R**값 등도 제시되었다. 예를 들어, 표 2.2.1(b)의 단기처짐의 경우, 가장 우수한 학습결과는 인공신경망이 네 개의 은닉층과 40개의 뉴런을 사용해 학습될 때 도출되었으며 지정된 에폭이 50,000개일 때 34,412번째 에폭까지 진행되었다. Test **MSE**와 **R**값은 1.297E-4와 0.999로 도출되었다. 이는 은닉층 개수를 세 개 사용한 인공신경망 #1의 1.43E-4 학습정확도와 비교해 네 개로 증가시킨 인공신경망 #2의 경우, 향상된 학습정확도 1.297E-4를 도출했다. 그림 4.1.1(c)와 (d)에서 보듯 단기 처짐과 장기 처짐의 설계오차는 유사하게 도출되었다.

$$\underbrace{CI_b}_{[1\times1]} = g_{CI_b}^{D}\left(f_l^4\left(\underbrace{\mathbf{W}_{CI_b}^4}_{[1\times30]} f_t^3\left(\underbrace{\mathbf{W}_{CI_b}^3}_{[30\times30]} \cdots f_t^1\left(\underbrace{\mathbf{W}_{CI_b}^1}_{[30\times9]} \underbrace{g_{CI_b}^N(\mathbf{x})}_{[9\times1]} + \underbrace{\mathbf{b}_{CI_b}^1}_{[30\times1]}\right) \cdots + \underbrace{\mathbf{b}_{CI_b}^3}_{[30\times1]}\right) + \underbrace{b_{CI_b}^4}_{[1\times1]}\right)\right) \tag{2.2.2}$$

표 2.2.1 아홉 개의 입력 파라미터와 각 출력 파라미터의 PTM에 기반한 매핑

표 2.2.1(a) 인공신경망 #1

| (1) 9 개 입력($L, h, b, f_y, f'_c, \rho_{rt}, \rho_{rc}, M_D, M_L$) - 1 개 출력($\phi M_n$) | | | | | | |
|---|---|---|---|---|---|---|
| 빅데이터수 | 은닉층수 | 뉴런수 | 지정 에폭수 | 최고학습 에폭수 | **Test MSE** | **R at Best Epoch** |
| 100,000 | 3 | 40 | 50,000 | 19,303 | 4.23E-07 | 1.0 |
| **(2) 9 개 입력($L, h, b, f_y, f'_c, \rho_{rt}, \rho_{rc}, M_D, M_L$) - 1 개 출력($M_u$)** | | | | | | |
| 빅데이터수 | 은닉층수 | 뉴런수 | 지정 에폭수 | 최고학습 에폭수 | **Test MSE** | **R at Best Epoch** |
| 100,000 | 3 | 50 | 50,000 | 12,984 | 3.74E-07 | 1.0 |
| **(3) 9 개 입력($L, h, b, f_y, f'_c, \rho_{rt}, \rho_{rc}, M_D, M_L$) - 1 개 출력($M_{cr}$)** | | | | | | |
| 빅데이터수 | 은닉층수 | 뉴런수 | 지정 에폭수 | 최고학습 에폭수 | **Test MSE** | **R at Best Epoch** |
| 100,000 | 3 | 40 | 50,000 | 19,165 | 7.67E-07 | 1.0 |
| **(4) 9 개 입력($L, h, b, f_y, f'_c, \rho_{rt}, \rho_{rc}, M_D, M_L$) - 1 개 출력($\varepsilon_{rt\_0.003}$)** | | | | | | |
| 빅데이터수 | 은닉층수 | 뉴런수 | 지정 에폭수 | 최고학습 에폭수 | **Test MSE** | **R at Best Epoch** |
| 100,000 | 3 | 50 | 50,000 | 44,069 | 3.55E-06 | 1.0 |
| **(5) 9 개 입력($L, h, b, f_y, f'_c, \rho_{rt}, \rho_{rc}, M_D, M_L$) - 1 개 출력($\varepsilon_{rc\_0.003}$)** | | | | | | |
| 빅데이터수 | 은닉층수 | 뉴런수 | 지정 에폭수 | 최고학습 에폭수 | **Test MSE** | **R at Best Epoch** |
| 100,000 | 3 | 30 | 50,000 | 16,335 | 8.79E-06 | 1.0 |
| **(6) 9 개 입력($L, h, b, f_y, f'_c, \rho_{rt}, \rho_{rc}, M_D, M_L$) - 1 개 출력($\Delta_{imme}$)** | | | | | | |
| 빅데이터수 | 은닉층수 | 뉴런수 | 지정 에폭수 | 최고학습 에폭수 | **Test MSE** | **R at Best Epoch** |
| 100,000 | **3** | **40** | 50,000 | 27,608 | **1.43E-04** | 0.999 |
| **(7) 9 개 입력($L, h, b, f_y, f'_c, \rho_{rt}, \rho_{rc}, M_D, M_L$) - 1 개 출력($\Delta_{long}$)** | | | | | | |
| 빅데이터수 | 은닉층수 | 뉴런수 | 지정 에폭수 | 최고학습 에폭수 | **Test MSE** | **R at Best Epoch** |
| 100,000 | **3** | **50** | 50,000 | 25,354 | **4.39E-05** | 1.000 |
| **(8) 9 개 입력($L, h, b, f_y, f'_c, \rho_{rt}, \rho_{rc}, M_D, M_L$) - 1 개 출력($CI_b$)** | | | | | | |
| 빅데이터수 | 은닉층수 | 뉴런수 | 지정 에폭수 | 최고학습 에폭수 | **Test MSE** | **R at Best Epoch** |
| 100,000 | 3 | 30 | 50,000 | 30,659 | 2.44E-08 | 1.0 |

표 2.2.1(b) 인공신경망 #2

**(1) 9 개 입력($L, h, b, f_y, f'_c, \rho_{rt}, \rho_{rc}, M_D, M_L$) - 1 개 출력($\phi M_n$)**

| 빅데이터수 | 은닉층 수 | 뉴런수 | 지정 에폭수 | 최고학습 에폭수 | Test MSE | R at Best Epoch |
|---|---|---|---|---|---|---|
| 100,000 | 3 | 40 | 50,000 | 19,303 | 4.23E-07 | 1.0 |

**(2) 9 개 입력($L, h, b, f_y, f'_c, \rho_{rt}, \rho_{rc}, M_D, M_L$) - 1 개 출력($M_u$)**

| 빅데이터수 | 은닉층 수 | 뉴런수 | 지정 에폭수 | 최고학습 에폭수 | Test MSE | R at Best Epoch |
|---|---|---|---|---|---|---|
| 100,000 | 3 | 50 | 50,000 | 12,984 | 3.74E-07 | 1.0 |

**(3) 9 개 입력($L, h, b, f_y, f'_c, \rho_{rt}, \rho_{rc}, M_D, M_L$) - 1 개 출력($M_{cr}$)**

| 빅데이터수 | 은닉층 수 | 뉴런수 | 지정 에폭수 | 최고학습 에폭수 | Test MSE | R at Best Epoch |
|---|---|---|---|---|---|---|
| 100,000 | 3 | 40 | 50,000 | 19,165 | 7.67E-07 | 1.0 |

**(4) 9 개 입력($L, h, b, f_y, f'_c, \rho_{rt}, \rho_{rc}, M_D, M_L$) - 1 개 출력($\varepsilon_{rt\_0.003}$)**

| 빅데이터수 | 은닉층 수 | 뉴런수 | 지정 에폭수 | 최고학습 에폭수 | Test MSE | R at Best Epoch |
|---|---|---|---|---|---|---|
| 100,000 | 3 | 50 | 50,000 | 44,069 | 3.55E-06 | 1.0 |

**(5) 9 개 입력($L, h, b, f_y, f'_c, \rho_{rt}, \rho_{rc}, M_D, M_L$) - 1 개 출력($\varepsilon_{rc\_0.003}$)**

| 빅데이터수 | 은닉층 수 | 뉴런수 | 지정 에폭수 | 최고학습 에폭수 | Test MSE | R at Best Epoch |
|---|---|---|---|---|---|---|
| 100,000 | 3 | 30 | 50,000 | 16,335 | 8.79E-06 | 1.0 |

**(6) 9 개 입력($L, h, b, f_y, f'_c, \rho_{rt}, \rho_{rc}, M_D, M_L$) - 1 개 출력($\Delta_{imme}$)**

| 빅데이터수 | 은닉층 수 | 뉴런수 | 지정 에폭수 | 최고학습 에폭수 | Test MSE | R at Best Epoch |
|---|---|---|---|---|---|---|
| 100,000 | 4 | 40 | 50,000 | 34,412 | 1.29E-04 | 0.999 |

**(7) 9 개 입력($L, h, b, f_y, f'_c, \rho_{rt}, \rho_{rc}, M_D, M_L$) - 1 개 출력($\Delta_{long}$)**

| 빅데이터수 | 은닉층 수 | 뉴런수 | 지정 에폭수 | 최고학습 에폭수 | Test MSE | R at Best Epoch |
|---|---|---|---|---|---|---|
| 100,000 | 5 | 30 | 50,000 | 21,010 | 4.3E-05 | 1.000 |

**(8) 9 개 입력($L, h, b, f_y, f'_c, \rho_{rt}, \rho_{rc}, M_D, M_L$) - 1 개 출력($CI_b$)**

| 빅데이터수 | 은닉층 수 | 뉴런수 | 지정 에폭수 | 최고학습 에폭수 | Test MSE | R at Best Epoch |
|---|---|---|---|---|---|---|
| 100,000 | 3 | 30 | 50,000 | 30,659 | 2.44E-08 | 1.0 |

### 2.2.2 인공신경망 기반의 라그랑주 함수 유도

#### (1) KKT 조건 기반의 설계 파라미터(stationary 포인트)

철근 콘크리트 보의 코스트($CI_b$)를 최소화하기 위해서는 라그랑주 함수 $\mathcal{L}$ 를 먼저 도출하고 최소화해야 한다. 식 (2.2.3)은 철근 콘크리트 보의 코스트($CI_b$)에 대한 라그랑주 함수 $\mathcal{L}$을, 입력 파라미터의 함수 $\mathbf{x} = [x_1, x_2, \ldots, x_n]^T$로 유도한 식이다. 여기서 $\boldsymbol{\lambda}_c = [\lambda_1, \lambda_2, \ldots, \lambda_m]^T$와 $\boldsymbol{\lambda}_v = [\lambda_1, \lambda_2, \ldots, \lambda_l]^T$는 등 제약조건 $\mathbf{c}(\mathbf{x})$및 부등 제약조건 $\mathbf{v}(\mathbf{x})$에 적용되는 라그랑주 승수다.

표 2.1.2에서 보듯이 여섯 개의 등 제약함수 $c_1(\mathbf{x})$ 부터 $c_6(\mathbf{x})$를 통해 여섯 개의 입력 파라미터($L$, $f_y$, $f_c'$, $M_D$, $M_L$, $M_u$)를 인공신경망에 적용할 수 있다. 등 제약함수는 함수식이므로 $f_y = 600$ 또는 $f_y - 60 = 0$으로 표기해야 한다. 또한, 열한 개의 부등 제약함수 $c_1(\mathbf{x})$ 부터 $c_{11}(\mathbf{x})$를 통해 최적화 과정을 제어하는 열한 개의 설계조건을 인공신경망에 부과할 수 있다. 식 (2.2.3)의 라그랑주 함수 $\mathcal{L}$은 KKT 조건에 의해 편미분되어 식(2.2.4-1)부터 (2.2.4-3)까지의 연립방정식으로 구하며 식 (2.2.5-1)에서 라그랑주 함수의 1차 미분식인 제이코비(Jacobi, Gradient 벡터)와 2차 미분식인 헤시안(Hessian) 매트릭스로 구성된 선형 방정식으로 변환된 후 뉴턴-랩슨 반복연산을 적용해 설계 파라미터(stationary 포인트)를 구한다. 헤시안 매트릭스는 제이코비 매트릭스를 한번 더 미분해 구한다. 식 (2.2.4)는 부등 제약함수가 적용될 때 KKT 조건[1, 2]에 의해 유도된 연립방정식으로서 선형화한 후 뉴턴-랩슨 반복연산에 의해 해를 도출해야 한다. 식 (2.2.4-2a)와 식 (2.2.4-2b)는 KKT 조건[1, 2]에 의해 유도된 연립방정식을 각각 수학식 기반과 인공신경망 기반에서 도출한 식이다.

$$\mathcal{L}(\boldsymbol{x}, \boldsymbol{\lambda}_c^T, \boldsymbol{\lambda}_v^T) = f(\boldsymbol{x}) - \boldsymbol{\lambda}_c^T \boldsymbol{c}(\boldsymbol{x}) - \boldsymbol{\lambda}_v^T \boldsymbol{S}\boldsymbol{v}(\boldsymbol{x}) = CI_b - \boldsymbol{\lambda}_c^T \boldsymbol{c}(\boldsymbol{x}) - \boldsymbol{\lambda}_v^T \boldsymbol{S}\boldsymbol{v}(\boldsymbol{x}) \tag{2.2.3}$$

- KKT 조건의 연립방정식 :

$$\nabla\mathcal{L}\left(\mathbf{x}_i{}^{(\mathrm{k})}, \boldsymbol{\lambda}_c^{(\mathrm{k})}, \boldsymbol{\lambda}_v^{(\mathrm{k})}\right) = \nabla f(\mathbf{x}_i) - \boldsymbol{\lambda}_c^T \nabla \boldsymbol{c}(\mathbf{x}_i) - \boldsymbol{\lambda}_v^T \mathbf{S} \nabla \boldsymbol{v}(\mathbf{x}_i) = 0 \tag{2.2.4-1}$$

$$\nabla\mathcal{L}(\mathbf{x}, \boldsymbol{\lambda}_c, \boldsymbol{\lambda}_v) = \begin{bmatrix} \nabla_{\mathbf{x}}\mathcal{L}(\mathbf{x}, \boldsymbol{\lambda}_c, \boldsymbol{\lambda}_v) \\ \nabla_{\lambda_c}\mathcal{L}(\mathbf{x}, \boldsymbol{\lambda}_c, \boldsymbol{\lambda}_v) \\ \nabla_{\lambda_v}\mathcal{L}(\mathbf{x}, \boldsymbol{\lambda}_c, \boldsymbol{\lambda}_v) \end{bmatrix} = \begin{bmatrix} \nabla f(\mathbf{x}) - \mathbf{J}_{\mathbf{c}}(\mathbf{x})^T \boldsymbol{\lambda}_c - \mathbf{J}_{\mathbf{v}}(\mathbf{x})^T \mathbf{S} \boldsymbol{\lambda}_v \\ -\mathbf{c}(\mathbf{x}) \\ -\mathbf{S}\mathbf{v}(\mathbf{x}) \end{bmatrix} \tag{2.2.4-2a}$$

$$\nabla\mathcal{L}(\mathbf{x},\boldsymbol{\lambda}_c,\boldsymbol{\lambda}_v)=\begin{bmatrix}\left[\mathbf{J}_f^{(D)}(\mathbf{x})\right]^T-\left[\mathbf{J}_\mathbf{c}^{(D)}(\mathbf{x})\right]^T\boldsymbol{\lambda}_c-\left[\mathbf{J}_\mathbf{v}^{(D)}(\mathbf{x})\right]^T\boldsymbol{S}\boldsymbol{\lambda}_v\\-\mathbf{c}(\mathbf{x})\\-\mathbf{Sv}(\mathbf{x})\end{bmatrix}=\mathbf{0} \tag{2.2.4-2b}$$

$$\begin{cases}\boldsymbol{\nabla}_x\mathcal{L}=0\rightarrow\dfrac{\partial\mathcal{L}}{\partial x_i}=0, & i=1,\dots,n\\ \boldsymbol{\nabla}_{\lambda_c}\mathcal{L}=0\rightarrow\dfrac{\partial\mathcal{L}}{\partial\lambda_{c,j}}=0, & j=1,\dots,m_1\\ \boldsymbol{\nabla}_{\lambda_v}\mathcal{L}=0\rightarrow\dfrac{\partial\mathcal{L}}{\partial\lambda_{v,k}}=0, & k=1,\dots,m_2\end{cases} \tag{2.2.4-3}$$

$$\boldsymbol{J}_\mathbf{c}(\mathbf{x})=\begin{bmatrix}\nabla c_1(\mathbf{x})\\\nabla c_2(\mathbf{x})\\\vdots\\\nabla c_m(\mathbf{x})\end{bmatrix} \tag{2.2.4-4a}$$

$$\boldsymbol{J}_\mathbf{v}(\mathbf{x})=\begin{bmatrix}\nabla v_1(\mathbf{x})\\\nabla v_2(\mathbf{x})\\\vdots\\\nabla v_l(\mathbf{x})\end{bmatrix} \tag{2.2.4-4b}$$

라그랑주 함수의 최적값(최대 또는 최소값)은 stationary 포인트에서 도출되며 이때 구한 파라미터 $\mathbf{x}$와 라그랑주 승수 $\boldsymbol{\lambda}_c$, $\boldsymbol{\lambda}_v$가 라그랑주 함수의 stationary 포인트인 설계 파라미터가 된다. 즉, 식 (2.2.3)으로 유도된 라그랑주 함수를 최소화하는 설계 파라미터(stationary 포인트)는 식 (2.2.4)에서 유도된 라그랑주 함수의 1차 미분식의 해로 구한다. [3]의 1장에 부등 제약조건이 부과되는 경우의 KKT 조건 후보해를 구하는 방법이 설명되어 있다. 식 (2.2.4-4a)와 식 (2.2.4-4a)의 $\boldsymbol{J}_\mathbf{c}(\mathbf{x})$와 $\boldsymbol{J}_\mathbf{v}(\mathbf{x})$는 등 제약함수 $\boldsymbol{c}(\boldsymbol{x})$ 및 부등 제약함수 $\boldsymbol{v}(\boldsymbol{x})$의 제이코비 매트릭스이고 각각에 라그랑주 승수 $\boldsymbol{\lambda}_c$와 $\boldsymbol{\lambda}_v$가 적용되어 제약조건이 비제약조건으로 전환된 라그랑주 함수를 도출한다. 동일한 설명이 저자의 [3]에도 기술되어 있으니 참고하길 바란다.

### (2) 라그랑주 함수의 제이코비 매트릭스 선형화

이제 식 (2.2.4)로 주어지는 라그랑주 함수의 1차 미분식의 해(설계 파라미터인 stationary 포인트), 즉 $\mathbf{x}$와 라그랑주 승수 $\boldsymbol{\lambda}_c$, $\boldsymbol{\lambda}_v$를 도출해야 한다. 그러나 KKT 조건 후보해를 구하는 과정은 매우 복잡하다. 식 (2.2.4-1)은 라그랑주 함수의 1차 미분식인 제이코비 매트릭스이고 먼저 헤시안 매트릭스를 이용해 식 (2.2.5)에서 라그랑주 함수의 제이코비 매트릭스를 선형화했다. 즉, 식 (2.2.5)에 유도된 라그랑주 함수의 제이코비 매트릭스를 Δ만큼 이격되어 있는 위치에서 라그랑주 함수의 1차 미분식인 제이코비 매트릭스를 선형화하기 위해서는 라그랑주 함수의 1차 미분식인 제이코비 매트릭스와 2차 미분식인 헤시안 매트릭스를 구해야 한다. 그 후 뉴턴-랩슨 반복연산에 의해 KKT 조건 후보해를 구할 수 있다[12]. 독자들은 [3]의 식 (2.3.4.1-1)부터 식 (2.3.4.1-5)까지 참고할 수 있고 이 저서의 식 (2.2.5-1)부터 식 (2.2.5-5)까지 다시 기술했다. 인공신경망으로 유도된 함수들은 최소 두 번 미분 가능해야 제이코비 매트릭스와 헤시안 매트릭스를 구할 수 있고 라그랑주 함수의 1차 미분식인 제이코비 매트릭스는 미분 2차항인 헤시안 매트릭스를 포함하는 항으로 입력 파라미터 **x**와 라그랑주 승수 $\boldsymbol{\lambda}_c$, $\boldsymbol{\lambda}_v$에 대해 선형화할 수 있게 된다. 즉, 식 (2.2.5-1)에서 라그랑주 함수의 1차 미분식인 제이코비 매트릭스는 $\mathbf{x}^{(0)}$, $\boldsymbol{\lambda}_c^{(0)}$, $\boldsymbol{\lambda}_v^{(0)}$에 대해 선형화되었다. 즉, 식 (2.2.5-1)부터 식 (2.2.5-5)는 미분 2차항까지를 포함하는 선형식이고 뉴턴-랩슨 반복연산에 의해 라그랑주 함수의 최적값(최대 또는 최소값)인 stationary 포인트(파라미터 **x** 와 라그랑주 승수 $\boldsymbol{\lambda}_c$, $\boldsymbol{\lambda}_v$)를 구한다.

$$\begin{aligned}&\nabla\mathcal{L}\left(\mathbf{x}^{(0)}+\Delta\mathbf{x},\boldsymbol{\lambda}_c^{(0)}+\Delta\boldsymbol{\lambda}_c,\boldsymbol{\lambda}_v^{(0)}+\Delta\boldsymbol{\lambda}_v\right)\\&\approx\nabla\mathcal{L}\left(\mathbf{x}^{(0)},\boldsymbol{\lambda}_c^{(0)},\boldsymbol{\lambda}_v^{(0)}\right)+\left[\boldsymbol{H}_{\mathcal{L}}\left(\mathbf{x}^{(0)},\boldsymbol{\lambda}_c^{(0)},\boldsymbol{\lambda}_v^{(0)}\right)\right]\begin{bmatrix}\Delta\mathbf{x}\\\Delta\boldsymbol{\lambda}_c\\\Delta\boldsymbol{\lambda}_v\end{bmatrix}+\mathbf{0}^{+}\end{aligned}\tag{2.2.5-1}$$

$$\begin{bmatrix}\Delta\mathbf{x}\\\Delta\boldsymbol{\lambda}_c\\\Delta\boldsymbol{\lambda}_v\end{bmatrix}\approx-\left[\boldsymbol{H}_{\mathcal{L}}\left(\mathbf{x}^{(0)},\boldsymbol{\lambda}_c^{(0)},\boldsymbol{\lambda}_v^{(0)}\right)\right]^{-1}\nabla\mathcal{L}\left(\mathbf{x}^{(0)},\boldsymbol{\lambda}_c^{(0)},\boldsymbol{\lambda}_v^{(0)}\right)\tag{2.2.5-2}$$

$$\begin{bmatrix}\Delta\mathbf{x}^{(k)}\\\Delta\boldsymbol{\lambda}_c^{(k)}\\\Delta\boldsymbol{\lambda}_v^{(k)}\end{bmatrix}=-\left[\boldsymbol{H}_{\mathcal{L}}\left(\mathbf{x}^{(k)},\boldsymbol{\lambda}_c^{(k)},\boldsymbol{\lambda}_v^{(k)}\right)\right]^{-1}\nabla\mathcal{L}\left(\mathbf{x}^{(k)},\boldsymbol{\lambda}_c^{(k)},\boldsymbol{\lambda}_v^{(k)}\right)\tag{2.2.5-3}$$

$$\begin{bmatrix}\mathbf{x}^{(k+1)}\\\boldsymbol{\lambda}_c^{(k+1)}\\\boldsymbol{\lambda}_v^{(k+1)}\end{bmatrix}=\begin{bmatrix}\mathbf{x}^{(k)}\\\boldsymbol{\lambda}_c^{(k)}\\\boldsymbol{\lambda}_v^{(k)}\end{bmatrix}+\begin{bmatrix}\Delta\mathbf{x}^{(k)}\\\Delta\boldsymbol{\lambda}_c^{(k)}\\\Delta\boldsymbol{\lambda}_v^{(k)}\end{bmatrix}\tag{2.2.5-4}$$

$$\begin{bmatrix}\mathbf{x}^{(k+1)}\\\boldsymbol{\lambda}_c^{(k+1)}\\\boldsymbol{\lambda}_v^{(k+1)}\end{bmatrix}=\begin{bmatrix}\mathbf{x}^{(k)}\\\boldsymbol{\lambda}_c^{(k)}\\\boldsymbol{\lambda}_v^{(k)}\end{bmatrix}-\left[\boldsymbol{H}_{\mathcal{L}}\left(\mathbf{x}^{(k)},\boldsymbol{\lambda}_c^{(k)},\boldsymbol{\lambda}_v^{(k)}\right)\right]^{-1}\nabla\mathcal{L}\left(\mathbf{x}^{(k)},\boldsymbol{\lambda}_c^{(k)},\boldsymbol{\lambda}_v^{(k)}\right)\tag{2.2.6}$$

### 2.2.3 등 제약함수 및 부등 제약함수에 기반한 KKT 조건식의 유도

다변수 입력 파라미터 $\mathbf{x} = [x_1, x_2, \dots, x_n]^T$의 함수로 유도된 라그랑주 함수 $\mathcal{L}$의 stationary 포인트(최대 및 최소점)를 구해 철근 콘크리트 보의 코스트($CI_b$)를 최소화하기 위해서는 라그랑주 승수인 $\boldsymbol{\lambda}_c = [\lambda_1, \lambda_2, \dots, \lambda_m]^T$와 $\boldsymbol{\lambda}_v = [\lambda_1, \lambda_2, \dots, \lambda_l]^T$를 각각 등 제약조건 $\boldsymbol{c}(\mathbf{x})$ 및 부등 제약조건 $\boldsymbol{v}(\mathbf{x})$의 함수에 적용해야 한다. 즉, 라그랑주 함수 $\mathcal{L}$은 등 제약조건 $\boldsymbol{c}(\mathbf{x})$ 및 부등 제약조건 $\boldsymbol{v}(\mathbf{x})$의 함수로 구성된 다변수 함수(multivariate function)이다. 이 같은 방법을 라그랑주 승수법(Lagrange Multiplier Method, LMM)이라고 한다. 식 (2.2.7)과 식 (2.2.8)은 등 제약조건 $\boldsymbol{c}(\mathbf{x}) = \left[c_1(\mathbf{x}),\ c_2(\mathbf{x}),\ \dots,\ c_6(\mathbf{x})\right]^T$ 및 부등 제약조건 $\boldsymbol{v}(\mathbf{x}) = \left[v_1(\mathbf{x}), v_2(\mathbf{x}), \dots,\ v_{11}(\mathbf{x})\right]^{\boldsymbol{T}}$을 보여주며 표 2.1.2에 제시되어 있다.

$$\begin{aligned} &\text{등 제약조건: } c_j(\mathrm{x}) = 0, \quad j = 1, \dots, m_1 \\ &\qquad \boldsymbol{c}(\mathbf{x}) = [c_1(\mathbf{x}),\ c_2(\mathbf{x}),\ \dots,\ c_6(\mathbf{x})]^T \end{aligned} \tag{2.2.7}$$

$$\begin{aligned} &\text{부등 제약조건: } v_k(\mathrm{x}) \geq 0, \quad k = 1, \dots, m_2 \\ &\qquad \boldsymbol{v}(\mathbf{x}) = [v_1(\mathbf{x}), v_2(\mathbf{x}), \dots,\ v_{11}(\mathbf{x})]^{\boldsymbol{T}} \end{aligned} \tag{2.2.8}$$

$$\mathbf{S} = \begin{bmatrix} s_1 & 0 & \cdots & 0 \\ 0 & s_2 & \cdots & 0 \\ \vdots & \vdots & \ddots & \vdots \\ 0 & 0 & \cdots & s_{11} \end{bmatrix}_{[11\times 11]} \tag{2.2.9}$$

식 (2.2.9)는 KKT 조건의 연립방정식 유도 시 부등 제약함수 $\boldsymbol{v}(\mathbf{x})$의 활성, 비활성 조건을 판별하는 매트릭스 $\mathbf{S}$로 부등 제약조건이 활성조건으로 가정되는 경우, $S$매트릭스는 1이 되고 비활성조건으로 가정되는 경우, 0이 된다.

#### (1) 부등 제약함수의 처리

[3]의 1.3절에서 KKT 조건의 연립방정식 유도 시 부등 제약함수는 활성, 비활성 조건으로 구분해 고려된다는 사실을 설명했다. 이때 활성 조건으로 가정된 부등 제약함수 $\boldsymbol{v}(\mathbf{x})$는 등 제약함수로 전환되어 라그랑주 함수는 등 제약함수로만 구성된다고 설명했다. 식 (2.2.9)의 매트릭스 $\mathbf{S}$는 부등 제약함수 $\boldsymbol{v}(\mathbf{x})$를 활성, 비활성 조건으로 구별하는 매트릭스다. 즉, 식 (2.2.10)에서 보듯이 $i = 2$에서 $s_i = 1$인 경우, 부등 제약함수 $\boldsymbol{v}_2(\mathbf{x})$를 활성화한다. 하지

만 $s_i = 0$인 경우, 부등 제약함수 $\boldsymbol{v_i}(\mathbf{x})$를 비활성화한다. 활성 조건으로 가정된 부등 제약함수 $\boldsymbol{v}(\mathbf{x})$는 식 (2.2.10)의 대각 매트릭스 $\mathbf{S}$를 1로 설정해 등 제약함수로 전환한다. 즉, $i = 2$에서 $s_i = 1$인 경우이고 라그랑주 함수는 등 제약함수로만 구성되고 이때 부등 제약조건이 등 제약조건으로 바인딩(binding)되었다고 한다. 그러나 부등 제약함수 $\boldsymbol{v}(\mathbf{x})$가 비활성 조건으로 가정된 경우, $i = 2$를 제외한 전 $i$에서 $s_i = 0$이 되고 라그랑주 함수는 비활성 조건으로 가정된 부등 제약함수 $\boldsymbol{v}(\mathbf{x})$를 제외한다. 하지만 **KKT** 조건으로 도출된 후보해는 반드시 무시된 부등 제약함수 $\boldsymbol{v}(\mathbf{x})$ 범위 내에서 도출된다는 것을 검증해야 한다. 표 2.1.2에는 설계 코드에서 부과하는 설계조건을 부등 제약함수 $\boldsymbol{v}(\mathbf{x})$로 설정했다. 식 (2.2.10)에서는 $\boldsymbol{v_2}(\mathbf{x})$가 활성으로 가정된 경우로 $s_2 = 1$인 경우, $v_2 = \phi M_n - 1.2M_{cr} = 0$를 설정했다(ACI 318-19(9.6.1.2절), [4]). 설계 모멘트 강도(design moment strength, $\phi M_n$)는 균열 모멘트(a cracking moment, $M_{cr}$)의 1.2배와 같도록 바인딩(binding) 된다. 라그랑주 함수는 $s_2 = 1$을 식 (2.2.10)과 식 (2.2.3)에 대입해 식 (2.2.11)에서 도출된다.

$$\mathbf{S} = \begin{array}{c} \begin{array}{cccccc} 1^{st} & 2^{nd} & 3^{rd} & & 10^{th} & 11^{th} \end{array} \\ \begin{bmatrix} s_1 = 0 & 0 & 0 & \cdots & 0 & 0 \\ 0 & s_2 = 1 & 0 & \cdots & 0 & 0 \\ 0 & 0 & 0 & \cdots & 0 & 0 \\ \vdots & \vdots & \vdots & \ddots & \vdots & \vdots \\ 0 & 0 & 0 & \cdots & s_{10} = 0 & 0 \\ 0 & 0 & 0 & \cdots & 0 & s_{11} = 0 \end{bmatrix}_{11\times 11} \end{array} \begin{array}{c} 1^{st} \\ 2^{nd} \\ 3^{rd} \\ \vdots \\ 10^{th} \\ 11^{th} \end{array} \tag{2.2.10}$$

$$\begin{aligned} &\mathcal{L}_{CI_b}(\mathbf{x}, \boldsymbol{\lambda}_c, \boldsymbol{\lambda}_v) \\ &= CI_b - \boldsymbol{\lambda}_c^T \boldsymbol{c}(\mathbf{x}) - \boldsymbol{\lambda}_v^T \begin{bmatrix} s_1 = 0 & 0 & \cdots & 0 \\ 0 & s_2 = 1 & \cdots & 0 \\ \vdots & \vdots & \ddots & \vdots \\ 0 & 0 & \cdots & s_{11} = 0 \end{bmatrix}_{[11\times 11]} \mathbf{v}(\mathbf{x}) \end{aligned} \tag{2.2.11}$$

앞에서 기술했듯이 라그랑주 승수인 $\boldsymbol{\lambda}_c = [\lambda_1, \lambda_2, \ldots, \lambda_m]^T$와 $\boldsymbol{\lambda}_v = [\lambda_1, \lambda_2, \ldots, \lambda_l]^T$를 각각 등 제약조건 $\boldsymbol{c}(\mathbf{x})$및 부등 제약조건 $\boldsymbol{v}(\mathbf{x})$의 함수에 적용해 라그랑주 함수를 도출한다. ACI 318-19의 9.3.3.1 [4]에서는 철근 콘크리트 보의 취성 파괴를 방지하기 위해 인장철근의 최소 변형률을 규정하고 있고 인장철근의 최소 변형률($\varepsilon_{rt_0.003}$)은 $\varepsilon_{rt_{0.003}} + 0.003$으로 주어졌다. $\varepsilon_{ty} = f_y/E_s$는 철근의 항복 변형률이고 $f_y$는 철근의 항복강도, $E_s$는 철근의 탄성계수다. 인장철근의 최소 변형률($\varepsilon_{rt_0.003}$)은 표 2.1.2의 부등 제약조건 $v_9$에 의해 조정되는데 철근의

최대 철근량을 제한해 조정할 수 있다. 즉, 식 (2.2.12)에서 $s_9 = 1$인 경우는 $v_9(\mathbf{x})$가 활성으로 가정된 경우로 $v_9(\mathbf{x}) = \varepsilon_{rt_0.003} - 0.006 = 0$이 설정된다. 이때 라그랑주 함수는 $s_9 = 1$을 식 (2.2.12)과 식 (2.2.3)에 대입해 식 (2.2.13)에서 도출된다. 라그랑주 승수인 $\boldsymbol{\lambda}_c = [\lambda_1, \lambda_2, \dots, \lambda_m]^T$와 $\boldsymbol{\lambda}_v = [\lambda_1, \lambda_2, \dots, \lambda_l]^T$를 각각 등 제약조건 $\boldsymbol{c}(\mathbf{x})$및 부등 제약조건 $\boldsymbol{v}(\mathbf{x})$의 함수에 적용해 라그랑주 함수를 도출한다.

$$\mathbf{S} = \begin{array}{c} \begin{matrix} 1^{st} & 2^{nd} & 3^{rd} & & 9^{th} & 10^{th} & 11^{th} \end{matrix} \\ \begin{bmatrix} s_1 = 0 & 0 & 0 & \cdots & 0 & 0 & 0 \\ 0 & s_2 = 0 & 0 & \cdots & 0 & 0 & 0 \\ 0 & 0 & s_3 = 0 & \cdots & 0 & 0 & 0 \\ \vdots & \vdots & \vdots & \ddots & \vdots & \vdots & \vdots \\ 0 & 0 & 0 & \cdots & s_9 = 1 & 0 & 0 \\ 0 & 0 & 0 & \cdots & 0 & s_{10} = 0 & 0 \\ 0 & 0 & 0 & \cdots & 0 & 0 & s_{11} = 0 \end{bmatrix}_{11\times 11} \end{array} \begin{matrix} 1^{st} \\ 2^{nd} \\ 3^{rd} \\ \vdots \\ 9^{th} \\ 10^{th} \\ 11^{th} \end{matrix} \quad (2.2.12)$$

$$\mathcal{L}_{CI_b}(\mathbf{x}, \boldsymbol{\lambda}_c, \boldsymbol{\lambda}_v) = CI_b - \boldsymbol{\lambda}_c^T \mathbf{c}(\mathbf{x}) - \boldsymbol{\lambda}_v^T \begin{bmatrix} s_1 = 0 & 0 & \cdots & \cdots & 0 & 0 \\ 0 & s_2 = 0 & \cdots & \cdots & 0 & 0 \\ 0 & 0 & \ddots & \cdots & 0 & 0 \\ \vdots & \vdots & \vdots & s_9 = 1 & \vdots & \vdots \\ 0 & 0 & \cdots & \cdots & s_{10} = 0 & 0 \\ 0 & 0 & \cdots & \cdots & 0 & s_{11} = 0 \end{bmatrix}_{[11\times 11]} \mathbf{v}(\mathbf{x}) \quad (2.2.13)$$

### (2) 등 제약 함수의 처리

표 2.1.2의 ($L$, $h$, $b$, $f_y$, $f_c'$, $\rho_{rt}$, $\rho_{rc}$, $M_D$, $M_L$)와 같은 단순한 등 제약조건 또는 부등 제약조건은 입력부에 입력 파라미터로 선지정해 뉴턴-랩슨 반복연산을 단순화할 수 있다. 이때 지정된 값들은 뉴턴-랩슨 반복연산 시 초기 입력 파라미터로 사용된다.

### (3) 등 제약 함수 및 부등 제약 함수에 기반한 KKT 조건식의 유도

설명된 바와 같이 부등 제약함수는 활성인 경우(tight, binding)와 비활성인 경우(slacked)로 구분된다. 즉, 라그랑주 함수 유도 시 KKT 조건하에서 모든 부등 제약 함수는 활성인 경우와 비활성인 경우로 구분되어 모든 경우의 수에 대해 유도되어야 한다. 등 제약 함수인 경우와 활성으로 가정된 부등 제약 함수인 경우, 라그랑주 승수 $\boldsymbol{\lambda}_c = [\lambda_1, \lambda_2, \dots, \lambda_m]^T$, $\boldsymbol{\lambda}_v = [\lambda_1, \lambda_2, \dots, \lambda_l]^T$ 는 0보다 큰 수로 도출되며 비활성으로 가정된 부등제약인 경우, $\boldsymbol{\lambda}_v =$

$[\lambda_1, \lambda_2, \dots, \lambda_l]^T$는 0으로 가정한다. 즉, KKT 조건하에서 라그랑주 함수 유도 시 비활성으로 가정된 부등제약은 무시된다. 활성으로 가정된 부등제약인 경우, 부등제약 조건이 기저조건인 binding 조건(not slack)이 되어 라그랑주 승수 $\boldsymbol{\lambda}_c = [\lambda_1, \lambda_2, \dots, \lambda_m]^T$, $\boldsymbol{\lambda}_v = [\lambda_1, \lambda_2, \dots, \lambda_l]^T$는 0보다 큰 수로 도출되며 이는 철근 콘크리트 보의 최적화 설계에 영향을 미치는 제약함수로서 설계에 영향을 미치는 것이다. 그러나 비활성으로 가정된 부등제약인 경우, 부등 제약조건이 slack 조건이 되어 라그랑주 승수, $\boldsymbol{\lambda}_v = [\lambda_1, \lambda_2, \dots, \lambda_l]^T$는 0으로 가정되며 이는 철근 콘크리트 보의 최적화 설계에 영향을 미치지 않는 비기저조건의 설계가 되는 것이다. 즉, KKT 조건하에서 라그랑주 함수 유도 시 비활성으로 가정된 부등제약은 무시되어 철근 콘크리트 보의 최적화 설계는 해당 부등제약 없이 수행된다는 뜻이다. 하지만 **KKT** 조건의 후보해를 구한 후 후보해는 반드시 무시된 부등 제약 함수 $\boldsymbol{v}(\mathbf{x})$ 범위 내에서 도출된다는 것을 검증해야 한다. 식 (2.2.14)는 $i = 2, 9$일 때 $s_2 = 1$, $s_9 = 1$로 도출되고 부등 제약 함수 $v_2(\mathbf{x})$와 $v_9(\mathbf{x})$가 활성으로 가정된 경우의 $\mathbf{S}$를 도출했다. $i = 2, 9$를 제외한 전 $i$에서 $s_i = 0$이 된다. 따라서 라그랑주 함수는 $s_2 = 1$, $s_9 = 1$을 식 (2.2.14)와 식 (2.2.3)에 대입해 식 (2.2.15)에서 도출된다. 라그랑주 승수인 $\boldsymbol{\lambda}_c = [\lambda_1, \lambda_2, \dots, \lambda_m]^T$와 $\boldsymbol{\lambda}_v = [\lambda_1, \lambda_2, \dots, \lambda_l]^T$를 각각 등 제약조건 $\boldsymbol{c}(\mathbf{x})$ 및 부등 제약조건 $\boldsymbol{v}(\mathbf{x})$의 함수에 적용해 라그랑주 함수를 도출한다.

$$\mathbf{S} = \begin{bmatrix} s_1 = 0 & 0 & \cdots & \cdots & 0 & 0 \\ 0 & s_2 = 1 & \cdots & \cdots & 0 & 0 \\ 0 & 0 & \ddots & \cdots & 0 & 0 \\ \vdots & \vdots & \vdots & s_9 = 1 & \vdots & \vdots \\ 0 & 0 & \cdots & \cdots & s_{10} = 0 & 0 \\ 0 & 0 & \cdots & \cdots & 0 & s_{11} = 0 \end{bmatrix}_{[11\times 11]} \tag{2.2.14}$$

$$\mathcal{L}_{CI_b}(\mathbf{x}, \boldsymbol{\lambda}_c, \boldsymbol{\lambda}_v) = CI_b - \boldsymbol{\lambda}_c^T \mathbf{c}(\mathbf{x}) - \boldsymbol{\lambda}_v^T \begin{bmatrix} s_1 = 0 & 0 & \cdots & \cdots & 0 & 0 \\ 0 & s_2 = 1 & \cdots & \cdots & 0 & 0 \\ 0 & 0 & \ddots & \cdots & 0 & 0 \\ \vdots & \vdots & \vdots & s_9 = 1 & \vdots & \vdots \\ 0 & 0 & \cdots & \cdots & s_{10} = 0 & 0 \\ 0 & 0 & \cdots & \cdots & 0 & s_{11} = 0 \end{bmatrix}_{[11\times 11]} \mathbf{v}(\mathbf{x}) \tag{2.2.15}$$

그러나 동시에 만족될 수 없는 조건들은 KKT 조건에서는 고려되지 않는다. 예를 들어, 인장 철근비는 부등 제약 함수 $v_2(\mathbf{x})$의 최소값과 $v_9(\mathbf{x})$의 최대값이 동시에 활성화될 수 없기 때문에 식 (2.2.14)의 부등 제약함수 $v_2(\mathbf{x})$와 $v_9(\mathbf{x})$를 동시에 활성화하는 **S**는 도출될 수 없다. 설계코드에서 부과하는 설계조건을 부등 제약함수 $\boldsymbol{v}(\mathbf{x})$로 설정한 표 2.1.2를 살펴보자. 부등 제약함수 $v_2(\mathbf{x})$의 경우, 설계 모멘트 강도(design moment strength, $\phi M_n$)가 균열 모멘트(a cracking moment, $M_{cr}$)의 1.2배와 같아지는 순간($\phi M_n = 1.2M_{cr}$)에 인장철근은 최소 철근량이 된다. 반면, 콘크리트 변형률이 0.003에 도달하는 순간, 부등 제약함수 $v_9(\mathbf{x})$에 의해 인장철근의 최소 변형률이 설정된다. 즉, 최소 인장철근 변형률 $\varepsilon_{rt_0.003}$이 인장 통제구역인 최소변형률 ($\varepsilon_{ty} + 0.003$)에 도달할 때 최대 인장 철근량이 도출된다. 즉, 표 2.1.2의 인장철근 항복강도가 $f_y = 600\ \text{MPa}$일 때 인장철근의 변형률($\varepsilon_{rt_{0.003}}$)은 최소 변형률인 $\varepsilon_{rt_{0.003}} = 0.006$에 도달하고 이때 최대 인장 철근량이 구해진다. 따라서 부등 제약함수 $v_2(\mathbf{x})$의 최소 인장 철근비와 $v_9(\mathbf{x})$의 최대 인장 철근비가 동시에 활성화될 수 없는 이유다.

### (4) KKT 조건식의 개수

이론적으로 KKT 조건식의 경우의 수는 표 2.1.2에 부과된 열한 개의 부등 제약함수 $\boldsymbol{v}(\mathbf{x})$에 의해 $2^{11} = 2{,}048$개로 도출될 것이다. 그러나 위에서 설명했듯이 동시에 발생할 수 없는 설계조건은 KKT 조건식의 유도 시 제외되므로 실제적으로 최적화 과정에서 고려되는 KKT 조건식 수는 $2^{11} = 2{,}048$개보다 적을 것이다. 예를 들어, 표 2.1.2의 부등 제약함수 $v_3(\mathbf{x})$과 $v_4(\mathbf{x})$도 동시에 활성화될 수 없는 설계조건이므로 KKT 조건식에서 삭제된다. 부등 제약함수 $v_3(\mathbf{x})$가 보 춤 500mm로 활성화될 때 부등 제약함수 $v_4(\mathbf{x})$가 동시에 보 춤 1,200mm로 활성화될 수 없기 때문에 부등 제약함수 $v_3(\mathbf{x})$과 $v_4(\mathbf{x})$는 KKT 조건식의 유도에서 제외해야 한다.

Chapter 03

# 복철근 콘크리트 보의 빅데이터 생성

## 3.1 빅데이터 생성을 위한 입·출력 파라미터

표 2.1.1에 제시된 아홉 개의 입력, 여덟 개의 출력 파라미터를 적용해 인공신경망 학습용 빅데이터를 생성했고 인공신경망을 학습해 기반의 목적함수, 등 제약, 부등 제약을 도출하기 위한 가중변수 및 변향변수 매트릭스를 도출했다. 철근 콘크리트 보 등 구조 프레임의 최적설계를 위해서는 수학식 기반의 함수들을 대체할 수 있는 인공신경망 기반의 함수가 필요하기 때문이다. 아홉 개의 입력 파라미터는 철근의 항복강도($f_y$, MPa), 콘크리트의 압축강도($f_c'$, MPa) 등의 재료 물성치, 보 춤($h$, mm), 보 경간($L$, m) 등의 보 형상, 사하중 및 활하중에 의한 모멘트(kN·m) 등의 하중을 포함하고 있다. 여덟 개의 출력 파라미터는 설계 모멘트 강도($\phi M_n$), 계수 모멘트($M_u$), 균열 모멘트($M_{cr}$), 철근의 인장($\varepsilon_{rt\_0.003}$), 압축 변형률($\varepsilon_{rc\_0.003}$), 즉시($\Delta_{imme}$), 장기 처짐($\Delta_{long}$), 재료 및 시공을 포함한 철근 콘크리트 보의 코스트($CI_b$, KRW/m)를 포함하고 있다. 설계를 위해 철근 콘크리트 보에 영향을 미치는 필요한 어떤 파라미터들도 빅데이터 생성을 위해 입·출력 파라미터로 활용될 수 있다.

## 3.2 입·출력 파라미터의 범위

변형률 적합성 기반에서 개발된 Autobeam(Nguyen and Hong 2021 [13])이 연성을 갖는 복철근 철근 콘크리트 보의 빅데이터 생성에 활용되었다. 표 3.2.1에는 생성된 빅데이터 갯수,

평균값, 분산, 표준편차, 입·출력 파라미터의 최대, 최소 범위 등이 제시되어 있다. 입·출력 파라미터는 복철근 철근콘크리트 보의 빅데이터 생성을 위해 무작위로 생성되어 학습에 이용되었다[14, 15, 16]. 표 3.2.1에 따르면 철근의 항복강도($f_y$, MPa)와 콘크리트의 압축강도($f_c'$, MPa)는 각각 500~600MPa와 30~50MPa에서, 보 경간은 8~12m, 보 춤은 400~1,500mm, 보 폭은 (0.25~0.8)$h$에서 생성되었다. 라그랑주 최적화 관련 연산은 매트랩 툴박스[17, 18]를 사용할 수도 있지만 이 장에서는 최적화 과정을 Matlab 기반[22]에서 직접 작성하여 수행하였다.

표 3.2.1 입력 파라미터와 빅데이터 생성범위

| | $L$ (mm) | $h$ (mm) | $b$ (mm) | $f_c'$ (MPa) | $f_y$ (MPa) | $\rho_{rt}$ | $\rho_{rc}$ | $M_D$ (kN·m) | $M_L$ (kN·m) |
|---|---|---|---|---|---|---|---|---|---|
| 빅데이터 개수 | 100,000 | | | | | | | | |
| 최대값 | 12000 | 1500 | 1200 | 600 | 50 | 0.0475 | 0.0237 | 17407 | 9681 |
| 평균값 | 10003 | 1012 | 525 | 482 | 40 | 0.0109 | 0.0032 | 1276 | 460 |
| 최소값 | 8000 | 500 | 125 | 400 | 30 | 0.0025 | 7.1E-06 | 10.42 | 0.26 |
| 분산 ($V$) | 1366389 | 82804 | 50865 | 3175 | 37 | 5.3E-05 | 1.0E-05 | 2153898 | 502367 |
| 표준편차 | 1169 | 288 | 226 | 56 | 6 | 7.2E-03 | 3.1E-03 | 1468 | 709 |

## 3.3 PTM 학습방법에 의한 인공신경망 학습

전체 입력 데이터를 출력 데이터에 동시 매핑하는 TED 방법([8]의 4.11절, 7.3절)과 비교해 PTM(Parallel Training Method)은 학습시간이 단축되고(Hong 2020 [19], Hong 2021 [9], Hong 2021 [20]) 학습정확도가 향상된다는 장점이 있다. 그림 3.3.1에 도시되어 있듯이 PTM 방법으로 전체 아홉 개의 입력 파라미터($L$, $h$, $b$, $f_y$, $f_c'$, $\rho_{rt}$, $\rho_{rc}$, $M_D$, $M_L$)를 여덟 개의 출력 파라미터($\phi M_n$, $M_u$, $M_{cr}$, $\varepsilon_{rt\_0.003}$, $\varepsilon_{rc\_0.003}$, $\Delta_{imme}$, $\Delta_{long}$, $CI_b$) 각각에 대해 매핑했다. 이때 각 은닉층은 매개 파라미터인 가중변수 매트릭스와 편향변수 매트릭스로 연결되어 있다. 또한, 인공신경망의 각 은닉층에는 활성함수가 적용되어 있기 때문에 비선형 거동하는 기타 출력 함수들($\phi P_n$, $\phi M_n$, $SF$, $b/h$ , $\varepsilon_s$, $\alpha_{e/h}$)의 유도가 가능했다.

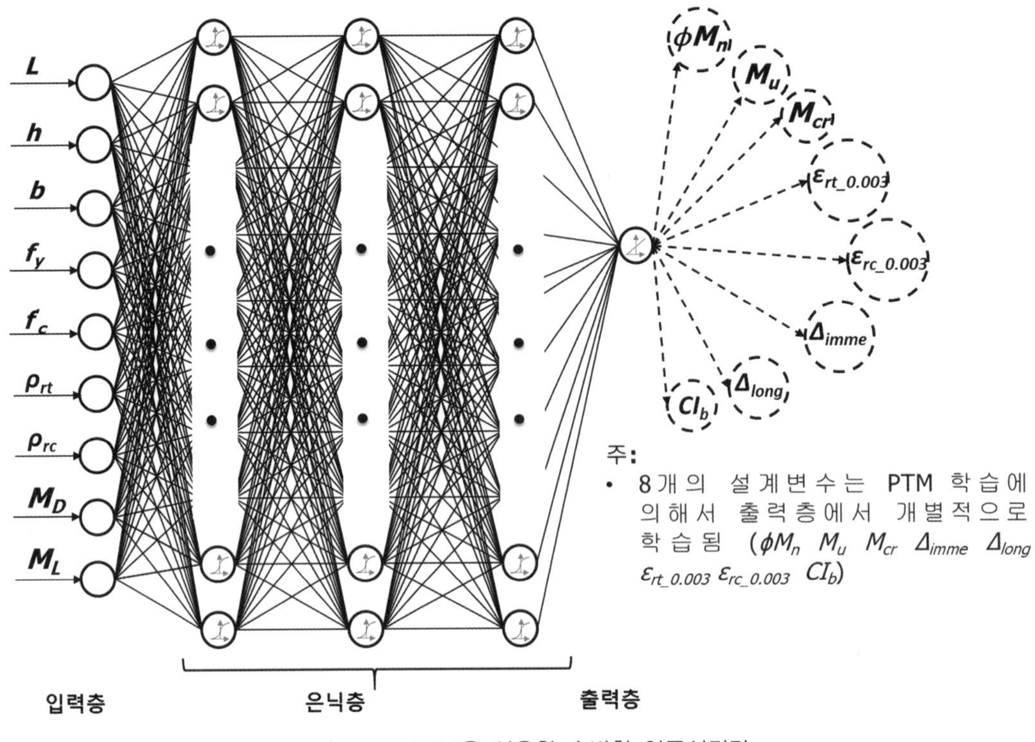


그림 3.3.1 PTM을 이용한 순방향 인공신경망

## 3.4 순방향 인공신경망 학습

2.2.1절에서 설명했듯이 표 2.2.1(a)에는 세 개의 은닉층과 세 개의 뉴런 조합(30, 40, 50)이 이용된 인공신경망 #1(Network #1)의 학습 결과가 제시되어 있다. 그 결과, 전체 아홉 개의 입력 파라미터($L$, $h$, $b$, $f_y$, $f_c'$, $\rho_{rt}$, $\rho_{rc}$, $M_D$, $M_L$)를 여덟 개의 출력 파라미터($\phi M_n$, $M_u$, $M_{cr}$, $\varepsilon_{rt\_0.003}$, $\varepsilon_{rc\_0.003}$, $\Delta_{imme}$, $\Delta_{long}$, $CI_b$) 각각에 대해 매핑시키는 가중변수 및 편향변수 매트릭스가 도출되었다. 표 2.2.1(a)에서 보듯이 은닉층 개수를 세 개 사용한 인공신경망 #1에서의 단기($\Delta_{imme}$) 및 장기 처짐($\Delta_{long}$) 테스트 *MSE*는 각각 1.43E-4와 4.39E-5였고 표 2.2.1(b)에서 보듯이 은닉층 개수를 각각 네 개와 다섯 개로 증가시킨 경우인 인공신경망 #2의 테스트 *MSE*는 각각 1.29E-4와 4.3E-5로 향상되었다. 그림 3.4.1에 도시된 플로우 차트에 의해 뉴턴-랩슨 반복연산을 수행했고 라그랑주 함수를 최소화하는 stationary 포인트를 도출했다.

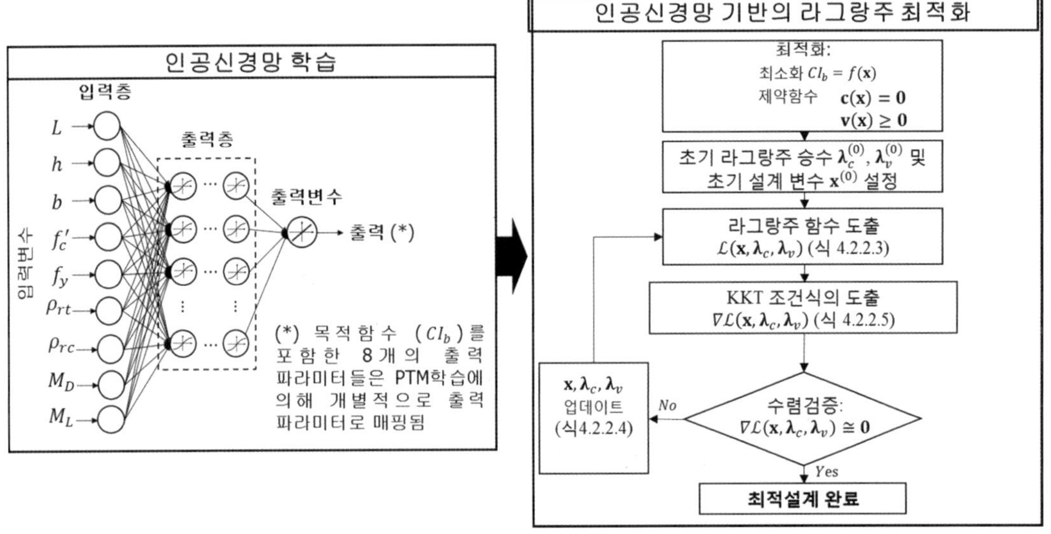


그림 3.4.1 순방향 라그랑주 기반의 인공신경망과 반복연산을 이용한 최적설계 및 설계 파라미터 도출

## 3.5 철근 배근을 위한 인공신경망 학습

이번 절에서는 ACI 318-14[21]와 ACI 318-19[4]를 기반으로 인공신경망에 기반해 그림 3.5.1 철근 배근을 수행한다. 그림 3.5.2의 플로 차트는 Autobeam에 반영되어 인공신경망을 학습하는 빅데이터 생성에 사용되었다. 전체 철근비($\rho_r$)는 압축($\rho_{rc}$) 및 인장($\rho_{rt}$) 철근비 둘 다 포함한다. 철근의 수평간격은 ACI318-14 및 318-19 코드에서 인용된 식 (3.5.1-1)부터 식 (3.5.2-2)에서 규정하는 최소($s_{min}$) 및 최대 수평($s_{max}$) 간격을 만족시켜야 한다. 철근 간격은 인접 철근의 중심부 사이 거리를 뜻한다. 철근 배근이 두 개 층에서 이루어질 때 철근의 수직간격은 25mm 이상 되어야 한다. ACI318-14 및 318-19 코드에서 철근 배근 규정은 동일하다. 이 예제에서는 철근 지름 $d_b$ = 29mm, 콘크리트 피복 $c$ = 40mm, 인장철근의 항복강도 $f_y$ = 600 MPa, 골재 지름 $d_{agg}$ = 2mm에 대해 철근 콘크리트 보의 철근 배근 설계를 수행했다. 이는 다음과 같이 4단계로 진행되었다.

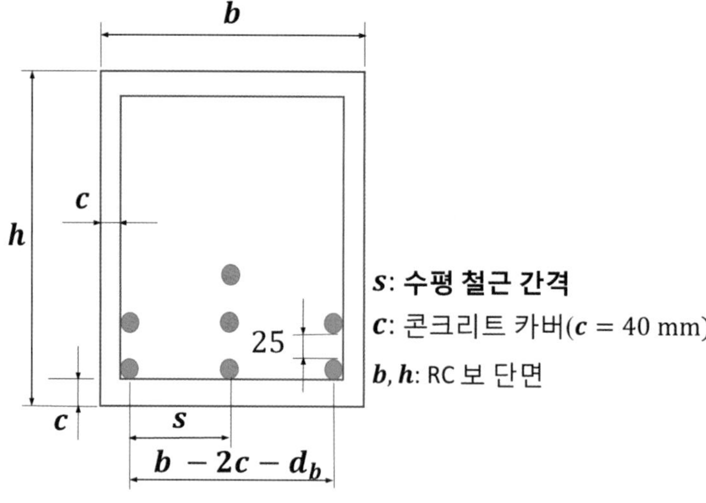


그림 3.5.1 RC보의 철근 배근

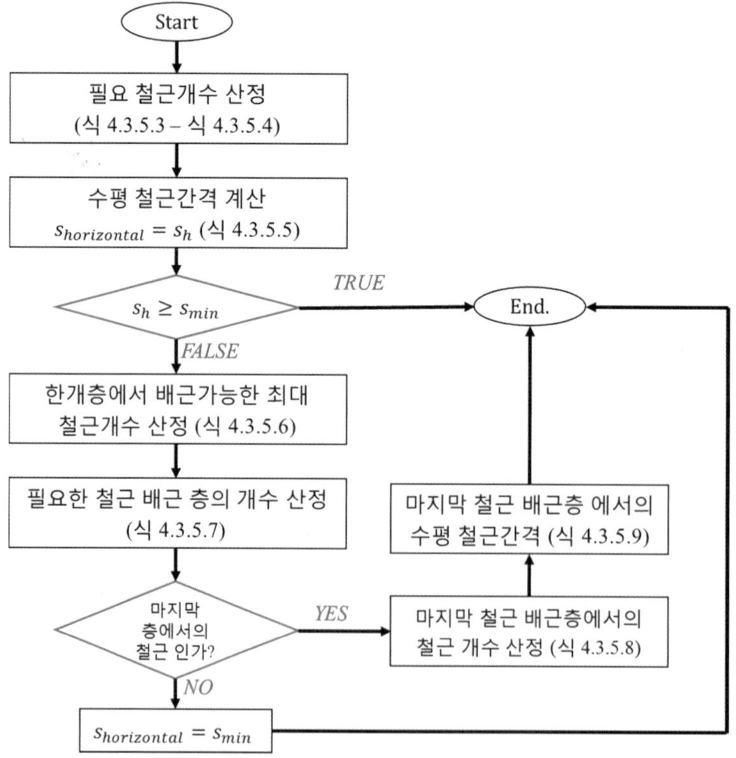


그림 3.5.2 RC 빅데이터 생성에 이용된 보 철근의 수평 배근 플로우 차트

### 1단계: 총 철근 개수 산정

식 (3.5.3)에 의해 총 철근 면적(철근비)을 계산하고 식 (3.5.4)에 의해 총 철근 개수($n_{rebars}$)를 계산한다. 철근 개수($n_{rebars}$)는 정수로 계산된다. 예를 들어, 철근비 $\rho_r = \rho_{rt} = 0.05$에 대해 총 철근 면적은 $A_r = \rho_r \times b \times h = 0.05 \times 400 \times 400 = 8{,}000(\text{mm}^2)$이 된다. 이때 콘크리트 보의 단면이 $400 \times 400$ mm라면 총 철근 개수 $n_{rebars} = \frac{A_{rebars}}{\frac{\pi \times 29^2}{4}} = \frac{8{,}000}{\frac{\pi \times 29^2}{4}} = 12.1$이 되고 정수 $n_{rebars} = 13$을 선택한다.

### 2단계: 한 개층 배근 가정에 기반한 철근의 수평간격 결정

철근 개수는 $n_{rebars} = 13$으로 계산되었고 이때 철근 간격은 식 (3.5.5)에 의해 $s_{horizontal} = \frac{400-2\times 40-29}{13-1} = 24.25$ mm로 계산되었다.

### 3단계: 한 개층 철근 배근 시 철근의 수평간격 검증

ACI 318-14 및 318-19 코드에서 인용된 식 (3.5.1-1)부터 식 (3.5.2-2)에 의해 계산된 철근의 수평간격은 철근의 최소($s_{min}$) 및 최대 수평($s_{max}$) 간격을 만족($s_{min} \leq s_{horizontal} < s_{max}$)시켜야 한다. 이 조건이 만족된다면 철근은 한 개층에 배근 가능하지만 그렇지 못하면, 즉 철근의 수평간격이 철근의 최소($s_{min}$) 간격보다 작으면 ($s_{horizontal} < s_{min}$) 추가 배근층에 철근을 배근해야 한다. 이 예제에서는 $s_{horizontal} = 24.25$ mm $< s_{min} = 58$ mm로 계산되었으므로 추가 배근층이 필요하다.

### 4단계: 다수 개층 철근 배근 시 철근의 수평간격 계산

#### Step 4.1: 각 층에 배근되는 철근 개수 계산

2단계에서 수평철근의 개수 $n_{rebars} = 13$으로 계산되었고 이때 철근간격은 $s_{horizontal} = \frac{400-2\times 40-29}{13-1} = 24.25$ mm로 계산되었다. 그러나 식 (3.5.1-1)부터 식 (3.5.1-2)에 의해 계산된 철근의 최소($s_{min}$) 수평간격은 58 mm로 계산되었다. 따라서 철근의 수평간격은 철근의 최소($s_{min}$) 간격을 만족($s_{min} \leq s_{horizontal} < s_{max}$) 시키지 못하고 있다. 따라서 이 예제에서는 한 개층에 의한 철근 배근이 불가능하고 추가 철근층에 철근을 배근해야 한다. 한 개층에 배근할 수 있는 최대 철근 개수는 식 (3.5.6)으로 $n_{r,max}^{in\,1\,layer} = \left(\frac{400-2\times 40-29}{58} + 1\right) = 6.02$로 계산되

었고 $n_{r,max}^{in\,1\,layer}$ = 6개(rebars)를 선택한다. 식 (3.5.5)에 의해 계산된 철근의 수평간격이 식 (3.5.1-1)부터 식 (3.5.1-2)에 의해 계산된 철근의 최소($s_{min}$) 간격으로 설정될 때 철근 개수는 최대가 된다.

Step 4.2: 배근에 필요한 철근 배근층 개수

식 (3.5.7)을 이용해 배근에 필요한 철근 층수는 $n_{layers} = \left(\frac{n_{rebars}}{n_{max}^{in\,1\,layer}}\right) = \frac{\mathbf{13}}{\mathbf{6}} = \mathbf{2.16}$으로 계산되어 $n_{layers} = \mathbf{3}$개 층으로 결정되었다.

Step 4.3: 각 철근층에의 철근 배근

(a) 철근의 수직간격

이 예제의 수직 철근 간격은 ACI 규정에 의해 25 mm로 계산되었다.

(b) 철근의 수평간격

이 예제에서 철근의 수평간격은 마지막 층을 제외하고 최소 수평간격 $s_{horizontal} = s_{min}$으로 결정되며 각 층의 최대 철근 개수는 $n_{r,max}^{in\,1\,layer}$ = 6으로 결정되었고 필요한 철근 배근층은 $n_{layers} = \mathbf{3}$개 층으로 결정되었다. 즉, 첫 번째와 두 번째 층에는 각각 여섯 개의 철근이 배근되었고 철근의 수평간격은 $s_{horizontal} = s_{min} = 58$ mm다. 마지막 층에서의 철근 개수($n_{rebars}^{last\,layer}$)는 식 (3.5.8)에서 계산되며 $n_{rebars}^{last\,layer} = n_{rebars} - n_{r,max}^{in\,1\,layer} \times (n_{layers} - 1) = 13 - 6 \times 2 = 1$ 로 계산되었다. 마지막 층에서의 수평철근의 간격은 식 (3.5.9)에서 계산된다. 그림 3.5.2는 철근 배근 산정 과정을 ACI 318-14[21]와 ACI 318-19[4]를 기반으로 네 개 과정으로 도식화했다. 그림 3.5.1에서 보듯이 이 예제의 철근의 수직간격은 25 mm로 배근되었다. 철근 개수는 인공신경망의 출력층에서 도출되어 철근 배근에 적용되었지만 출력되진 않았다.

$$s_{min} - d_b = \max\begin{cases} 25\ mm; \\ d_b; \\ \frac{4}{3}d_{agg} \end{cases} \tag{3.5.1-1}$$

$$s_{min} = max\left(25 + 29;\ 29 + 29; \frac{4}{3} \times 20 + 29\right) = 58\text{ mm} \tag{3.5.1-2}$$

$$s_{max} = \min \begin{cases} 380\left(\frac{280}{f_s}\right) - 2.5c; \\ 300\left(\frac{280}{f_s}\right) \end{cases} \quad where\ f_s = 2/3 f_y \tag{3.5.2-1}$$

$$s_{max} = min\left(380\left(\frac{280}{\frac{2}{3} \times 600}\right) - 2.5 \times 40;\ 300\left(\frac{280}{\frac{2}{3} \times 600}\right)\right) = 166\ \mathrm{mm} \tag{3.5.2-2}$$

$$A_r = \rho_s \times b \times h \tag{3.5.3}$$

$$n_{rebars} = \frac{A_{rebars}}{\frac{\pi \times 29^2}{4}} \tag{3.5.4}$$

$$s_{horizontal} = \frac{b - 2c - d_b}{n_{rebars} - 1} = \frac{b - 80 - 29}{n_{rebars} - 1} \tag{3.5.5}$$

$$n_{r,max}^{in\,1\,layer} = \left(\frac{b - 2c - d_b}{s_{min}} + 1\right) = \left(\frac{b - 80 - 29}{58} + 1\right) \tag{3.5.6}$$

$$n_{layers} = \left(\frac{n_{rebars}}{n_{r,max}^{in\,1\,layer}}\right) \tag{3.5.7}$$

$$n_{rebars}^{last\,layer} = n_{rebars} - n_{r,max}^{in\,1\,layer} \times (n_{layers} - 1) \tag{3.5.8}$$

$$s_{horizontal}^{last\,layer} = \frac{b - 2c - d_b}{n_{rebars}^{last\,layer}} = \frac{b - 80 - 29}{n_{rebars}^{last\,layer}} \tag{3.5.9}$$

Chapter 04

# 인공신경망 검증

## 4.1 순방향 인공신경망에 기반한 설계 차트 작성과 검증

철근 콘크리트 보의 코스트(재료 및 시공비용)를 목적함수($CI_b$)로 설정하고 순방향 인공신경망 기반에서 목적함수에 대한 라그랑주 함수를 최소화한 결과를 설계 차트로 그림 4.1.1에 도식화했고 ACI 318-19(9.3.3.1절 [4])을 적용했다. 즉, 그림 4.1.1(a)의 **X**축은 인공신경망에 등제약함수로 입력된 계수 모멘트($M_u$)이다. 계수 모멘트($M_u$)의 함수로 목적함수인 코스트($CI_b$)를 최소화하도록 인공신경망 기반에서 작성된 설계 차트이고 왼쪽 **Y**축은 순방향 인공신경망에서 출력 파라미터로 도출된 계수 모멘트($M_u$)다. 오른쪽 **Y**축에는 구조설계 기반 소프트웨어 Autobeam에 의한 검증을 수행해 오차를 도출했다. 이때 인공신경망은 아홉 개의 입력 파라미터($L$, $h$, $b$, $f_y, f_c'$, $\rho_{rt}$, $\rho_{rc}$, $M_D$, $M_L$)의 함수로 유도되었고 여덟 개의 출력 파라미터($\phi M_n$, $M_u$, $M_{cr}$, $\varepsilon_{rt\_0.003}$, $\varepsilon_{rc\_0.003}$, $\Delta_{imme}$, $\Delta_{long}$, $CI_b$)를 도출하도록 했다. 입·출력 파라미터는 표 2.1.1에 제시되어 있다. 인공신경망에 의해 계산된 순방향 입력 파라미터를 Autobeam에 사용하여 오른쪽 Y축의 순방향 출력 파라미터의 값을 도출하였다. 그림 4.1.1에는 계수 모멘트($M_u$), 최소화된 코스트($CI_b$), 즉시처짐($\Delta_{imme}$), 장기처짐 ($\Delta_{long}$) 등에 대해 구조설계 기반 소프트웨어 Autobeam에 의한 검증이 수행되었다. 사하중에 의한 모멘트($M_D, c_4(\mathbf{x})$)와 활하중에 의한 모멘트($M_L, c_5(\mathbf{x})$)를 표 2.1.2에서처럼 각각 [250~1,500]kN·m와 [125~750]kN·m로 설정하면 계수 모멘트($M_u$, $c_6(\mathbf{x})$)는 500~3,000kN·m 범위 안에서 설정된다. 그림 4.1.1(a)는 인공신경망 기반에서 작성된 계수 모멘트($M_u$)에 대한 설계 차트로 계수 모멘트($M_u$)를 500~3,000kN·m 범위 안에서 순방향 인공신경망에 등 제약 함수로 입력해 작성되었다. 즉, 계수 모멘트($M_u$)를 500~3,000kN·m 범위 안에서 반복시키며 인공지능 기반 Hong-Lagrange 알고리즘으로 설계 차트를 작성했다.

순방향 인공신경망에 등 제약 함수로 입력된 계수 모멘트($M_u$)에 대해 구조설계 기반 소프트웨어 Autobeam으로 그림 4.1.1(a)에서 검증했다. 인공신경망에서 사용된 아홉 개의 입력 파라미터($L$, $h$, $b$, $f_y$, $f_c'$, $\rho_{rt}$, $\rho_{rc}$, $M_D$, $M_L$)를 Autobeam의 입력 파라미터로 대입해 설계 모멘트 강도($\phi M_n$)를 출력 파라미터로 계산했다. 이때 Autobeam의 설계 모멘트 강도($\phi M_n$)를 인공신경망 기반의 계수 모멘트($M_u$)와 동일하다는 전제하에 검증을 수행했다. 즉, 인공신경망에서 도출된 계수 모멘트($M_u$)와 Autobeam에서 계산된 설계 모멘트 강도($\phi M_n$)의 동일 여부($\phi M_n$=$M_u$)를 검증했고 그림 4.1.1(a)에서처럼 상호 오차범위는 −0.2 ~ −1.27%에 불과했다. 이때 학습은 표 2.2.1(b)의 Network #2를 이용했다. 그림 4.1.1(b)에는 유사한 방법으로 철근 콘크리트 보의 코스트(재료 및 시공비용)를 목적함수($CI_b$)로 설정하고 순방향 인공신경망 기반에서 목적함수에 대한 라그랑주 함수를 최소화한 결과를 설계 차트로 도식화했다. 즉, **X**축은 인공신경망에 등 제약 함수로 입력된 계수 모멘트($M_u$)이고 계수 모멘트($M_u$)의 함수로 최소화된 목적함수인 코스트($CI_b$)를 그림 4.1.1(b)의 왼쪽 **Y**축에 나타냈다. 코스트($CI_b$)는 인공신경망에서 출력 파라미터로 도출된다. 오른쪽 **Y**축에는 구조설계 기반 소프트웨어 Autobeam으로 검증해 오차를 도시했다. 최소화된 코스트($CI_b$)의 최대 오차는 0.23%로 도출되었고 계수 모멘트($M_u$)=1,250kN·m에서 발생했다. 그림 4.1.1(b)에서처럼 오차범위는 −0.11 ~ 0.23%에 불과했고 직접 설계에 적용할 수 있을 정도의 정확도를 도출했다.

그림 4.1.1(c)에도 유사한 방법으로 철근 콘크리트 보의 코스트(재료 및 시공비용)를 목적함수($CI_b$)로 설정하고 순방향 인공신경망 기반에서 목적함수에 대한 라그랑주 함수를 최소화한 결과를 설계 차트로 도식화했다. 즉, **X**축은 등 제약함수로 입력된 계수 모멘트($M_u$)를 나타내고 있고 그림 4.1.1(c)의 왼쪽 **Y**축에는 목적함수인 코스트($CI_b$)를 최소화하도록 출력 파라미터로 도출된 즉시처짐($\Delta_{imme}$)을 보여주고 있다. 오른쪽 **Y**축에는 구조설계 기반 소프트웨어 Autobeam으로 검증해 오차를 도시했다. 표 2.2.1(b)의 Network #2의 학습 결과를 이용한 경우, 오차범위는 −6.8 ~ 4.6%로 다소 큰 편이지만 절대오차의 관점에서는 무시할 만한 차이로 판단되며 특히 즉시처짐($\Delta_{imme}$)의 제한 범위 내에 위치한다. 계수 모멘트($M_u$)=750 kN·m일 때 도출된 즉시처짐($\Delta_{imme}$)은 2.85mm이고 이때 오차는 –6.8%였다. 반면, 구조설계 기반 소프트웨어 Autobeam은 3.04mm를 도출해 인공신경망의 결과와 0.19mm의 차이만 보인다. 유사하게 표 4.2.2.1(a)의 Network #1의 학습결과를 이용한 경우, 오차범위는 –7.1 ~ 7.2%로 큰 편이지만 Network #2의 학습결과를 이용해 은닉층 개수를 증가시키면 오차가 –6.8 ~ 4.6%로 감소하는 것을 알 수 있다. 유사하게 그림 4.1.1(d)에는 순방향 인공신경망 기반에서 목적함수인 코스트($CI_b$)를 최소화할 때 계산된 장기처짐($\Delta_{long}$) 결과를 설계 차트로 도식화했다. Network #1의 학습결과를 이용한 경우, 오차범위는 –3.7 ~ 1.7%로 도출되었고 은닉층 개수를 증가시켜 Network #2의 학습결과를 이용한 경우, 오차범위는 –1.0 ~ 2.7%로 감소했다.

표 4.2.1

| No. | 선 지정 입력 파라미터 |
|---|---|
| 1 | $\boldsymbol{L} = 10\,m$ |
| 2 | $\boldsymbol{f'_C} = 30\,MPa$ |
| 3 | $\boldsymbol{f_y} = 600\,MPa$ |
| 4 | $\boldsymbol{h} = [500 \sim 1200]mm$ |
| 5 | $\boldsymbol{b} = [0.3 \sim 0.5]\boldsymbol{h}$ |
| **No.** | **제약조건** |
| 1 | $\boldsymbol{M_u} = [500 \sim 3000]kN \cdot m$ |
| 2 | $\boldsymbol{\phi M_n} = [1 \sim 1.2]\boldsymbol{M_u}$ |
| 3 | $\boldsymbol{\phi M_n} \geq 1.2\boldsymbol{M_{cr}}$ |
| 4 | $\boldsymbol{\varepsilon_{rt\_0.003}} \geq 0.006$ |
| 5 | $\boldsymbol{\Delta_{imme}} \leq L/360 = 28mm$ |
| 6 | $\boldsymbol{\Delta_{long}} \leq L/240 = 42mm$ |

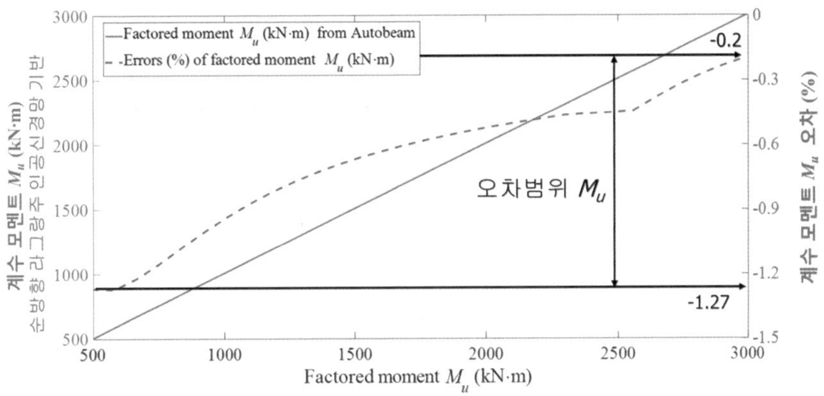


순방향 라그랑주 인공신경망 기반의 설계 차트

계수 모멘트 $M_n$ [Network #2, 표 2.2.1(b) 참조]

그림 4.1.1(a)

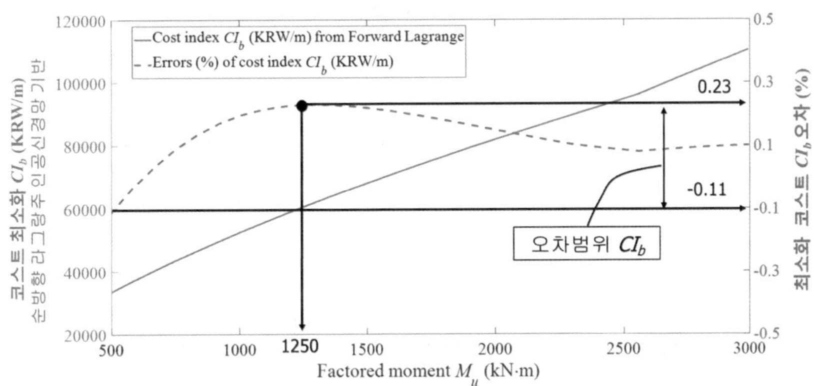


순방향 라그랑주 인공신경망 기반의 설계 차트

코트스 $CI_b$ 최소화[Network #2, 표 2.2.1(b) 참조]

그림 4.1.1(b)

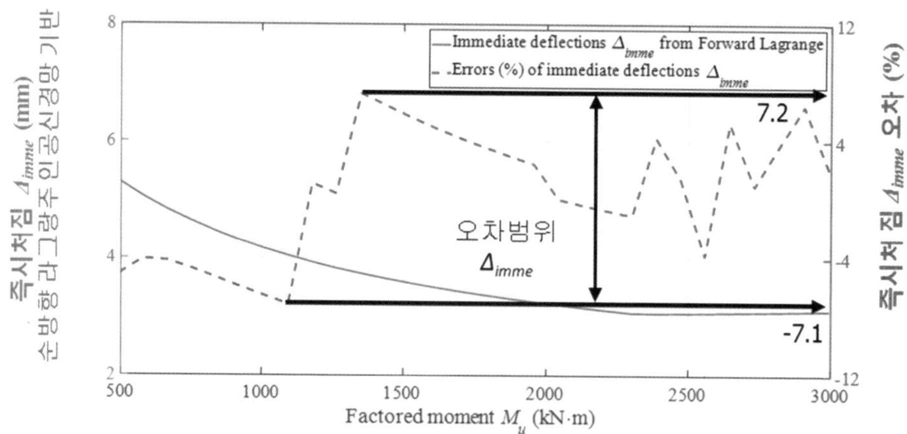


주: $\Delta_{imme}\ limit = L/360 = 28\ mm$

순방향 라그랑주 인공신경망 기반의 설계 차트

즉시처짐 $\Delta_{imme}$ [Network #1, 표 2.2.1(a) 참조]

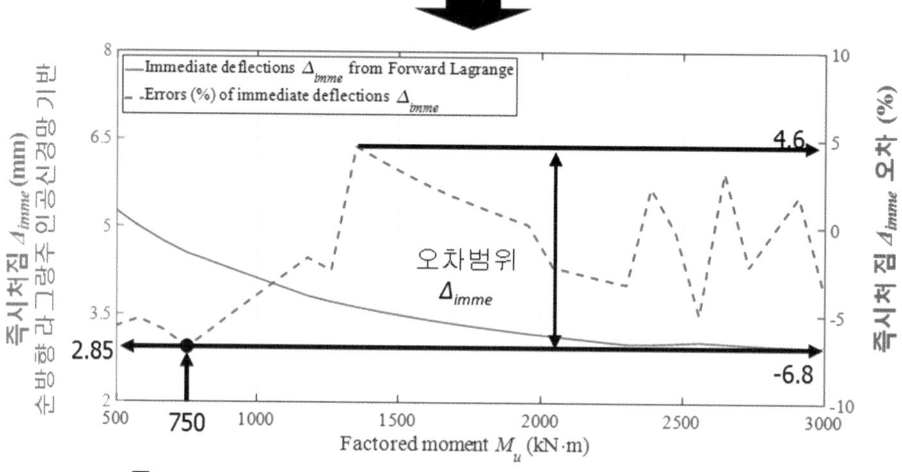


주: $\Delta_{imme}\ limit = L/360 = 28\ mm$

순방향 라그랑주 인공신경망 기반의 설계 차트

즉시처짐 $\Delta_{imme}$ [Network #2, 표 2.2.1(b) 참조]

그림 4.1.1(c)

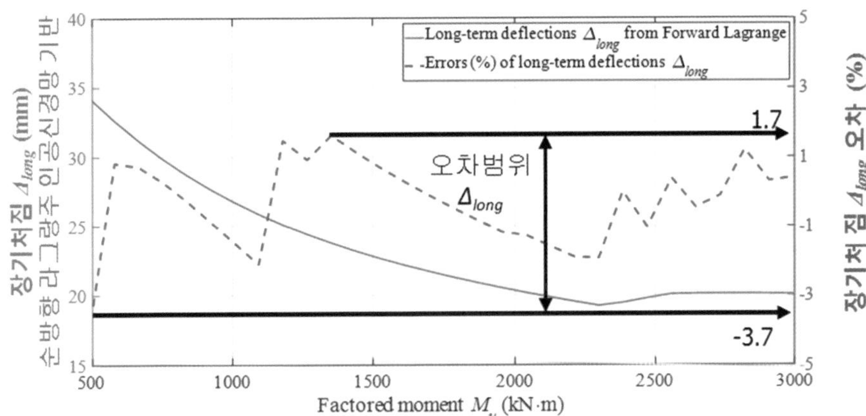


주: $\Delta_{long}\ limit = L/240 = 42\ mm$

순방향 라그랑주 인공신경망 기반의 설계 차트

장기처짐 $\Delta_{long}$ [Network #1, 표 2.2.1(a) 참조]

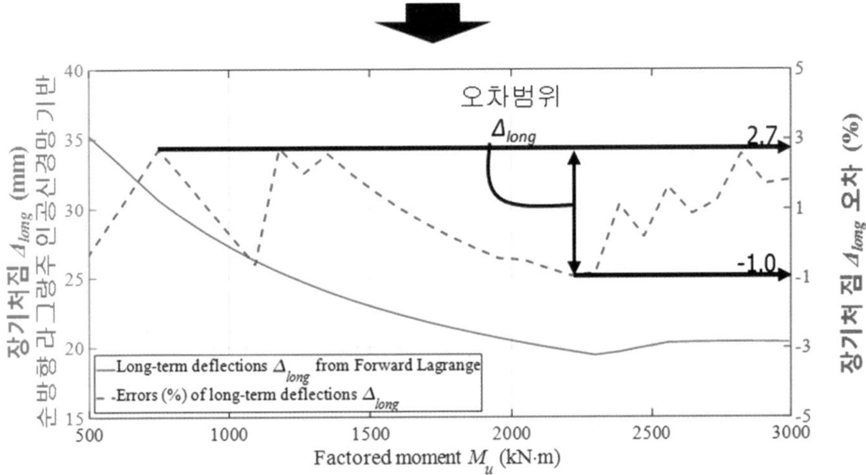


주: $\Delta_{long}\ limit = L/240 = 42\ mm$

순방향 라그랑주 인공신경망 기반의 설계 차트

장기처짐 $\Delta_{long}$ [Network #2, 표 2.2.1(b) 참조]

그림 4.1.1(d)

그림 4.1.1 ACI 318-19에 기반한 순방향 라그랑주 인공신경망 검증

## 4.2 빅데이터에 의한 검증

생성된 300만 개의 빅데이터로부터 표 4.2.1의 범위로 필터링된 빅데이터(brute force 방법)가 인공신경망 기반의 최적화 결과 검증에 사용되었다. 즉, 빅데이터는 보 경간 $L$=10m, 콘크리트 압축강도 $f_c^{'}$=30MPa, 철근의 항복강도 $f_y$=600MPa, 보 춤 $h$=500~1,200mm, 보 폭 $b = 0.3 \times h$부터 $0.5 \times h$, 따라서 계수 모멘트 $M_u$=500~3,000kN·m 에 대해 필터링되었다. 300만 개의 빅데이터로부터 필터링된 빅데이터는 총 11만 2,383개로 인공신경망 최적화 검증에 사용되었다. 그림 4.2.1에서 **X**축은 계수 모멘트인데 안전율(**SF**) 1의 전제하에 설계 모멘트($\phi M_n$)와 같다고 가정했다. **Y**축은 코스트($CI_b$)에 대해 필터링된 빅데이터를 $M_u$부터 $1.2M_u$ 사이(또는 $\phi M_n$부터 $1.2\phi M_n$ 사이)에서 도시했다. 이때 최소 설계 모멘트($\phi M_n$)는 $1.2M_{cr}$로 설정되었다. 순방향 인공신경망에서 최소화된 목적함수인 코스트($CI_b$)는 빅데이터에 의해 도출된 하한선을 정확히 예측했다. 그림 4.2.1에서 보듯이 **X**축의 계수 모멘트가 빅데이터의 경계선으로 접근할수록 인공신경망의 오차가 가파르게 증가하고 있다.

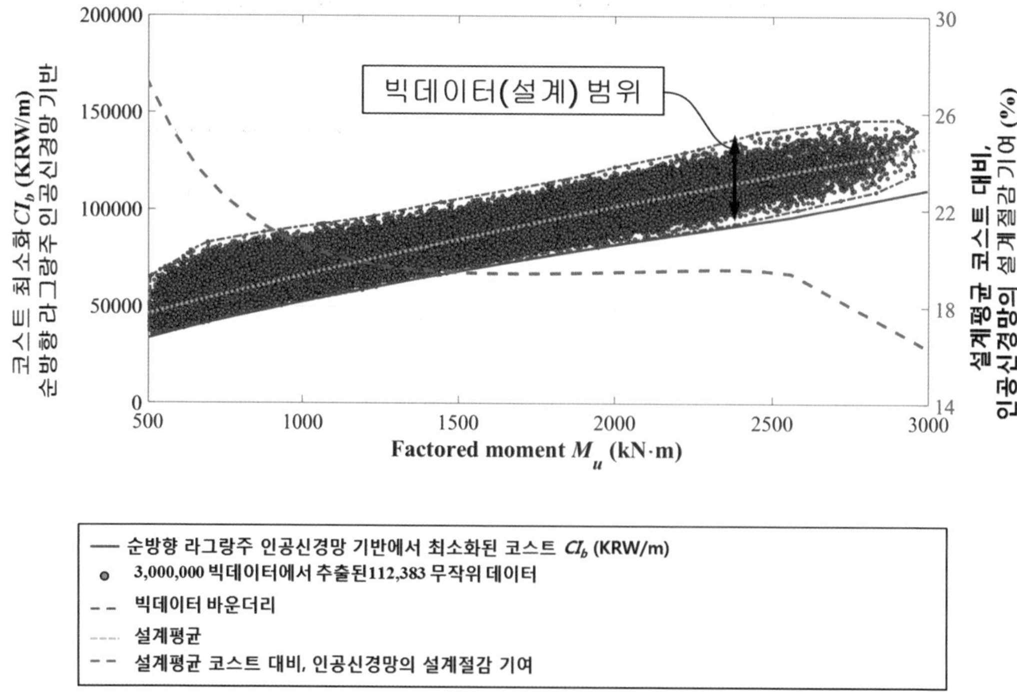


그림 4.2.1 300만 개의 빅데이터에 의해 추출된 11만 2,383개의 데이터에 기반한 최소 코스트($CI_b$)

## 4.3 Hong-Lagrange 알고리즘 기반의 코스트 최적화 효과

그림 4.2.1에는 매트랩(MATLAB, [22])의 “polyfit”과 “polyval” 명령어(a trend line function)를 사용해 구조설계 기반에서의 설계 통계를 시뮬레이션했다. “polyfit”과 “polyval” 명령어는 300만 개의 빅데이터로부터 선별된 11만 2,383개의 데이터 평균값을 Probable design 결과로 제시했다. 그림 4.2.1에서 보듯이 인공신경망에서 최소화된 목적함수인 코스트($CI_b$)는 초록색 파선으로 표시되는 Probable design 결과와 비교해 의미있는 절감효과가 도출되었다. 그림 4.2.1의 **X**축에는 설계 모멘트($\phi M_n$)가 $M_u$부터 $1.2M_u$ 사이에서 도출되어 기준에서 요구하는 안전율 이외의 추가 안전율을 1~1.2 사이에서 확보했다. 따라서 Probable design의 설계 모멘트 강도($\phi M_n$)도 추가 안전율 1~1.2 사이에서 도출된 것이다. **Y**축의 코스트($CI_b$)에 대해서도 필터링된 빅데이터를 $M_u$부터 $1.2M_u$ 사이에서 도시했다.

# 목적함수인 코스트($CI_b$)를 최소화하는 인공신경망 기반의 설계 차트

## 5.1 인공신경망 기반의 복철근 콘크리트 보의 설계 차트 기반의 최적설계

그림 5.1.1은 ACI 318-19(9.3.3.1절[4])을 적용한 인공신경망 기반의 복철근 콘크리트 보의 설계 차트로서 설계 차트 표 2.1.1에 제시된 여덟 개의 출력 파라미터($\phi M_n$, $M_u$, $M_{cr}$, $\varepsilon_{rt\_0.003}$, $\varepsilon_{rc\_0.003}$, $\Delta_{imme}$, $\Delta_{long}$, $CI_b$)를 아홉 개의 입력 파라미터($L$, $h$, $b$, $f_y$, $f_c'$, $\rho_{rt}$, $\rho_{rc}$ , $M_D$, $M_L$)에 매핑해서 도출했다. 철근비($\rho_{rt}$와 $\rho_{rc}$)는 표 2.1.2의 부등 제약조건 $v_7(\mathbf{x})$과 $v_8(\mathbf{x})$에 의해 인공신경망에 인공 DNA로 입력되어 목적함수인 코스트($CI_b$) 최적화 과정에서 인공신경망을 제약하도록 했다. 보 경간 $L$, 콘크리트 압축강도 $f_c'$, 철근의 항복강도 $f_y$, $M_D$, $M_L$, $M_u$는 각각 $c_1(\mathbf{x})$ 부터 $c_6(\mathbf{x})$까지 등 제약조건으로 입력했다. 그림 5.1.1(a)는 철근 콘크리트 보의 목적함수인 코스트($CI_b$)에 대한 라그랑주 함수(식 2.2.3)를 최소화하여 도출했다. 식(2.2.5)에 뉴턴-랩슨 반복연산을 적용하여, 순방향 인공신경망 기반에서 KKT 조건식의 stationary 포인트를 구했다. 이때 표 2.1.2의 부등 제약조건을 적용했다. 그림 5.1.1(a)의 **X**축에는 등 제약함수로 입력된 계수 모멘트($M_u$)를 표시했고 **Y**축은 최소화된 코스트($CI_b$)를 도시해, 주어진 $M_u$에 대해 신속하고 정확한 $CI_b$의 도출이 가능해졌다.

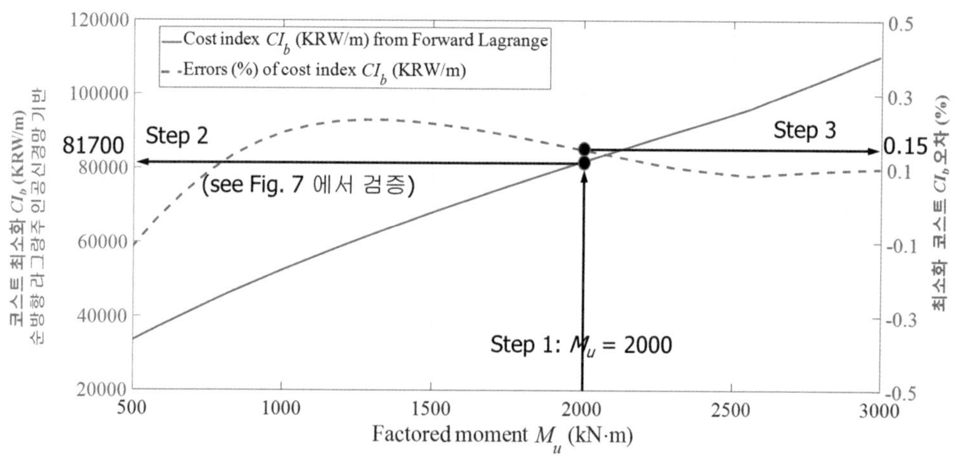


순방향 라그랑주 인공신경망 기반의 설계 차트
코스트 $CI_b$ 최소화 [Network #2, 표 2.2.1(b) 참조]

그림 5.1.1(a)

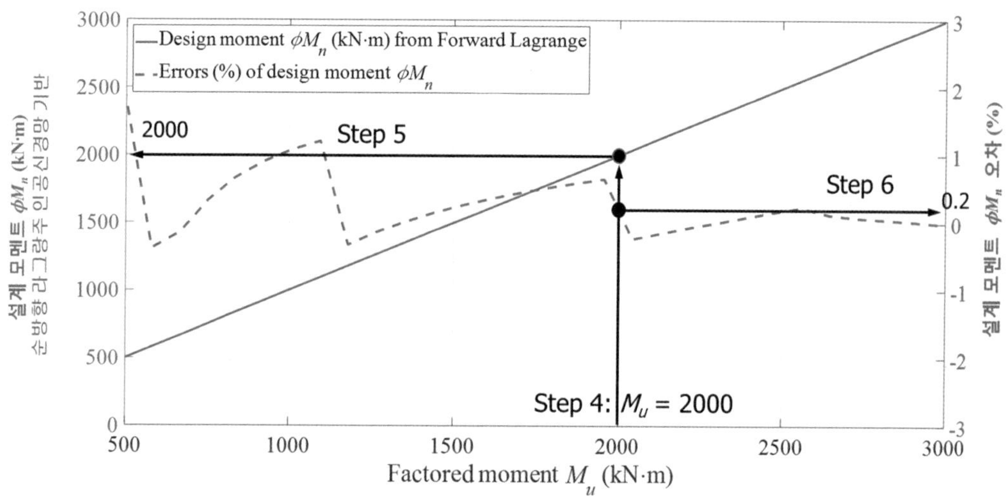


순방향 라그랑주 인공신경망 기반의 설계 차트
설계 모멘트 $\phi M_n$ [Network #2, 표 2.2.1(b) 참조]

그림 5.1.1(b)

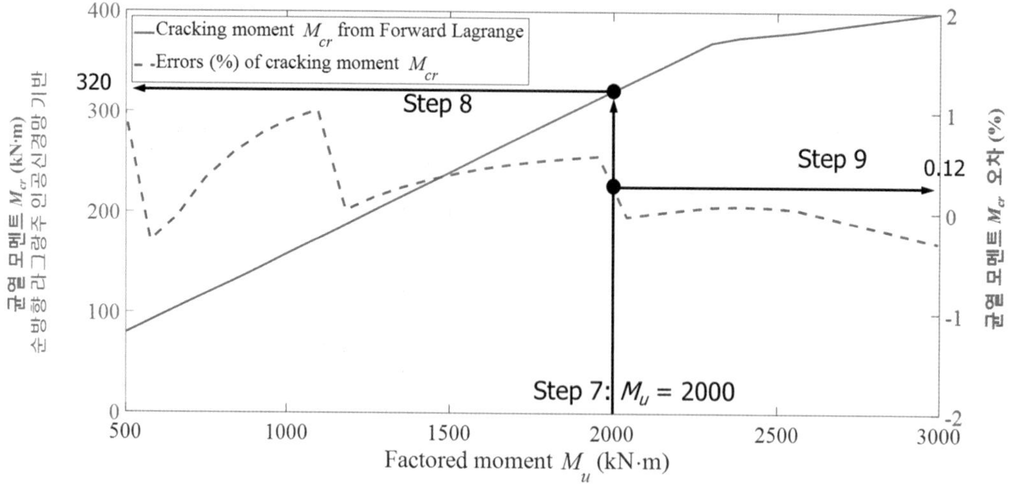


순방향 라그랑주 인공신경망 기반의 설계 차트
균열 모멘트 $M_{cr}$ [Network #2, 표 2.2.1(b) 참조]

그림 5.1.1(c)

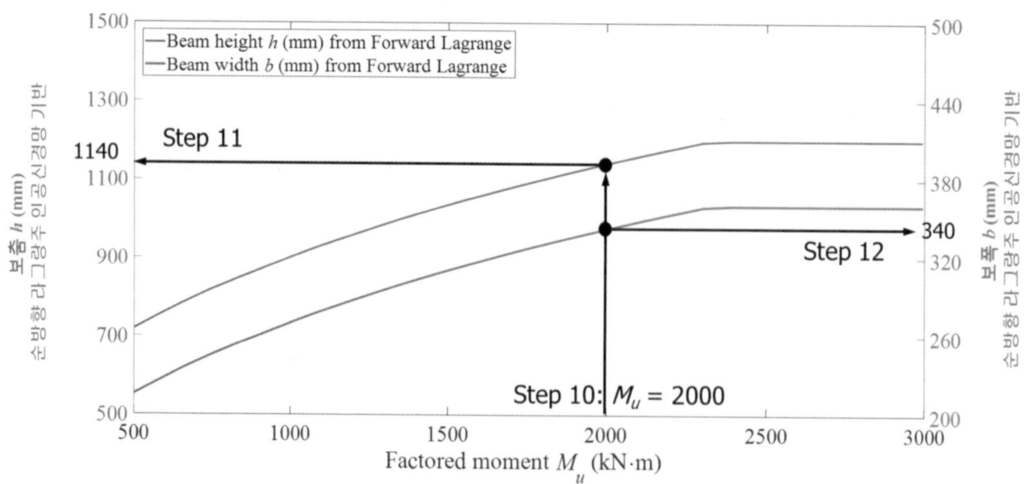


순방향 라그랑주 인공신경망 기반의 설계 차트
보 춤 $h$과 보 폭 $b$ [Network #2, 표 2.2.1(b) 참조]

그림 5.1.1(d)

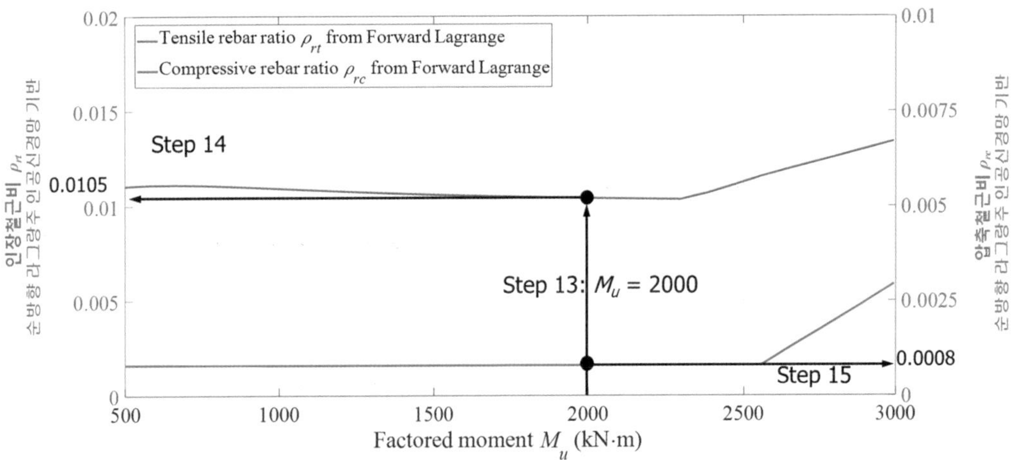


순방향 라그랑주 인공신경망 기반의 설계 차트

인장철근비 $\rho_{rt}$와 압축철근비 $\rho_{rc}$ [Network #2, 표 2.2.1(b) 참조]

그림 5.1.1(e)

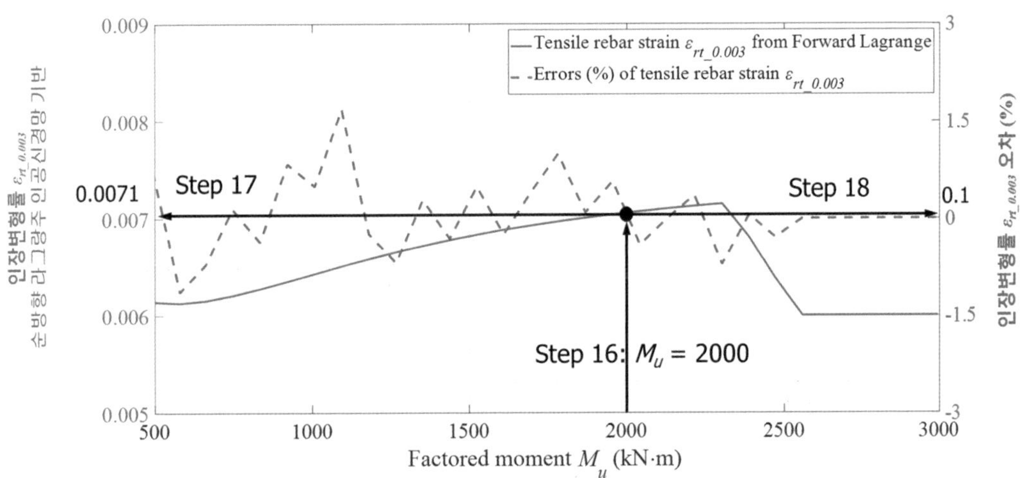


**주**: ACI 318-19 기반에서 $f_y = 600\ MPa$철근의 경우, 충분한 연성보유를 위해서 최소 $\varepsilon_{rt\_0.003} = 0.006$ 가 요구됨

순방향 라그랑주 인공신경망 기반의 설계 차트

인장변형률 $\varepsilon_{rt\_0.003}$ [Network #2, 표 2.2.1(b) 참조]

그림 5.1.1(f)

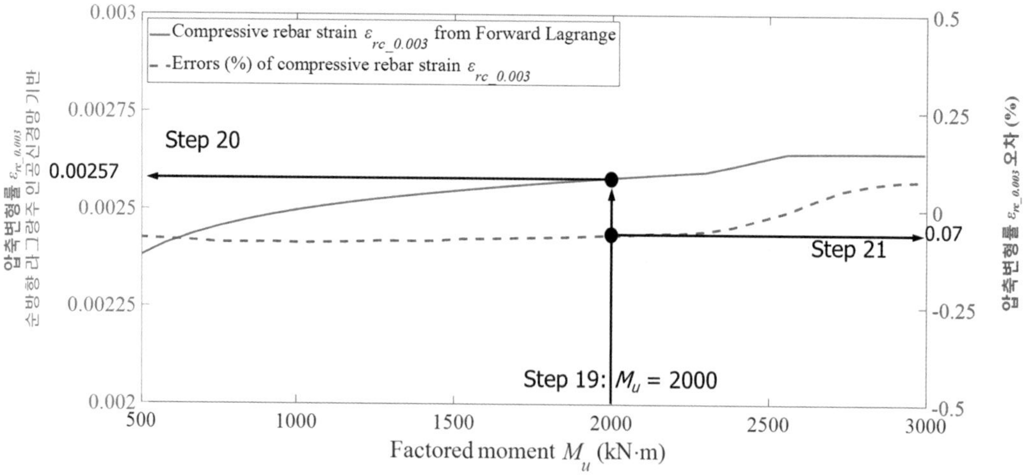


순방향 라그랑주 인공신경망 기반의 설계 차트

압축변형률 $\varepsilon_{rc\_0.003}$ [Network #2, 표 2.2.1(b) 참조]

그림 5.1.1(g)

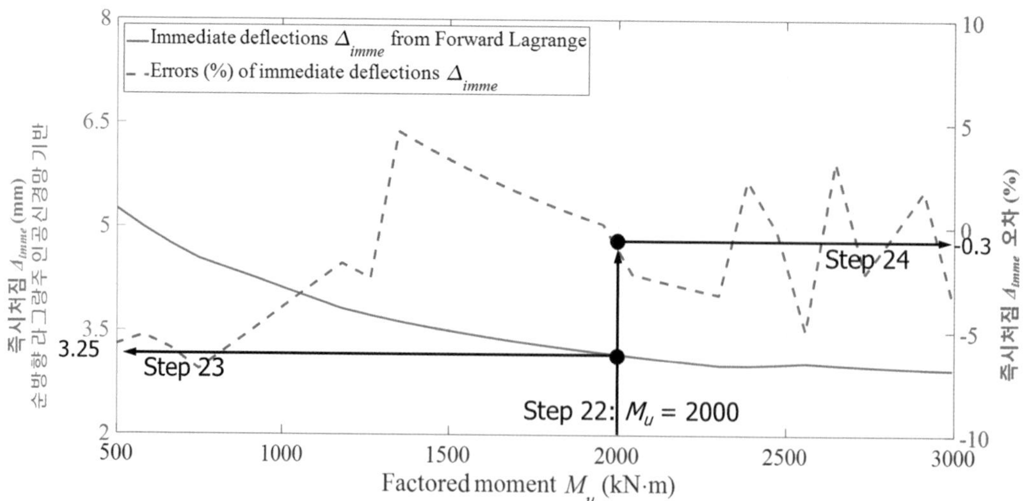


**주**: $\Delta_{imme}\ limit = L/360 = 28\ mm$

순방향 라그랑주 인공신경망 기반의 설계 차트

즉시처짐 $\Delta_{imme}$ [Network #2, 표 2.2.1(b) 참조]

그림 5.1.1(h)

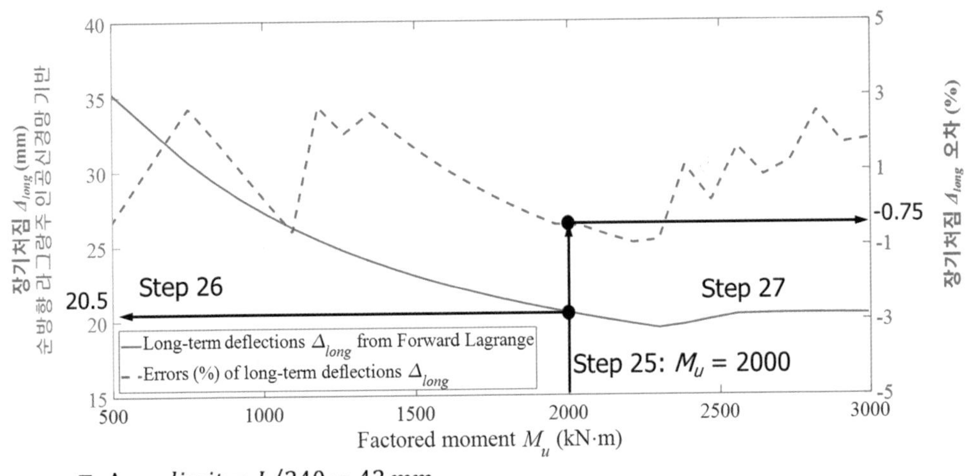


주: $\Delta_{long}\ limit = L/240 = 42\ mm$

순방향 라그랑주 인공신경망 기반의 설계 차트
장기처짐 $\Delta_{long}$ [Network #2, 표 2.2.1(b) 참조]

그림 5.1.1(i)

그림 5.1.1 ACI 318-19 기반으로 유도된 순방향 라그랑주 인공신경망에 의해 작성된 설계 차트와 이를 이용해 도출된 최소화된 코스트($CI_b$)

## 5.2 인공신경망에 기반한 보 설계 차트를 이용한 설계

설계 대상이 되는 연성을 갖는 복철근 콘크리트보는 그림 5.2.1에서 보듯이 보 경간 $L$=10m, 콘크리트 압축강도 $f_c'$=30MPa, 철근의 항복강도 $f_y$=600MPa로 설정되었다. 설계 대상 서비스 모멘트는 $M_D$=1,000kN·m, $M_L$= 500kN·m로 주어졌다. 따라서 계수 모멘트 $M_u$= 1.2$M_D$ + 1.6$M_L$= 2,000kN·m가 된다. 이제 인공신경망 기반의 Hong-Lagrange 알고리즘 기반으로 작성된 설계 차트인 그림 5.1.1을 이용해 최소화된 코스트($CI_b$)를 도출할 수 있게 되었다. 즉, 임의의 계수 모멘트($M_u$)에 대해 설계 차트인 그림 5.1.1(a)의 **Y**축에서 최소화된 코스트($CI_b$)를 신속하고 정확히 도출할 수 있게 되었다. 나머지 설계 파라미터들도 그림 5.1.1의 설계 차트로부터 임의의 계수 모멘트($M_u$)=2,000kN·m에 대해 구할 수 있고 설계 결과는 그림 5.2.1에 도시되었다. 이같이 임의의 계수 모멘트($M_u$)에 대해 인공신경망 기반의 설계 차트는 보폭 $b$, 보춤 $h$ 등 보 단면뿐만 아니라 인장 및 압축 철근비($\rho_{rt}$, $\rho_{rc}$) 등을 신속하고 정확히 도출할 수 있게 해 실제 설계에 큰 도움을 줄 것이다. 5.2.6절에서는 철근 배근도 코스트($CI_b$)가 최소화되도록 인공신경망에 기반해 결정되었다. 보 단면의 중립축은 5.2.6절에서 구한 인장, 압축 철근 위치로부터 그림 5.2.1에서처럼 구할 수 있다.

### 5.2.1 RC보 코스트의 결정

그림 5.1.1(a)의 1~3단계에서 임의의 계수 모멘트($M_u$)=2,000kN·m에 대해 보 폭 $b$, 보 춤 $h$ 등 보 단면, 인장 및 압축철근비($\rho_{rt}$, $\rho_{rc}$) 등을 결정하기 전이라도 최소화된 코스트($CI_b$)를 먼저 도출할 수 있다. 인공신경망 기반의 설계에서 설계 파라미터의 도출 순서는 중요하지 않기 때문이다. 계수 모멘트($M_u$)=2,000kN·m에 대해 코스트($CI_b$)는 81,700 KRW/m에서 최소화되었고 구조설계 기반 소프트웨어 Autobeam과의 오차는 0.15%에 불과했다.

### 5.2.2 설계 모멘트($\phi M_n$) 및 균열 모멘트($M_{cr}$)의 결정

그림 5.1.1(b)의 4, 5, 6단계에서는 임의의 계수 모멘트($M_u$)=2,000kN·m에 대해 설계 모멘트 강도($\phi M_n$)=2,000kN·m를 도출했고 오차는 0.2%였다. 즉, 인공신경망 기반에서는 보의 설계강도($\phi M_n$)가 계수 모멘트($M_u$)와 같은 경우, RC보 코스트가 최소화된다는 방증이다. 그림 5.1.1(c)의 7, 8, 9단계에서는 주어진 임의의 계수 모멘트($M_u$)=2,000kN·m에 대해 균열 모멘트($M_{cr}$) = 320 kN·m를 구했고 오차는 0.12%에 불과했다.

### 5.2.3 보 폭 및 보 춤의 보 단면 결정

임의의 계수 모멘트($M_u$)=2,000kN·m에 대해 그림 5.1.1(d)의 10, 11, 12단계에서는 보 폭 $b$ = 340mm, 보 춤 $h$=1,140mm의 보 단면을 구했다.

### 5.2.4 철근비 및 변형률의 결정

주어진 임의의 계수 모멘트($M_u$)=2,000kN·m에 대해 그림 5.1.1(e)의 13, 14, 15단계에서는 인장($\rho_{rt}$= 0.0105) 및 압축($\rho_{rc}$= 0.0008) 철근비를 구했다. 그림 5.1.1(f)의 16, 17, 18단계에서는 인장 철근 변형률($\varepsilon_{rt\_0.003}$) = 0.0071을 구했고 그림 5.1.1(g)의 19, 20, 21단계에서는 압축 철근 변형률($\varepsilon_{rc\_0.003}$) = 0.00257을 구했다. 그림 5.1.1(f)와 그림 5.1.1(g)에서 보듯이 매우 작은

오차가 도출되어 인장 철근 변형률($\varepsilon_{rt\_0.003}$) 및 압축 철근 변형률($\varepsilon_{rc\_0.003}$) 도출에 요긴하게 사용될 것이며 실무에 적용되기에 부족함이 없어 보인다. 그림 5.1.1(f)에는 ACI 318-19(9.3.3.1절[4])의 최소 철근 변형률 규정이 반영되어 있다. 즉, 철근의 항복강도가 $f_y$ =600MPa일 때 철근 변형률($\varepsilon_{rt\_0.003}$)이 $\varepsilon_{ty}$ ($\varepsilon_{ty} = \frac{f_y}{E_s} = \frac{600}{200{,}000} = 0.003) + 0.003 = 0.006$보다 작게 계산되면 인장철근비($\rho_{rt}$)를 감소시켜 철근 변형률을 증가시켜야 하는데 그림 5.1.1(f)의 설계 차트에는 표 2.1.2의 부등 제약조건 $v_9(\mathbf{x})$에 의해 이 규정이 반영되어 있다. 계수 모멘트($M_u$)=2,000kN·m에 대해 보 경간 $L$=10m, 콘크리트 압축강도 $f_c'$=30MPa, 철근의 항복강도 $f_y$=600MPa로 설정된 경우, 17단계에서 도출된 인장철근 변형률($\varepsilon_{rt\_0.003}$)은 0.0071이었고 이는 최소 인장철근 변형률 $\varepsilon_{ty}$ ($\varepsilon_{ty} = \frac{f_y}{E_s} = \frac{600}{200{,}000} = 0.003) + 0.003 = 0.006$보다 크므로 설계 기준을 만족한다. 즉, 그림 5.1.1(f)는 인장철근 변형률($\varepsilon_{rt\_0.003}$)이 최소 인장철근 변형률($\varepsilon_{ty}$)보다 크게 도출되도록 인간의 DNA처럼 이미 반영되어 있는 것이다. 따라서 그림 5.1.1(f)의 설계 차트를 통해 연성을 보유하는 철근 콘크리트 보의 설계가 신속하고 정확히 수행될 수 있게 된 것이다.

### 5.2.5 인공신경망으로 작성된 설계 차트에 기반한 설계 결과 고찰

인공신경망으로 작성된 설계 차트에 기반한 설계 결과를 고찰해보자. 제약조건이 인간의 DNA처럼 인공신경망에 어떻게 반영되어 있는지 설계 차트를 살펴보자. 그림 5.1.1(d)에서 보듯이 계수 모멘트($M_u$)가 2,300kN·m로 주어질 때 보 춤 $h$가 최대값에 도달한다. 보 춤 $h$는 부등 제약조건 $v_4(\mathbf{x}) = -h + 1{,}200 \geq 0$,(표 2.1.2 또는 표 6.1.1(b) 참조)에 의해 1,200mm보다 크지 않도록 ($h \leq 1{,}200$mm) 이미 이식되어 있기 때문이다. 따라서 보가 2,300kN·m보다 큰 계수 모멘트($M_u$)를 지탱하기 위해서는 보 춤 $h$ 이외의 구조요소가 기여해야 하고 그림 5.1.1(e)에서 보듯이 인공신경망은 인장철근비를 증가시켜 2,300kN·m보다 큰 계수 모멘트( $M_u$ )를 지탱하고 있다. 따라서 인장철근 변형률은 급격히 감소하겠지만 ACI 318-19(9.3.3.1절[4]) 기준에 의해 0.006 이하로는 감소할 수 없다. 이는 그림 5.1.1(f)의 인장철근 거동에 명확히 나타나 있다. 계수 모멘트($M_u$)가 2,600kN·m에 도달하는 순간부터 인장철근 변형률은 0.006으로 유지된다.

### 5.2.6 즉시처짐($\Delta_{imme}$) 및 장기처짐 ($\boldsymbol{\Delta_{long}}$)의 결정

주어진 임의의 계수 모멘트($M_u$)=2,000kN·m에 대해 그림 5.1.1(h)의 22, 23, 24단계에서는 즉시처짐($\Delta_{imme}$) = 3.25mm을 구했고 그림 5.1.1(i)의 25, 26, 27단계에서는 장기처짐 ($\Delta_{long}$) = 20.5mm을 구했다. 구조설계 기반 소프트웨어 Autobeam에 의한 오차는 각각 –0.3%와 –0.75%였다.

### 5.2.6 인공신경망으로 작성된 설계 차트에 기반한 설계 결과

그림 5.2.1에 계수 모멘트($M_u$)=2,000kN·m에 대해 인공신경망 기반 설계 차트에 의해 최종 설계된 단면이 도시되어 있다. 이 단면은 목적함수이자 설계 목표인 RC 보의 코스트($CI_b$)가 인공신경망 기반에서 최소화된 단면이기도 하다. 보 폭 $b$=340mm와 보 춤 $h$=1,140 mm 단면에 상부 철근(3ϕ12=0.0008)과 하부 철근(7ϕ12=0.0105)이 배근되었고 코스트($CI_b$)가 최소화되는 단면이다. 그림 5.2.1에 표시되어 있듯이 단면 하부에는 일곱 개의 29mm 철근이 두 개의 철근층에 배근되어 있고 ACI 318-19 기준은 표 2.1.2 또는 표 6.1.1(b)의 등 제약함수와 부등 제약함수로 반영되었다.

중립축도 상·하부에 배근된 철근 위치로부터 산정되었고 부등 제약함수 $v_{10}(\mathbf{x}): -\Delta_{imme} + \frac{L}{360} \geq 0$와 $v_{11}(\mathbf{x}): -\Delta_{long} + \frac{L}{240} \geq 0$ 기반으로 그림 5.1.1(h)와 그림 5.1.1(i)에서 구한 즉시처짐($\Delta_{imme}$)=3.25mm과 장기처짐 ($\Delta_{long}$)=20.5mm도 표시되어 있다. 그림 5.2.2에는 빅데이터에 의해 그림 5.2.1의 설계 결과가 검증되어 있으며 일반 구조 해석에서 도출한 probable 코스트인 102,000KRW/m와 비교해 인공신경망에서 도출된 코스트인 81,700KRW/m가 20% 가량 작게 도출되었다.

### 5.2.7 Hong-Lagrange 알고리즘에 기반한 Data-Centric Engineering

이 예제에서 제시된 인공신경망 기반 설계 차트는 독자들이 원하는 대로 파라미터를 조정할 수 있다. 즉, 원하는 어떤 파라미터든 입력부에 선지정할 수 있고 등 제약조건 또는 부등 제약조건을 인간의 DNA와 유사하게 지정해 설계 과정을 통제할 수 있다. 예를 들어, 내진 설계 시 변위 또는 변형률 연성비를 등 제약조건 또는 부등 제약조건으로 지정해 구조물의 연성거동을 설계 과정에 반영하는 동시에 설계 목표인 목적함수의 최적화를 구현할 수 있는 것이다. 그림 4.1.1과 그림 5.1.1의 설계 차트는 독자들이 원하는 파라미터를 사용해 표 2.2.1과 같이 학습해 새로 작성할 수 있다. 인공신경망 기반의 설계 차트는 도출하는 파라미터 순서와 상관없이 설계 파라미터들을 신속하고 정확히 설계 기준을 만족하며, 원하는 파라미터들만 선별해 구할 수 있도록 엔지니어들을 도와줄 것이다. 즉, 구조역학 이론에 기인하지 않고 빅데이터에 기반하는 데이터 사이언스의 일종이며 최근에는 Data-Centric Engineering 분야로 큰 주목을 받고 있다. 인공신경망 기반의 Hong-Lagrange 알고리즘은 보뿐만 아니라 기둥, 프레임 등 모든 구조 프레임의 최적설계를 가능케 할 것이며 전통적인 구조 해석으로는 불가능한 분야의 설계를 인공신경망 기반에서 구현할 것이다. 이와 관련된 저서를 향후 계속 발간할 예정이다.

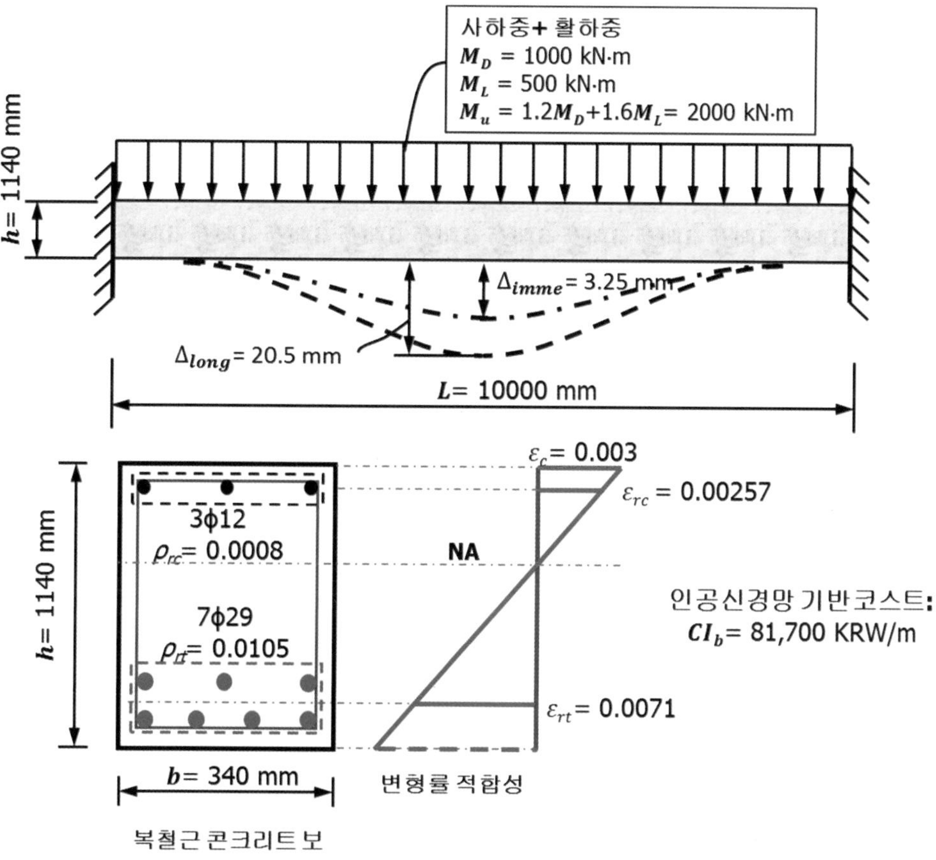


그림 5.2.1 선지정된 $M_u$=2,000kN·m에 대해 도출된 철근 콘크리트보의 최종 설계 결과

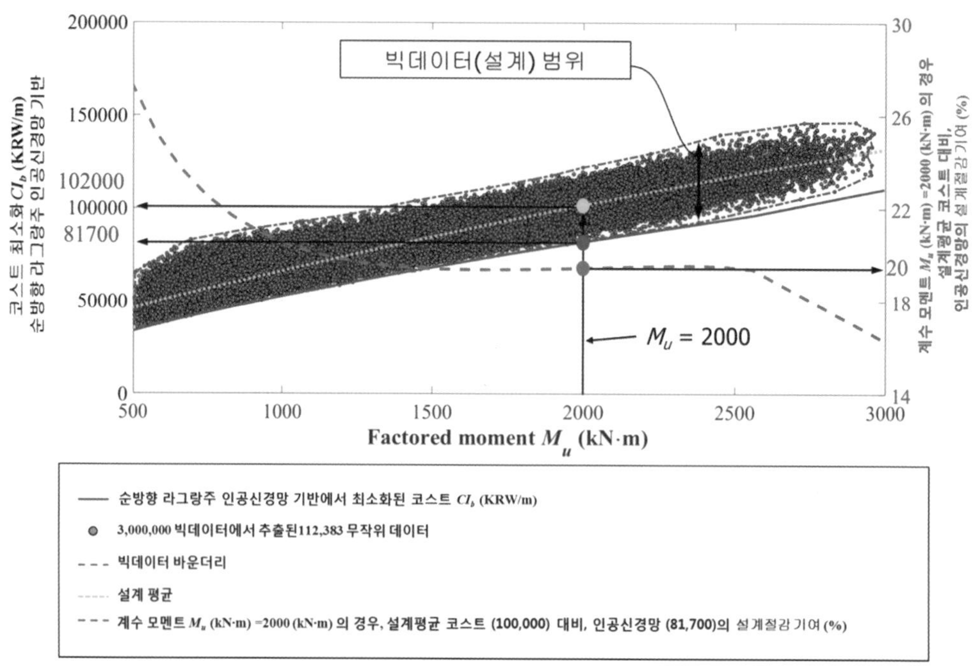


그림 5.2.2 선지정된 $M_u$=2,000kN·m에 대해 도출된 철근 콘크리트 보의 최소 코스트($CI_b$) 검증

## 5.3 최적화 검증

계수 모멘트($M_u$)=2,000kN·m가 작용할 때 그림 5.2.1에 구한 인공신경망 기반의 최적설계를 표 5.3.1에서 검증했다. 인공신경망 기반의 최적설계에서 입력층에 사용된 아홉 개의 입력 파라미터($L, h, b, f_y, f_c', \rho_{rt}, \rho_{rc}, M_D, M_L$)를 표 5.3.1의 1~9번 사이에 나타냈고 여덟 개의 출력 파라미터($\phi M_n$, $M_u$, $M_{cr}$, $\varepsilon_{rt\_0.003}$, $\varepsilon_{rc\_0.003}$, $\Delta_{imme}$, $\Delta_{long}$, $CI_b$)는 10~17번 사이에 기록했다. 또한, 아홉 개의 입력 파라미터($L, h, b, f_y, f_c', \rho_{rt}, \rho_{rc}, M_D, M_L$)를 구조설계 기반 소프트웨어 Autobeam에 대입해 구한 출력 파라미터를 인공신경망 기반에서 구한 10~17번 사이의 출력 파라미터와 비교했다. 결과적으로 인공신경망 기반에서 구한 설계 파라미터들은 우수한 설계 정확도를 구현했고 대부분의 오차가 실제 설계에 적용할 수 있을 정도의 작은 오차를 도출했으며 목적함수인 코스트($CI_b$=81,700KRW/m)의 오차도 0.15%에 불과했다. 이 같은 설계는 전통적인 구조설계로는 불가능할 것이다. 300만 개의 빅데이터는 최적설계 시 사용된 파라미터의 범위인 표 4.2.1에 의해 필터링되어 11만 2,383개의 빅데이터로 도출되었다. 그림 5.2.2에서는 11만 2,383개의 빅데이터를 이용해 계수 모멘트($M_u$)=2,000kN·m가 작용할

때 인공신경망 기반에서 최적화된 목적함수인 코스트($CI_b$=81,700KRW/m)를 검증했다. 11만 2,383개의 빅데이터를 모두 보여주는 그림 5.2.2에서 보듯이 인공신경망 기반의 철근 콘크리트 보의 최적설계는 빅데이터의 하한선을 정확히 예측했고, probable 코스트 대비 16 ~ 27% 작게 도출되었다. 계수 모멘트($M_u$)=2,000kN·m가 작용할 때 일반 구조 해석에서 도출한 probable 코스트인 102,000KRW/m와 비교해 인공신경망에서 도출된 코스트인 81,700KRW/m가 19.9% 가량 작게 도출되었다. 보의 모멘트 강도가 증가할수록 인공신경망 기반의 코스트 절감폭은 probable 코스트에 비해 증가했다.

표 5.3.1 선지정된 $M_u$=2,000kN·m에 대해 도출된 설계 파라미터 일람표

**인공신경망 기반 보 코스트($CI_b$) 최적화**

**9 개 입력 ($L, h, b, f_y, f'_c, \rho_{rt}, \rho_{rc}, M_D, M_L$) -**

**8 개 출력 ($\phi M_n$, $M_u$, $M_{cr}$, $\varepsilon_{rt\_0.003}$, $\varepsilon_{rc\_0.003}$, $\Delta_{imme}$, $\Delta_{long}$, $CI_b$)**

| No. | Parameter | Forward Lagrange (PTM) | Error (%) |
|---|---|---|---|
| 1 | $L$ (mm) | 10000 | - |
| 2 | $h$ (mm) | 1140 | - |
| 3 | $b$ (mm) | 340 | - |
| 4 | $f_y$ (MPa) | 600 | - |
| 5 | $f'_c$ (MPa) | 30 | - |
| 6 | $\rho_{rt}$ | 0.0105 | - |
| 7 | $\rho_{rc}$ | 0.00080 | - |
| 8 | $M_D$ (kN·m) | 1000 | - |
| 9 | $M_L$ (kN·m) | 500 | - |
| 10 | $\phi M_n$ (kN·m) | 2000.0 | 0.2% |
| 11 | $M_u$ (kN·m) | 2000.0 | -0.5% |
| 12 | $M_{cr}$ (kN·m) | 320.0 | 0.12% |
| 13 | $\varepsilon_{rt\_0.003}$ | 0.0071 | 0.1% |
| 14 | $\varepsilon_{rc\_0.003}$ | 0.00257 | 0.07% |
| 15 | $\Delta_{imme}$ (mm) | 3.25 | -0.3% |
| 16 | $\Delta_{long}$ (mm) | 20.5 | -0.75% |
| 17 | $CI_b$ (KRW/m) | 81,700 | 0.15% |

주:

- 순방향 입력 파라미터: No. 1 ~ 9
- 순방향 출력 파라미터: No. 10 ~ 17

# Hong-Lagrange 알고리즘에 기반한 ACI 318-14 와 ACI 318-19 코드의 차이점 고찰

## 6.1 ACI 318-19

### 6.1.1 철근의 최소 인장 변형률

RC보의 취성 파괴를 방지하기 위해 ACI 318-14은 인장 통제지역에서의 인장철근 최소 변형률($\varepsilon_{rt\_0.003}$)을 0.005로 제약하고 있다. 반면, ACI 318-19(9.3.3.1절)에서는 표 6.1.1에서처럼 인장철근의 최소 변형률($\varepsilon_{rt\_0.003}$)이 $\varepsilon_{ty}$+0.003으로 개정되었다. 이때 항복 철근 변형률은 $\varepsilon_{ty} = f_y/E_s$ 로 정의된다. $f_y$와 $E_s$는 각각 철근의 항복강도 및 탄성계수다. ACI 318-19에서는 $f_y$ = 400 MPa보다 큰 철근에 대해 인장 통제지역의 인장철근 최소 변형률($\varepsilon_{rt\_0.003}$)을 증가시킨 것이다. 예를 들어, 철근의 항복강도가 $f_y$ = 600 MPa인 경우, 인장철근의 최소 변형률은 $\varepsilon_{rt_{0.003}} = \varepsilon_{ty}$ + 0.003=600MPa / 200,000MPa = 0.006이 된다. 이때 $E_s$= 200,000MPa로 가정했다. 따라서 표 6.1.1(b)의 부등 제약조건 $v_9$은 0.006이 되는 것이다. Hong-Lagrange 알고리즘 기반의 설계 시, 인장 통제구역에서의 인장철근의 최소 변형률($\varepsilon_{rt\_0.003}$)은 ACI 318-14와 ACI 318-19에 대해 표 6.1.1(a)와 표 6.1.1(b)에서처럼 부등 제약조건 $v_9$로 최적화 과정에 이식되도록 했다. 표 6.1.1(a)와 표 6.1.1(b)는 이 예제의 최적화 과정에서 적용되는 여섯 개의 등 제약조건 $c_1(\mathbf{x})$: ~$c_6(\mathbf{x})$과 열한 개의 부등 제약조건 $v_1(\mathbf{x})$~$v_{11}(\mathbf{x})$을 제시하고 있다. 등

제약조건과 부등 제약조건은 [3]에 자세히 설명되어 있고 이 저서의 2.2.2절에도 자세히 설명되어 있다. 그림 4.1.1과 그림 5.1.1의 설계 차트 작성 시 ACI 318-19의 부등 제약조건 $v_9(\mathbf{x})$을 적용했으며, 라그랑주 최적화 과정에서 KKT 조건에 의해 stationary 포인트를 계산했다.

표 6.1.1 ACI 318-14와 ACI 318-19에 기반한 부등 제약 함수의 비교

표 6.1.1(a) ACI 318-14

| 등 제약조건 | 부등 제약조건 |
|---|---|
| $c_1(\mathbf{x}): L = 10000\ \text{mm}$ | $v_1(\mathbf{x}): \phi M_n - M_u \geq 0$ |
| $c_2(\mathbf{x}): f_c' = 30\ \text{MPa}$ | $v_2(\mathbf{x}): \phi M_n - 1.2M_{cr} \geq 0$ |
| $c_3(\mathbf{x}): f_y = 600\ \text{MPa}$ | $v_3(\mathbf{x}): h - 500 \geq 0$ |
| $c_4(\mathbf{x}): M_D = [250 \sim 1500]\ \text{kN}\cdot\text{m}$ | $v_4(\mathbf{x}): -h + 1200 \geq 0$ |
| $c_5(\mathbf{x}): M_L = [125 \sim 750]\ \text{kN}\cdot\text{m}$ | $v_5(\mathbf{x}): b - 0.3h \geq 0$ |
| $c_6(\mathbf{x}): M_u = 1.2M_D + 1.6M_L$<br>$= [500 \sim 3000\ \text{kN}\cdot\text{m}]$ | $v_6(\mathbf{x}): -b + 0.8h \geq 0$ |
| | $v_7(\mathbf{x}): -\rho_{rc} + \rho_{rt}/2 \geq 0$ |
| | $v_8(\mathbf{x}): \rho_{rc} - \rho_{rt}/400 \geq 0$ |
| | $v_9(\mathbf{x}): \varepsilon_{rt\_0.003} - 0.005 \geq 0$ |
| | $v_{10}(\mathbf{x}): -\Delta_{imme} + L/360 \geq 0$ |
| | $v_{11}(\mathbf{x}): -\Delta_{long} + L/240 \geq 0$ |

표 6.1.1(b) ACI 318-19

| 등 제약조건 | 부등 제약조건 |
|---|---|
| $c_1(\mathbf{x}): L = 10000\ \text{mm}$ | $v_1(\mathbf{x}): \phi M_n - M_u \geq 0$ |
| $c_2(\mathbf{x}): f_c' = 30\ \text{MPa}$ | $v_2(\mathbf{x}): \phi M_n - 1.2M_{cr} \geq 0$ |
| $c_3(\mathbf{x}): f_y = 600\ \text{MPa}$ | $v_3(\mathbf{x}): h - 500 \geq 0$ |
| $c_4(\mathbf{x}): M_D = [250 \sim 1500]\ \text{kN} \cdot \text{m}$ | $v_4(\mathbf{x}): -h + 1200 \geq 0$ |
| $c_5(\mathbf{x}): M_L = [125 \sim 750]\ \text{kN} \cdot \text{m}$ | $v_5(\mathbf{x}): b - 0.3h \geq 0$ |
| $c_6(\mathbf{x}): M_u = 1.2M_D + 1.6M_L = [500 \sim 3000\ \text{kN} \cdot \text{m}]$ | $v_6(\mathbf{x}): -b + 0.8h \geq 0$ |
| | $v_7(\mathbf{x}): -\rho_{rc} + \rho_{rt}/2 \geq 0$ |
| | $v_8(\mathbf{x}): \rho_{rc} - \rho_{rt}/400 \geq 0$ |
| | $v_9(\mathbf{x}): \varepsilon_{rt\_0.003} - 0.006^* \geq 0$ |
| | $v_{10}(\mathbf{x}): -\Delta_{imme} + L/360 \geq 0$ |
| | $v_{11}(\mathbf{x}): -\Delta_{long} + L/240 \geq 0$ |

* 인장 설계존의 변형률 $\varepsilon_{ty}\left(\frac{f_y}{E_s} = \frac{600}{200000} = 0.003\right) + 0.003$; $\varepsilon_{ty}$ 철근의 항복 변형률, $f_y$ 철근의 항복 강도, $E_s$ 철근의 탄성계수

## 6.1.2 ACI 318-19에서의 유효 단면 2차 모멘트의 감소

표 6.1.2(a)는 ACI 318-14에서 규정한 유효 단면 2차 모멘트($I_e$)를 보여준다. 여기서 $M_{cr}$은 균열 모멘트이고 $M_a$는 서비스 모멘트이며 $I_{cr}$은 균열 단면의 단면 2차 모멘트이고 $I_g$는 균열이 발생하지 않고 철근이 무시된 전단면의 단면 2차 모멘트다. 보 단면의 사용성 조건 만족 여부를 검증하기 위해서는 서비스 수직하중에 의한 처짐($\Delta_{imme}$과 $\Delta_{long}$) 계산이 필요하다. 유효 단면 2차 모멘트($I_e$)는 이 같은 서비스 수직하중에 의한 처짐($\Delta_{imme}$ and $\Delta_{long}$) 계산에 이용된다. 철근 콘크리트 프레임 시공 시 후시공되는 프레임은 선시공된 인접 프레임 또는 프레임 일부에 의해 거동에 제약을 받아 구조물에 예상하지 못한 인장, 압축, 휨 응력 등을 발생시키거나, 균열을 일으켜 인접한 구조 요소의 강성을 저하시킬 수 있다

(Scanlon and Bischoff 2008 [23]). 예를 들어, 슬래브나 매트 기초와 같이 넓은 면적을 갖는 구조물은 부분적으로 시공될 수 있으며 미리 시공된 구조물은 추후 시공될 인접한 구조물의 거동을 제약할 수 있는 정도의 강도를 갖는다. 따라서 선시공된 구조물은 후시공되는 구조물의 건조수축, 팽창 등을 제약할 수 있으며 이에 따른 추가 응력과 균열을 발생시킬 수 있다. ACI 318-14 기준에서는 선시공된 인접 프레임이 후시공되는 프레임에 미치는 영향이 고려되지 않는다. 그러나 이를 고려한 ACI 318-19의 24.2.3.5 기준에 ACI 318-14 기준을 비교한다면 ACI 318-19에서 설계하는 철근량은 ACI 318-14보다 클 것이다. ACI 318-19 기준은 ACI 318-14 기준을 표 6.1.2(b)에서처럼 개정했다. ACI 318-19에서는 균열 모멘트 $M_{cr}$에 (2/3)를 곱해 유효 단면 2차 모멘트를 감소시켜 기존에 시공된 구조물에 의해 발생할 수 있는 거동 제약을 고려했다. 즉, 균열 모멘트 $M_{cr}$에 (2/3)를 곱해 유효 단면 2차 모멘트를 감소시켜 추후 시공될 인접한 구조물에 의해 발생할 수 있는 강성 저하와 인장강도 저하를 미리 고려했다. 인공신경망 기반의 Hong-Lagrange 알고리즘에서는 ACI 318-19 기준에서 업데이트된 표 6.1.2(b)의 유효 단면 2차 모멘트($I_e$)를 사용해, 인접 프레임의 강성 및 인장강도 저하를 고려하였다(ACI 207 위원회 보고서). 콘크리트의 강성 및 인장강도가 감소하면 서비스 하중에 의해 추가로 더 큰 균열과 처짐을 발생시킬 것이다. 그 결과 ACI 318-19에 의해 계산된 처짐은 ACI 318-14에 의해 계산된 처짐보다 크게 도출될 것이다.

표 6.1.2 ACI 318-14와 ACI 318-19에 기반한 유효 단면 2차 모멘트의 비교

표 6.1.1(b)

| **Service** 모멘트 | 유효단면 **2**차 모멘트, $I_e$, mm$^4$ |
|---|---|
| $M_a \le M_{cr}$ | $I_g$ |
| $M_a > M_{cr}$ | $I_e = \left(\frac{M_{cr}}{M_a}\right)^3 I_g + \left[1 - \left(\frac{M_{cr}}{M_a}\right)^3\right] I_{cr}$ |

표 6.1.1(b)

| **Service** 모멘트 | 유효단면 **2**차 모멘트, $I_e$, mm$^4$ |
|---|---|
| $M_a \le (2/3)M_{cr}$ | $I_g$ |
| $M_a > (2/3)M_{cr}$ | $\frac{I_{cr}}{1 - \left(\frac{(2/3)M_{cr}}{M_a}\right)^2 \left(1 - \frac{I_{cr}}{I_g}\right)}$ |

## 6.2 ACI 318-14와 ACI 318-19 코드에 의한 기존 설계 방식에 의한 설계 비교

ACI 318-14와 ACI 318-19 두 가지 설계 코드에 대해 구조역학 기반의 소프트웨어(Autobeam) 결과를 표 6.2.1에서 비교했다. 순방향 입력 파라미터에 대해 $\phi M_n$, $M_u$, $M_{cr}$, $\varepsilon_{rt\_0.003}$, $\varepsilon_{rc\_0.003}$, $\Delta_{imme}$,$\Delta_{long}$, $CI_b$를 계산했다. 구조역학 기반의 소프트웨어(Autobeam)의 입력 파라미터는 표 6.2.1의 1~9번에서 제시된 순방향 파라미터들이다. 입력 파라미터는 표 6.1.1(a)와 표 6.1.1(b)의 등 제약조건에서 설정된 파라미터들이다. ACI 318-14와 ACI 318-19 두 가지 설계 코드에 대해 표 6.2.1의 1~9번에서 제시된 순방향 파라미터를 구조역학 기반의 소프트웨어(Autobeam)에 대입해 10~17번에서 출력 파라미터를 구했다. $\phi M_n$, $M_u$, $M_{cr}$, $\varepsilon_{rt\_0.003}$, $\varepsilon_{rc\_0.003}$, $CI_b$에 대해서는 큰 차이가 없었지만 표 6.1.2에서처럼 유효 단면 2차 모멘트의 계산 과정이 ACI 318-19에서 개정되었기 때문에 단기 및 장기 처짐에 대해서는 두 코드에서 다소 차이를 보였다. 두 코드 사이에서 $\boldsymbol{\Delta_{imme}}$는 3.24% 차이가 발생했고 절대 변위는 ACI 318-14가 2.47mm, ACI 318-19는 2.39mm를 발생시켰다. $\boldsymbol{\Delta_{long}}$의 최대 차이는 -7.47%

발생했다. 절대변위는 ACI 318-14가 13.14mm를 발생시켜 ACI 318-19의 14.12mm보다 작은 변위를 발생시켰다. 이 예제에서는 ACI 318-19의 개정에 따른 단·장기 처짐에는 큰 변화가 없는 것으로 보인다.

표 6.2.1 ACI 318-14와 ACI 318-19에 기반한 철근 콘크리트 보의 기존 설계법에 의한 설계 비교

| Autobeam 기반의 기존 구조 설계 | | | | |
|---|---|---|---|---|
| No. | 설계 변수 | Autobeam | | 차이 |
| | | ACI 318-14 | ACI 318-19 | (%) |
| 1 | $L$ (mm) | 10000 | | - |
| 2 | $h$ (mm) | 1200 | | - |
| 3 | $b$ (mm) | 400 | | - |
| 4 | $f_y$ (MPa) | 600 | | - |
| 5 | $f_c'$ (MPa) | 30 | | - |
| 6 | $\rho_{rt}$ | 0.01 | | - |
| 7 | $\rho_{rc}$ | 0.001 | | - |
| 8 | $M_D$ (kN·m) | 1000 | | - |
| 9 | $M_L$ (kN·m) | 500 | | - |
| 10 | $\phi M_n$ (kN·m) | 2521.16 | 2521.16 | 0.00% |
| 11 | $M_u$ (kN·m) | 2000 | 2000 | 0.00% |
| 12 | $M_{cr}$ (kN·m) | 413.38 | 413.38 | 0.00% |
| 13 | $\varepsilon_{rt\_0.003}$ | 0.0078 | 0.0078 | 0.00% |
| 14 | $\varepsilon_{rc\_0.003}$ | 0.0026 | 0.0026 | 0.00% |
| 15 | $\Delta_{imme}$ (mm) | **2.47** | **2.39** | 3.24% |
| 16 | $\Delta_{long}$ (mm) | **13.14** | **14.12** | -7.47% |
| 17 | $CI_b$ (KRW/m) | 98,649 | 98,649 | 0.00% |

주:

- 순방향 입력 파라미터: No. 1 ~ 9
- 순방향 출력 파라미터: No. 10 ~ 17

## 6.3 ACI 318-14와 ACI 318-19 코드에 의한 인공신경망 기반의 최적설계 비교

표 6.3.1에서는 ACI 318-14와 ACI 318-19 두 가지 설계 코드에 대해 순방향 Hong-Lagrange 알고리즘 기반으로 $CI_b$를 최적화해 그 결과를 비교했다. 최적화된 $CI_b$는 ACI 318-14와 ACI 318-19에 대해 각각 81,500KRW/m과 81,700KRW/m을 도출해 -0.25% 차이만을 발생시켰다. $CI_b$의 최적화 시 ACI 318-19 코드는 단기 변위 ($\boldsymbol{\Delta}_{\boldsymbol{imme}}$) 3.25mm, 장기 변위 ($\boldsymbol{\Delta}_{\boldsymbol{long}}$) 20.5mm를 도출해 ACI 318-14 코드가 도출한 단기 변위 3.5mm, 장기 변위 21mm보다 작은 변위를 도출했다. 따라서 $CI_b$의 최적화 시 ACI 318-19가 단기, 장기 변위에 대해 ACI 318-14보다 모두 작게 평가하고 있음을 알 수 있다. ACI 318-19는 ACI 318-14에 비교해서 다소 큰 보 춤 $h$와 보 폭 $b$를 도출했기 때문이다. 철근 인장변형률 차이는 -16.39%로 도출되었지만 변형률 특성상 절대값은 ACI 318-14와 ACI 318-19에 대해 각각 0.0061, 0.0071로 매우 작은 오차를 보였다. 순방향 Hong-Lagrange 알고리즘 기반의 라그랑주 방법으로 ACI 318-14와 ACI 318-19에 기반한 구조적 측면뿐만 아니라 구조물의 코스트 측면에 미치는 영향까지 살펴볼 수 있었다. 따라서 Hong-Lagrange 알고리즘을 통해 코드 개정자가 코드 개정 전에, 새로운 코드가 프레임의 구조적 거동과 경제성에 미치는 영향을 미리 알 수 있도록 도와줄 것으로 기대된다.

표 6.3.1 순방향 Hong-Lagrange 알고리즘 기반의 보 코스트 $CI_b$ 최적화 비교 (ACI 318-14 vs. ACI 318-19)

| 순방향 인공신경망 기반의 보 코스트 $CI_b$ 최적화 | | | | |
|---|---|---|---|---|
| **No.** | 파라미터 | 인공신경망 **(PTM)** | | 차이 |
| | | **ACI 318-14** | **ACI 318-19** | **(%)** |
| 1 | $L$ (mm) | 10000 | 10000 | 0.00% |
| 2 | $h$ (mm) | **1110** | **1140** | -2.70% |
| 3 | $b$ (mm) | **330** | **340** | -3.03% |
| 4 | $f_y$ (MPa) | 600 | 600 | 0.00% |
| 5 | $f'_c$ (MPa) | 30 | 30 | 0.00% |
| 6 | $\rho_{rt}$ | **0.011** | **0.0105** | 4.55% |
| 7 | $\rho_{rc}$ | **0.0008** | **0.0008** | 0.00% |
| 8 | $M_D$ (kN·m) | 1000 | 1000 | 0.00% |
| 9 | $M_L$ (kN·m) | 500 | 500 | 0.00% |
| 10 | $\phi M_n$ (kN·m) | 2000 | 2000 | 0.00% |
| 11 | $M_u$ (kN·m) | 2000 | 2000 | 0.00% |
| 12 | $M_{cr}$ (kN·m) | 300 | 320 | -6.67% |
| 13 | $\varepsilon_{rt\_0.003}$ | 0.0061 | 0.0071 | -16.39% |
| 14 | $\varepsilon_{rc\_0.003}$ | 0.0026 | 0.00257 | 1.15% |
| 15 | $\Delta_{imme}$ (mm) | **3.5** | **3.25** | 7.14% |
| 16 | $\Delta_{long}$ (mm) | **21** | **20.5** | 2.38% |
| 17 | $CI_b$ (KRW/m) | 81,500 | 81,700 | -0.25% |

주:

- 순방향 입력 파라미터: No. 1 ~ 9
- 순방향 출력 파라미터: No. 10 ~ 17

Chapter 07

# 최적설계의 효용성 고찰

## 7.1 인공신경망 기반 목적함수의 유도

(1) 인공신경망 기반의 목적함수인 코스트($CI_b$)를 아홉 개의 입력 파라미터($L$, $h$, $b$, $f_y$, $f_c'$, $\rho_{rt}$, $\rho_{rc}$, $M_D$, $M_L$)의 함수로 유도했고 수학식 기반의 목적함수를 대체했다. 입력 파라미터를 출력 파라미터에 매핑함으로써 인공신경망 유도를 위한 가중변수 및 편향변수 매트릭스를 도출했고 이 매트릭스들을 이용해 인공신경망 기반의 목적함수를 유도했다. 최종적으로 등 제약조건과 부등, 제약조건으로 통제되는 라그랑주 함수를 최소화했다.

(2) 수학식 기반에서 아홉 개의 입력 파라미터 함수($L$, $h$, $b$, $f_y$, $f_c'$, $\rho_{rt}$, $\rho_{rc}$, $M_D$, $M_L$)로 철근 콘크리트보의 목적함수 코스트($CI_b$)를 유도하는 것은 간단하지 않은 작업이다. 따라서 전통적인 라그랑주 방법으로 철근 콘크리트 보의 최적설계를 수행하는 것이 쉽지 않을 수 있다.

(3) 코스트($CI_b$)는 철근 콘크리트 보를 포함한 모든 구조설계의 중요한 설계 목표다. 이 저서에서는 인공신경망에 기반해 철근 콘크리트 보의 목적함수 코스트($CI_b$)를 유도했고 철근 콘크리트 보의 최적설계를 여섯 개의 등 제약조건과 열 한 개의 부등 제약조건을 부과해 수행했다.

## 7.2 복철근 콘크리트 보의 코스트(재료 및 제작) 최적화를 위한 Hong-Lagrange 알고리즘에 기반한 설계 차트 개발

(1) 그림 5.1.1에 철근 콘크리트 보의 코스트를 최적화( $CI_b$ )하는 설계 차트를 Hong-Lagrange 알고리즘 기반으로 개발했다. 아홉 개의 입력 파라미터($L$, $h$, $b$, $f_y$, $f_c^{'}$, $\rho_{rt}$, $\rho_{rc}$, $M_D$, $M_L$)에 대해 여덟 개의 출력 파라미터($\phi M_n$, $M_u$, $M_{cr}$, $\varepsilon_{rt\_0.003}$, $\varepsilon_{rc\_0.003}$, $\Delta_{imme}$, $\Delta_{long}$, $CI_b$)를 도출할 수 있도록 작성되었다. 입·출력 파라미터는 표 2.1.1에 정리되어 있다.

(2) 보 형상, 철근량 처짐 등의 설계 파라미터 도출 순서는 사용자가 임의로 정할 수 있다. 목적함수인 설계 목표 코스트의 최적화 과정은, 설계 조건 및 설계기준에 의해 결정되는 등 제약함수와 부등 제약함수의 통제를 받는다.

(3) 학습 과정에서 도출된 가중변수 및 편향변수 매트릭스를 이용해 목적함수 등 다양한 함수를 인공신경망 기반에서 유도한다. 이 함수들을 사용해 라그랑주 함수를 유도하고 라그랑주의 제이코비(Jacobi) 또는 라그랑주 함수의 1차 미분식이 0이 되는 해(stationary 포인트)를 구한다. 그 과정에서 뉴턴-랩슨 반복연산을 적용하기 위해 라그랑주 함수의 제이코비를 선형식으로 전환해야 하는데 이때 라그랑주의 제이코비뿐만 아니라 제이코비를 한번 더 미분한 헤시안(Hessian) 매트릭스를 도출해야 한다.

(4) 사용자에 의해 지정된 어떤 목적함수라도 설계 목표로 지정되어 최적화할 수 있도록 설계 차트를 작성할 수 있으며, 설계 차트에는 설계조건 및 설계 기준에 의해 설정되는 어떤 조건이라도 등 제약 함수와 부등 제약함수로 설정되어 인공신경망에 이식된다.

## 7.3 목적함수 검증

(1) 그림 5.1.1에 Hong-Lagrange 알고리즘 기반으로 개발된 설계 차트를 이용해 철근 콘크리트보의 코스트를 최적화($CI_b$)하는 설계 파라미터들을 도출하는 과정을 기술했다. 안전율, 경제성 등이 최적화되면서 이제 구조물의 코스트를 최소화할 수 있는 방법이 가능해졌고 빅데이터에 의해 검증되었다.

(2) Hong-Lagrange 알고리즘 기반의 최적화 과정에서 도출된 설계 파라미터를 구조설계 기반의 소프트웨어에 의해 표 5.3.1에서 검증했다. 철근 콘크리트 보의 Hong-Lagrange 알고

리즘 기반의 설계오차는 작았고 실제 설계에 적용될 수 있는 설계 차트로 입증되었다.

(3) 이산화탄소 발생량($CO_2$ emissions), 구조물의 중량(W)과 같은 어떤 설계 목표라도 목적함수로 설정해 최적화할 수 있는 설계 차트를 Hong-Lagrange 알고리즘 기반으로 작성할 수 있다. 특히 이산화탄소 발생량을 구조물 설계 시 최소화할 수 있다면 탄소 중립 등 기후문제를 완화시킬 중요한 계기가 될 수 있을 것이다. 이 저서에 제시된 인공신경망 기반의 최적 설계방법을 다양한 구조물의 최적화 문제에도 적용할 수 있을 것이다. 특히 기둥, 슬래브, 벽체, 프리스트레스 구조물을 최적화하는 것은 매우 복잡한 문제이지만 Hong-Lagrange 알고리즘 기반에서는 최적화 설계를 쉽고 정확하게 수행할 수 있을 것이다. 전통적인 구조설계 방법으로 이 같은 구조물의 최적화는 쉽지 않을 것이다.

(4) ACI 318-19와 ACI 318-14를 적용하였을 경우의 코스트가 최소된 최적설계 결과[6]를 비교하여 보도록 하자. ACI 318-19[4] 기반으로 도출된 보 깊이 1140mm는 ACI 318-14[21] 기반으로 도출된 보 깊이 1110mm [6]보다 다소 크게 도출되어, 인장철근량이 ACI 318-14[21] 기반으로 도출된 철근비 (0.011) 다소 작게 0.0105로 설계 되었다. 반면에 인장변형률은 ACI 318-19[4] 기반으로 다소 큰 0.0071로 도출 되었다. 6장에 기술되었듯이 ACI 318-19[4] 기반의 보설계는 인장지역 설계에 사용되는 강도감소계수 ($\phi$)가 ACI 318-14[21]에 비해서 다소 과소평가되므로, 이를 상쇄하기 위해서 다소 큰 보 깊이 (1140mm)가 설계되는 것이 눈에 띄는 차이점이라 할 수 있다. 인공신경망을 ACI 318-19[4]와 ACI 318-14[21] 기반의 철근 배근(3.5절 참조) 원칙에 의해 학습하여 그림 5.2.1과 같이 철근을 배근하였다.

## 7.4. 예제를 통한 Hong-Lagrange 알고리즘의 검증

그림 7.4.1의 양단고정 보 최적설계를 통해서 Hong-Lagrange 알고리즘을 검증하여 보고, 양단고정 보의 최적설계 특징을 알아 보도록 하자. 그림 7.4.1에 등분포 하중($Mu$ of 2000 kN·m)이 작용하고 있고, 이때 인공유전자로 이식되는 부등 제약조건에 따라서 변하는 보 단면의 크기와 압축 및 인장 철근비를 설계 하고자 한다. 철근에 작용하고 있는 압축 및 인장 변형률도 계산 하기로 하자. 이때 계산된 설계 파라미터들은 보의 코스트, 이산화탄소 배출량, 보의 중량을 개별적 또는 동시에 최소화하도록 결정될 것이다.

표 7.4.1에서 보듯이, 다섯 개의 예제는 인공유전자로 이식되는 부등 제약조건의 붉은색 부분에 표시 되었듯이 각각 다른 조건에 대해 설계 되었다. 예제 1은 $v_3(\mathbf{x}): h - 600 \geq 0$, $v_4(\mathbf{x}): -h + 800 \geq 0$, 예제 2는 $v_3(\mathbf{x}): h - 600 \geq 0$, $v_4(\mathbf{x}): -h + 1200 \geq 0$에 대해 설계 되었다. 예제 3, 4, 5는 $v_6(\mathbf{x}): -b + 0.8h \geq 0$ 일때 각각 $v_5(\mathbf{x}): b - 0.4h \geq 0$, $v_5(\mathbf{x}): b - 0.3h \geq 0$, $v_5(\mathbf{x}): b - 0.2h \geq 0$ 에 대해 설계 되었다. 즉 보폭은 보 깊이의 40%, 30, 20% 일때 각각 설계 되었다.

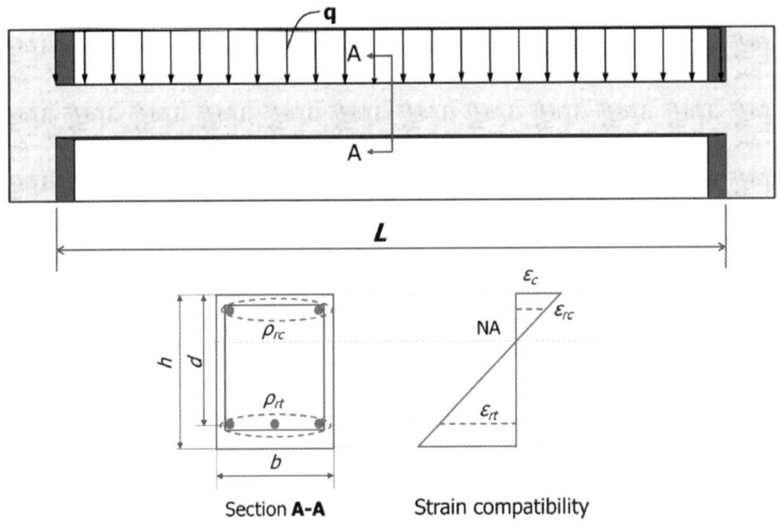


그림 7.4.1 $Mu$ of 2000 kN·m이 작용하고 있는 양단고정 보의 최적설계

표 7.4.1 등제약 및 부등제약 조건으로 주어진 설계조건

(a) 예제 1

| EQUALITY CONSTRAINTS | INEQUALITY CONSTRAINTS |
| --- | --- |
| $c_1(\mathbf{x}): L = 10000$ mm | $v_1(\mathbf{x}): \phi M_n - M_u \geq 0$ |
| $c_2(\mathbf{x}): f_c' = 30$ MPa | $v_2(\mathbf{x}): \phi M_n - 1.2M_{cr} \geq 0$ |
| $c_3(\mathbf{x}): f_y = 600$ MPa | $v_3(\mathbf{x}): h - 600 \geq 0$ |
| $c_4(\mathbf{x}): M_D = 1000$ kN · m | $v_4(\mathbf{x}): -h + 800 \geq 0$ |
| $c_5(\mathbf{x}): M_L = 500$ kN · m | $v_5(\mathbf{x}): b - 0.3h \geq 0$ |
| $c_6(\mathbf{x}): M_u = 1.2M_D + 1.6M_L$ <br> $= 2000$ kN · m | $v_6(\mathbf{x}): -b + 0.8h \geq 0$ |
| | $v_7(\mathbf{x}): -\rho_{rc} + \rho_{rt}/2 \geq 0$ |
| | $v_8(\mathbf{x}): \rho_{rc} - \rho_{rt}/400 \geq 0$ |
| | $v_9(\mathbf{x}): \varepsilon_{rt\_0.003} - 0.006^* \geq 0$ |
| | $v_{10}(\mathbf{x}): -\Delta_{imme} + L/360 \geq 0$ |
| | $v_{11}(\mathbf{x}): -\Delta_{long} + L/240 \geq 0$ |

* ACI 318-19 최소 인장 철근 $\varepsilon_{ty}\left(\frac{f_y}{E_s} = \frac{600}{200000} = 0.003\right) + 0.003$; $\varepsilon_{ty}$ 철근의 인장 변형률, $f_y$ 철근의 항복 강도, $E_s$ 철근의 탄성계수

(b) 예제 2

| EQUALITY CONSTRAINTS | INEQUALITY CONSTRAINTS |
| --- | --- |
| $c_1(\mathbf{x}): L = 10000$ mm | $v_1(\mathbf{x}): \phi M_n - M_u \geq 0$ |
| $c_2(\mathbf{x}): f_c' = 30$ MPa | $v_2(\mathbf{x}): \phi M_n - 1.2M_{cr} \geq 0$ |
| $c_3(\mathbf{x}): f_y = 600$ MPa | $v_3(\mathbf{x}): h - 600 \geq 0$ |
| $c_4(\mathbf{x}): M_D = 1000$ kN · m | $v_4(\mathbf{x}): -h + 1200 \geq 0$ |
| $c_5(\mathbf{x}): M_L = 500$ kN · m | $v_5(\mathbf{x}): b - 0.3h \geq 0$ |
| $c_6(\mathbf{x}): M_u = 1.2M_D + 1.6M_L$ <br> $= 2000$ kN · m | $v_6(\mathbf{x}): -b + 0.8h \geq 0$ |
| | $v_7(\mathbf{x}): -\rho_{rc} + \rho_{rt}/2 \geq 0$ |
| | $v_8(\mathbf{x}): \rho_{rc} - \rho_{rt}/400 \geq 0$ |
| | $v_9(\mathbf{x}): \varepsilon_{rt\_0.003} - 0.006^* \geq 0$ |
| | $v_{10}(\mathbf{x}): -\Delta_{imme} + L/360 \geq 0$ |
| | $v_{11}(\mathbf{x}): -\Delta_{long} + L/240 \geq 0$ |

* ACI 318-19 최소 인장 철근 $\varepsilon_{ty}\left(\frac{f_y}{E_s} = \frac{600}{200000} = 0.003\right) + 0.003$; $\varepsilon_{ty}$ 철근의 인장 변형률, $f_y$ 철근의 항복 강도, $E_s$ 철근의 탄성계수

(c) 예제 3

| EQUALITY CONSTRAINTS | INEQUALITY CONSTRAINTS |
|---|---|
| $c_1(\mathbf{x}): L = 10000$ mm | $v_1(\mathbf{x}): \phi M_n - M_u \geq 0$ |
| $c_2(\mathbf{x}): f_c' = 30$ MPa | $v_2(\mathbf{x}): \phi M_n - 1.2M_{cr} \geq 0$ |
| $c_3(\mathbf{x}): f_y = 600$ MPa | $v_3(\mathbf{x}): h - 500 \geq 0$ |
| $c_4(\mathbf{x}): M_D = 1000\ \text{kN} \cdot \text{m}$ | $v_4(\mathbf{x}): -h + 1200 \geq 0$ |
| $c_5(\mathbf{x}): M_L = 500\ \text{kN} \cdot \text{m}$ | $v_5(\mathbf{x}): b - 0.4h \geq 0$ |
| $c_6(\mathbf{x}): M_u = 1.2M_D + 1.6M_L = 2000\ \text{kN} \cdot \text{m}$ | $v_6(\mathbf{x}): -b + 0.8h \geq 0$ |
| | $v_7(\mathbf{x}): -\rho_{rc} + \rho_{rt}/2 \geq 0$ |
| | $v_8(\mathbf{x}): \rho_{rc} - \rho_{rt}/400 \geq 0$ |
| | $v_9(\mathbf{x}): \varepsilon_{rt\_0.003} - 0.006^* \geq 0$ |
| | $v_{10}(\mathbf{x}): -\Delta_{imme} + L/360 \geq 0$ |
| | $v_{11}(\mathbf{x}): -\Delta_{long} + L/240 \geq 0$ |

* ACI 318-19 최소 인장 철근 $\varepsilon_{ty}\left(\frac{f_y}{E_s} = \frac{600}{200000} = 0.003\right) + 0.003$; $\varepsilon_{ty}$ 철근의 인장 변형률, $f_y$ 철근의 항복 강도, $E_s$ 철근의 탄성계수

(d) 예제 4

| EQUALITY CONSTRAINTS | INEQUALITY CONSTRAINTS |
|---|---|
| $c_1(\mathbf{x}): L = 10000$ mm | $v_1(\mathbf{x}): \phi M_n - M_u \geq 0$ |
| $c_2(\mathbf{x}): f_c' = 30$ MPa | $v_2(\mathbf{x}): \phi M_n - 1.2M_{cr} \geq 0$ |
| $c_3(\mathbf{x}): f_y = 600$ MPa | $v_3(\mathbf{x}): h - 500 \geq 0$ |
| $c_4(\mathbf{x}): M_D = 1000\ \text{kN} \cdot \text{m}$ | $v_4(\mathbf{x}): -h + 1200 \geq 0$ |
| $c_5(\mathbf{x}): M_L = 500\ \text{kN} \cdot \text{m}$ | $v_5(\mathbf{x}): b - 0.3h \geq 0$ |
| $c_6(\mathbf{x}): M_u = 1.2M_D + 1.6M_L = 2000\ \text{kN} \cdot \text{m}$ | $v_6(\mathbf{x}): -b + 0.8h \geq 0$ |
| | $v_7(\mathbf{x}): -\rho_{rc} + \rho_{rt}/2 \geq 0$ |
| | $v_8(\mathbf{x}): \rho_{rc} - \rho_{rt}/400 \geq 0$ |
| | $v_9(\mathbf{x}): \varepsilon_{rt\_0.003} - 0.006^* \geq 0$ |
| | $v_{10}(\mathbf{x}): -\Delta_{imme} + L/360 \geq 0$ |
| | $v_{11}(\mathbf{x}): -\Delta_{long} + L/240 \geq 0$ |

* ACI 318-19 최소 인장 철근 $\varepsilon_{ty}\left(\frac{f_y}{E_s} = \frac{600}{200000} = 0.003\right) + 0.003$; $\varepsilon_{ty}$ 철근의 인장 변형률, $f_y$ 철근의 항복 강도, $E_s$ 철근의 탄성계수

(e) 예제 5

| 등 제약 조건 | 부등제약 조건 |
|---|---|
| $c_1(\mathbf{x}): L = 10000\text{ mm}$ | $v_1(\mathbf{x}): \phi M_n - M_u \geq 0$ |
| $c_2(\mathbf{x}): f_c' = 30\text{ MPa}$ | $v_2(\mathbf{x}): \phi M_n - 1.2M_{cr} \geq 0$ |
| $c_3(\mathbf{x}): f_y = 600\text{ MPa}$ | $v_3(\mathbf{x}): h - 500 \geq 0$ |
| $c_4(\mathbf{x}): M_D = 1000\text{ kN}\cdot\text{m}$ | $v_4(\mathbf{x}): -h + 1200 \geq 0$ |
| $c_5(\mathbf{x}): M_L = 500\text{ kN}\cdot\text{m}$ | $v_5(\mathbf{x}): b - 0.2h \geq 0$ |
| $c_6(\mathbf{x}): M_u = 1.2M_D + 1.6M_L = 2000\text{ kN}\cdot\text{m}$ | $v_6(\mathbf{x}): -b + 0.8h \geq 0$ |
| | $v_7(\mathbf{x}): -\rho_{rc} + \rho_{rt}/2 \geq 0$ |
| | $v_8(\mathbf{x}): \rho_{rc} - \rho_{rt}/400 \geq 0$ |
| | $v_9(\mathbf{x}): \varepsilon_{rt\_0.003} - 0.006^* \geq 0$ |
| | $v_{10}(\mathbf{x}): -\Delta_{imme} + L/360 \geq 0$ |
| | $v_{11}(\mathbf{x}): -\Delta_{long} + L/240 \geq 0$ |

* ACI 318-19 최소 인장철근 $\varepsilon_{ty}\left(\frac{f_y}{E_s} = \frac{600}{200000} = 0.003\right) + 0.003$; $\varepsilon_{ty}$ 철근의 인장변형률, $f_y$ 철근의 항복강도, $E_s$ 철근의 탄성계수

## 7.4.1 보 깊이가 콘크리트 보의 최적화에 미치는 영향

### 7.4.1.1 부등제약 조건 설정의 중요성 (예제1: $800 \geq h \geq 600$)

표 7.4.1(a), (b)에서는 각각 $v_3(\mathbf{x}): h - 600 \geq 0$와 $v_4(\mathbf{x}): -h + 800 \geq 0$, $v_4(\mathbf{x}): -h + 1200 \geq 0$에 기반하여 콘크리트 보의 단면은 $800 \geq h \geq 600$ 및 $1200 \geq h \geq 600$에서 코스트 최적설계를 지배 하도록 인공 유전자를 이식하였다. 예제 1을 통해서 보 깊이가 콘크리트 보의 코스트, 이산화탄소 배출량,중량 최적화에 미치는 영향을 알아보자. 인공신경망 기반의 Hong-Lagrange 알고리즘으로 작성된 소프트웨어인 ABBA(Auto-design-Based Building Applications)-RC을 사용하여 이 예제를 최적화 설계를 수행 하였으며, 곧 ABBA-RC는 출시될 예정이다.

세가지 설계 타깃 모두에 대해서 보 깊이($h$)가 800mm로 도출될 때 콘크리트 보의 콘크리트보의 코스트, 이산화탄소 배출량, 중량은 모두 같은 점인 112,220(KRW/m), 0.2494$t$-$CO_2$ /m, 8.729kN/m으로 수렴 하였으며 [그림 7.4.2(a-1), (b-1), (c-1) 참조] 그림 7.4.2(a-2), (b-

2), (c-2)에는 동일하게 도출된 콘크리트 보 단면과 철근배근이 도시되었다. 예제 1의 경우에는 부등제약 조건이 너무 좁게 부과($800 \geq h \geq 600$) 되어서 세 종류의 설계 타깃에 대한 최적화가 적절하게 수행되지 못했음을 알 수 있다. 그림7.4.2(d)에서 보듯이 세 종류의 설계 타깃이 동시에 최적화될 때(Perato 프런티어) 한 개의 포인트에서 코스트, 이산화탄소 배출량, 중량이 동시에 수렴되었음을 알 수 있다.

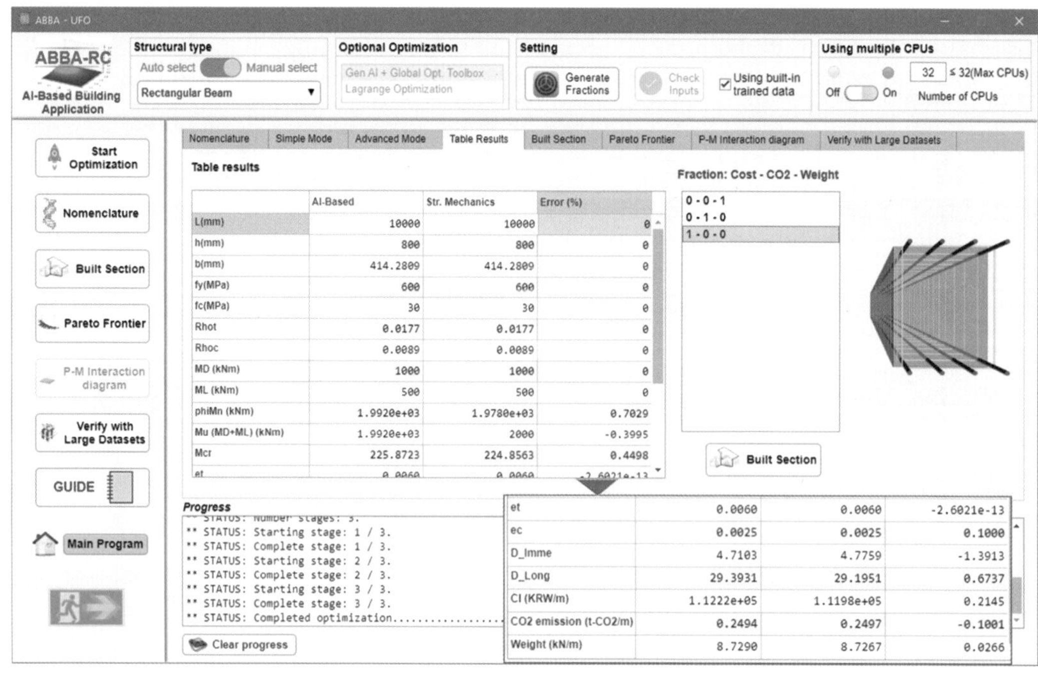


(a-1) 인공신경망 기반으로 구해진 결과와 구조설계식과 비교된 오차

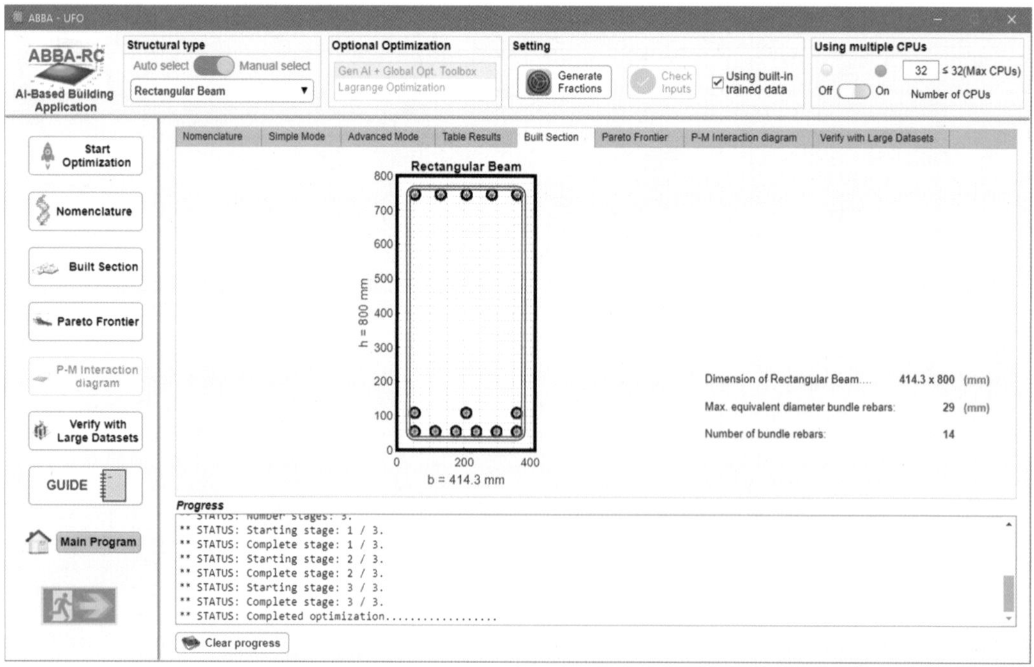


(a-2) 인공신경망 기반으로 구해진 철근콘크리트 보의 단면

(a) 코스트의 최소화; 코스트:이산화탄소 배출량:중량=(1:0:0)

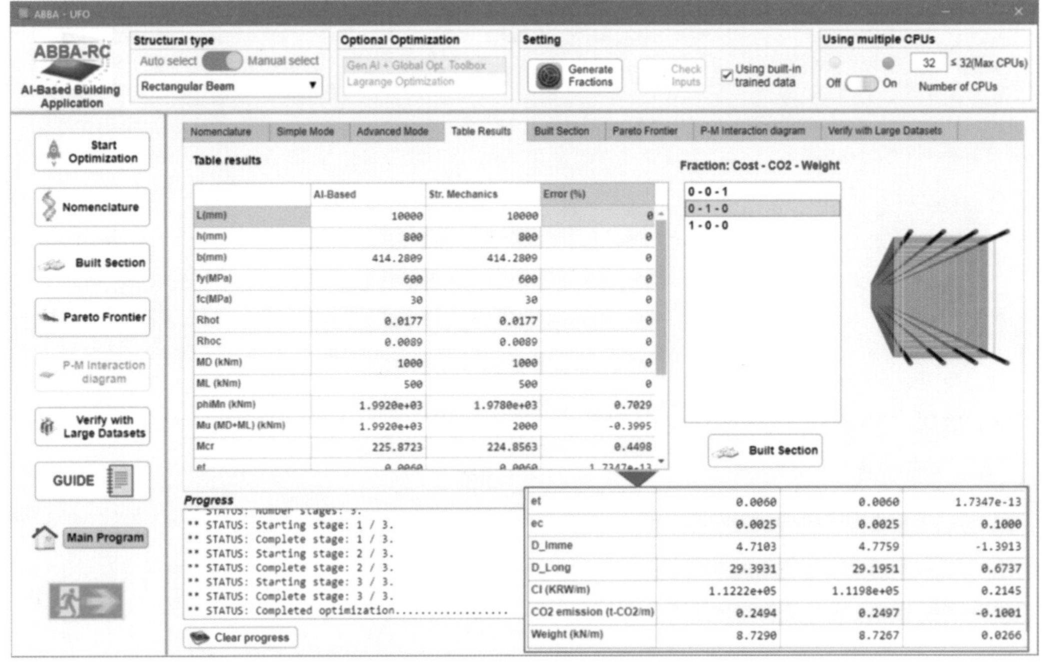

(b-1) 인공신경망 기반으로 구해진 결과와 구조설계식과 비교된 오차

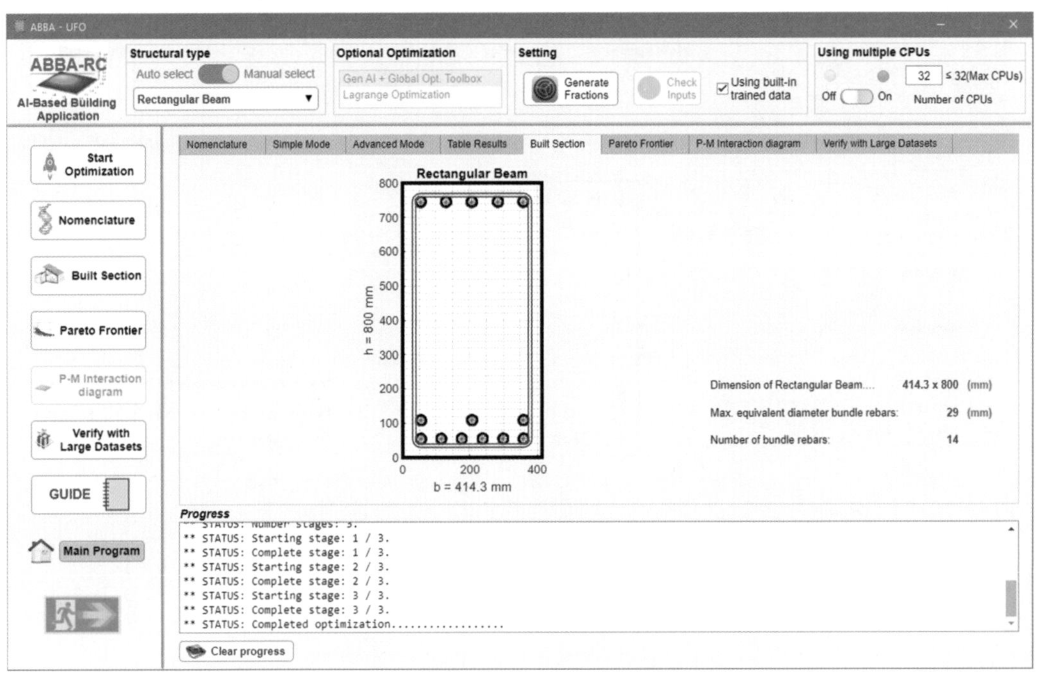

(b-2) 인공신경망 기반으로 구해진 철근콘크리트 보의 단면

(b) 이산화탄소 배출량의 최소화; 코스트:이산화탄소 배출량:중량=(0:1:0)

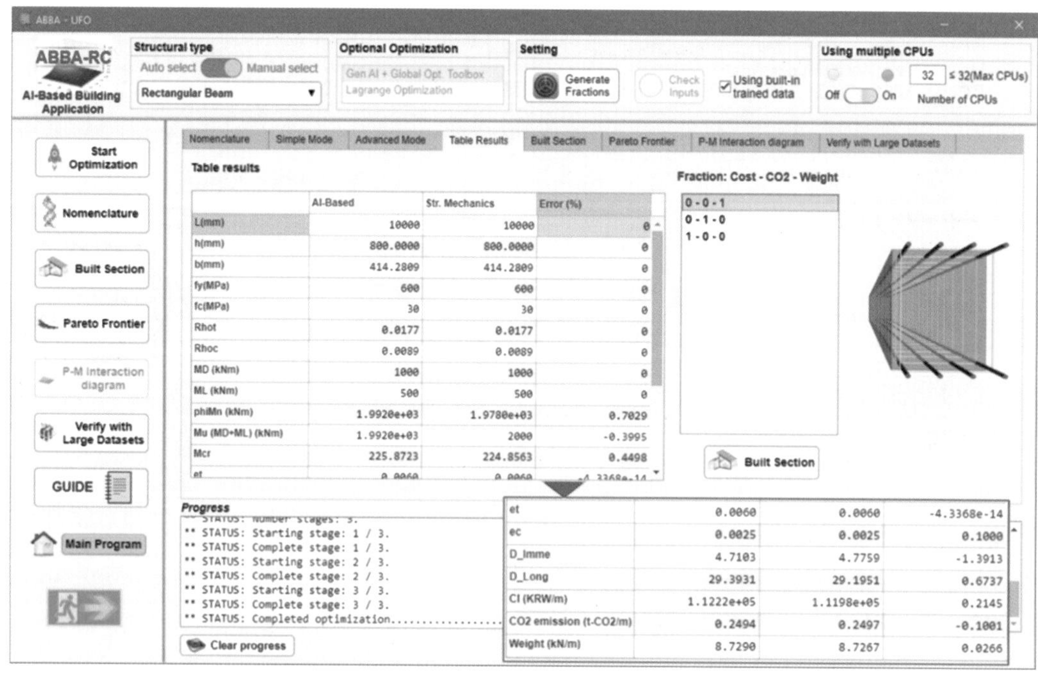


| | AI-Based | Str. Mechanics | Error (%) |
|---|---|---|---|
| L(mm) | 10000 | 10000 | 0 |
| h(mm) | 800.0000 | 800.0000 | 0 |
| b(mm) | 414.2809 | 414.2809 | 0 |
| fy(MPa) | 600 | 600 | 0 |
| fc(MPa) | 30 | 30 | 0 |
| Rhot | 0.0177 | 0.0177 | 0 |
| Rhoc | 0.0089 | 0.0089 | 0 |
| MD (kNm) | 1000 | 1000 | 0 |
| ML (kNm) | 500 | 500 | 0 |
| phiMn (kNm) | 1.9920e+03 | 1.9780e+03 | 0.7029 |
| Mu (MD+ML) (kNm) | 1.9920e+03 | 2000 | -0.3995 |
| Mcr | 225.8723 | 224.8563 | 0.4498 |
| et | 0.0060 | 0.0060 | -4.3368e-14 |
| ec | 0.0025 | 0.0025 | 0.1000 |
| D_Imme | 4.7103 | 4.7759 | -1.3913 |
| D_Long | 29.3931 | 29.1951 | 0.6737 |
| CI (KRW/m) | 1.1222e+05 | 1.1198e+05 | 0.2145 |
| CO2 emission (t-CO2/m) | 0.2494 | 0.2497 | -0.1001 |
| Weight (kN/m) | 8.7290 | 8.7267 | 0.0266 |

(c-1) 인공신경망 기반으로 구해진 결과와 구조설계식과 비교된 오차

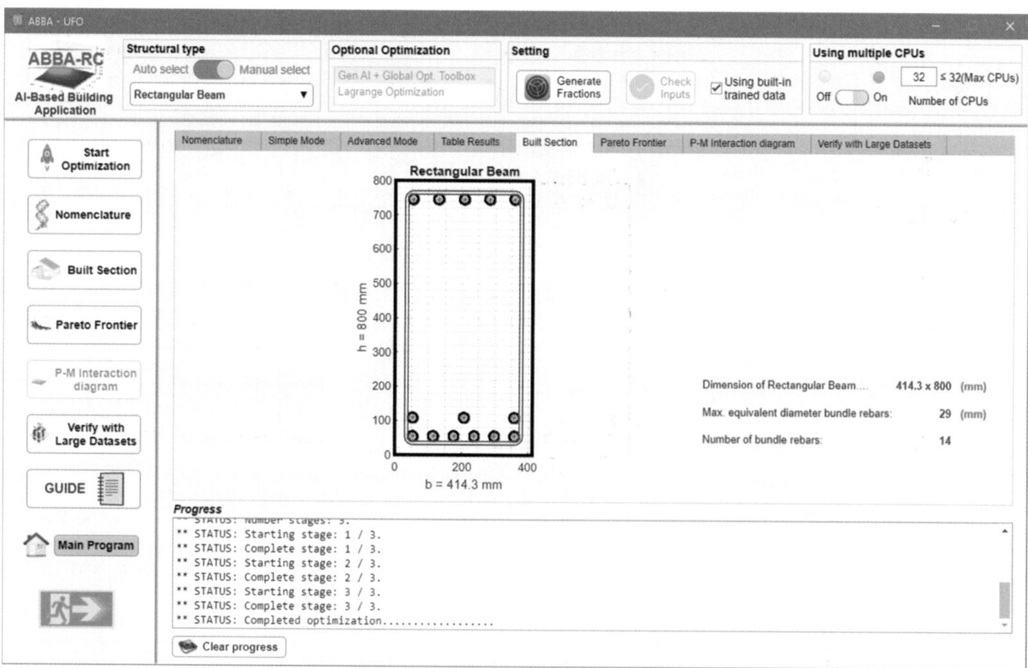


(c-2) 인공신경망 기반으로 구해진 철근콘크리트 보의 단면

(c) 중량의 최소화; 코스트:이산화탄소 배출량:중량=(0:0:1)

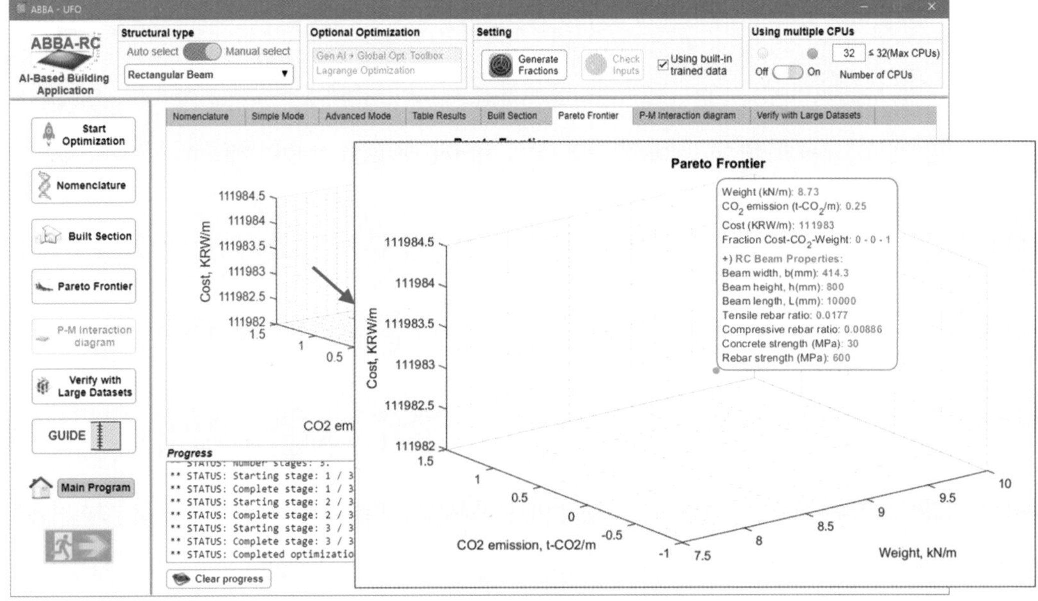


(d-1) 3D Perato 프런티어

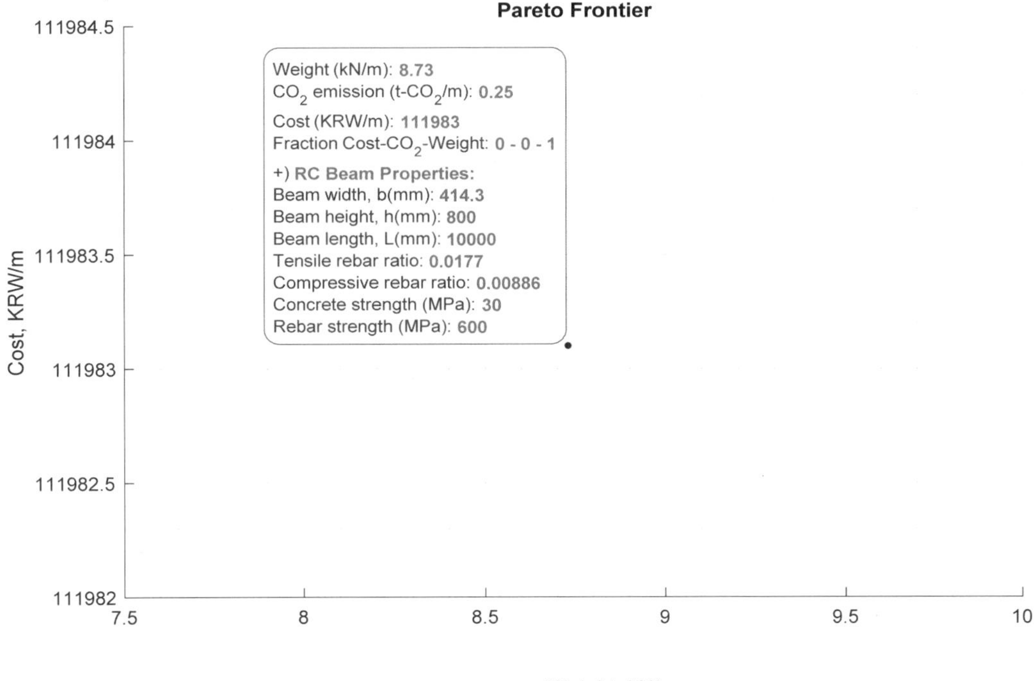


(d-2) 2D Perato 프런티어; 코스트 vs. 중량

(d) Perato 프런티어; 코스트 vs. 이산화탄소 배출량 vs. 중량

그림 7.4.2 ABBA-RC를 활용한 설계타깃의 최적설계 결과 (예제1)

### 7.4.1.2 적절하게 설정된 부등제약 조건(예제2: $\mathbf{1200} \geq \boldsymbol{h} \geq \mathbf{600}$)

(1) 코스트의 최소화

예제 2의 경우, 부등제약 조건을 충분하게 넓혀서($1200 \geq h \geq 600$) 세종류의 설계 타깃중 코스트 최적화가 적절하게 수행되었는지를 살펴보기로 하자. 예제 2의 경우 코스트는 80,679(KRW/m) 예제 1의 경우보다 작게 도출되었다. 예제 1에서 보듯이, 콘크리트 보의 단면을 표 7.4.1(a)의 $800 \geq h \geq 600$로 제약한다면, 콘크리트 보의 코스트 $\boldsymbol{CI_b}$는 112,220 (KRW/m)로 도출되었고, 80,679(KRW/m)로 최적화 될 수 없었을 것이다. 따라서 부등 제약 조건(inequality constraints)의 설정은 라그랑주 함수의 최적화에 영향을 끼치는 매우 중요한 사항이다. 표 7.4.1(a), (b)에서는 각각 $v_3(\mathbf{x}): h - 600 \geq 0$와 $v_4(\mathbf{x}): -h + 800 \geq 0$, $v_4(\mathbf{x}): -h + 1200 \geq 0$에 기반하여 콘크리트 보의 단면은 $800 \geq h \geq 600$ 및 $1200 \geq h \geq 600$에서 코스트 최적설계를 지배 하도록 인공 유전자를 이식하였다. 예제 2를 통해서 보 깊이가 콘크리트 보의 코스트 최적화에 미치는 영향을 알아보자. 그림 7.4.3(a-1)에서 보듯이 보 깊이($d$)가 1160.5mm, 보폭은 348.2mm로 도출될 때 콘크리트 보의 코스트는 그림 7.4.3(a-1)에서 보듯이 80,679(KRW/m)로 최적화었고, 구조설계로 도출한 80,575(KRW/m)와 비교해서 0.128% 차이만을 보이고 있다. 그림 7.4.3(a-2)에는 도출된 콘크리트 보 단면이 도시 되었다.

(2) 이산화탄소 배출량의 최소화

예제 2의 경우, 부등제약 조건을 충분하게 넓혀서 ($1200 \geq h \geq 600$) 세종류의 설계 타깃 중 이산화탄소 배출량 최적화가 적절하게 수행되었는지를 살펴보기로 하자. 예제 2의 경우 이산화탄소 배출량은 0.1745$t$-$CO_2$/m로써 예제 1의 경우보다 작게 도출되었다. 예제 1에서 보듯이, 콘크리트 보의 단면을 표 7.4.1(a)의 $800 \geq h \geq 600$로 제약 한다면, 콘크리트 보의 이산화탄소 배출량은 0.2494$t$-$CO_2$/m로 도출되었고, 0.1745$t$-$CO_2$/m로 최적화 될 수 없었다. 따라서, 부등제약 조건(inequality constraints)의 설정은 라그랑주 함수의 최적화에 영향을 끼치는 매우 중요한 사항이다.

표 7.4.1(a), (b)에서는 각각 $v_3(\mathbf{x}): h - 600 \geq 0$와 $v_4(\mathbf{x}): -h + 800 \geq 0$, $v_4(\mathbf{x}): -h + 1200 \geq 0$에 기반하여 콘크리트 보의 단면은 $800 \geq h \geq 600$ 및 $1200 \geq h \geq 600$에서 이산화탄소 배출량 최적설계를 지배 하도록 인공 유전자를 이식하였다. 예제2를 통해서 보 깊이가 콘크

리트보의 이산화탄소 배출량 최적화에 미치는 영향을 알아보자. 그림 7.4.3(b-1)에서 보듯이 보 깊이($d$)가 1198.7mm, 보폭은 359.6mm로 도출될 때 콘크리트 보의 이산화탄소 배출량은 그림 7.4.3(b-1)에서 보듯이 0.1745$t$-$CO_2$/m로 최적화었고, 구조설계로 도출한 0.1745$t$-$CO_2$/m와 비교해서 0.0079% 차이만을 보이고 있다. 그림 7.4.3(b-2)에는 도출된 콘크리트 보 단면과 철근배근이 도시되었다.

### (3) 콘크리트 보의 중량($w$) 최소화

예제 2의 경우, 부등제약 조건을 충분하게 넓혀서 ($1200 \geq h \geq 600$) 세종류의 설계 타깃 중 중량 최적화가 적절하게 수행되었는지를 살펴보기로 하자. 예제 2의 경우 중량은 7.1355 KRW/m 로써 예제 1의 경우보다 작게 도출되었다. 예제 1에서 보듯이, 콘크리트 보의 단면을 표 7.4.1(a)의 $800 \geq h \geq 600$로 제약 한다면, 콘크리트 보의 중량은 8.7290 KRW/m로 도출되었고, 7.1355 KRW/m로 최적화 될 수 없었다. 따라서, 부등제약 조건(inequality constraints)의 설정은 라그랑주 함수의 최적화에 영향을 끼치는 매우 중요한 사항이다.

표 7.4.1(a), (b)에서는 각각 $v_3(\mathbf{x}): h - 600 \geq 0$와 $v_4(\mathbf{x}): -h + 800 \geq 0$, $v_4(\mathbf{x}): -h + 1200 \geq 0$에 기반하여 콘크리트 보의 단면은 $800 \geq h \geq 600$ 및 $1200 \geq h \geq 600$에서 중량 최적설계를 지배 하도록 인공 유전자를 이식하였다. 예제2를 통해서 보 깊이가 콘크리트 보의 중량 최적화에 미치는 영향을 알아보자. 그림 7.4.3(c-1)에서 보듯이 보 깊이($d$)가 949.7mm, 보폭 284.9mm로 도출될 때 콘크리트 보의 중량은 그림 7.4.3(c-1)에서 보듯이 7.1355KRW/m로 최적화었고, 구조설계로 도출한 7.1374KRW/m와 비교해서 -0.0264% 차이만을 보이고 있다. 그림 7.4.3(c-2)에는 도출된 콘크리트 보 단면과 철근배근이 도시되었다. 반면에 코스트 최적화와 이산화탄소 최적화에 비교해서, 콘크리트 보 단면은 작게, 철근배근은 크게 도출되어 중량을 최적화하였음을 알 수 있다.

### (4) Perato 프런티어; 코스트 vs. 이산화탄소 배출량 vs. 중량

목적함수(설계타깃)들을 동시에 최적화할 때, 가장 효율적인 설계 지점들을 나타내어 선호되는 점들을 Perato 프런티어라고 한다. 그림 7.4.3(d)에 코스트, 이산화탄소 배출량, RC보의 중량에 대한 Perato 프런티어를 보여준다. 그림 7.4.3(d)의 Perato 프런티어 아랫점은 달성 불가능한 설계이고, 윗점은 비효율적인 설계이다. Perato 프런티어 선상의 설계가 가장 효율적인 최적설계를 나타낸다. 이 예제를 통해 코스트, 이산화탄소 배출량, RC보의 중량에 대한 Perato 프런티어 설계에 대해 알아 보도록 하자. 자세한 Perato 프런티어 설계에 대해서는 [24]를 참고하도록 한다.

그림 7.4.3(d) Perato 프런티어에서 보듯이 코스트와 중량을 각각 최적화할 때, 코스트와 중량은 서로 반비례로 구해졌다. 즉 코스트를 최적화하기 위해서는 중량의 최적화를 어느 정도 희생하여야 하고, 중량을 최적화하기 위해서는 코스트의 최적화를 어느 정도 희생시켜야 한다. 반면에 코스트와 이산화탄소 배출량은 서로 비례로 구해졌다. 단 그림 7.4.3(d-1)에서 보듯이, 이산화 탄소배출량이 최소화되는 점에서는 다소 코스트가 증가[인공지능 기반 그림 7.4.3(b-1)의 80,851(KRW/m), 구조설계 기반의 80,756(KRW/m)]하는 것을 알 수 있다. 코스트가 최적화되는 경우, [그림 7.4.3(a-1)에서 80,679(KRW/m), 구조설계 기반에서 80,575(KRW/m)] 이었다. 이와 같이 두 가지 이상의 설계 타깃을 조합하여 최적의 설계를 구현할 수 있는 인공신경망 기반의 Hong-Lagrange 최적화가 가능하여졌고 이를 보여주는 다이어그램이 Perato 프런티어이다.

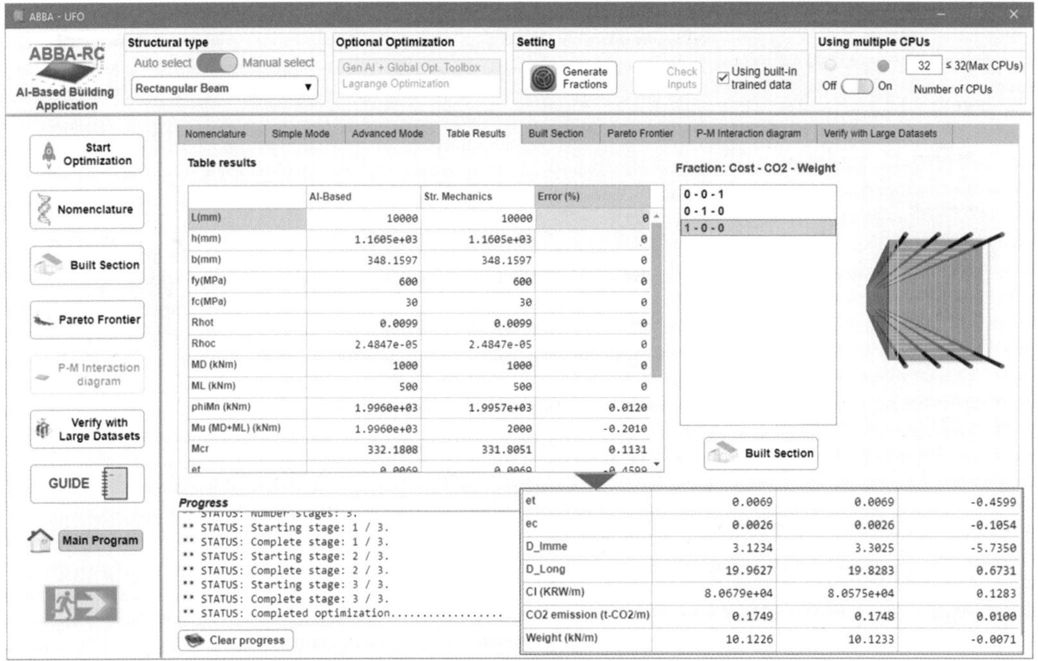


(a-1) 인공신경망 기반으로 구해진 결과와 구조설계식과 비교된 오차

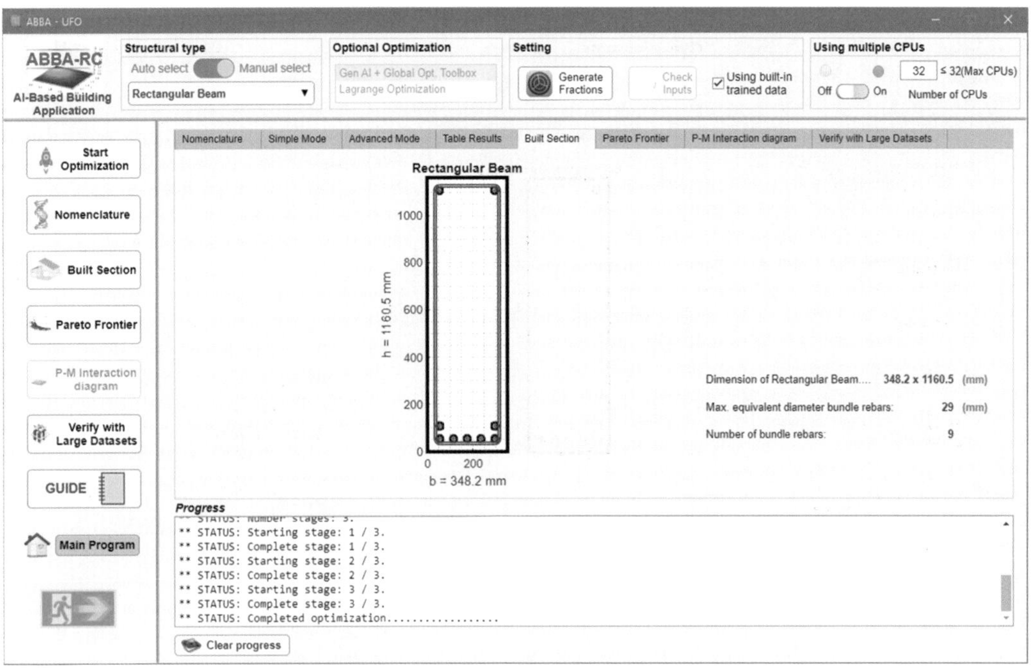


(a-2) 인공신경망 기반으로 구해진 철근 콘크리트 보의 단면

(a) 코스트의 최소화; 코스트:이산화탄소 배출량:중량=(1:0:0)

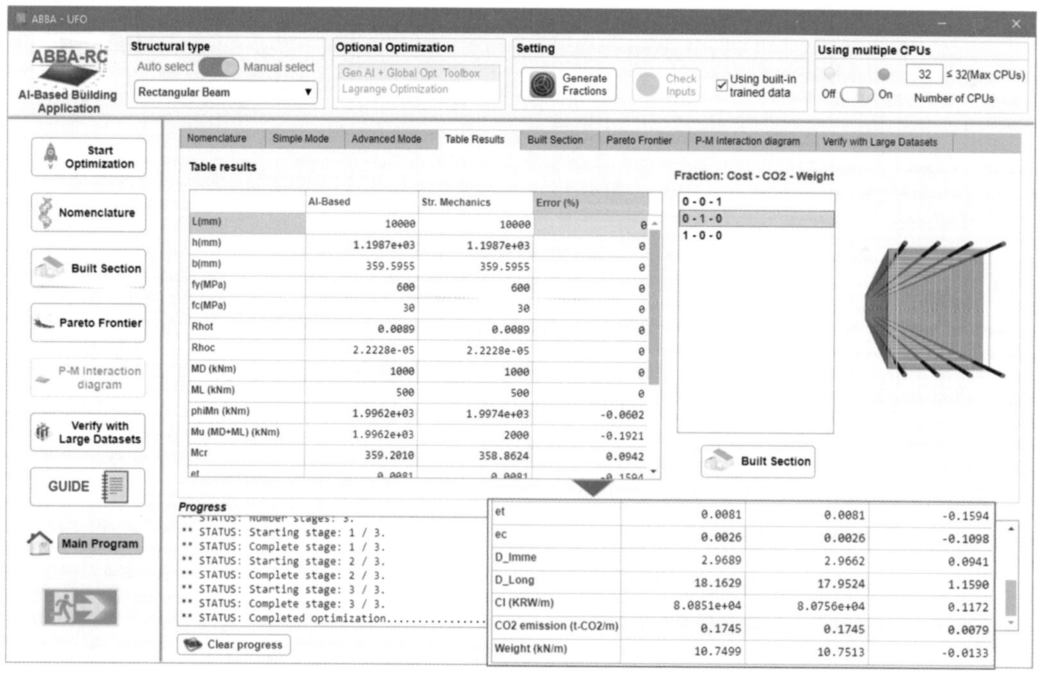

(b-1) 인공신경망 기반으로 구해진 결과와 구조설계식과 비교된 오차

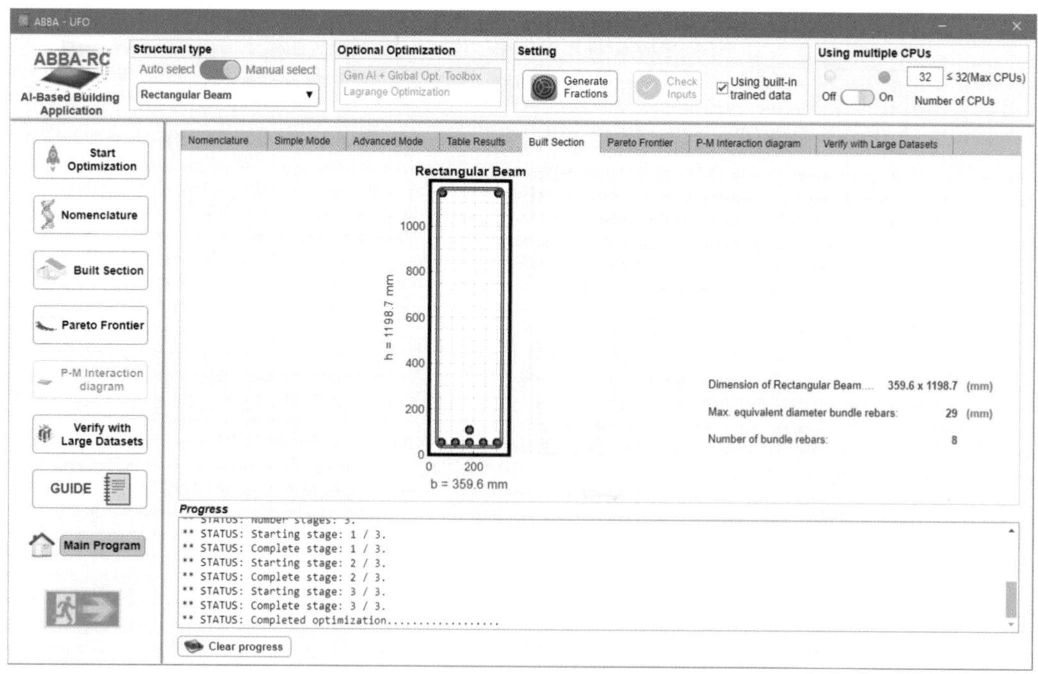

(b-2) 인공신경망 기반으로 구해진 철근 콘크리트 보의 단면

(b) 이산화탄소 배출량의 최소화; 코스트:이산화탄소 배출량:중량=(0:1:0)

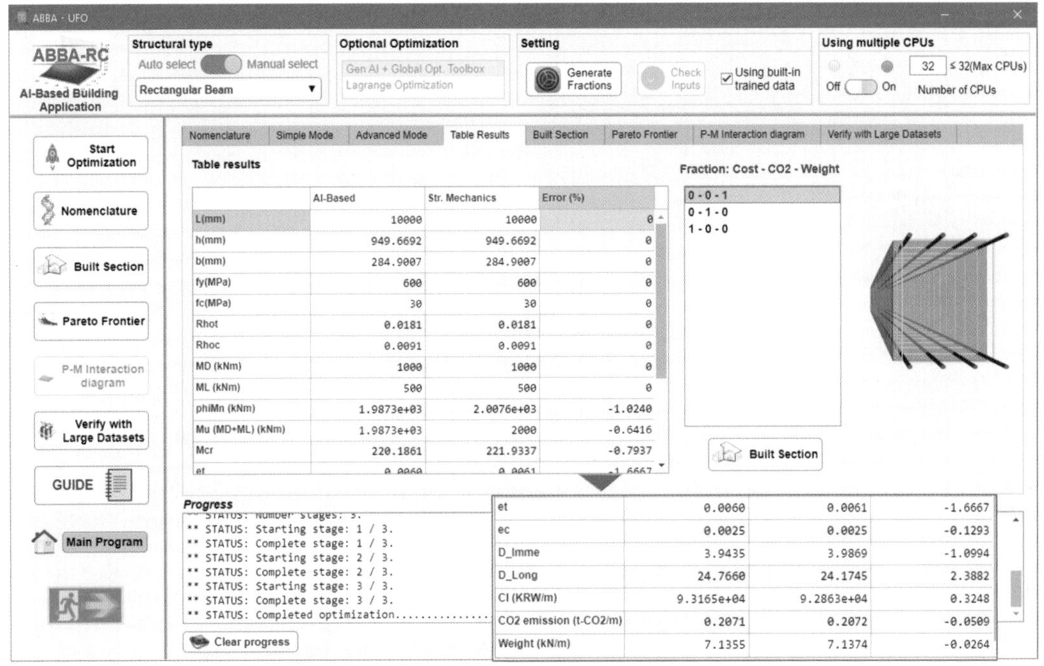


| | AI-Based | Str. Mechanics | Error (%) |
|---|---|---|---|
| L(mm) | 10000 | 10000 | 0 |
| h(mm) | 949.6692 | 949.6692 | 0 |
| b(mm) | 284.9007 | 284.9007 | 0 |
| fy(MPa) | 600 | 600 | 0 |
| fc(MPa) | 30 | 30 | 0 |
| Rhot | 0.0181 | 0.0181 | 0 |
| Rhoc | 0.0091 | 0.0091 | 0 |
| MD (kNm) | 1000 | 1000 | 0 |
| ML (kNm) | 500 | 500 | 0 |
| phiMn (kNm) | 1.9873e+03 | 2.0076e+03 | -1.0240 |
| Mu (MD+ML) (kNm) | 1.9873e+03 | 2000 | -0.6416 |
| Mcr | 220.1861 | 221.9337 | -0.7937 |
| et | 0.0060 | 0.0061 | -1.6667 |
| ec | 0.0025 | 0.0025 | -0.1293 |
| D_Imme | 3.9435 | 3.9869 | -1.0994 |
| D_Long | 24.7660 | 24.1745 | 2.3882 |
| CI (KRW/m) | 9.3165e+04 | 9.2863e+04 | 0.3248 |
| CO2 emission (t-CO2/m) | 0.2071 | 0.2072 | -0.0509 |
| Weight (kN/m) | 7.1355 | 7.1374 | -0.0264 |

(c-1) 인공신경망 기반으로 구해진 결과와 구조설계식과 비교된 오차

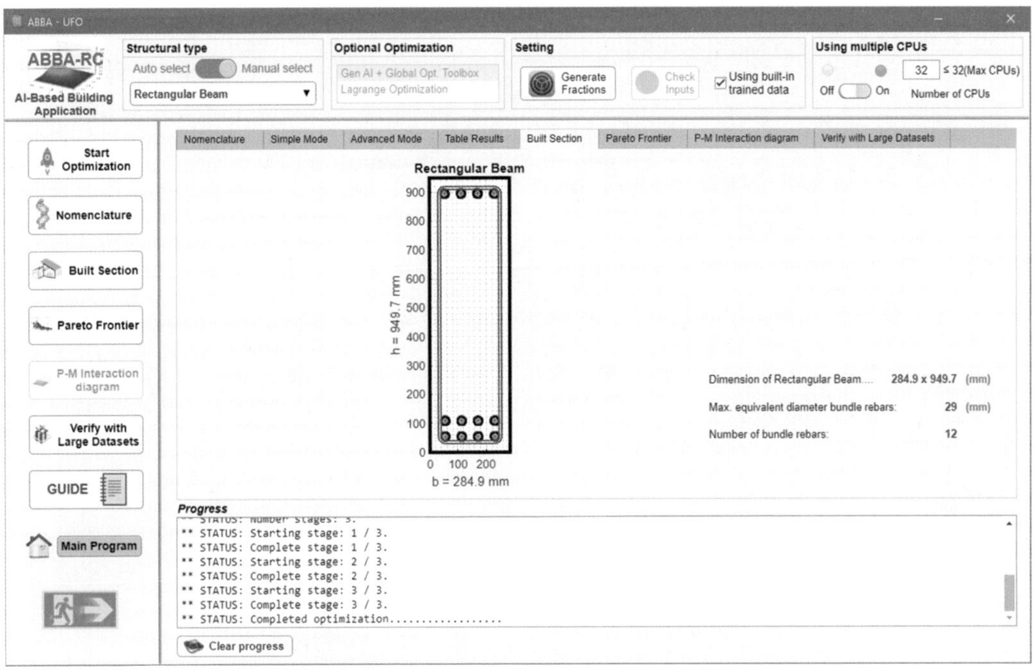


(c-2) 인공신경망 기반으로 구해진 철근 콘크리트 보의 단면

(c) 중량의 최소화; 코스트:이산화탄소 배출량:중량=(0:0:1)

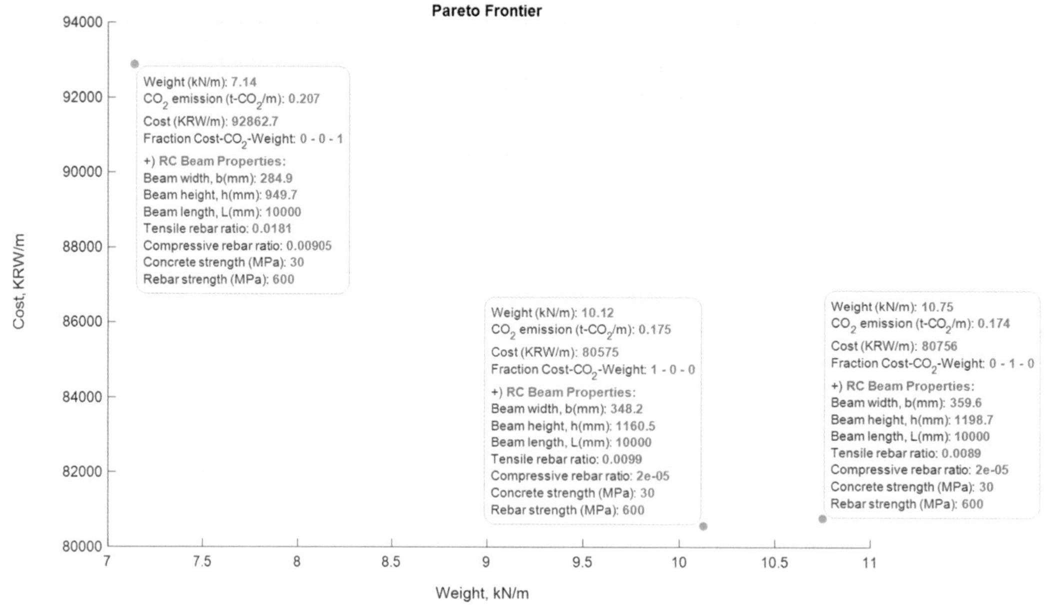


(d-1) 2D Perato 프런티어; 코스트 vs. 중량

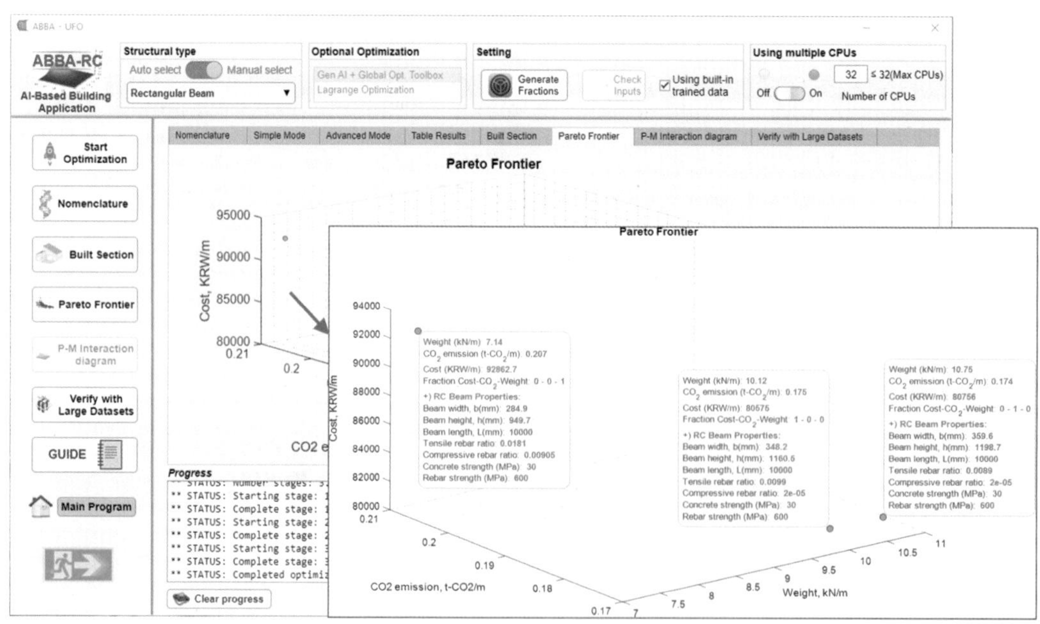


(d-2) 3D Perato 프런티어; 코스트 vs. 이산화탄소 배출량vs. 중량

(d) Perato 프런티어; 코스트 vs. 이산화탄소 배출량vs. 중량

그림 7.4.3 ABBA-RC를 활용한 설계 타깃의 최적설계 결과(예제 2)

### 7.4.2 보 폭이 콘크리트 보의 최적화에 미치는 영향(예제 3: $\mathbf{0.8h \geq b \geq 0.4h}$)

#### 7.4.2.1 코스트의 최소화

표 7.4.1(c), (d), (e)의 예제 3, 4, 5를 통해서 보 폭이 콘크리트 보의 코스트 최적화에 미치는 영향을 알아보자. 표 7.4.1(c), 예제 3에서의 보의 코스트 최적설계는 ACI 318-19를 적용하여 그림 7.4.4(a)에 도출하였다. 즉 보 깊이($d$)는 그림 7.4.4(a-1)에서 1054.1mm로 도출되었고, 이때 보 폭($b$)은 보 깊이($d$)의 40%($b \approx 0.4h$) 인 421.6mm로 구해졌다. 그 이유는 표 7.4.1(c), 예제 3의 $v_5(\mathbf{x})$: $b - 0.4h \geq 0$ 와 $v_6(\mathbf{x})$: $-b + 0.8h \geq 0$의 부등 제약조건에서 보듯이 보 폭($b$)는 보 깊이($d$)의 40%인 421.6mm보다 크고, 80%인 843.2mm보다는 작도록 인공유전자로서 인공신경망에 이식되었기 때문이다. 이 예제에서는 시공성을 위해서 보 폭($b$)을 420mm로 선택할 수 있을 것이다. 예제 3에서는 인공유전자를 ($0.8h \geq b \geq 0.4h$)로 이식하며, 보 폭이 $0.4h$일 때 최소 코스트 89,254(KRW/m)가 도출되었다. 구조계산식에 의해 계산된 89,146(KRW/m)와 비교할 때 오차는 0.1217%에 불과하였다. 이와 같이 목적함수(설계타깃)의 최적값을 도출하기 위해서는 적절한 부등 제약조건을 인공신경망 내에 이식하여야 한다. 하지만 너무 넓은 부등 제약조건이 이식되면 불필요한 계산시간이 소요되므로 유의하여야 한다. 그림 7.4.4(a-2)는 인공신경망 기반으로 구해진 철근 콘크리트 보의 단면과 철근배근을 보여주고 있다.

#### 7.4.2.2 이산화탄소 배출량의 최소화

표 7.4.1(c), (d), (e)의 예제 3, 4, 5를 통해서 보 폭이 콘크리트 보의 이산화탄소 배출량 최적화에 미치는 영향을 알아보자. 표 7.4.1(c), 예제 3에서의 보의 이산화탄소 배출량 최적설계는 ACI 318-19를 적용하여 그림 7.4.4(b)에 도출하였다. 즉 보 깊이($d$)는 그림 7.4.4(b-1)에서 1087.0mm로 도출되었고, 이때 보 폭($b$)은 보 깊이($d$)의 40% ($b \approx 0.4h$)인 434.8mm로 구해졌다. 그 이유는 표 7.4.1(c), 예제 3의 $v_5(\mathbf{x})$: $b - 0.4h \geq 0$ 와 $v_6(\mathbf{x})$: $-b + 0.8h \geq 0$의 부등 제약조건에서 보듯이 보 폭($b$)는 보 깊이($d$)의 40%인 434.8mm보다 크고, 80%인 869.6mm 보다는 작도록 인공유전자로서 인공신경망에 이식되었기 때문이다. 이 예제에서는 시공성을 위해서 보 폭($b$)을 440mm로 선택할 수 있을 것이다. 예제 3에서는 인공유전

자를 $(0.8h \geq b \geq 0.4h)$로 이식하여 보 폭이 $0.4h$일 때 최소 이산화탄소 배출량은 0.1929(t-$CO_2$/m)가 도출되었다. 구조계산식에 의해 계산된 0.1931(t-$CO_2$/m)와 비교할 때 오차는 -0.0914%에 불과하였다. 이와 같이 목적함수(설계 타깃)의 최적값을 도출하기 위해서는 적절한 부등 제약조건을 인공신경망 내에 이식하여야 한다. 하지만 너무 넓은 부등 제약조건이 이식되면 불필요한 계산시간이 소요되므로 유의하여야 한다. 그림 7.4.4(b-2)는 인공신경망 기반으로 구해진 철근 콘크리트 보의 단면과 철근배근을 보여주고 있다.

### 7.4.2.3 중량의 최소화

표 7.4.1(c), (d), (e)의 예제 3, 4, 5를 통해서 보 폭이 콘크리트 보의 중량 최적화에 미치는 영향을 알아보자. 표 7.4.1(c), 예제 3에서의 보의 중량 최적설계는 ACI 318-19를 적용하여 그림 7.4.4(c)에 도출하였다. 즉 보 깊이($d$)는 그림 7.4.4(c-1)에서 866.7mm로 도출되었고, 이때 보 폭($b$)은 보 깊이($d$)의 40% $(b \approx 0.4h)$인 346.7mm로 구해졌다. 그 이유는 표 7.4.1(c), 예제 3의 $v_5(\mathbf{x}): b - 0.4h \geq 0$ 와 $v_6(\mathbf{x}): -b + 0.8h \geq 0$의 부등 제약조건에서 보듯이 보 폭($b$)는 보 깊이($d$)의 40%인 346.7mm보다 크고, 80%인 693.4mm보다는 작도록 인공유전자로서 인공신경망에 이식되었기 때문이다. 이 예제에서는 시공성을 위해서 보 폭($b$)을 350mm로 선택할 수 있을 것이다. 예제 3에서는 인공유전자를 $(0.8h \geq b \geq 0.4h)$로 이식하여, 보 폭이 $0.4h$일 때 최소 중량은 7.9193kN/m가 도출되었다. 구조계산식에 의해 계산된 7.9191 kN/m와 비교할 때 오차는 0.0029%에 불과하였다. 이와 같이 목적함수(설계 타깃)의 최적값을 도출하기 위해서는 적절한 부등 제약조건을 인공신경망 내에 이식하여야 한다. 하지만 너무 넓은 부등 제약조건이 이식되면 불필요한 계산시간이 소요되므로 유의하여야 한다. 그림 7.4.4(c-2)는 인공신경망 기반으로 구해진 철근 콘크리트 보의 단면을 보여주고 있다.

### 7.4.2.4 코스트, 이산화탄소 배출량, RC보의 중량의 Perato 프런티어

목적함수(설계 타깃)들을 동시에 최적화할 때 가장 효율적인 설계지점들을 나타내어 선호되는 점들을 Perato 프런티어 라고 한다. 그림 7.4.4(d)에 코스트, 이산화탄소 배출량, RC보의 중량에 대한 Perato 프런티어를 보여준다. 그림 7.4.4(d)의 Perato 프런티어 아랫점은 달성 불가능한 설계이고, 윗점은 비효율적인 설계이다. Perato 프런티어 선상의 설계가 가장 효율적인 최적설계를 나타낸다. 이 예제를 통해 코스트, 이산화탄소 배출량, RC보의 중량에 대한 Perato 프런티어 설계에 대해 알아보도록 하자. 자세한 Perato 프런티어 설계에 대해서는 [24]를 참고하도록 한다.

그림 7.4.4(d)는 예제 3에서 도출된 Perato 프런티어를 $v_5(\mathbf{x})$: $b - 0.4h \geq 0$ 와 $-b + 0.8h \geq 0$의 설계조건에 대해 나타내었다. 그림 7.4.4(d-1)과 (d-2)의 Perato 프런티어는 RC보의 코스트, 이산화탄소 배출량, 중량 등 세 종류의 설계 타깃을 각각 최적화했을 경우, 설계 파라미터를 각각 2, 3차원의 Perato 프런티어로 나타내었다. 2차원으로 나타내진 Perato 프런티어는 두 종류의 설계 타깃의 최적화 관계를 이해하는 데 도움을 준다. 예를 들어 그림 7.4.4(d-1)에는 RC보의 코스트-중량의 최적화 상관관계가 표시되어 있고, 이산화탄소 배출량-중량, 코스트-이산화탄소 배출량의 상관관계도 쉽고 빠르게 이해할 수 있도록 하였다. 그림 7.4.4(d-2)에는 RC보의 코스트, 이산화탄소 배출량, 중량에 대해 Perato 프런티어를 3차원으로 표시된 세 종류의 설계 타깃 관계를 한눈에 이해할 수 있도록 하였다. Perato 프런티어에는 RC보의 코스트, 이산화탄소 배출량, 중량 등 세 종류의 설계 타깃을 각각 최적화했을 경우, 설계 파라미터도 도출하여 표시하였다.

코스트가 최소화되기 위해서는 단가가 저렴한 콘크리트 볼륨 사용을 최대화하고, 고가인 철근의 사용을 최소화해야 한다. 반면에 RC보의 중량을 최소화하기 위해서는 중량이 무거운 콘크리트 볼륨 사용을 최소화하고, 경량인 철근의 사용을 최대화해야 한다. 그림 7.4.4의 Perato 프런티어에 의하면 RC보의 중량을 최소화하기 위해서는 그림 7.4.4(c-1)에서 보듯이 콘크리트 중량은 346.7×866.7 = 7.9193kN/m로 최소화되었고, 고가인 철근비는 0.0179(인장철근) + 0.009(압축철근) = 0.0269로 도출되었다. 이때 코스트는 102,670(KRW/m)인 고가로 도출되었다. 그러나, 그림 7.4.4(a-1)에서 보듯이 코스트가 89,254(KRW/m)로 최소화되기 위해서는 철근에 비해 상대적으로 저가인 콘크리트 중량은 421.6×1054.1 = 11.14kN/m로 다소 증가되었고, 고가인 철근비는 0.01(인장철근) + 0.0000251(압축철근) = 0.0100251로 대폭 감소되었다. 코스트와 유사하게, 이산화탄소 배출량은 그림 7.4.4(b-1)에서 보듯이 RC보의 중량이 434.8 ×1087 = 11.8kN/m로 최대가 될 때 이산화탄소 배출량 역시 0.1929(t-$CO_2$/m)로 최소로 도출되었다. 철근비는 0.0099 + 0.0000226 = 0.0099226으로 도출되었다. 그림 7.4.4에서 보듯이, 코스트 설계타깃을 최소화 하는 보 깊이는 1054.1, 이산화탄소 배출량 설계 타깃을 최소화하는 보 깊이는, 1087.0, RC보의 중량 설계 타깃을 최소화하는 보 깊이는 866.7mm로 각각 도출되었다. $0.8h \geq b \geq 0.4h$의 설계조건을 Hong-Lagrange 알고리즘에 적용했을 경우 코스트, 이산화탄소, 중량의 최소화를 도출하는 보 깊이가 계산되었다.

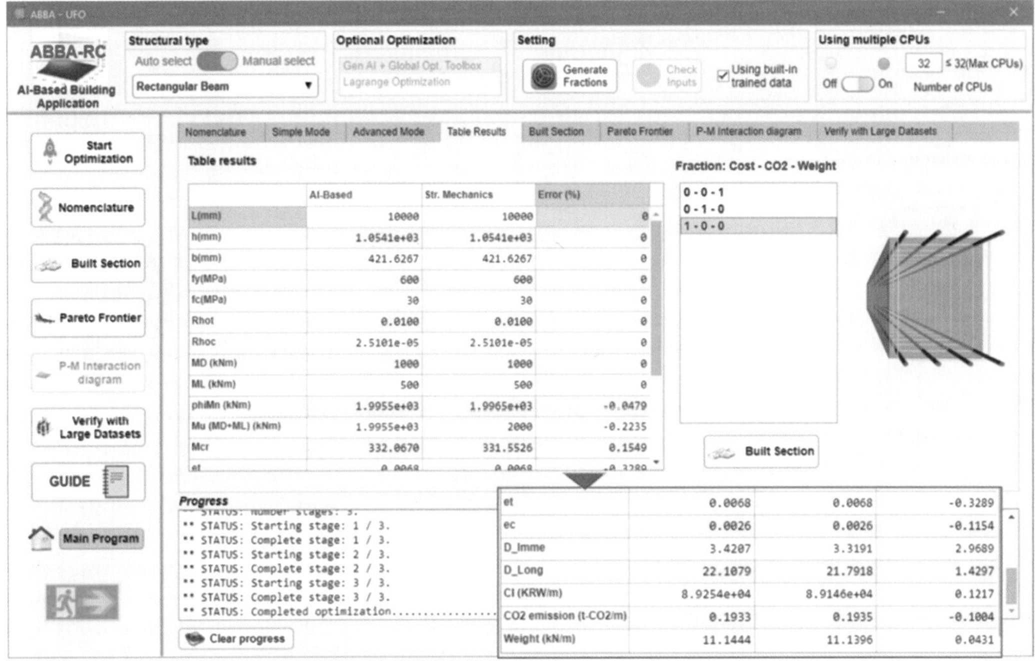


| | AI-Based | Str. Mechanics | Error (%) |
|---|---|---|---|
| L(mm) | 10000 | 10000 | 0 |
| h(mm) | 1.0541e+03 | 1.0541e+03 | 0 |
| b(mm) | 421.6267 | 421.6267 | 0 |
| fy(MPa) | 600 | 600 | 0 |
| fc(MPa) | 30 | 30 | 0 |
| Rhot | 0.0100 | 0.0100 | 0 |
| Rhoc | 2.5101e-05 | 2.5101e-05 | 0 |
| MD (kNm) | 1000 | 1000 | 0 |
| ML (kNm) | 500 | 500 | 0 |
| phiMn (kNm) | 1.9955e+03 | 1.9965e+03 | -0.0479 |
| Mu (MD+ML) (kNm) | 1.9955e+03 | 2000 | -0.2235 |
| Mcr | 332.0670 | 331.5526 | 0.1549 |
| et | 0.0068 | 0.0068 | -0.3289 |
| ec | 0.0026 | 0.0026 | -0.1154 |
| D_Imme | 3.4207 | 3.3191 | 2.9689 |
| D_Long | 22.1079 | 21.7918 | 1.4297 |
| CI (KRW/m) | 8.9254e+04 | 8.9146e+04 | 0.1217 |
| CO2 emission (t-CO2/m) | 0.1933 | 0.1935 | -0.1004 |
| Weight (kN/m) | 11.1444 | 11.1396 | 0.0431 |

(a-1) 인공신경망 기반으로 구해진 결과와 구조설계식과 비교된 오차

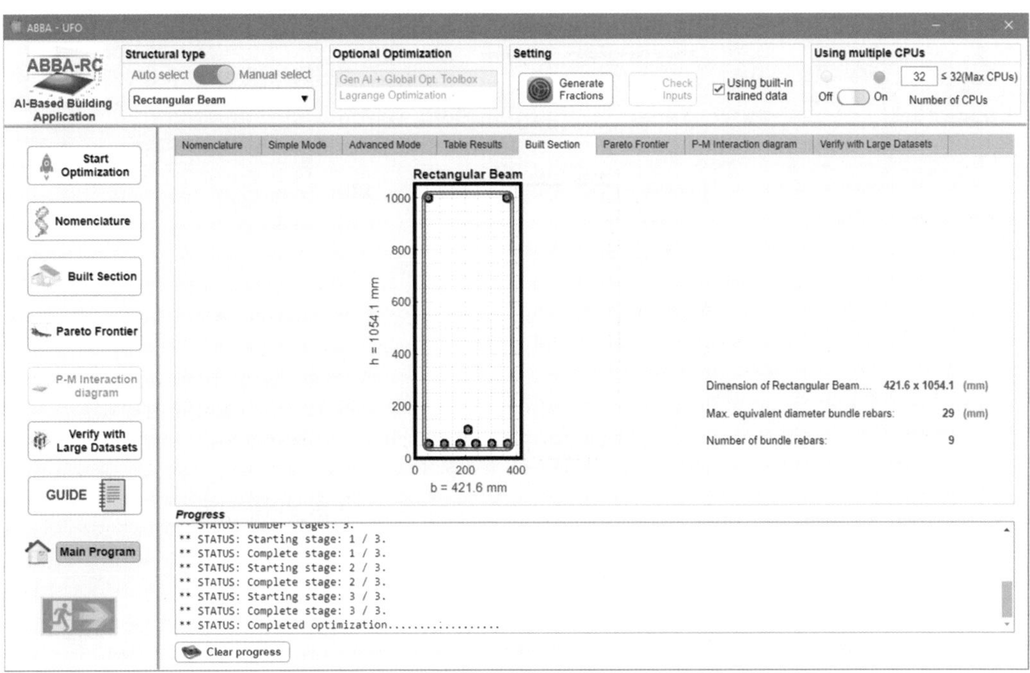


(a-2) 인공신경망 기반으로 구해진 철근 콘크리트 보의 단면

(a) 코스트의 최소화; 코스트:이산화탄소 배출량:중량=(1:0:0)

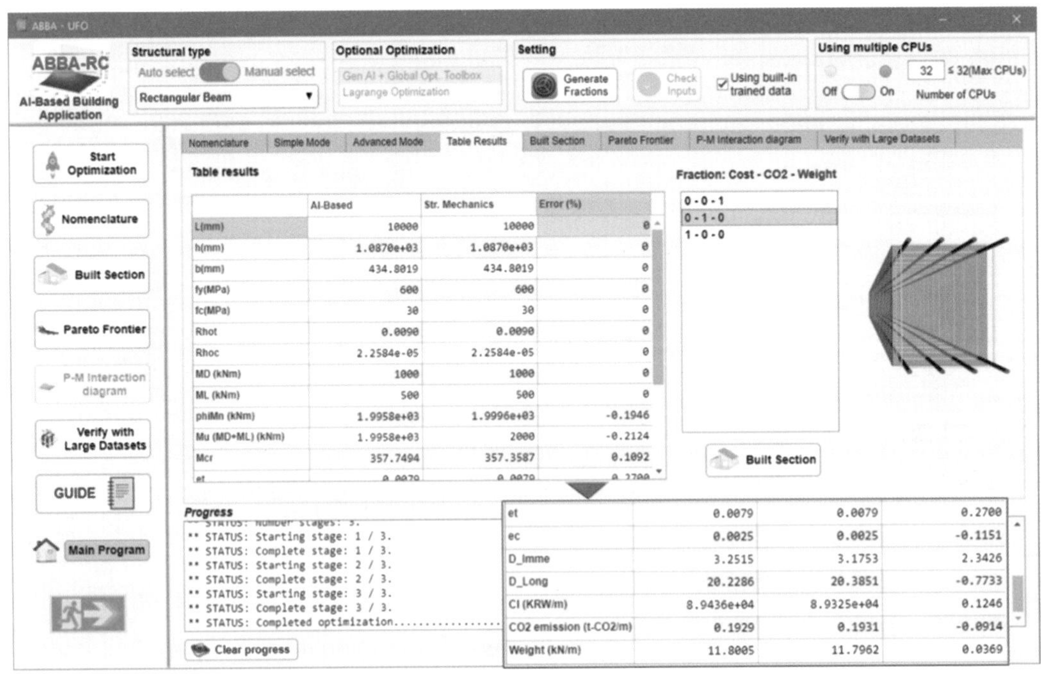


| | AI-Based | Str. Mechanics | Error (%) |
|---|---|---|---|
| L(mm) | 10000 | 10000 | 0 |
| h(mm) | 1.0870e+03 | 1.0870e+03 | 0 |
| b(mm) | 434.8019 | 434.8019 | 0 |
| fy(MPa) | 600 | 600 | 0 |
| fc(MPa) | 30 | 30 | 0 |
| Rhot | 0.0090 | 0.0090 | 0 |
| Rhoc | 2.2584e-05 | 2.2584e-05 | 0 |
| MD (kNm) | 1000 | 1000 | 0 |
| ML (kNm) | 500 | 500 | 0 |
| phiMn (kNm) | 1.9958e+03 | 1.9996e+03 | -0.1946 |
| Mu (MD+ML) (kNm) | 1.9958e+03 | 2000 | -0.2124 |
| Mcr | 357.7494 | 357.3587 | 0.1092 |
| et | 0.0079 | 0.0079 | 0.2700 |
| ec | 0.0025 | 0.0025 | -0.1151 |
| D_imme | 3.2515 | 3.1753 | 2.3426 |
| D_Long | 20.2286 | 20.3851 | -0.7733 |
| CI (KRW/m) | 8.9436e+04 | 8.9325e+04 | 0.1246 |
| CO2 emission (t-CO2/m) | 0.1929 | 0.1931 | -0.0914 |
| Weight (kN/m) | 11.8005 | 11.7962 | 0.0369 |

(b-1) 인공신경망 기반으로 구해진 결과와 구조설계식과 비교된 오차

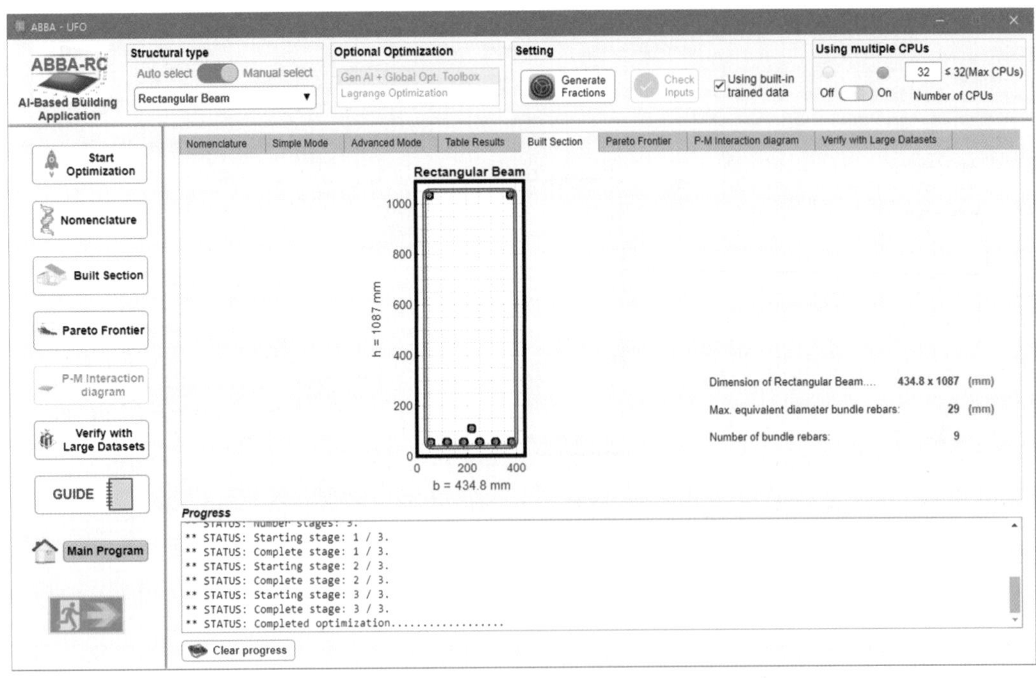


(b-2) 인공신경망 기반으로 구해진 철근 콘크리트 보의 단면

(b) 이산화탄소 배출량의 최소화; 코스트:이산화탄소 배출량:중량=(0:1:0)

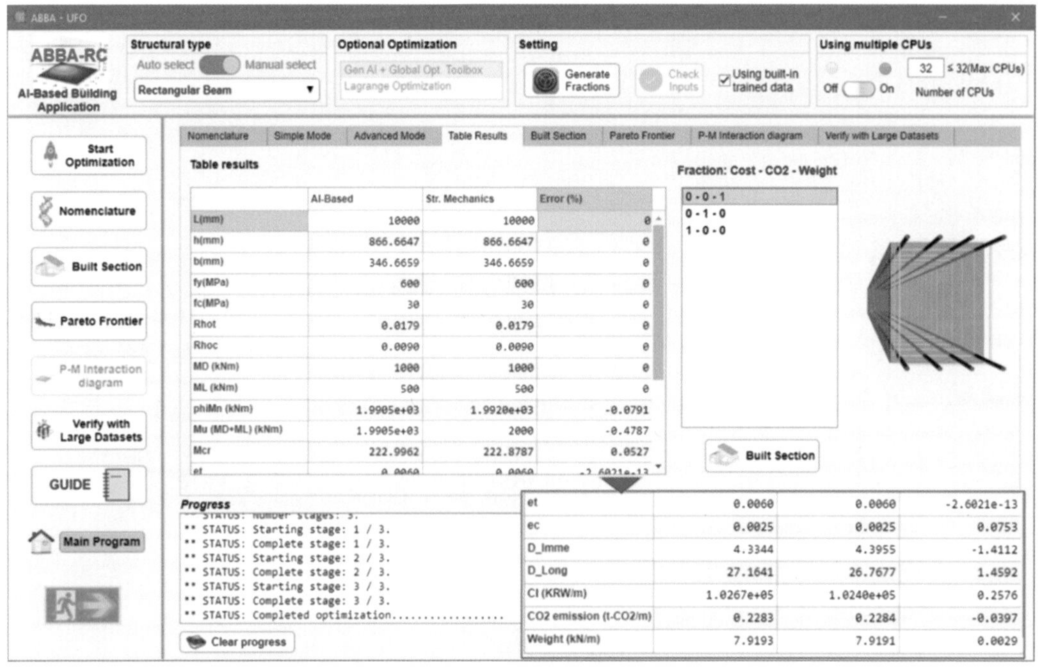

(c-1) 인공신경망 기반으로 구해진 결과와 구조설계식과 비교된 오차

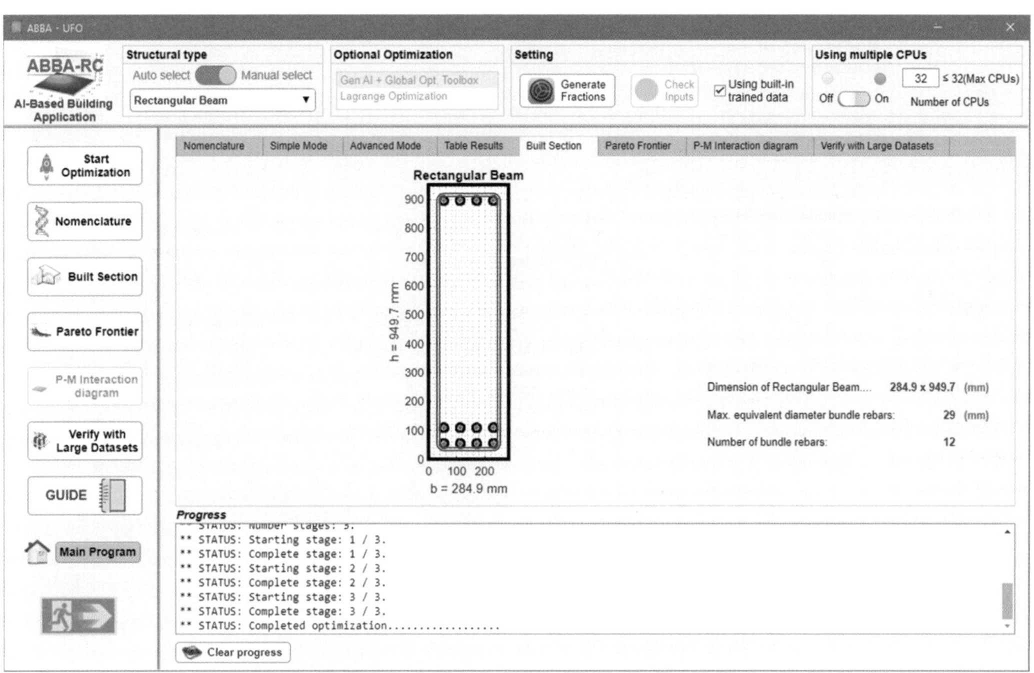

(c-2) 인공신경망 기반으로 구해진 철근 콘크리트 보의 단면

(c) 중량의 최소화; 코스트:이산화탄소 배출량:중량=(0:0:1)

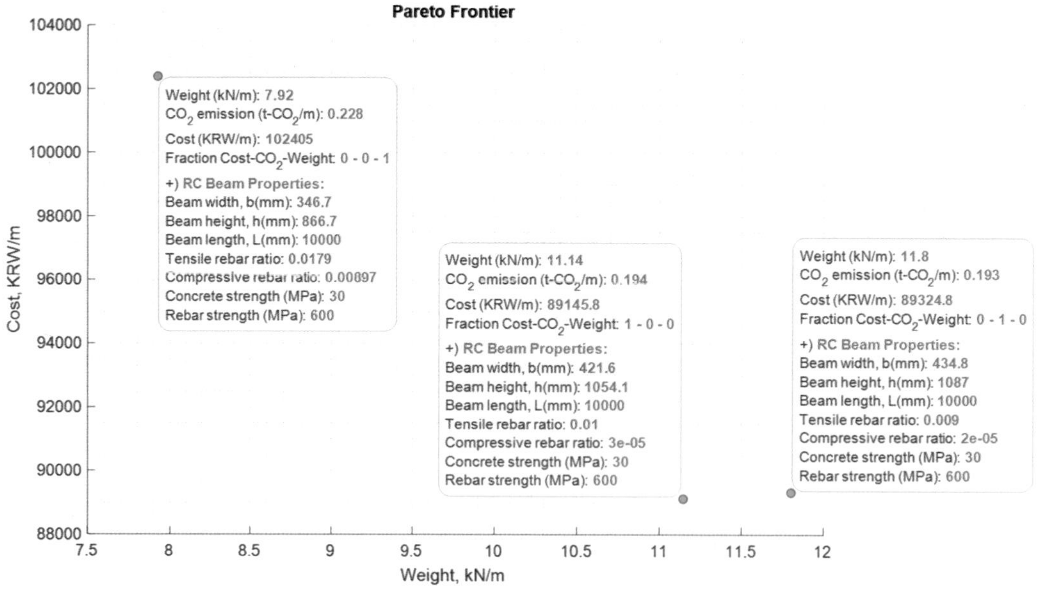
Pareto Frontier
Weight (kN/m): 7.92
CO2 emission (t-CO2/m): 0.228
Cost (KRW/m): 102405
Fraction Cost-CO2-Weight: 0 - 0 - 1
+) RC Beam Properties:
Beam width, b(mm): 346.7
Beam height, h(mm): 866.7
Beam length, L(mm): 10000
Tensile rebar ratio: 0.0179
Compressive rebar ratio: 0.00897
Concrete strength (MPa): 30
Rebar strength (MPa): 600
Weight (kN/m): 11.14
CO2 emission (t-CO2/m): 0.194
Cost (KRW/m): 89145.8
Fraction Cost-CO2-Weight: 1 - 0 - 0
+) RC Beam Properties:
Beam width, b(mm): 421.6
Beam height, h(mm): 1054.1
Beam length, L(mm): 10000
Tensile rebar ratio: 0.01
Compressive rebar ratio: 3e-05
Concrete strength (MPa): 30
Rebar strength (MPa): 600
Weight (kN/m): 11.8
CO2 emission (t-CO2/m): 0.193
Cost (KRW/m): 89324.8
Fraction Cost-CO2-Weight: 0 - 1 - 0
+) RC Beam Properties:
Beam width, b(mm): 434.8
Beam height, h(mm): 1087
Beam length, L(mm): 10000
Tensile rebar ratio: 0.009
Compressive rebar ratio: 2e-05
Concrete strength (MPa): 30
Rebar strength (MPa): 600
Cost, KRW/m
Weight, kN/m

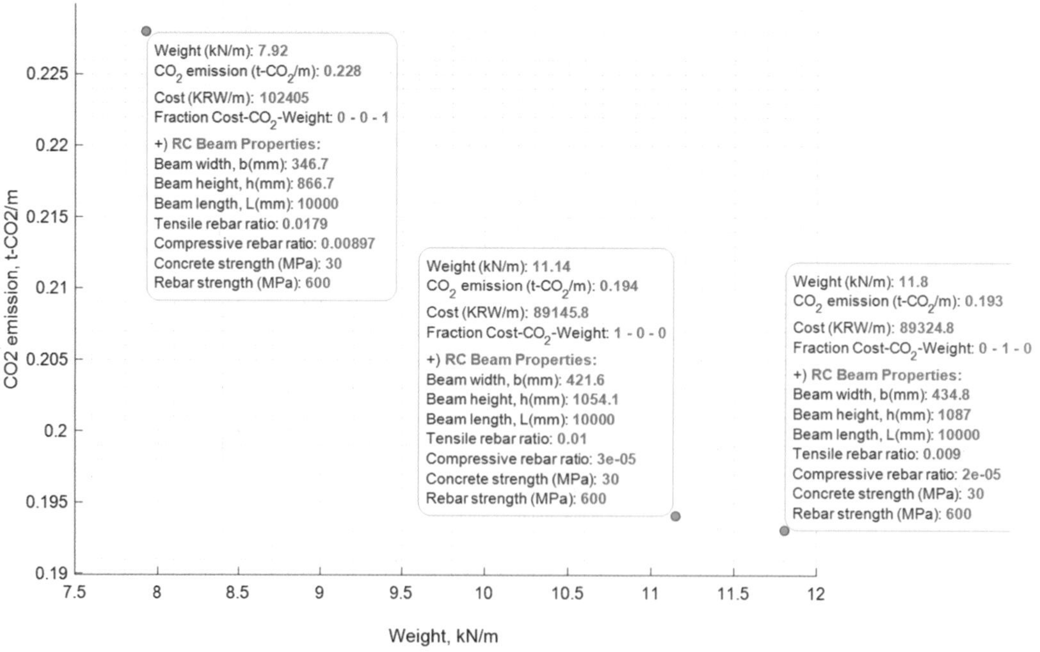
Pareto Frontier
Weight (kN/m): 7.92
CO2 emission (t-CO2/m): 0.228
Cost (KRW/m): 102405
Fraction Cost-CO2-Weight: 0 - 0 - 1
+) RC Beam Properties:
Beam width, b(mm): 346.7
Beam height, h(mm): 866.7
Beam length, L(mm): 10000
Tensile rebar ratio: 0.0179
Compressive rebar ratio: 0.00897
Concrete strength (MPa): 30
Rebar strength (MPa): 600
Weight (kN/m): 11.14
CO2 emission (t-CO2/m): 0.194
Cost (KRW/m): 89145.8
Fraction Cost-CO2-Weight: 1 - 0 - 0
+) RC Beam Properties:
Beam width, b(mm): 421.6
Beam height, h(mm): 1054.1
Beam length, L(mm): 10000
Tensile rebar ratio: 0.01
Compressive rebar ratio: 3e-05
Concrete strength (MPa): 30
Rebar strength (MPa): 600
Weight (kN/m): 11.8
CO2 emission (t-CO2/m): 0.193
Cost (KRW/m): 89324.8
Fraction Cost-CO2-Weight: 0 - 1 - 0
+) RC Beam Properties:
Beam width, b(mm): 434.8
Beam height, h(mm): 1087
Beam length, L(mm): 10000
Tensile rebar ratio: 0.009
Compressive rebar ratio: 2e-05
Concrete strength (MPa): 30
Rebar strength (MPa): 600
CO2 emission, t-CO2/m
Weight, kN/m

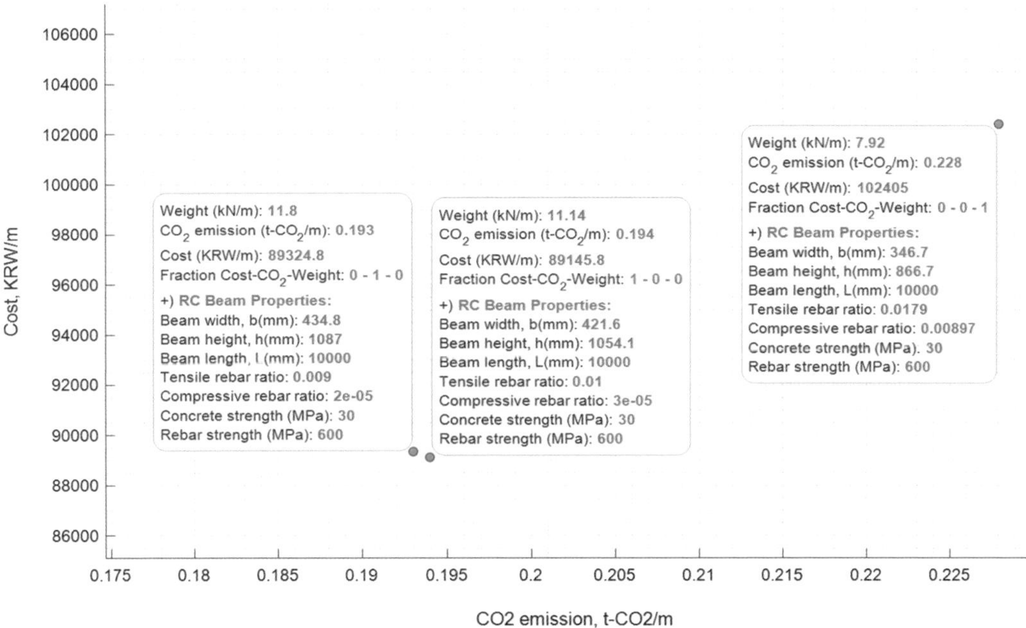


(d-1) 2D Perato 프런티어; 코스트 vs. 중량

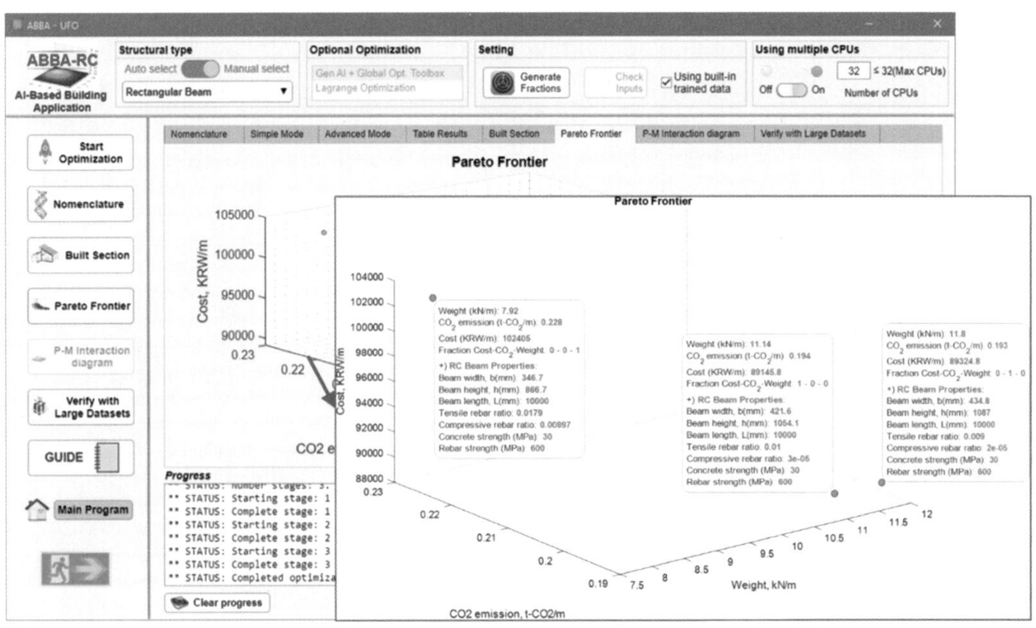


(d-2) 3D Perato 프런티어; 코스트 vs. 이산화탄소 배출량 vs. 중량

(d) Perato 프런티어; 코스트 vs. 이산화탄소 배출량 vs. 중량

그림 7.4.4 ABBA-RC를 활용한 설계 타깃의 최적설계 결과(예제3)

### 7.4.3 보 폭이 콘크리트 보의 최적화에 미치는 영향(예제 4: $\mathbf{0.8h \geq b \geq 0.3h}$)

표 7.4.1(d)의 예제 4에서 ACI 318-19를 적용하였을 경우, 코스트가 최소된 최적설계 결과를 그림 7.4.5에 도출하였다. 즉 보 깊이($d$)는 1160mm로 도출되었고, 이때 보 폭($b$)는 보 깊이($d$)의 30%($b \approx 0.3h$)인 348mm로 구해졌다. 그 이유는 표 7.4.1(c), 예제 3의 $v_5(\mathbf{x}): b - 0.3h \geq 0$ 와 $v_6(\mathbf{x}): -b + 0.8h \geq 0$의 부등 제약조건에서 보듯이 보 폭($b$)는 보 깊이($d$)의 30%인 342mm보다 크고, 80%인 928mm 보다는 작도록 인공유전자로서 인공신경망에 이식되었기 때문이다. 이 예제에서는 시공성을 위해서 보 폭($b$)을 340mm로 선택하였다.

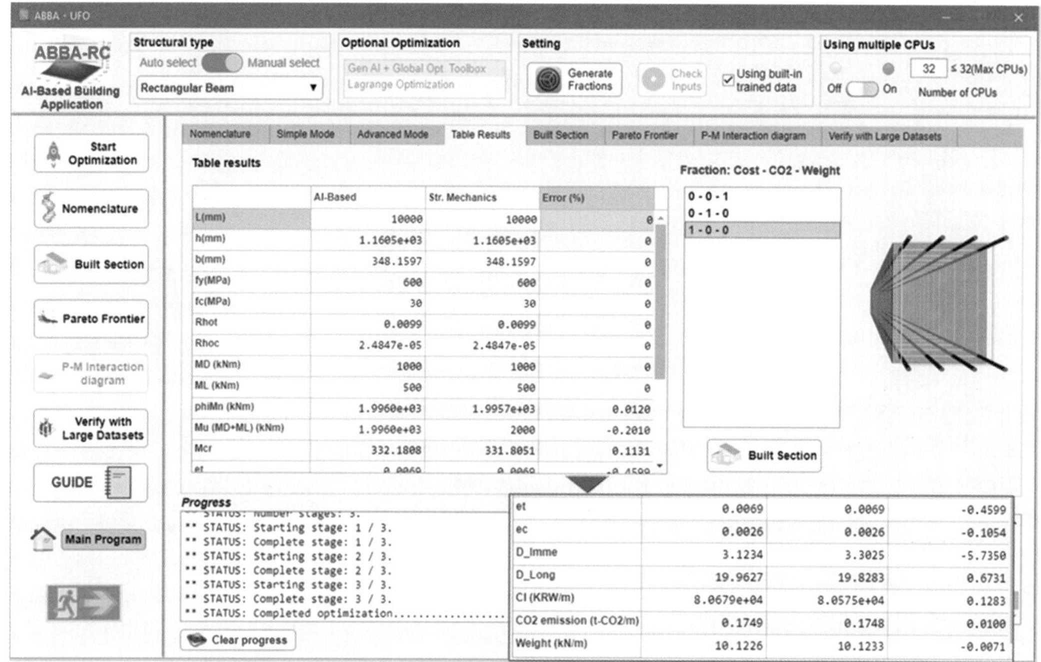


(a-1) 인공신경망 기반으로 구해진 결과와 구조설계식과 비교된 오차

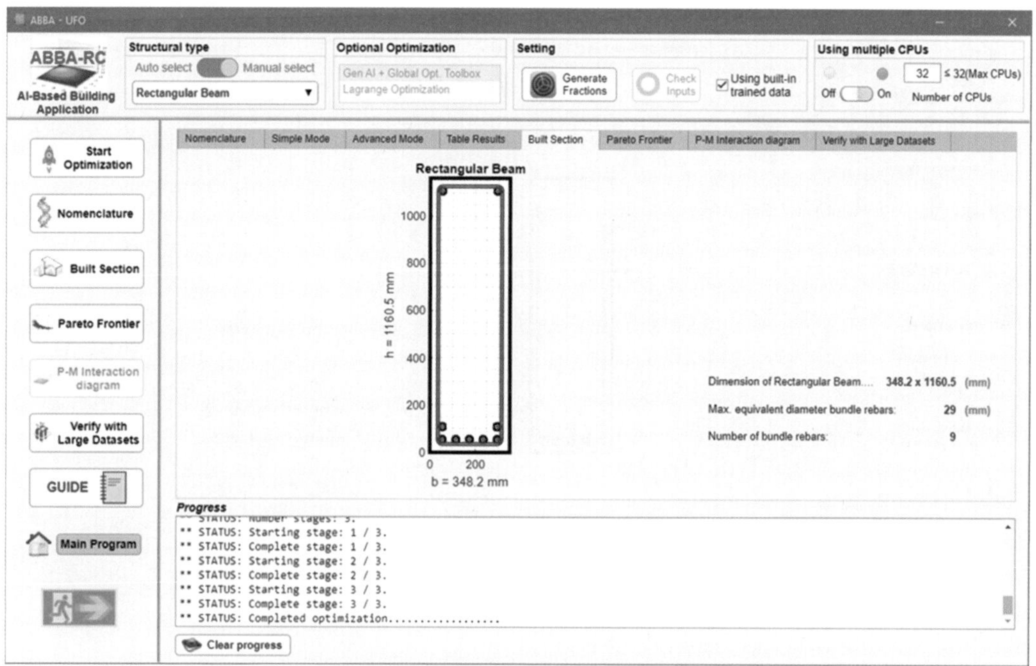


(a-2) 인공신경망 기반으로 구해진 철근 콘크리트 보의 단면

(a) 코스트의 최소화; 코스트:이산화탄소 배출량:중량=(1:0:0)

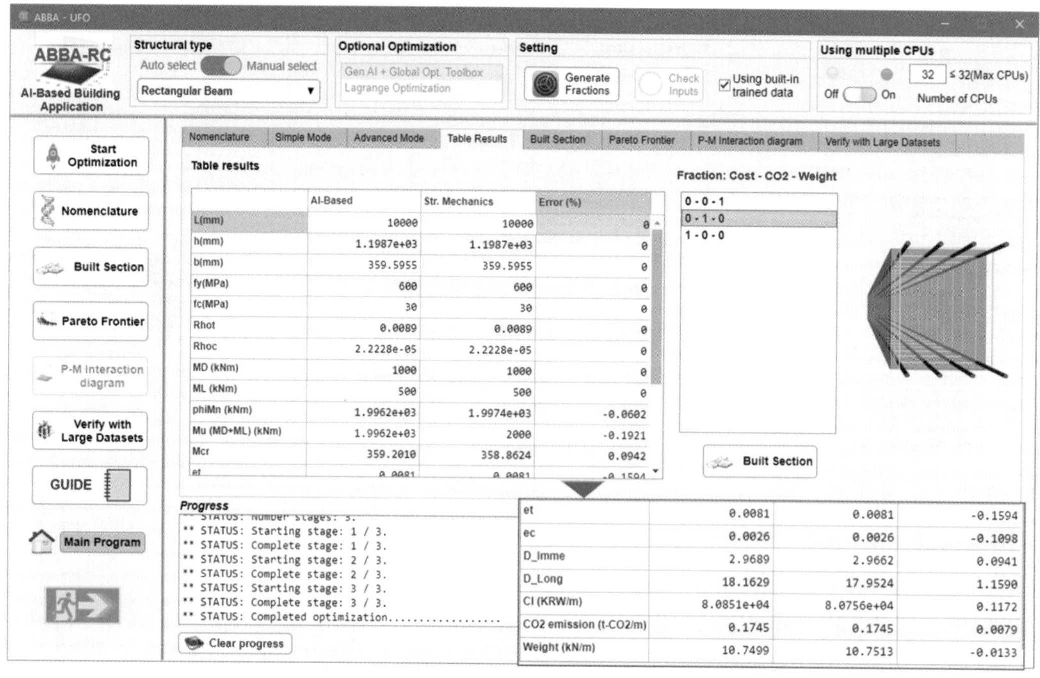


| | AI-Based | Str. Mechanics | Error (%) |
|---|---|---|---|
| L(mm) | 10000 | 10000 | 0 |
| h(mm) | 1.1987e+03 | 1.1987e+03 | 0 |
| b(mm) | 359.5955 | 359.5955 | 0 |
| fy(MPa) | 600 | 600 | 0 |
| fc(MPa) | 30 | 30 | 0 |
| Rhot | 0.0089 | 0.0089 | 0 |
| Rhoc | 2.2228e-05 | 2.2228e-05 | 0 |
| MD (kNm) | 1000 | 1000 | 0 |
| ML (kNm) | 500 | 500 | 0 |
| phiMn (kNm) | 1.9962e+03 | 1.9974e+03 | -0.0602 |
| Mu (MD+ML) (kNm) | 1.9962e+03 | 2000 | -0.1921 |
| Mcr | 359.2010 | 358.8624 | 0.0942 |
| et | 0.0081 | 0.0081 | -0.1594 |
| ec | 0.0026 | 0.0026 | -0.1098 |
| D_Imme | 2.9689 | 2.9662 | 0.0941 |
| D_Long | 18.1629 | 17.9524 | 1.1590 |
| CI (KRW/m) | 8.0851e+04 | 8.0756e+04 | 0.1172 |
| CO2 emission (t-CO2/m) | 0.1745 | 0.1745 | 0.0079 |
| Weight (kN/m) | 10.7499 | 10.7513 | -0.0133 |

(b-1) 인공신경망 기반으로 구해진 결과와 구조설계식과 비교된 오차

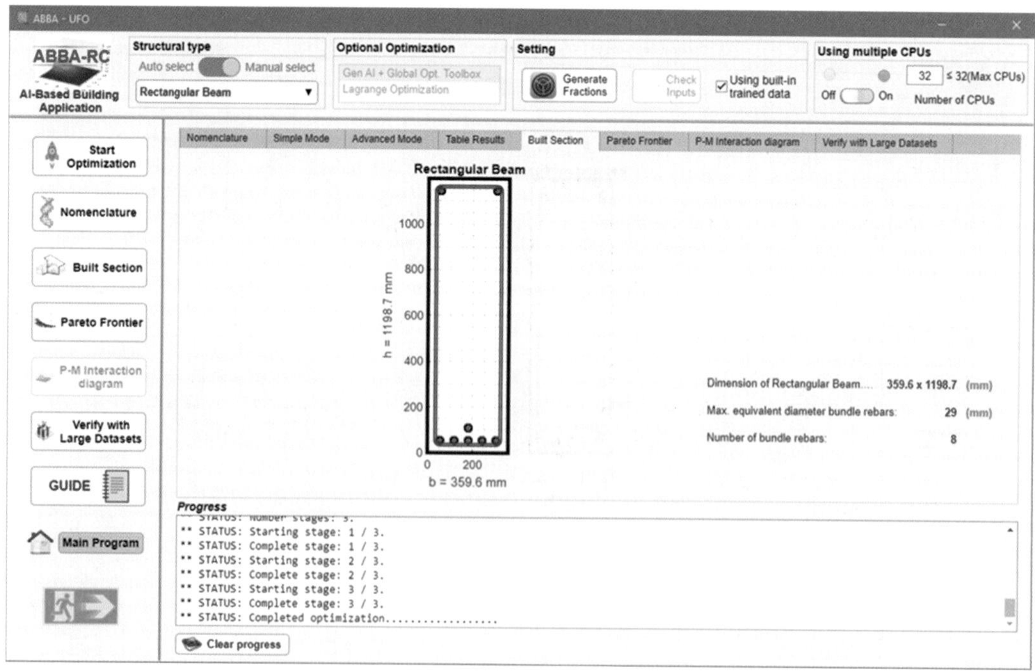


(b-2) 인공신경망 기반으로 구해진 철근 콘크리트 보의 단면

(b) 이산화탄소 배출량의 최소화; 코스트:이산화탄소 배출량:중량=(0:1:0)

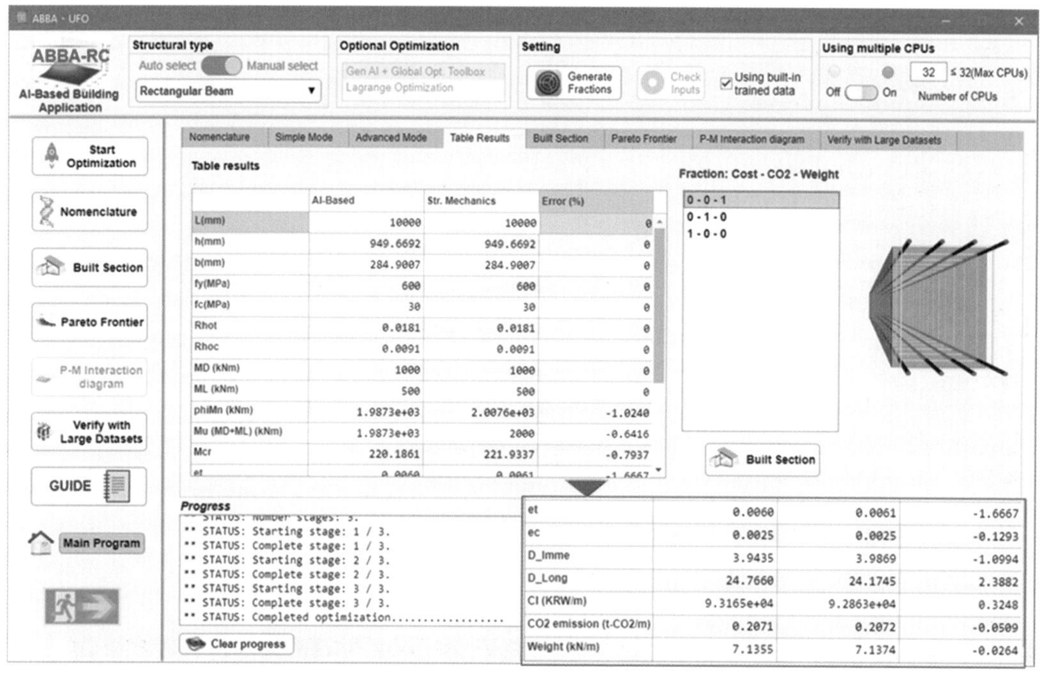

(c-1) 인공신경망 기반으로 구해진 결과와 구조설계식과 비교된 오차

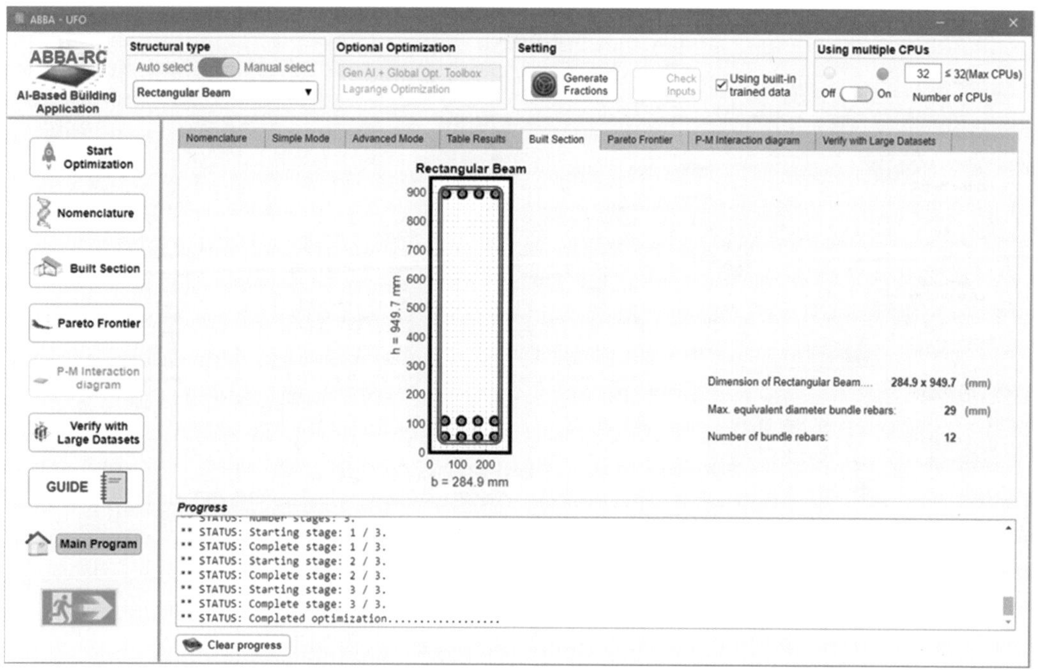

(c-2) 인공신경망 기반으로 구해진 철근 콘크리트 보의 단면

(c) 중량의 최소화; 코스트:이산화탄소 배출량:중량=(0:0:1)

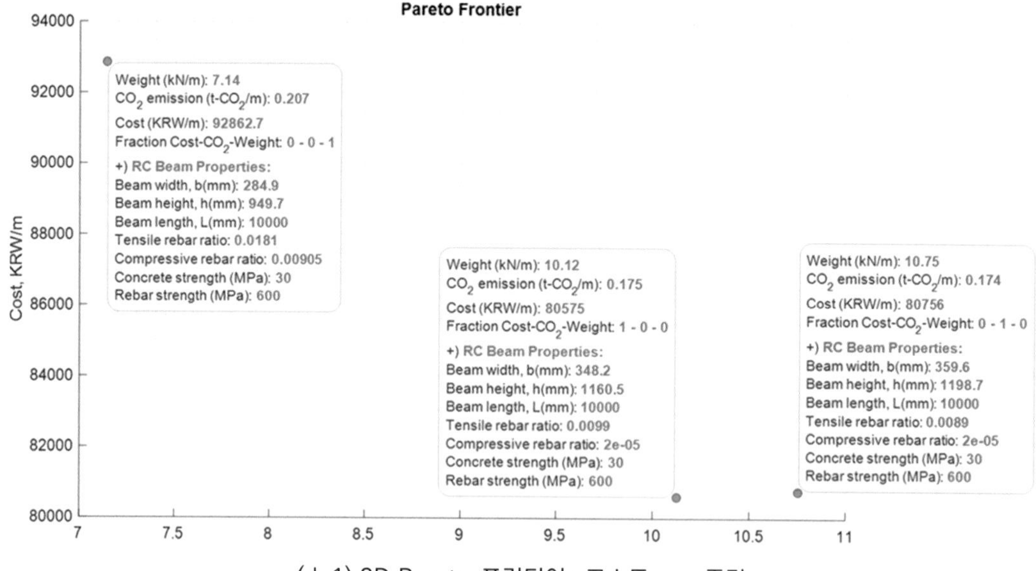


(d-1) 2D Perato 프런티어; 코스트 vs. 중량

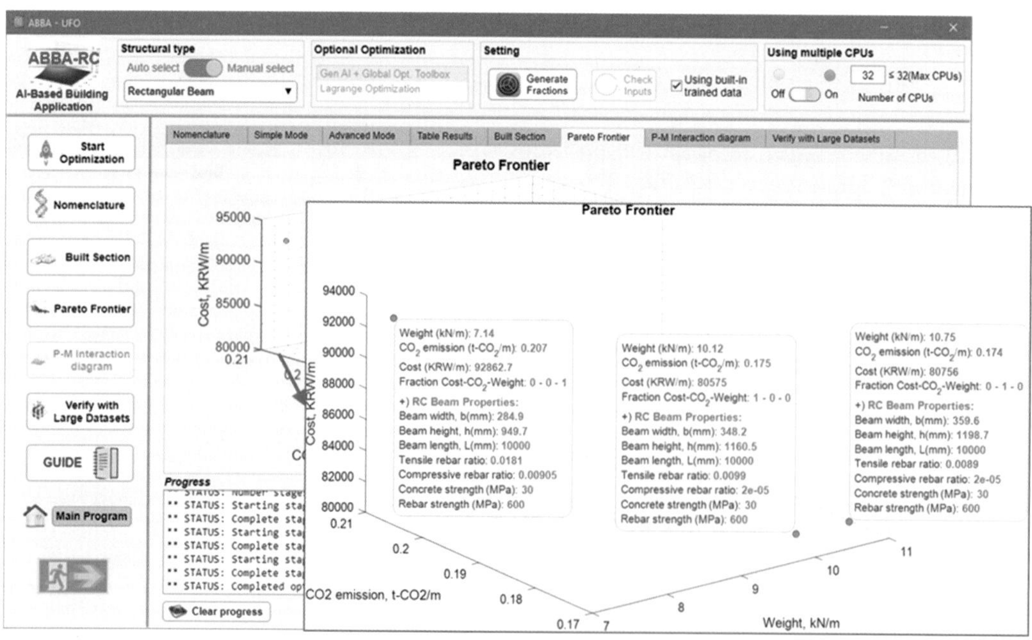


(d-2) 3D Perato 프런티어; 코스트 vs. 이산화탄소 배출량 vs. 중량

(d) Perato 프런티어; 코스트 vs. 이산화탄소 배출량 vs. 중량

그림 7.4.5 ABBA-RC를 활용한 설계 타깃의 최적설계 결과(예제4)

### 7.4.4 보 폭이 콘크리트 보의 최적화에 미치는 영향(예제 5: $\mathbf{0.8h \geq b \geq 0.2h}$)

예제 3과 유사한 인공신경망 기반의 결과를 예제 4와 예제 5에 대해서도 도출되었다, 예제 5에 대한 결과를 소개하고자 한다. $0.8h \geq b \geq 0.2h$의 설계조건을 Hong-Lagrange 알고리즘에 적용했을 경우 코스트, 이산화탄소, 중량의 최소화를 도출하는 보 깊이가 계산되었다. 그림 7.4.6에서 보듯이, 코스트 설계 타깃을 최소화하는 보 깊이는 1200.0[그림 7.4.6(a-1)], 이산화탄소 배출량 설계 타깃을 최소화 하는 보 깊이는, 1200.0[그림 7.4.6(b-1)], RC보의 중량 설계 타깃을 최소화 하는 보 깊이는 1084.2mm[그림 7.4.6(c-1)]로 각각 도출되었다. 이때 최소화된 코스트, 이산화탄소 배출량, 중량은 각각 73,998kN/m 0.1632 t-$CO_2$/m 6.2490kN/m로 도출되었다. 반면에 그림 7.4.4(예제 3)에서 보듯이 $0.8h \geq b \geq 0.4h$의 설계조건을 Hong-Lagrange 알고리즘에 적용했을 경우 코스트, 이산화탄소, 중량은 89,254kN/m($h$=1,054mm) 0.1929 t-$CO_2$/m($h$=1,087mm) 7.92kN/m($h$=867mm)로 최소화되었다. $0.8h \geq b \geq 0.2h$ 의 설계조건에 대해서 $0.8h \geq b \geq 0.4h$의 경우 보다 모든 설계 타깃들이 더욱 최소화 되었다. 즉 보 폭이 작고, 보 깊이가 깊어 질수록 보의 효율성이 증가한다는 의미로 인공신경망 기반의 최적화는 건축에서 허용되는 조건 내에서 깊은 보를 사용하는 설계가 유리하다는 사실을 다시 한번 확인한 정략적 설계를 도출할 수 있었다.

그림 7.4.5 Perato 프런티어에서 보듯이 코스트와 중량은 서로 반비례하도록 구해졌다. 즉 코스트를 최적화하기 위해서는 중량의 최적화를 어느 정도 희생하여야 하고, 중량을 최적화하기 위해서는 코스트의 최적화를 어느 정도 희생하여야 한다. 즉 두 가지 이상의 설계 타깃을 조합하여 최적의 설계를 구현할 수 있는 인공신경망 기반의 Hong-Lagrange 최적화가 가능해졌다.

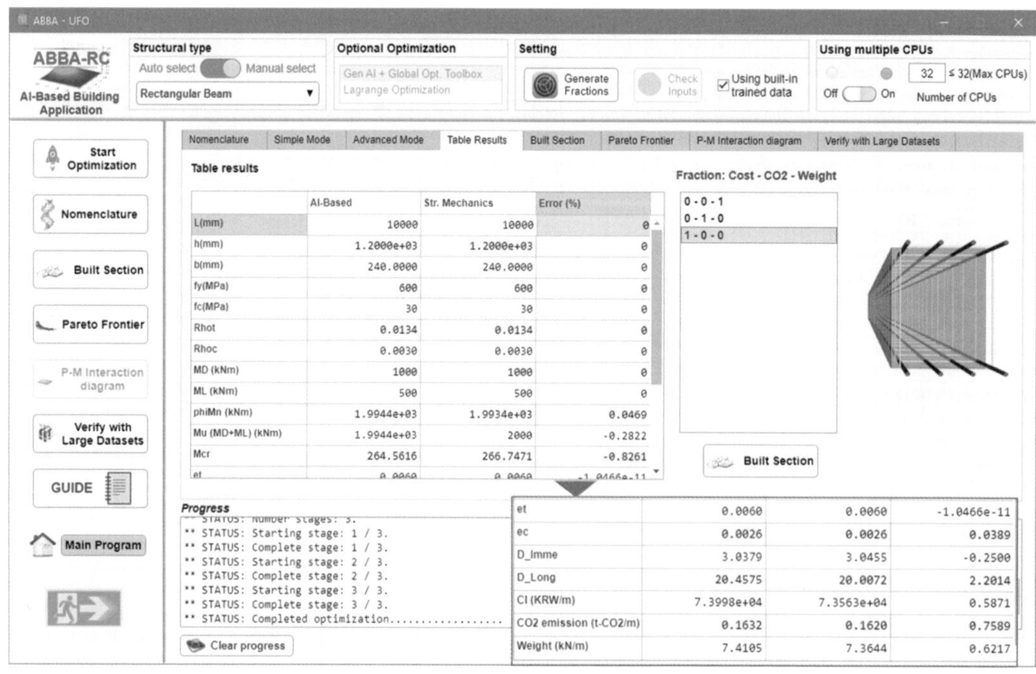

(a-1) 인공신경망 기반으로 구해진 결과와 구조설계식과 비교된 오차

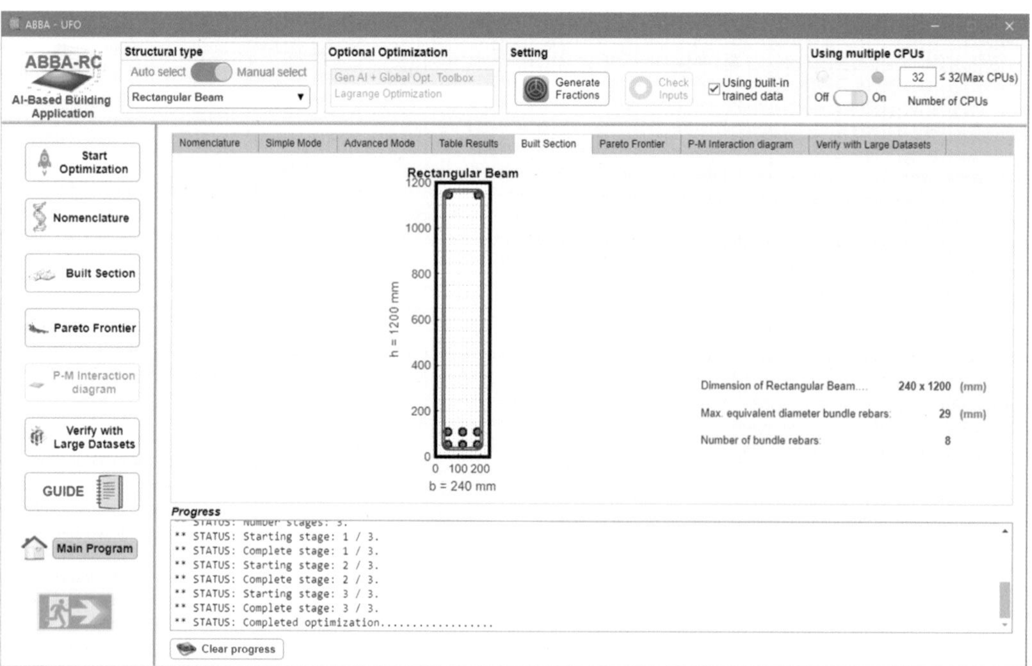

(a-2) 인공신경망 기반으로 구해진 철근 콘크리트 보의 단면

(a) 코스트의 최소화; 코스트:이산화탄소 배출량:중량=(1:0:0)

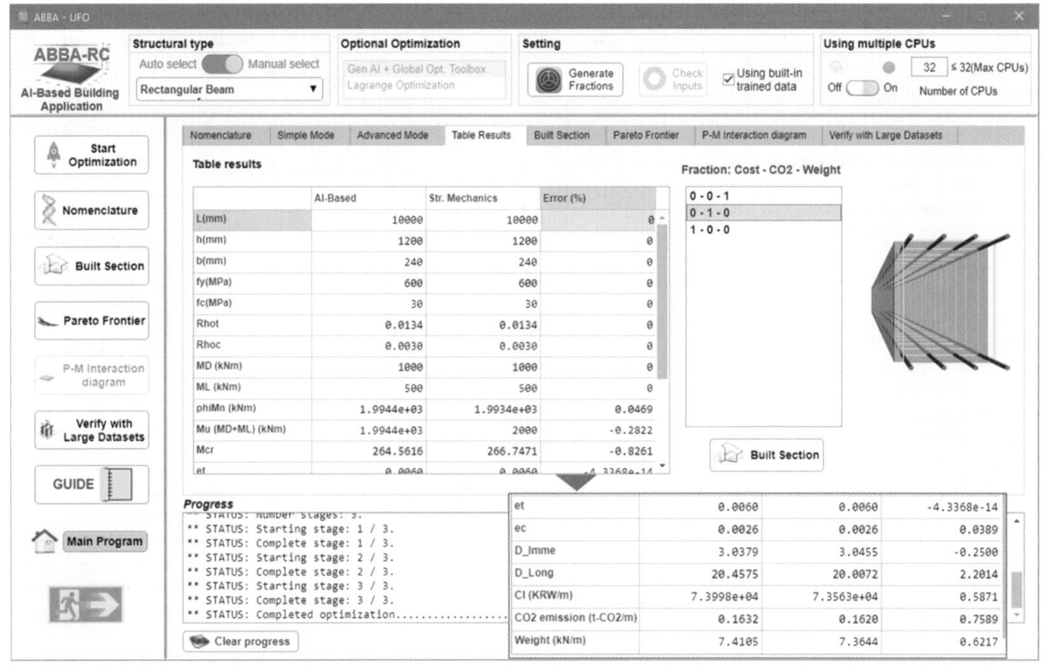

(b-1) 인공신경망 기반으로 구해진 결과와 구조설계식과 비교된 오차

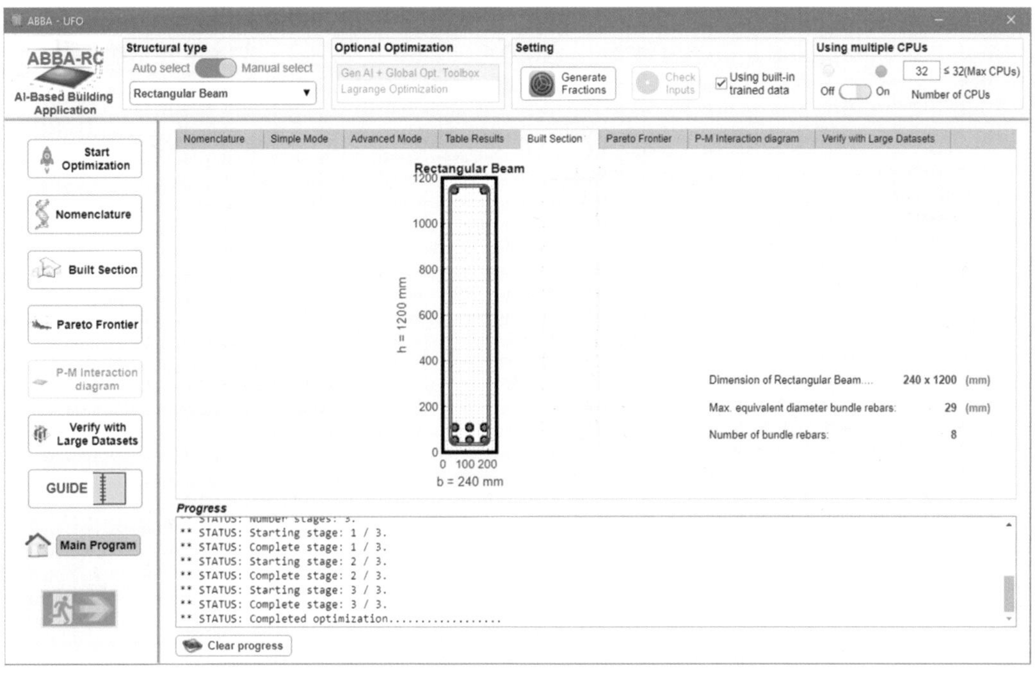

(b-2) 인공신경망 기반으로 구해진 철근 콘크리트 보의 단면

(b) 이산화탄소 배출량의 최소화; 코스트:이산화탄소 배출량:중량=(0:1:0)

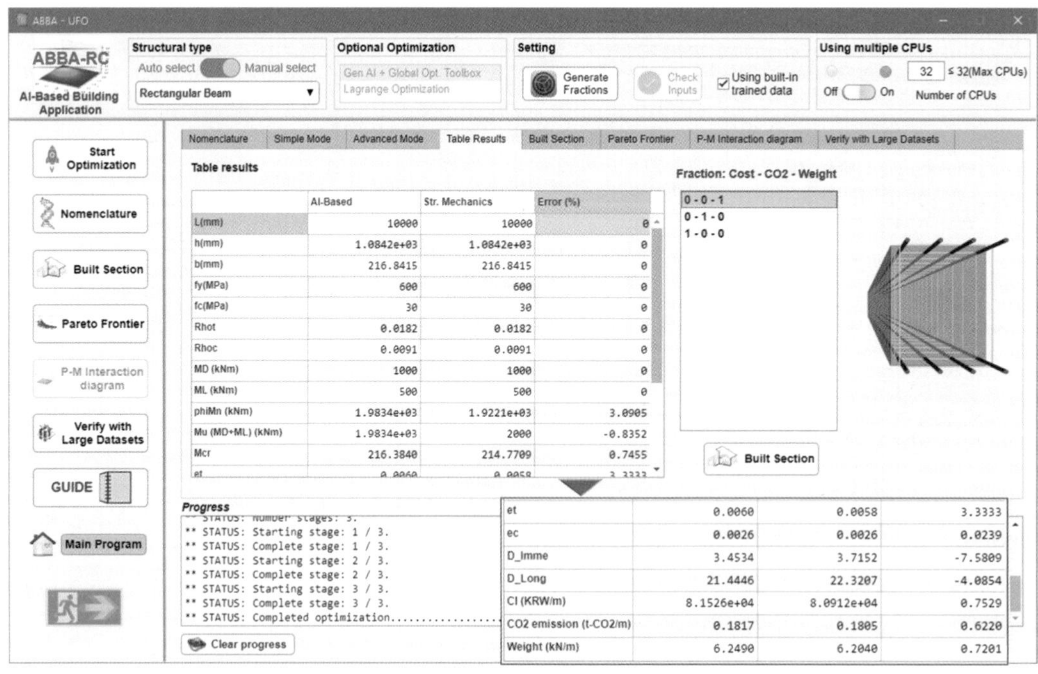

(c-1) 인공신경망 기반으로 구해진 결과와 구조설계식과 비교된 오차

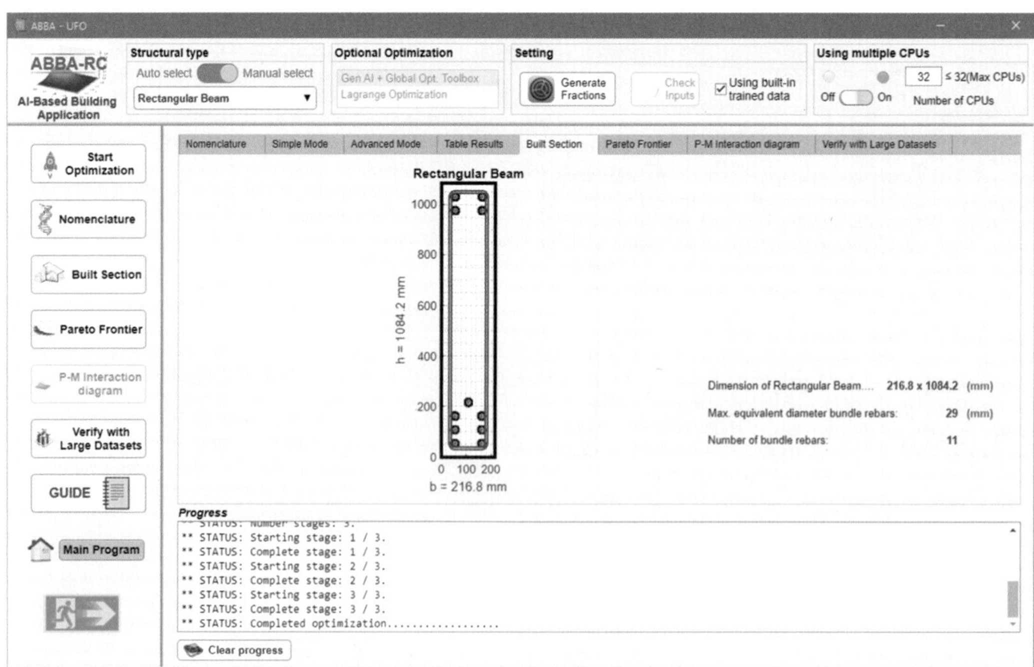

(c-2) 인공신경망 기반으로 구해진 철근 콘크리트 보의 단면

(c) 중량의 최소화; 코스트:이산화탄소 배출량:중량=(0:0:1)

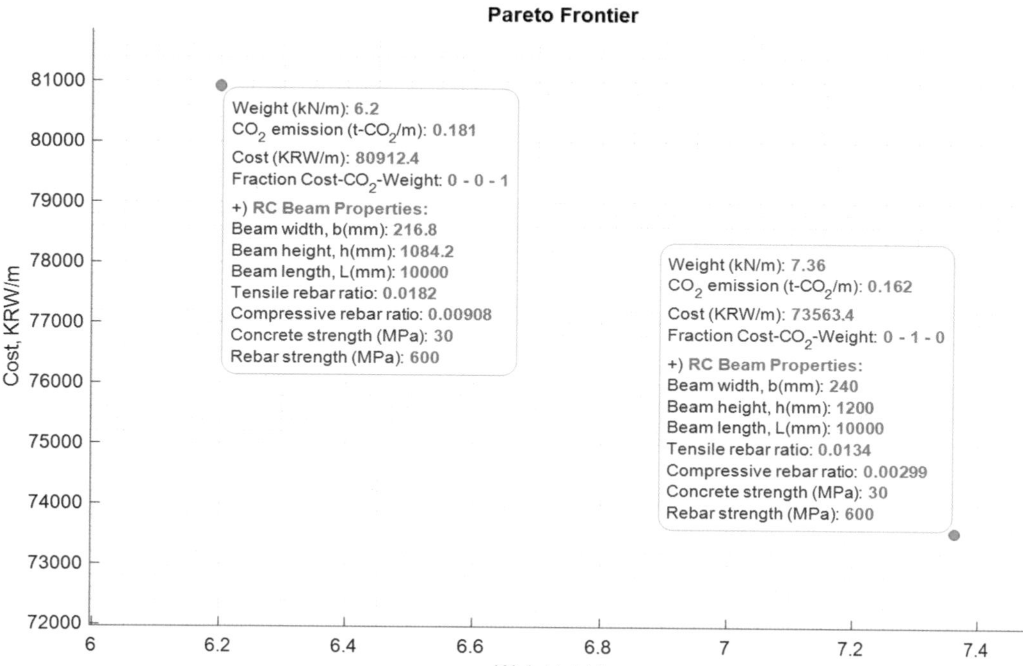


(d-1) 2D Perato 프런티어; 코스트 vs. 중량

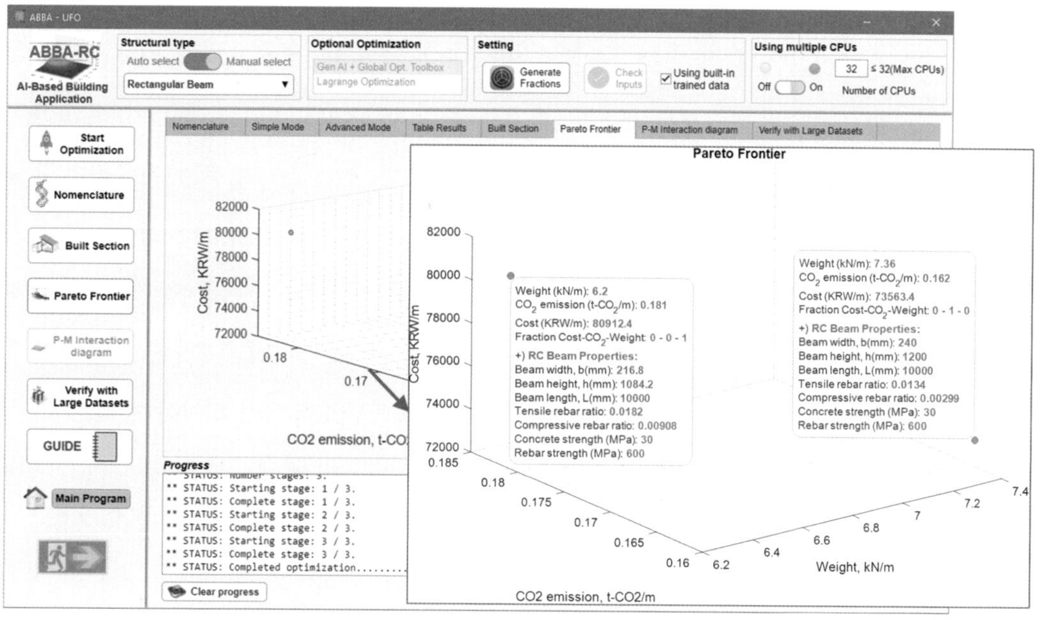


(d-2) 3D Perato 프런티어; 코스트 vs. 이산화탄소 배출량 vs. 중량

(d) Perato 프런티어; 코스트 vs. 이산화탄소 배출량 vs. 중량

그림 7.4.6 ABBA-RC를 활용한 설계타깃의 최적설계 결과(예제5)

Chapter 08

# 결 론

## 8.1 인간 효율을 초월하는 인공신경망 기반의 구조설계

### (1) 우수한 품질의 빅데이터 생성

인공신경망 기반의 설계에 가장 중요한 요소 중 하나는 양질의 빅데이터일 것이다. 인공신경망은 빅데이터에 내재된 모든 정보, 즉 입력 파라미터와 출력 파라미터의 관계, 입력 파라미터 간의 입력 불일치 등 모든 정보를 찾아내고 기억한다. 그 근간은 데이터간 관계를 정립하는 학습이라는 과정으로 역전파 과정도 학습 범위에 포함된다. 학습 후에는 인간의 DNA와 유사하게, 인공신경망에 제약조건으로 이식된 조건대로 입력 파라미터와 출력 파라미터의 최적화 매칭 과정이 따르는데 인공신경망 기반 설계의 중요한 과정이라고 할 수 있다. 이 모든 과정에서 인간 효율을 초월하는 최적화가 수행되는 것이다. 인간 효율이 비교적 비중있게 개입되는 과정은 빅데이터를 생성하는 과정으로 빅데이터를 생성하는 코드는 생성시간을 절감하도록 효율적으로 작성하되 오차가 없도록 작성되어야 한다.

### (2) 최적설계의 효율성

이 저서의 예제에서 본 인공신경망 기반의 철근 콘크리트 보의 최적화는 인간 효율을 초월하는 결과를 제시했다. 특히 목적함수를 최소화하는 설계 파라미터는 일반 구조설계 기반의 소프트웨어와 빅데이터 자체(brute force 방법)에 의해 검증되었다. 인공신경망 기반의 Hong-Lagrange 알고리즘은 일반 구조설계 방법으로 도출할 수 없는 목적함수의 최소화 이외에도 최적화 설계 파라미터를 찾아줌으로써 차세대 구조설계의 주춧돌을 놓았다고 할 수 있다.

## 8.2 Hong-Lagrange 알고리즘 기반의 설계 차트

10만개의 빅데이터를 생성해 인공신경망을 학습했고, 도출된 가중변수 및 편향변수 매트릭스로 코스트($CI_b$) 목적함수 및 제약함수를 인공신경망 기반에서 입력 파라미터 함수로 일반화했다. 최적화 결과는 구조설계 기반의 소프트웨어와 빅데이터로 검증되었다. 개발된 Hong-Lagrange 알고리즘 기반의 설계 차트는 전형적인 엔지니어의 설계를 대체할 수 있을 만큼 정확하고 신속한 설계 결과를 제공했다. 특히 인공신경망 기반의 코스트 절감량은 300만 개의 빅데이터에서 추출된 11만 2,383개의 probable beam 설계를 통해 18~26% 가량의 절감량을 제시했다.

Hong-Lagrange 알고리즘 기반 방법은 복잡한 공학적 최적설계해를 제공할 뿐만 아니라 인간의 노력 및 시간절감과 함께 창의적 설계를 제공하는 등 인간이 기대하는 이상의 설계 효율을 제공할 것이다. 이 예제에서는 철근 콘크리트 보 설계를 통해 보 코스트, 이산화탄소 발생량, 중량을 최소화했다. 특히 철근 콘크리트 보의 라그랑주 기반 최적화를 수행하는 데 수학적 방법을 대체하는 인공신경망 기반의 설계방법을 소개했고 전통적 구조설계 방식도 대체했다. 인공신경망 기반 설계는 등 제약함수와 부등 제약함수를 통해 설계기준과 임의의 설계조건을 반영할 수 있고 설계 목표를 최소화 또는 최대화할 수 있다. 저자는 이어서 인간의 노력과 판단, 오차로부터 자유로운 고층건물의 인공신경망 기반 자율설계를 집필 중이다.

# PART Ⅱ 참고문헌


[1] KUHN, Harold W.; TUCKER, Albert W. Nonlinear programming. In: Traces and emergence of nonlinear programming. Birkhäuser, Basel, 2014. p. 247-258.

[2] Kuhn, H. W.; Tucker, A. W. (1951). "Nonlinear programming". Proceedings of 2nd Berkeley Symposium. Berkeley: University of California Press. pp. 481–492.

[3] 인공지능기반 Hong-Lagrange 최적화와 데이터 기반 공학설계 (AI-based Data-centric Engineering (AIDE) using ANN-based Hong-Lagrange optimizations), 도서출판 대가

[4] ACI 318-19 (ACI Committee 2019)

[5] Hong, W. K., Nguyen, V. T., & Nguyen, M. C. (2021). Artificial intelligence-based noble design charts for doubly reinforced concrete beams. *Journal of Asian Architecture and Building Engineering*, *21*(4), 1497–1519. https://doi.org/10.1080/13467581.2021.1928511

[6] Hong, W.-K., Nguyen, V. T., & Nguyen, M. C. (2021). Optimizing reinforced concrete beams cost based on AI-based Lagrange functions. *Journal of Asian Architecture and Building Engineering*, 21:6, 2426-2443, null. https://doi.org/10.1080/13467581.2021.2007105

[7] Krenker A, Bešter J, Kos A. Introduction to the artificial neural networks. Artificial Neural Networks: Methodological Advances and Biomedical Applications. InTech, 2011; 1-18. https://doi.org/ 10.5772/15751.

[8] 인공지능기반 철근콘크리트 구조설계, Artificial intelligence-based design of reinforced concrete structures, 도서출판 대가

[9] Hong, W. K., Nguyen, M.C., AI-based Lagrange optimization for designing reinforced concrete columns. *Journal of Asian Architecture and Building Engineering TABE*. https://doi.org/10.1080/13467581.2021.1971998

[10] Hong, W.-K. (2020). Chapter 10 - Artificial-intelligence-based design of the ductile precast concrete beams of Hybrid Composite Precast Systems: Numerical investigation to Construction. Woodhead Publishing Series in Civil and Structural Engineering, Elsevier. 2019; 427-478, https://doi.org/https://doi.org/10.1016/B978-0-08-102721-9.00010-8

[11] Hong, W.K. 2021. Artificial intelligence-based design of reinforced concrete structures. CRC press, Tayor and Francis, 2023

[12] Villarrubia *et al.* Artificial neural networks used in optimization problems. Neurocomputing 2018; 272, 10-16. https://doi.org/10.1016/j.neucom.2017.04.075

[13] Nguyen DH, Hong WK. Part I: The Analytical Model Predicting Post-Yield Behavior of Concrete-Encased Steel Beams Considering Various Confinement Effects by Transverse Reinforcements and Steels. Materials. 2019; 12(14):2302. https://doi.org/10.3390/ma12142302.

[14] MathWorks, (2022a). Parallel Computing Toolbox: Documentation (R2022a). Retrieved July 26, 2022 from: https://uk.mathworks.com/help/parallel-computing/

[15] MathWorks, (2022a). Statistics and Machine Learning Toolbox: Documentation (R2022a). Retrieved July 26, 2022 from: https://uk.mathworks.com/help/stats/

[16] MathWorks, (2022a). Deep Learning Toolbox: User's Guide (R2022a). Retrieved July 26, 20122 from: https://www.mathworks.com/help/pdf_doc/deeplearning/nnet_ug.pdf

[17] MathWorks, (2022a). Global Optimization: User's Guide (R2022a). Retrieved July 26, 20122 from: https://www.mathworks.com/help/pdf_doc/gads/gads.pdf

[18] MathWorks, (2022a). Optimization Toolbox: Documentation (R2022a). Retrieved July 26, 2022 from: https://uk.mathworks.com/help/optim/

[19] Hong, W.-K. (2020). Chapter 10 - Artificial-intelligence-based design of the ductile precast concrete beams. In W.-K. Hong (Ed.), *Woodhead Publishing Series in Civil and Structural Engineering* (pp. 427–478). Woodhead Publishing.
https://doi.org/https://doi.org/10.1016/B978-0-08-102721-9.00010-8

[20] Hong, W. K., Pham, T. D., & Nguyen, V. T. (2021). Feature selection based reverse design of doubly reinforced concrete beams. *Journal of Asian Architecture and Building Engineering*, 1–25. https://doi.org/10.1080/13467581.2021.1928510.

[21] ACI 318-14 (ACI Committee 2014)

[22] MathWorks 2020. MATLAB R2020b, version 9.9.0. Natick, Massachusetts: The MathWorks Inc.

[23] Scanlon, A., and Bischoff, P. H., 2008, "Shrinkage Restraint and Loading History Effects on Deflections of Flexural Members," ACI Structural Journal, V. 105, No. 4. https://doi.org/10.14359/19864

[24] Hong, Won-Kee (2023), Artificial Neural Network-based Optimized Design of Reinforced Concrete Structures, CRC Press, Taylor & Francis Group

# | 찾아보기 |

[ㅋ]



[ㅌ]



[ㅍ]



[ㅎ]

# 인공지능 기반 Hong-Lagrange 최적화와
# 데이터 기반 철근콘크리트(RC) 기둥, 보의 최적설계

AI-based Data-centric Engineering (AIDE) for reinforced concrete columns and beams using ANN-based Hong-Lagrange algorithm

초판 1쇄 인쇄 2023년 4월 20일
초판 1쇄 발행 2023년 4월 25일

지 은 이 홍원기
펴 낸 이 김호석
편 집 부 주옥경·곽유찬
디 자 인 이성혜
마 케 팅 김신·오중환
경영관리 박미경
영업관리 김경혜

펴 낸 곳 도서출판 대가
주 소 경기도 고양시 일산동구 무궁화로 32-21 로데오메탈릭타워 405호
전 화 02) 305-0210
팩 스 031) 905-0221
전자우편 dga1023@hanmail.net
홈페이지 www.bookdaega.com

ISBN 978-89-6285-368-1 (93530)